Druck von Textilien

Druck von Textilien

Mechanische und Chemische Technologie

Von

Textil-Ing. **Walter Bernard**

Mit 116 Abbildungen

Springer-Verlag Berlin Heidelberg New York 1969

ISBN-13:978-3-642-92978-6 e-ISBN-13:978-3-642-92977-9
DOI: 10.1007/978-3-642-92977-9

 Library of Congress Catalog Card Number 68-57176
Softcover reprint of the hardcover 1st edition 1969

Titel Nr. 0046

Vorwort

Der Textildruck hat in den letzten Jahren wie alle Zweige der Textilherstellung und -veredlung eine schnelle Entwicklung erfahren, die sich sowohl auf die Vervollkommnung der chemischen, als auch der mechanischen Verfahren erstreckt. Besonders waren es die synthetischen Fasern und deren Mischungen, die eine Reihe von neuen Verfahren auch im Druck notwendig machten.

Da seit einigen Jahren eine zusammenfassende Darstellung der chemischen und mechanischen Druckverfahren fehlt, hat sich der Verfasser zur Herausgabe dieses Buches entschlossen. Es soll vor allem dem Praktiker und Studierenden der Textilveredlung praktische Hinweise geben und Unterstützung bei seinen Arbeiten vermitteln. Wie bereits in den vom gleichen Verfasser erschienenen Büchern der Textilveredlung wird auch beim Druck der Textilien auf die chemischen Zusammenhänge nur soweit eingegangen, als es für das Verständnis der einzelnen Verfahren notwendig erscheint. Der Textildruck ist ein Teilgebiet der Textilveredlung und mit der Bleicherei, Färberei und Appretur der Textilien eng verbunden. Es ist deshalb nötig, sehr oft auf diese Gebiete zu verweisen. Um jedoch den Umfang dieses Buches einzuengen, muß bereits hier auf die „Praxis des Bleichens und Färbens von Textilien" [1966] und die „Appretur der Textilien" [1967 in der 2. Auflage] hingewiesen werden. Aus diesen Büchern können auch die für die Druckerei üblichen Vor- und Nachbehandlungen entnommen werden.

Die Herausgabe des Buches wäre ohne die großzügige Unterstützung der Chemischen und Textilmaschinen-Industrie sowie zahlreicher Fachkollegen nicht möglich gewesen. Es sei deshalb allen für ihre Unterstützung an dieser Stelle gedankt. Besonderer Dank gebührt dem Springer-Verlag, der in traditionsgemäß vorbildlicher Weise für den Druck und die Ausstattung des Buches sorgte.

Münchberg, im Frühjahr 1969

Walter Bernard

Inhaltsverzeichnis

Einleitung

Obwohl die Entwicklung des Textildrucks erst im 17. Jh. in Europa einsetzt, sind bedruckte Gewebe bereits in Ägypten, Indien und China aus viel früheren Zeiten bekannt. Die ersten Kattundruckereien entstanden in Europa im 17. Jh. in England (Richmond), Holland (Amsterdam), Schweiz (Neuchâtel) und im 18. Jh. in Deutschland (Augsburg, Hamburg, Heidenheim). Ausgelöst wurde diese Entwicklung durch die verstärkte Einfuhr von bedrucktem Kattun aus Indien, der als *Indienne* in Frankreich und als *Chintz* in England gehandelt wurde.

Wesentlichen Anteil an der Entwicklung in Europa hatte vor allem die Erfindung der Walzendruckmaschine von *Bell* in Schottland (1783), die bereits mit den heute noch üblichen, tief gravierten Druckwalzen arbeitet und bereits alle auch heute noch üblichen Grundelemente des Rouleaux enthält. Der Filmdruck ist eine Kunst, die bereits viel früher als in Europa und den USA in Japan eine große Vollkommenheit erreichte und als *Yuzen-Druck* bekannt war. Dieser Druck wurde jedoch erst im 20. Jh. in den USA zur heute bekannten Vollkommenheit entwickelt und von Europa übernommen.

Das Bedrucken bietet die meisten Möglichkeiten, Textilien farblich zu verändern und kommt damit den modischen Ansprüchen der Verbraucher am weitesten entgegen. Dabei stellt der Druck die schnellste und meist billigste Art der farblichen Musterung dar. Allerdings ist es oft notwendig, die verschiedensten Farbstoffklassen zu kombinieren, was meist ein umfassenderes Können erfordert, als es in der Textilfärberei notwendig ist. Für alle Fälle ist die Herstellung von bemusterten Textilien durch den Druck billiger als die Erzeugung von Buntgeweben, geknüpften Teppichen und buntbestickten Textilien. Das gilt auch für Tufting-Teppiche, die zwar wesentlich schneller als Knüpfteppiche hergestellt werden können, das Tuften kann jedoch keineswegs die Produktionmetragen der Druckerei erreichen. Das Bedrucken der Gewebe und Gewirke ist weitgehend von den Webbindungen und Wirklegungen unabhängig, und es wird durch den Druck in vielen Fällen eine besondere Bindung erspart und damit auch eine größere Produktion in der Weberei und der Wirkerei erreicht.

Der Textildruck stellt im Prinzip ein meist *kontinuierliches, örtliches Anfärben* der Textilien dar und kann damit eingeschränkt mit der Kontinuefärberei verglichen werden. Obwohl es durch Bedrucken möglich ist, mindere Gewebequalitäten zu „verdecken" und auch der Durchdruck nicht immer erreicht bzw. gewünscht wird, haftet bedruckten Textilien der Ruf der Billigkeit an, und man zieht dem Druck oft ein Buntgewebe vor. Es muß jedoch gesagt werden, daß Buntgewebe nur selten in der modischen Vielfalt gemustert werden können. Zur Vielfalt der Musterung kann außerdem die Art der Webbindung beisteuern. Daneben ist auch das Bedrucken von Buntgeweben möglich. Rein mechanisch lassen sich mit dem Druck auch das Prägen von textilen oder anderen Flächen kombinieren und durch Aufdrucken von Chemikalien örtliche Schrumpfeffekte erreichen bzw. an bedruckten Stellen Faserkomponenten herauslösen. Im weiteren Sinne gehört deshalb auch das Prägen von Flächen zum Druck. Diese Vielzahl von Musterungsmöglichkeiten wird weiter durch den besonderen Charakter der zur Herstellung der zu bedruckenden Textilien verwendeten Faserstoffe ergänzt. Obwohl es theoretisch möglich ist, eine unbegrenzte Zahl von Farbtönen zu drucken, wird es dem Verbraucher meist nur möglich sein, bis maximal 20 Farbtöne zu unterscheiden. Die Anzahl der Farbtöne erfährt außerdem eine gewisse Einschränkung durch die hohen Echtheitsanforderungen, die an den Druck gestellt werden, und durch die kleineren Produktionszahlen, die mit steigender Farbtonanzahl notwendig werden.

Obwohl auch heute noch der Begriff *Zeugdruck* für den Textildruck verwendet wird, handelt es sich bei diesem Druck meist um das Bedrukken von Baumwollgeweben, die auch heute noch den überwiegenden Anteil an bedruckten Waren darstellen. Bedruckte Textilien werden in allen Sparten der Verwendung eingesetzt und sind für Oberbekleidung, Wäschestoffe, Dekorationstextilien usw. üblich. Trotz der Möglichkeit der hochmodischen Musterung werden jedoch weit weniger Textilien bedruckt als gebleicht, gefärbt bzw. als Buntgewebe insgesamt verbraucht.

Der zu behandelnde Stoff wurde im Buch so gegliedert, daß zuerst die Druckarten, dann die Druckverfahren, die sich hauptsächlich auf die mechanischen Einrichtungen beziehen, behandelt werden. Abgesehen von besonderen Waren ähnelt sich die Warenvorbereitung und Nachbehandlung in vielen Fällen, es werden deshalb diese Arbeiten im Anschluß kurz besprochen. Da diese Arbeitsweisen vielfach auch in der Bleicherei und Färberei üblich sind, kann auf die ausführliche Beschreibung der Verfahren und Einrichtungen verzichtet werden. Im 1. Teil folgen dann die allgemeinen Angaben über Druckfarbstoffe und Hilfsmittel, die speziell in der Druckerei eingesetzt werden, dazu gehören vor allem Druckverdickungsmittel und die Arbeiten in der Farbküche und deren Einrichtung. Die in der Druckerei auftretenden Fehler schließen sich an, dabei werden jedoch nur Fehler besprochen, die auf unsachgemäßen Einsatz von maschinellen Einrichtungen beruhen.

Der 2. Teil des Buches umfaßt alle technologischen Druckverfahren, die sich auf Grund der verwendeten Faserstoffe und Farbstoffe ergeben. Dabei ist es unvermeidlich, eine gewisse Anzahl von Rezepturen anzuführen, die jedoch als unverbindliche Standardrezepte gelten und nicht in allen Fällen für sämtliche Farbstoffe einer Farbstoffklasse eingesetzt werden können, da oft Einzelfarbstoffe besondere Zusätze erfordern, die aus Platzgründen nicht aufgenommen werden konnten. Trotzdem war der Verfasser bemüht, möglichst alle Arbeitsweisen zu beschreiben, die den Praktiker in die Lage versetzen, alle Fasern und Farbstoffe anhand der angegebenen Verfahrensweisen zu verwenden.

Mit Absicht wurde auf die Angabe von Schrifttum verzichtet, da, abgesehen von speziellen Werken, die im Text angegeben sind, hauptsächlich Informationen der Maschinen- und Chemischen Industrie verwendet wurden, die durch Rezepte aus der Praxis ergänzt werden.

1. Druckarten

Die nachstehend beschriebenen Druckprinzipien sind von den mechanischen Druckeinrichtungen weitgehend unabhängig, und es ist möglich, gleiche Effekte auf mehrere Arten des Druckes zu erreichen. Ferner ist es durchaus üblich, die verschiedensten Druckarten nebeneinander zu verwenden. Die Wahl, welche der Druckarten allein oder nebeneinander verwendet werden, hängt neben dem verlangten Effekt auch von der Echtheit des Druckes, der Art des Fasergrundmaterials (Druckfond), den Eigenschaften der verwendeten Farbstoffe, der maschinellen Einrichtungen der Druckerei und der Wirtschaftlichkeit der Verfahren und damit dem Preis, der für den Druck aufgewendet wird, ab.

Direkt- oder Aufdruck

Bei dieser Druckart wird meist auf weißem, vorgebleichtem Druckboden (*Fond*) direkt aufgedruckt. Es können jedoch auch dunkle Farbtöne auf hell vorgefärbten bzw. kann mit gut deckenden Pigmenten auf dunkel vorgefärbten Fond gedruckt werden. Letztere Arten werden meist als *Aufdruck* bezeichnet. Dabei dient oft die Nuance der Vorfärbung zur Vertiefung des aufgedruckten Farbtons. Meist ist der Aufdruck durch bessere *Konturenschärfe* auf der rechten als auf der linken Warenseite erkennbar. Bei genügender Echtheit der Drucke ist es auch möglich die bedruckte Ware nachzufärben oder zu pflatschen. Im weiteren Sinn kann auch das Pflatschen als Direktdruck bezeichnet werden, da oft die verdickte Farbstofflösung mittels eines Foulards nur einseitig auf die Ware aufgetragen wird. Zum Aufdruck gehören auch Verfahren, bei denen der Fond mit einer Komponente des Farbstoffes vorgefärbt (foulardiert oder gepflatscht) wurde und die zur Farbstoffbildung notwendige, zweite Komponente örtlich aufgedruckt wird. Durch den Direktdruck zweier Farbtöne übereinander entstehen sog. *Überfälle*, die jedoch nur in bestimmten Fällen (Trichromiedruck) den in der Färbung erzielbaren Mischton ergeben. Meist herrscht die zuletzt „*aus zweiter Hand*" gedruckte Nuance vor. Es entsteht in diesem Fall z. B. aus Gelb und Blau ein weit blaueres Grün als durch Mischung der gleichen Farbstoffmengen in der

Färberei. Der Direktdruck ist an keine besondere, mechanische Druckeinrichtung gebunden. Der Direktdruck ist auf allen Textilaufmachungsraten wie Kammzug (*Vigoureuxdruck*), Stranggarn, Kettgarnen (*Chinédruck*), Stückwaren und Fertigtextilien (z.B. Strümpfen, Pullovern, Tüchern usw.) üblich.

Ätzdruck

Bei dieser Art des Drucks wird vorgefärbte Ware mit Chemikalien bedruckt, welche den Farbstoff örtlich zerstören und entweder der weiße Fond (*Weißätze*) oder auch die veränderte, meist hellere Nuance des Farbstoffes sichtbar wird (*Buntätze*). Buntätzen werden hauptsächlich dadurch erreicht, daß man den Druckpasten der Weißätze *ätzbeständige Farbstoffe* zusetzt. Zur Markierung der Weißätze können optische Aufheller oder besondere Farbstoffe zugesetzt werden, um dem Drucker die Muster zu zeigen, da der Weiß- oder Buntton der Ätze meist erst durch die Nachbehandlung auftritt. Der Ätzdruck zeigt in der Regel schärfere Konturen als die Reserve. Es sind jedoch für das Anfärben des Fonds nur ätzbare Farbstoffe auszuwählen, wodurch gegenüber dem Direkt- und Reservedruck die Zahl der verwendbaren Farbstoffe eingeschränkt wird. Der Durchdruck ist durch Ätzen oft besser als bei anderen Druckarten. Der Ätzdruck wird hauptsächlich bei kontinuierlichen Druckverfahren (Walzendruck) verwendet, da die Ätzchemikalien meist einer schnellen Zersetzung an der Luft ausgesetzt sind. Beim Ätzen sehr großer Druckflächen (*Decker*) wird sehr viel Farbstoff zerstört, und es ist dann wirtschaftlicher, den Direktdruck einzusetzen. Der Ätzdruck wird ausschließlich auf textilen Bahnen (Geweben oder Gewirken) bzw. auf Fertigtextilien vorgenommen. Für das Bedrucken von vorgefärbtem Kammzug oder Garnen ist er nicht üblich.

Reservedruck

Bei dieser Druckart geht man den umgekehrten Weg wie beim Ätzdruck. Man bedruckt zuerst die textilen Bahnen – es kommen nur Gewebe oder Gewirke in Betracht – mit verdickten *Reservierungsmitteln* und färbt anschließend den unbedruckten Fond der Textilien an. Man unterscheidet dabei Weiß- und Buntreserven, je nachdem, ob die Reserve mit besonderen Farbstoffen vorher angefärbt (*Buntreserve*) oder ungefärbt (*Weißreserve*) verwendet wurde. Die Wirkungsweise der Reserven kann entweder mechanisch, allein durch Verkleben des Fonds (*Pappreserven*) oder chemisch sein. Im letzteren Fall wird der anschließend aufgebrachte

Farbstoff an der Oberfläche der Reserve entwickelt und dabei das Anfärben der dadurch reservierten Faser vermieden, da der entwickelte Farbstoff ein Eindringen des nachfolgenden Farbstoffes verhindert (*Vordruckreserve*). Als *Ätz-* oder *Überdruckreserven* werden Druckarten verstanden, bei denen eine meist durch Foulardieren aufgebrachte Farbstoffkomponente durch Aufdruck von mechanisch oder chemisch wirksamen Reserven an der nachfolgenden Farbstoffbildung gehindert werden. Dabei kann die Farbstoffbildung durch Auffärben oder Drucken mittels der zweiten Farbstoffkomponente herbeigeführt werden oder die Entwicklung des Farbtons durch die nachfolgende Behandlung an den nicht reservierten Stellen erfolgen. Die Bezeichnung Ätzreserve kommt daher, daß die eine Farbstoffkomponente zerstört (geätzt) und damit gegen die eigentliche Farbstoffentwicklung reserviert wird. Da Weißreserven ebenfalls im Druck schlecht sichtbar sind, können, wie bereits beim Ätzdruck beschrieben, Markierungsfarbstoffe oder optische Aufheller den Reservierungspasten zugesetzt werden. Da ein Färben mit den in der Färberei üblichen Einrichtungen wie Haspelkufen, Jigger usw. zum „Brechen" der reservierten Muster und damit zum Eindringen der Farbstoffe in die Reservemuster führt, werden die reservierten Stückwaren meist *gepflatscht* und seltener mit gering verdickten Farbstofflösungen foulardiert. Stückwaren, die durch Reservieren im Druck gemustert wurden, erkennt man oft an der etwas geringeren Konturenschärfe und dem gegenüber dem Ätzdruck oft schlechteren Durchdruck. Die Druckmuster (Decker) sind in der Regel nicht sehr groß. Der nachträglich angefärbte Druckboden (Fond) zeigt oft eine Anfärbung, die in der Regel auf der linken Warenseite weniger tief und weniger gleichmäßig (egal) ist, als es bei geätzten Waren der Fall ist. Meist ist es jedoch nicht möglich, den Reserve- vom Ätzdruck einwandfrei zu unterscheiden. Als Vorzug des Reservedrucks muß die Möglichkeit, alle Farbstoffe zum Nachfärben verwenden zu können, genannt werden, was für die Fondfärbung im Ätzdruck nicht möglich ist.

Bei der Auswahl der beschriebenen Druckarten ist zu berücksichtigen, daß für den Direkt- oder Aufdruck sämtliche Farbstoffklassen geeignet sind, und es wird diese Druckart deshalb am häufigsten verwendet. Die Größe der Decker ist weitgehend von den mechanischen Druckeinrichtungen und teilweise auch der Druckart abhängig, wobei im Ätz- und Reservedruck in der Regel kleinere Decker üblich sind. Bei Verwendung von Farbstoffen, die nicht oder schlecht ätzbar sind, ist es notwendig, den Reservedruck anstelle der Ätze einzusetzen. Auch können durch Druck reservierte Textilien unter normalen Umständen unbeschränkt gelagert werden, wenn die verwendete chemische Reserve dadurch nicht an Wirksamkeit einbüßt, wogegen geätzte und getrocknete Gewebe möglichst umgehend nachbehandelt (entwickelt) werden müssen.

2. Druckverfahren

In diesem Abschnitt sollen alle mechanischen Druckeinrichtungen und -verfahren beschrieben werden, die zum Auftragen der Druckpasten dienen und sich vor allem in der Produktionsmenge pro Zeiteinheit unterscheiden.

Hand-, Model- oder Blockdruck

Dieses Druckverfahren ist, abgesehen vom Bemalen von Textilien, das älteste. Es hat jedoch heute sehr untergeordnete Bedeutung, da nur eine geringe Produktion erreichbar ist und die Einhaltung des genauen *Rapportes* von der Sorgfalt des Druckers abhängt. Im Prinzip gleicht dieses Verfahren dem Stempeln mit erhaben gearbeiteten Druckmustern. Dabei wird der verdickte Farbstoff aus einem ,,Chassis" auf das erhaben gearbeitete Muster des Models gebracht (Einfärben) und auf die auf dem Drucktisch befestigte Ware übertragen.

Das *Model* (Block) besteht aus Schichtholz, um ein ,,Arbeiten" des Holzes auszuschalten und eine möglichst ebene Druckfläche zu erhalten. Handmodel bestehen in der Druckfläche aus Birnenholz, das von den Harthölzern am wenigsten zum Reißen neigt und auch den ständigen Wechsel von Naß- und Trockenbeanspruchung unverändert übersteht. Wegen der Schwere des Holzmodels sind Ausmaße von 40 × 60 cm als maximal zu bezeichnen, wenn noch eine gute Handhabung gewährleistet sein soll. Der Handdruck wird heute noch als handwerkliche Arbeit mit besonderen Musterungen, meist als Einfarbendruck, ausgeführt. Das Model wird von Schnitzern hergestellt. Dabei wird das Druckmuster erhaben als Relief herausgearbeitet. Da es schwierig ist, das Model mit feinen Linien oder Punkten zu schnitzen, werden oft Messingstifte oder Messingbleche in das Holz eingeschlagen und dienen so als Druckrelief (s. a. Reliefdruck, S. 8). Bei größeren Flächen ist es auch möglich, Wollfilz zwischen die Bleche einzufügen und damit das umständliche Schnitzen zu ersparen.

Das *Chassis* besteht aus einem Kasten, in den *falsche Farbe*, d.h. Druckverdickung ohne Farbstoff, eingegossen wird. In diesen rechteckigen Kasten wird ein weiterer Kasten eingesetzt, der gegen die Druckverdickung ein Gummituch enthält und damit die elastische Unterlage für das ,,Stempelkissen" (Chassis) darstellt. Auf das Gummituch des Einsatzes wird ein Wollfilz gelegt, der mit dem leicht verdickten Druckfarbstoff eingestrichen wird. Nun wird das Model auf den Wollfilz aufgedrückt und damit der Farbstoff auf das Relief des Models übertragen.

Der *Drucktisch*, der als Kurztisch 5–10 m und als Langtisch bis zu 50 m Ware aufnehmen kann, gleicht dem Filmdrucktisch. Die Ware wird, wenn ein Gummituch verwendet wurde, wie beim Filmdruck aufgeklebt, und wenn mit Mitläufer oder Filz gearbeitet wird, mit Spezialnadeln „aufgenadelt". Das im Chassis „eingefärbte" Druckmodel wird nun auf die aufgespannte Ware aufgedrückt, durch Aufschlagen eines Schlegels oder Handdruckhammers der Druck verstärkt und damit der Farbstoff auf die Ware übertragen (*Abtupfen* oder *Abschlagen*).

Zur *Rapportierung*, d.h. zur exakten Einhaltung des Musters, dienen *Rapportstifte*. Das sind Messingstifte, die, an den Modelecken eingeschlagen, das Ansetzen des Models in waagerechter und senkrechter Richtung exakt erlauben. Meist muß der Druck durch Rapportierung in beiden Geweberichtungen erfolgen, da Druckmodeln über die gesamte Gewebebreite zu schwer wären. Bei entsprechend großen Modeln ist im Handdruck eine maximale Produktion von 60 m/h erreichbar, wenn nur mit einer Farbe gedruckt wird. Der Handdruck wurde fast restlos vom Filmdruck abgelöst.

Perrotinedruck

Dieses Druckverfahren kann als *mechanisierter Handdruck* bezeichnet werden. Die erste maschinelle Einrichtung wurde 1834 von PERROT in Frankreich gebaut. Die Weiterbewegung der Ware auf speziellen Druckkissen wurde mit Exzentern vorgenommen, und die Modeln werden über ein spezielles Chassis mit Farbstoffverdickungen „eingefärbt". Die mechanische Einrichtung war sehr kompliziert und führte oft zu Störungen. Der Perrotinedruck gehört heute mehr der Vergangenheit an als der ältere Modeldruck.

Walzendruck

Zur Übertragung des verdickten Farbstoffes auf die Ware sind im Walzendruck – abgesehen vom Rotationsfilmdruck – die folgenden Möglichkeiten vorhanden:

Reliefdruck,
Rouleauxdruck,
Spezialdruckverfahren.

Beim *Reliefdruck* wird der Farbstoff mittels erhaben aus der Walze gravierten Mustern auf die Textilie gebracht. Im *Rouleauxdruck* (Walzendruck) werden tief gravierte Walzen verwendet, aus denen Farbstoff auf die Ware übertragen wird.

Reliefdruckmaschine. Die Konstruktionen (Abb. 1) sind heute selten und werden hauptsächlich für einfache Muster verwendet, die, um ein Ineinanderfließen der Decker zu vermeiden, nur Muster enthalten, die einen größeren Abstand voneinander haben. Feine Konturen lassen sich im Reliefdruck nicht erzeugen, und es ist unmöglich, Punkte unter einem Durchmesser von 0,5 mm herzustellen. Die Maschinen werden zum Teil heute noch im Kettdruck (S. 263) verwendet, bei dem weder feine Konturen noch Konturenschärfe verlangt wird.

Die Stückware oder Webkette wird, wie auch beim Rouleauxdruck, faltenfrei an den bombierten *Presseur* (*Tambour*) geführt, durch ein *Drucktuch* die Bombage vor Verschmutzung geschützt und durch einen etwas breiteren *Mitläufer* die durchgedruckte Farbverdikkung aufgenommen und der Farbstoff mittels Reliefwalzen übertragen. Das *Farbwerk* unterscheidet sich jedoch von dem im Rouleaux verwendeten. Aus dem *Chassis* (*Farbtrog*) wird der verdickte Farbstoff an einen mindestens 5 mm starken, endlosen Wollfilz (*Farbübertragfilz*) geführt, der, durch 2–4 Leitwalzen geführt, den Farbstoff an die erhabenen Stellen der *Druckwalze* abgibt und diese wiederum die Ware mustermäßig bedruckt. Der Preßdruck der Walzen an die Ware ist weit geringer als im Rouleauxdruck, wodurch die Reliefdruckmaschine wesentlich leichter gebaut werden kann. Die kaum mehr hergestellten Maschinen wurden mit einer maximalen Druckwalzenzahl von 8 Farben gebaut, die sich um den entsprechend dimensionierten Tambour gruppieren.

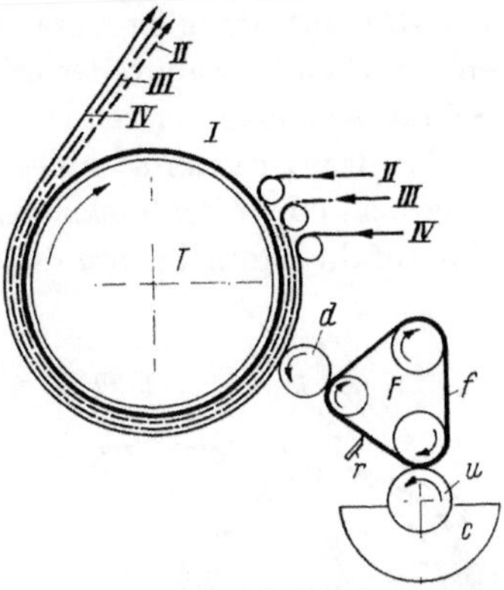

Abb. 1. Schema der Reliefdruckmaschine. *T* Tambour; *F* Farbwerk mit *c* Chassis (Farbtrog), *d* Reliefdruckwalze, *f* Farbübertragefilz, *r* Rakel und *u* Übertragungswalze; *I* Bombage (Lapping); *II* Drucktuch; *III* Mitläufer; *IV* Ware.

Um den Farbstoffauftrag, den der Filz mitbringt, zu begrenzen, kann man ein *Abstreifrakel* verwenden, welches, starr montiert, mit gewissem Druck an den Übertragungsfilz eingestellt wird.

Die *Reliefdruckwalzen* sind Holzwalzen und können aus einem Stück gearbeitet oder auch aus entsprechenden Segmenten zusammengesetzt (verleimt) werden. Bei großen Deckern werden die erhabenen Musterflächen aus Holz belassen. Da jedoch die zu übertragende Farbstoffmenge dadurch eingeschränkt bleibt, werden meistens Messingbleche als Außenkontur der Decker in die Walze geschlagen und das Muster selbst mit einem ausgestanzten Wollfilz ausgefüllt. Zur Herstellung von Punkten werden Messingstifte und für Linien entsprechende Messingblechstreifen verwendet.

Wegen der geringen Pression der Druckwalzen gegen den Tambour muß dieser, wie auch die Walzen des Farbwerks, synchron angetrieben werden. Die Ware wird wie auch beim Rouleauxdruck nach dem Drucken in entsprechenden Trockenmaschinen getrocknet, die ebenfalls mit der Druckmaschine synchron angetrieben werden. Vor dem Drucken ist es notwendig, den Übertragungsfilz etwas einlaufen zu lassen oder mit Druckpaste gut zu benetzen, um sofort einwandfreie Drucke zu erhalten. Die Rapportierung ist einfacher als auf dem Rouleaux und kann mittels entsprechender Zahnräder erfolgen. Für den Anpreßdruck werden meist Schraubspindeln verwendet.

Rouleauxdruckmaschine. Die Konstruktionen (Abb. 2), oft als *Walzendruck-* oder *Tiefdruckmaschinen* bezeichnet, unterscheiden sich in der Warenführung nicht von der Reliefdruckmaschine. Die Ware wird über einen bombierten **Tambour** (*Presseur*) geführt. Der Presseur besteht aus einer geglätteten Hohlwalze, auf welche als Bombage ein kräftiges, evtl. gummiertes Woll- oder Wollfilzgewebe (*Lapping*) faltenfrei in 10 bis 16 Lagen aufgewickelt wird. Die erste Lage wird meist an den Presseur geklebt. Da das Bombagegewebe hauptsächlich in der Kette beansprucht wird, enthält es meist strapazierfähige Leinenkettfäden, doch werden neuerdings dafür auch Polyamidfäden verwendet. Um ein möglichst nahtloses Auslaufen der Bombage zu erreichen, wird diese am Ende auf 40–50 mm ausgefranst, und die verbliebenen Kettfädenfransen werden mit Bienen- oder Japanwachs oder anderem Klebstoff an die Unterlage geklebt. Lappings haben meist eine Lebensdauer von einem Jahr; und es müssen dazwischen beschädigte Außenlagen abgewickelt und die neuen Enden, wie beschrieben, an der Unterlage befestigt werden. Werden jedoch mehr als 4 Lagen abgewickelt, leidet die Qualität des Druckes, und man wird den Tambour dann vollkommen neu bombieren müssen.

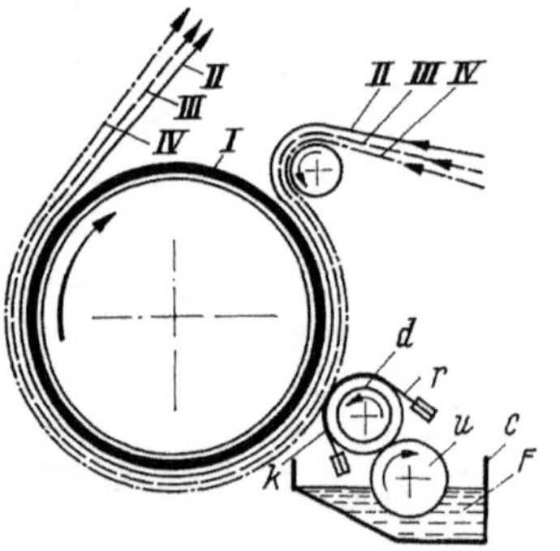

Abb. 2. Schema der Rouleaux-(Walzen-) Druckmaschine. *F* Farbwerk mit *c* Chassis (Farbtrog), *d* Druckwalze, *u* Übertragungswalze, *r* Rakel und *k* Konterrakel; *I* Bombage; *II* Drucktuch; *III* Mitläufer; *IV* Ware.

Zur Verstärkung der elastischen Unterlage für das zu bedruckende Gewebe wird über den bombierten Presseur ein **Drucktuch** (*Druckdecke, Blanket*) geführt. Es handelt sich dabei um ein Spezialgewebe aus 2–6fach kaschiertem Baumwollperkal mit einer Gummibeschichtung, die außen liegt. Das gummierte Drucktuch schützt außerdem die Bombage vor Farbstoffverschmutzung. Je nach Konstruktion, bzw. ob mit oder ohne Mitläufer gearbeitet wird, verwendet man Drucktücher in Längen von 15–40 m und entsprechender Breite, die bei sachgemäßer Behandlung sehr lange haltbar sind. Besonders empfindlich sind sie gegen eingepreßte

Falten, die zum Brechen führen. Rein textile Drucktücher sind jedoch nach 3–5 Jahren verbraucht, gummierte haben meist die doppelte Lebensdauer. Früher war es notwendig, die gelieferten Tücher selbst zu vernähen, wobei wulstfreie Nähte notwendig waren, heute werden endlose Drucktücher nach verlangter Länge geliefert.

Lappings und Drucktücher werden u.a. von folgenden Firmen geliefert:

Heimbach *Hocks* *Tuchfabrik*

Als **Mitläufer** werden Baumwollgewebe verwendet, welche die Aufgabe haben, durchgedruckte Farbpaste und, wenn über die Warenleiste hinausgedruckt wurde, auch diesen Farbstoff aufzunehmen. Dabei wird der Mitläufer je nach Menge des Durch- oder Seitendrucks mehr oder weniger schnell verschmutzt und kann keinen weiteren Farbstoff aufnehmen. Als Mitläufer werden oft „verdruckte" Stücke verwendet, die jedoch möglichst eine um mindestens 15 cm größere Breite als die Druckware haben sollen. Ferner sollen die Einzelstücke möglichst lang sein, da jede Naht im bedruckten Gewebe, auch wenn Spezialnähte ohne Wulst hergestellt werden, Fehldrucke ergeben. Kleine Stückabschnitte sind für den Zweck vollkommen unbrauchbar. Oft ist es auch möglich, *Andrucke* zu verwenden, wenn diese möglichst lang sind. Man verwendet meistens Mitläuferstücklängen von 150 m und mehr. Beim kontinuierlichen Druck, bei dem der Mitläufer nach einmaliger Verwendung nur getrocknet wird, sind je Rouleaux 4000–5000 m notwendig. Dabei passiert der Mitläufer bei kleinen Deckern meist bis zu 10mal das Rouleaux und wird meist beidseitig verwendet.

Werden Mitläufer zu lange verwendet, werden die Drucke meist stärker *verquetscht*, die Konturen unscharf und die Decker u.U. schütter, es leidet auch der Durchdruck. Mitläufer werden meist in konventionellen Strang-, seltener Breitwaschmaschinen kochend gewaschen und anschließend faltenlos auf Zylindern getrocknet. Obwohl die meisten Farbstoffe auf dem Mitläufer nicht fixiert wurden, werden die Gewebe doch nach einer gewissen Zeit unbrauchbar, verlieren zumindestens teilweise ihre Saugfähigkeit, verschleißen und müssen erneuert werden.

Von *Küsters* wird eine Anlage empfohlen, mit der es möglich ist, anstelle von 4000–5000 m Mitläufer je Rouleaux mit 200–300 m auszukommen. Als Mitläufergewebe werden Gewebe aus Baumwolle mit synthetischen Fasern jeweils mit 50% in Kette oder Schuß empfohlen. Der vom Rouleaux kommende Mitläufer wird sofort in der *Vibrotex-Breitwaschmaschine* gewaschen, auf dem über der Waschmaschine angebrachten *Aquaroll-Quetschwerk* auf 20–30% Restfeuchte entwässert und über ein Warendepot dem Rouleaux wieder zugeführt (Abb. 3). Es hat sich gezeigt, daß die mit einem Mitläufer und der angegebenen Restfeuchte gedruckte Ware meist bessere Konturen zeigt und trotz der starken Entwässerung der Mitläufer eine längere Lebensdauer hat, als wenn er konventionell nach dem Druck getrocknet, mehrmals beidseitig verwendet, außerhalb der Maschine gewaschen und getrocknet wird. Da der Mit-

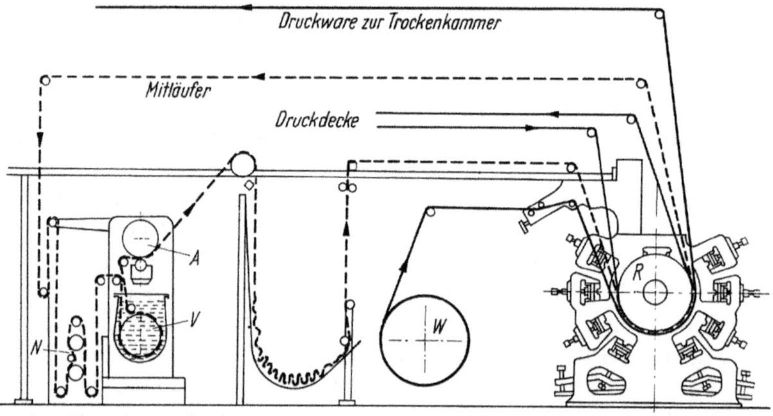

Abb. 3. Schema der Mitläuferwäsche mit der *Küsters*-Vibrotex-Breitwaschmaschine und Entwässern durch das Aquaroll-Quetschwerk. *R* Rouleaux; *W* Druckware als Großkaule; *A* Aquaroll-Quetschwerk; *V* Vibrotex-Breitwaschmaschine; *N* Vornetztrog.

läufer nach dem Drucken in feuchtem Zustand gewaschen wird, ist er leichter zu säubern, und es wird daneben noch eine Vortrockenkammer erspart, wodurch das *Zwischenwerk* (Raum zwischen Rouleaux und Trockner) weniger stark durch die Mitläuferreserve belastet wird.

Von *W. R. Grace & Co.*, 701, Concord Ave., Cambridge Mass./USA werden als DAREX-Drucktücher spezielle Blankets hergestellt, die von *Dewey* in Europa vertrieben und u.a. von folgenden Firmen verwendet bzw. empfohlen werden: *Comerio Ercole, Deck, Kleinewefers, Mather-Platt, SACM.* Als DAREX-Hi-ram wird eine Druckdecke angeboten, welche die Verwendung der Bombage auf dem Presseur erspart. Dabei läuft die Druckdecke endlos um den Presseur, und man benötigt nur einen Mitläufer, da die Bombage mit dem Drucktuch vereinigt wurde. Eine weitere Möglichkeit der Verwendung von speziellen Drucktüchern zeigt die Abb. 4. Dabei wird anstelle des Lappings wiederum das glatte DAREX-Hi-ram-Drucktuch verwendet und anstelle des konventionellen Drucktuchs entweder das *Versaprint- oder Nyloprint-Drucktuch*, welches eine feine Rillung aufweist und dadurch durchgedruckten Farbstoff ohne Verwendung eines Mitläufers festhält. Dabei werden je nach Qualität vom Drucktuch bis zu 170 cm³/m² Farbstoffverdickung aufgenommen, dadurch können eine Vielzahl von Metern ohne Mitläufer gedruckt und es kann in der *DAREX-Bürsten-Wasch- und Trockenanlage* gewaschen und getrocknet werden. Das Drucktuch wird dabei zuerst mit Reinigungslösung (Warmwasser evtl. mit Waschmittel) besprüht, mit Bürsten gewaschen, abgequetscht und wiederum mit schnellaufenden Bürsten getrocknet und über Spannwalzen dem Rouleaux zugeführt. Die

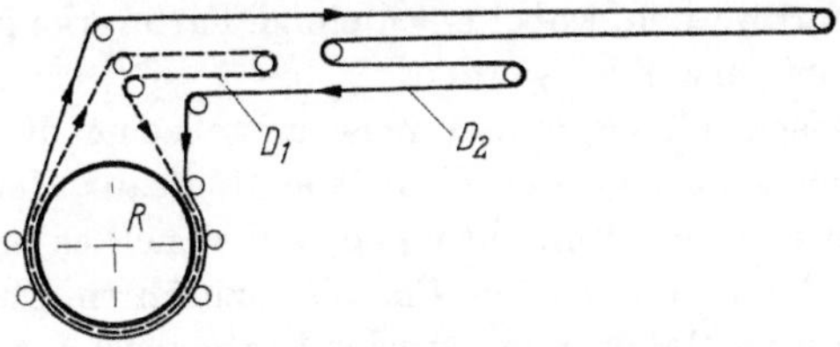

Abb. 4. Prinzip der Verwendung von DAREX-Druckdecken ohne Mitläufer. *R* Rouleaux; D_1 glatte DAREX-Hi-ram-; D_2 gerillte Versaprint- oder Nyloprint-Druckdecke.

universellste DAREX-Anlage zeigt die Abb. 5. Da es bei verschiedenen Warenqualitäten nicht möglich ist, ohne Mitläufer auszukommen, erlaubt diese Anlage die Verwendung eines Mitläufers, der jedoch in weit geringerer Menge (s.a. S. 11) benötigt wird, da er in der *DAREX-Kombinations-Waschanlage 466* (Abb. 5) neben dem Drucktuch gewaschen

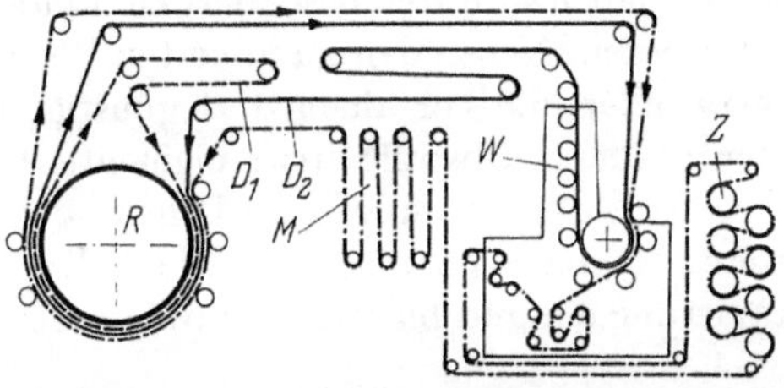

Abb. 5. Prinzip der Verwendung von DAREX-Druckdecken mit Mitläufer und deren Wäsche. *R* Rouleaux; D_1 DAREX-Hi-ram-, D_2 Versaprint- oder Nyloprint-Druckdecke; *M* Mitläufer; *W* Bürstenwasch- und Trockenmaschine für D_2 und *M*; *Z* Zylindertrockenmaschine für *M*.

werden kann. Es ist jedoch möglich, auch den Mitläufer oder auch nur das Drucktuch zu waschen. Auch bei der Mitläuferwäsche wird mit speziellen Bürstenwalzen, allerdings im Vollbad, der Mitläufer beidseitig gewaschen (Orbital Fibre Flexing). Oberhalb der Waschkufe wird beidseitig abgespritzt und über ein 3-Walzen-Quetschwerk auf einen niedrigen Feuchtigkeitsgehalt (30%) abgequetscht. Obwohl es möglich ist, mit gut entwässertem Mitläufer zu drucken, macht sich doch oft ein Trocknen notwendig, das durch mehrere Trockenzylinder erfolgen kann.

Das **Farbwerk** besteht aus der gravierten *Tiefdruck-*, der *Übertragungswalze*, dem *Chassis* (*Farbtrog*) und den *Rakeln* (Normal- und Konterrakel). Jeder Farbton erfordert, wenn nicht nach speziellen Verfahren hergestellte Druckwalzen *Farbabläufe* (*Abschattierungen*) mit einer Druckwalze erzeugt werden, eine Druckwalze, welche über Zahnkranz und Ritzel angetrieben wird und durch die Pression an den Tambour auch diesen antreibt. Die Farbwerke werden um den Presseur angeordnet und bedingen dadurch die Größe des Tambours. Es werden auf besonderen Wunsch Rouleaux mit 26 Farbwerken gebaut. Normalerweise arbeitet man mit 8–16 Farbwerken, wobei meist einige Farbwerke für den Einbau von *Wasserwalzen* verwendet werden.

Das *Chassis* ist ein Trog, in den meist mittels einer Kelle die Druckpaste vom Drucker eingegossen wird. Alle Rouleaux-Hersteller liefern jedoch auf Wunsch auch Einrichtungen, mit denen es möglich ist, die Druckpaste durch eine Pumpe dem Chassis zuzuführen. Chassis bestehen aus korrosionsfestem Material und werden heute meist aus Edelstahl hergestellt. Es besteht weiter die Möglichkeit, die Tröge vertikal und horizontal zu verschieben, um sie besser reinigen zu können.

Als *Übertragungswalzen* werden meist Eisenhohlwalzen mit einer Gummierung verwendet, welche in die Druckpaste des Chassis eintauchen und den Farbstoff auf die Druckwalze übertragen. Dabei laufen die Übertragungswalzen nicht an den Druckwalzen, und keineswegs werden sie gegen die Druckwalzen gepreßt, sondern haben einen Abstand von 2–3 mm. Um bei schnellaufenden Rouleaux ein Verspritzen der Druckpaste zu vermeiden, können sie durch besondere Zahnräder, bis 1:3 untersetzt, angetrieben werden. Neben den gummierten Walzen werden auch *Bürstenwalzen* verwendet, die vor allem dort günstig sind, wo wasserunlösliche Pigmente oder Farbstoffe bzw. pigmentierte Ätzpasten gedruckt werden, welche die Gravierungen der Druckwalze „zusetzen" und dadurch ein öfteres Reinigen notwendig machen. Die Bürsten greifen etwas in die Gravierung ein und bürsten dadurch eingesetzten Farbstoff heraus.

Die *Druckwalzen* sind Kupferhohlzylinder, die man auf Stahlspindeln aufspindelt. Heute werden vielfach hartverchromte Walzen wegen ihrer besseren Haltbarkeit verwendet (S. 38). Als *Wasserwalzen* bezeichnet man entweder *glattpolierte*, *Picot-* oder *Haschurenwalzen*, die normalerweise nicht dem Druck dienen. Sie haben die Aufgabe, zwischen den einzelnen Farbwerken verwendet, aus den aus „vorhergehenden Händen" auf das Material aufgedruckten Farbstoff vom Decker abzuheben, damit er nicht über die folgenden Druckwalzen in die Chassis gebracht wird und zu Nuanceänderungen führt. Im Chassis der Wasserwalzenwerke wird nur geringviskose Verdickung verwendet, welche den überschüssigen Farbstoff, der von der Wasserwalze vom Decker abgehoben wurde, aufnimmt. Wasserwalzen können jedoch auch aus „erster Hand" verwendet werden und heben dann Fasern oder Flusen von der Ware vor dem Druck ab. Diese Anwendung ist jedoch selten, da Druckware in gesengtem und ausreichend gebürstetem Zustand zum Rouleaux kommen sollte. Aus

„letzter Hand" und teilweise auch zwischen den Farbwerken haben Wasserwalzen oft die Aufgabe, den Druck so weit zu „verquetschen", daß ein egaler (gleichmäßiger) Decker entsteht. Aus „letzter Hand" erfüllen sie daneben noch die Aufgabe, den überschüssigen Farbstoff aufzunehmen und damit zum leichteren Trocknen beizutragen. Wasserwalzen werden meist kugelgelagert und nicht angetrieben, sondern nur vom Presseur mitgenommen.

Picot- (1000-Punkt-Walzen) werden in ähnlicher Form, wie sie Bienenwaben zeigen, graviert und dienen bei Verwendung aus „letzter Hand" auch zum Auftragen (Pflatschen) von verdickten Chemikalienlösungen, die z.B. den Druckfond beim nachfolgenden Dämpfen vor übertragenen Chemikalien (z.B. Ätzen) schützen, wodurch oft eine besondere Vorbehandlung der Ware erspart wird. Ähnlichen Zwecken dienen auch *Haschurenwalzen*. Auch *Gründelwalzen* können zu gleichen Zwecken verwendet werden, meist wird jedoch damit eine Anfärbung des Fonds nach dem Drucken mit hellen Tönen bezweckt. Es handelt sich dabei um Walzen mit kleinen, aber sehr eng aneinanderliegenden Gravuren, die meist nicht rapportieren, und mit denen der größte Teil des unbedruckten Fonds „angefärbt" wird. Es ist dadurch eine Färbung zu imitieren, die auf dem Rouleaux mit dem Gründeldruck (S. 103) zu erreichen und, wenn kein Durchdruck verlangt wird, in allen Fällen billiger ist als eine Vorfärbung.

Unter **Rapportierung** versteht man die Einstellung der Druckwalzen unter entsprechendem Druck an den Presseur, in vertikaler und horizontaler Richtung, um einen dem Entwurf entsprechenden Druck (Rapport) auch während des Druckens aufrechtzuerhalten. Diese Arbeiten mit dem Säubern, Einziehen des Mitläufers und der Ware fallen unter die *Rüstzeiten*, und man ist bemüht, diese so kurz wie möglich zu halten, um den eigentlichen Druck so wirtschaftlich wie möglich zu gestalten.

Zur *Herstellung der Pression* werden in den älteren Konstruktionen, die jedoch heute immer noch im Betrieb sind, *Schraubenspindeln* verwendet, die mit Hilfe von Stiften (Dorne) eine beidseitige Verstellung des Anpreßdruckes auch während des Druckens erlauben. Oft werden die Druckwalzen der unteren Farbwerke auch durch Hebel belastet. Diese Druckgebung ist unelastisch und kann nur gefühlsmäßig erfolgen, da eine genaue Druckanzeige für beide Maschinenseiten fehlt. Eine Verbesserung, die auch heute noch üblich ist, besteht in der Verwendung von *Tellerfedern*, deren Druck mit Schraubenspindeln verändert wird (Abb. 6). Damit wird eine elastischere Anpressung erreicht, und Lapping, Druckdecke und Ware werden mehr geschont. Die heute hauptsächlich gebauten Rouleaux arbeiten mit *ölhydraulischer*, *pneumohydraulischer* und auch *elektromagnetischer* Druckgebung. Dabei ist es möglich, die Druckverhältnisse über ein Steuerpult mittels Schalter zu verändern, auch ist die Pression an Manometern für beide Seiten abzulesen und bei Wiederholung des Kolorits schneller einzustellen. Meist ist der Druck an der Antriebsseite höher, da dort die Antriebskräfte kompensiert werden müssen. *Kleinewefers* arbeitet z.B. beim Autoprint 2 für eine maximale Arbeitsgeschwindigkeit von 80 m/min mit pneumatischer Druckerzeugung von etwa 3 t an jeder Seite, was einem Preßluftdruck von 7 t in der Leitung entspricht. Für Druckgeschwindigkeiten bis 150 m/min sind an jeder Seite 5 t erforderlich, die mit Preßluft von 12 atü erreicht werden.

Abb. 6. 8-Farben-Autoprint 1 (*Kleinewefers*). Pression wird durch Schraubenspindeln über Tellerfedern erzeugt. Rakelantrieb mit besonderem Motor.

Zur Steuerung und Veränderung des *Höhenrapportes* muß die Druckwalze in Längsrichtung des Gewebes verstellbar sein. In älteren Konstruktionen wurden dafür besondere, über Schneckenräder bewegliche Rapporträder verwendet, die vom Drucker während des Laufens der Maschine verändert werden mußten. Allerdings wurde dann mit verminderter Geschwindigkeit gefahren, und die Schneckenräder werden mittels besonderer Schlüssel verstellt. Es war dann notwendig, daß der Drucker seinen Arbeitsplatz verlassen mußte und dadurch „auf Verdacht“ verstellte. Von *Kleinewefers* u.a. Firmen wird dafür Preßluft eingesetzt, die über Druckknöpfe zum Heben und Senken der Rapportiergetriebe führt. Der Autoprint 2 benötigt bei langsamen Maschinen 30 cm durchlaufende Ware für eine Höhenverstellung von 1 mm, die schnelllaufenden Maschinen 60 cm. Die Grobeinstellung wird meist vor dem Anlaufen der Maschine mittels Hebeln vorgenommen.

Da zum Druck nicht immer Druckwalzen vollkommen gleichen Walzenumfangs verwendet werden, war es bei den alten Konstruktionen notwendig, für jedes Farbwerk besondere Zahnräder zu verwenden, wenn der Walzenumfang um 30–40 mm differierte. Um mit möglichst wenig Zahnradsätzen auszukommen, werden verschiedene Konstruktionen eingesetzt. *Kleinewefers* arbeitet z.B. im Autoprint 2 mit 3 Rapportsätzen, die je-

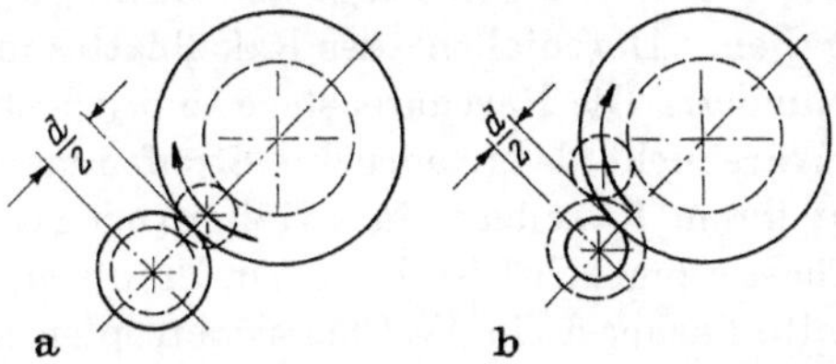

Abb. 7. Schwenkbares Rapportgetriebe im Autoprintrouleaux (*Kleinewefers*) zum variablen Zahneingriff bei unterschiedlichem Druckwalzenumfang ($d/2 = 1/2$ Durchmesser der Druckwalze). a) Stellung bei größtem Umfang; b) bei kleinstem Umfang der Druckwalze.

weils für Druckwalzenumfänge von 375–720 mm verwendbar sind. Der Einsatz der einzelnen Sätze richtet sich daneben auch nach der Druckwalzen- und damit Warenbreite (700–1900 mm) und ist selbstverständlich auch der gesamten Konstruktion des Rouleaux angepaßt. Die Besonderheit dieser Rapportsätze besteht darin, daß das Rapportiergetriebe um die Antriebsachse schwenkbar ist und damit der Zahneingriff den jeweiligen Bedingungen angepaßt werden kann (Abb. 7). Auf diese Art werden mit 3 Radsätzen früher übliche 12 ersetzt.

Durch Verwendung von Wälzlagern ist es weiter möglich, über einen Vierkant auch die vertikale Verschiebung der Druckwalze vorzunehmen. Im Autoprint 2 sind z.B. seitliche Verschiebungen bis zu 30 mm möglich. Auch eine Schrägverstellung ist beim *Einrichten des Seitenrapports* möglich. *Mather-Platt* verwendet für die Vertikaleinstellung eine Schrägstirnradkombination, über welche der Hauptantrieb erfolgt und dadurch ein verstärkter Verschleiß einfacher Zahnräder vermieden wird.

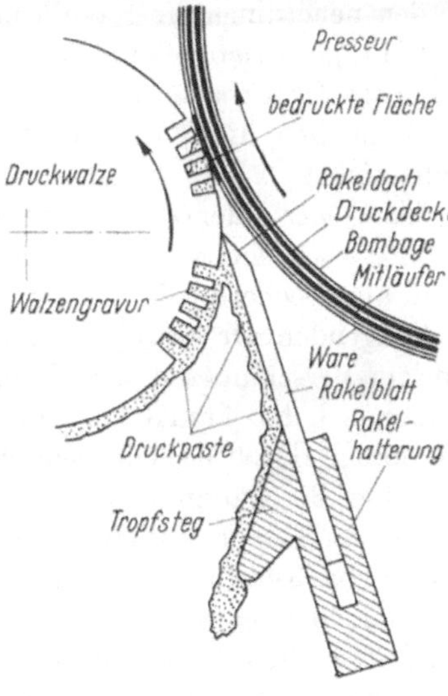

Abb. 8. Schema der Wirkungsweise der Normalrakel im Rouleaux.

Die Aufgabe der **Rakeln** unterscheidet sich auf Grund ihres Einsatzes. Die *Normalrakel* hat die Aufgabe, die Farbstoffpaste von der Druckwalze dort abzustreifen, wo keine Gravur vorhanden ist (Abb. 8). Diese Rakel besteht aus einer Stahlschiene, die vorn scharf zugeschliffen ist und mittels Hebeln oder Gewichten belastet, an die Druckwalze angepreßt wird, bevor diese mit der Ware in Berührung kommt. Abgesehen von sehr kleinen Deckern oder feinen Konturenstreifen werden die Druckwalzen mit *Haschuren* (S. 17) graviert, deren Stege als Stütze für die angepreßte Rakel dienen und ein „Durchfallen" des Rakelblattes in die Gravur der Druckwalze verhindern. Die Haschurenstege sind jedoch so schmal, daß sie sich auf der Ware nicht als unbedruckte Streifen markieren. Die Normalrakel ist mit ihrem Rakelblatt in 2 Haltern eingesetzt. Der untere Teil, der dem Chassis zugekehrt ist, hat einen *Tropfsteg (Abtropfschiene)*, um die abgestreifte Farbpaste in das Chassis abtropfen zu lassen. Um jedoch ein gleichmäßiges Abstreifen der Druckpaste zu erreichen, ist es notwendig, die Rakel changierend-vertikal an der Druckwalze zu bewegen. Dazu dient eine Scheibe, an der die Stoßstangen und Stößel der Rakel befestigt werden und die vom Presseur über einen Exzenter bewegt wird. Dadurch ist eine Steigerung der Rakelbewegung bei schneller laufender Maschine gewährleistet. Da jedoch durch unterschiedlich schnelles Rakeln von Druckwalze zu Druckwalze bessere Effekte erzielt werden, werden neuerdings die Rakeln mit Einzelmotoren angetrieben, die mit dem Hauptantrieb gekoppelt sind und damit der Gravur und der verwendeten Druckpaste in der Changierung angepaßt werden. Es ist dadurch möglich, die Changierbewegungen zu untersetzen bzw. auch zu beschleunigen.

Als *Konter-* oder *Gegenrakel* werden meist nichtchangierende Messingrakeln verwendet, welche die Aufgabe haben, die überschüssige Farbpaste aus Deckern, die aus „vorheriger Hand" gedruckt und von der nachfolgenden Druckwalze aufgenommen wurden, abzuheben und damit ein Verschmutzen der Druckpaste im Chassis zu vermeiden. Es handelt sich dabei um die gleiche Aufgabe wie die der Wasserwalzen. Ferner werden durch Gegenrakeln ebenfalls Fasern und Flusen abgestreift. Um eine Beschädigung der Gravur zu vermeiden, werden weichere Messing- und keine Stahlrakelblätter verwendet. Das Rouleaux muß auch aus diesem Grund so konstruiert werden, daß ein Rücklauf unmöglich ist. Alle Rakelblätter werden auf besonderen *Schleifmaschinen* oder mit der Hand geschliffen. Dabei wird zuerst mit einer groben Feile das Rakelblatt „egalisiert" und in der Mitte um 3–5 mm tiefer ausgeschliffen, um den Druck an den Außenkanten während des Gebrauches zu kompensieren. Geprüft wird dieser Konkavschliff durch Anlegen eines Lineals in der Durchsicht, wobei sich an der Schneide keine unregelmäßigen Ein- oder Ausbuchtungen zeigen dürfen. Nun wird mit einer feineren Feile das „Rakeldach" (Abb. 8, S. 17) hergestellt und damit die Schärfe erreicht. Das Rakeldach kann einen Winkel von 20–45° haben und wird meist mit einer besonderen Blechlehre geprüft. Zum Schluß wird mit einem Ölstein

(Levantiner) der Schleifgrad an beiden Seiten der Schneide entfernt, der sonst zu gefürchteten „Walzenanreißern" führen würde. Geprüft wird die Schneide mit dem Fingernagel, der bei leichter Berührung auch unsichtbare Unebenheiten und zurückgebliebenen Schleifgrat erkennen läßt, der mit freiem Auge nicht mehr sichtbar ist.

Nach dem Einbau aller Teile, Einziehen des Mitläufers und der Ware wird Druckpaste in das Chassis eingegossen, und der Druck kann beginnen. Bei stehender Maschine ist ein Einrapportieren mit der verlangten Genauigkeit nicht möglich, und man druckt meist zuerst auf neuen Mitläufer und reguliert Anpreßdruck und Rapportierung. Hat man die erwünschte Genauigkeit erreicht, werden einige Meter der Originalware bedruckt und nochmals die Rapportierung geprüft, bzw. muß der Drucker auch während des Druckens die Rapportierung laufend prüfen und möglichst bei laufender Maschine regulieren.

Hilfsmaschinen für den Rouleauxdruck. Die zum Trocknen verwendeten Einrichtungen, welche mit dem Rouleaux synchron gekuppelt laufen müssen, werden in einem besonderen Kapitel (S. 145) behandelt. Im *Zwischenwerk* wird die zu bedruckende Ware heute allgemein als *Großdocke* auf fahrbaren Wickelwagen aufgestellt und faltenfrei mit regulierter Spannung über Breithalter, Spannstäbe oder Breithalterwalzen dem Rouleaux zugeleitet. Weiter enthält das Zwischenwerk das Mitläuferdepot, oder der Mitläufer wird „im Stoß" vorgelegt und faltenfrei unter Spannung dem Rouleaux zugeführt. Im Zwischenwerk befindet sich auch die Drucktuch- oder Mitläuferwaschmaschine, wenn mit diesen Einrichtungen gearbeitet wird, bzw. der bedruckte Mitläufer eine Vorkammer des Trockners passiert, wo er getrocknet wird. Die bedruckte Ware wird vom Rouleaux schräg nach oben geführt. Diese Fläche dient zum Beobachten des Druckes auf Rapportgenauigkeit und eventueller, während des Druckens auftretender, Fehler. Es ist das Bestreben jedes Druckers, möglichst alle Fehler und Ungenauigkeiten während des normalen Laufes der Maschine zu beseitigen oder zu korrigieren, da Maschinenstillstände zu Fehldrucken führen, die mindestens die Warenbahn von den ersten bis zur letzten Druckwalze umfassen, da bei Stillständen örtlich der Druckfarbstoff stärker von der Ware aufgenommen wird. Selbstverständlich ist es unmöglich, Großaufträge ohne Stillstände zu drucken, da eine Vielzahl von Fehlern im Druck oder in der mechanischen oder elektrischen Einrichtung des Rouleaux nicht bei laufender Maschine behoben werden kann. Rapportverbesserungen oder fehlende Druckpaste in den Chassis sollten jedoch nicht zum Anhalten der Maschine Anlaß geben. Zu den Hilfsmaschinen gehören auch Aufspindelmaschinen (S. 39), Einrichtungen für die Warenvorbereitung usw.

Die langen **Rüstzeiten des Rouleaux** haben dazu geführt, daß die Hersteller von Walzendruckmaschinen verschiedene Wege zur Abkürzung dieser Arbeiten gegangen sind. Das gilt auch für die Verwendung besonderer Druckspindeln (S. 40) bzw. Verwendung von Konen, welche das Aufspindeln der Druckwalzenzylinder vollkommen ersparen und die Druckwalzen direkt in der Maschine einzubauen erlauben. *Kleinewefers* hat zur Einsparung von Rüstzeiten die Autoprint 2 für Warenbreiten von 700–1900 mm und Druckwalzenumfänge von 375–720 mm (1200 mm für den Tücherdruck) gebaut. Die Maschine arbeitet mit maximal 60 m/min bzw. die schnellaufende Konstruktion mit maximal 150 m/min.

Abb. 9. 8-Farben-Autoprint-2-Rouleaux (*Kleinewefers*) mit Klapplagern, Rakelantrieb mit besonderem Motor, pneumatischer Pression und Rapportierung über Druckknopfsteuerung.

Als Neuerungen zeigt der Autoprint 2 dieser Firma die Verwendung von *Klapplagern* (Abb. 9), durch welche der Ausbau der Farbwerke beschleunigt wird, da nur eine Handschraube betätigt werden muß, um das gesamte Farbwerk auszuheben bzw. einzusetzen. Die besonders kurzen Rüstzeiten ergeben sich jedoch durch Verwendung eines besonderen *Rüstwagens*, auf dem die gesamten Farbwerke vorbereitet werden können, während die Maschine selbst noch produziert. Nach dem Ausheben der Farbwerke der vorherigen Druckpartie können die fertig justierten Farbwerke eingesetzt und nach Grob- und Feineinstellung der Rapporte und der Pression sofort mit dem Druck der nächsten Partie begonnen werden. Von *Kleinewefers* wurden Vergleiche in der Produktion und den Rüstzeiten von Rouleaux- und Filmdruckmaschinen angestellt, die in Abb. 10 festgehalten sind. Ähnliche Vergleiche, die von *Reggiani* erarbeitet wurden und vor allem die Kosten betreffen, sind auf S. 59 und Abb. 47 zu finden.

Wenn hier die Konstruktionen von *Kleinewefers* besonders hervorgehoben erscheinen, bedeutet das keineswegs, daß nur diese Firma ihre

Konstruktionen modernisiert hat. Andere Firmen sind ihre eigenen Wege gegangen. Da Rouleaux sehr komplizierte Einrichtungen sind, ist auf das genaue Studium der von den Herstellern verfügbaren Betriebsanleitungen und sonstiger Unterlagen nicht zu verzichten. Rouleauxdruckmaschinen werden, meist mit sämtlichen Hilfsmaschinen, von folgenden Firmen gebaut:

Comerio-Ercole
Deck (Abb. 11)
Farmer-Norton
Kleinewefers
Kyoto
Mather-Platt
KOVO Totex
Rice
SACM
Unitechna

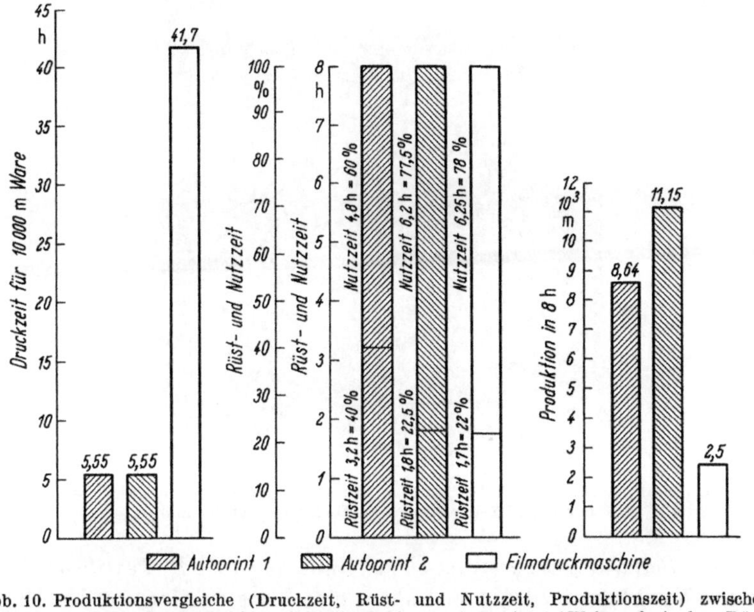

Abb. 10. Produktionsvergleiche (Druckzeit, Rüst- und Nutzzeit, Produktionszeit) zwischen Rouleaux und Filmdruckmaschine mit Flachschablonen. Autoprint-1-(*Kleinewefers*) ohne Rüstwagen, Autoprint-2-Rouleaux mit speziellem Rüstwagen. Beide Rouleaux laufen mit einem 6-Farben-Dessin und 30 m/min, die Filmdruckmaschine mit 400 m/Std. und gleicher Farbenanzahl.

Seit der Schotte T. Bell im 18. Jh. als erster eine Walzendruckmaschine konstruierte, wurden die Grundelemente dieser Konstruktion in den vorstehend beschriebenen Rouleaux beibehalten. Die Produktion moderner Rouleaux ist so groß, daß eine Erhöhung kaum sinnvoll wäre. Da es sich bei den Konstruktionen, die in diesem Kapitel beschrieben werden sollen, ebenfalls um Maschinen handelt, die tief gravierte Walzen zur Übertragung des Farbstoffes verwenden, gehören die Einrichtungen ebenfalls zu den Rouleaux. Sie haben jedoch bis heute wegen verschiedener Unzulänglichkeiten kaum größeren Eingang in der Praxis gefunden. Dabei darf nicht verkannt werden, daß wegen der geringen Partiegrößen in Europa der Rouleauxdruck allgemein stagniert bzw. vielfach vom Filmdruck abgelöst wurde.

Bei den vom Bellschen Prinzip abweichenden Konstruktionen wurde bisher immer wieder versucht, den zentralen Presseur durch Einzelpresseure zu ersetzen. So enthält die *Heliofast-Druckmaschine* (*J. Waldron Corp.*, New Brunswick N. J./USA) anstelle des großen Presseurs kleine bombierte Gegenpresseure. Zwischen der Druckwalze und dem Gegenpresseur laufen sehr kleine, bombierte Zwischenpresseure, welche das konventionelle Drucktuch ersparen. Die Ware kann nur mit einem Mitläufer gefahren, und wenn kein Durchdruck verlangt wird, auch dieser erspart werden.

Abb. 11. 6-Farben-PRINTMASTER-Rouleaux-Druckmaschine (*Deck*) in geschlossener Bauart mit DAREX-Drucktuch und DAREX-Orbital-Wäscher.

Als *Portal-Gewebedruckmaschine Unitechna (VEB Textilmaschinenbau, Zittau)* kam in den 50er Jahren eine Konstruktion auf den Markt, welche ebenfalls mit je einem Presseur je Druckwalze arbeitet. Dabei werden die einzelnen Kleinpresseure am hinteren Schenkel eines langgestreckten U untergebracht, und die Ware wird nach dem Bedrucken umgelenkt und vollkommen frei im vorderen Schenkel nach oben und anschließend, ebenfalls nur linksseitig geführt, den Trocknern zugeleitet. Als Neuerung enthält die Konstruktion die Druckwalzenhohlzylinder nicht aufgespindelt, sondern man arretiert sie mit einem Kuppelkonus. Diese Neuerung wird bereits von vielen Rouleauxherstellern in konventionellen Maschinen verwendet. Zur Maschine gehört ein hydraulischer Hubwagen, um die Druckwalzenzylinder in die Maschine zu heben. Die Konstruktion erlaubt Geschwindigkeiten bis zu 150 m/min und benötigt, da über Einzelpresseure gearbeitet wird, nur 50 % der Antriebskraft der konventionellen Maschinen, da die Pression niedriger ist.

Die vorstehend beschriebenen Maschinen haben sich, wenn die Informationen zutreffen, nicht in der Praxis einführen können, da es beim Vielfarbendruck nur sehr schwer möglich ist, eine ausreichende Rapportgenauigkeit zu erhalten.

Abb. 12. Mehrfarben-Walzendruckmaschine (*Brückner*), Vorderansicht.

Abb. 13. Mehrfarben-Walzendruckmaschine (*Brückner*) mit Bedienungspodest. Ansicht von der Bedienungs-(Innen-)seite.

Von *Brückner* wird als *Mehrfarben-Walzen-Druckmaschine (System Kauschka)* (Abb. 12 u. 13) eine Neukonstruktion auf den Markt gebracht, die ebenfalls mit kleineren Presseuren arbeitet, jedoch durch besondere Warenführung und Anordnung der Farbwerke eine bessere Rapporthaltigkeit erlaubt als die vorher beschriebenen Konstruktionen. Die *Einzelpresseure* sitzen in einem Schrägrahmen, der starr montiert ist. Sie haben kein Lapping, sondern eine Gummimantelung, und erlauben deshalb den Druck ohne Verwendung einer Gummidruckdecke. Die *Farbwerke* sind in einem nach unten schwenkbaren Rahmen untergebracht, der sich nach Ausfahren des Bedienungspodestes absenken läßt. Vor dem Absenken müssen Übertragungs-(Speise-)Walzen und Rakel ausgebaut werden. Beim Umrüsten wird zuerst ein Montagewagen anstelle des Podestes eingefahren, die im Rahmen befindlichen Druckwalzen abgesenkt, mittels Abnahmedornen die Rapportiergetriebe abgezogen und festgehalten. Durch Einfahren der anderen Druckwalzen und Hochschwenken des Rahmens legen sich die Druckwalzen in die Lagerungen, und die Anpreßvorrichtung wird eingeklinkt. Nach Einbau des Chassis, der Übertragungswalzen und der Rakeln, ist die Maschine wieder betriebsfertig. Für die Aufspindelung werden *Spannspindeln* „System Kauschka" (Abb. 29, S. 40) für den Transport der Druckwalzen, des Chassis und das Heben der Druckwalzen besondere Transportwagen verwendet.

Die *Pression* wird durch elektromechanische Einrichtungen auf jede einzelne Druckwalze erzeugt. Als Übertragungswalzen werden konventionelle, gummierte Stahl- oder Bürstenwalzen verwendet. Für schwierig zu bedruckende Waren, z. B. Maschenwaren, werden zur genauen Regelung der Warenspannung *Tänzerwalzen* und, wenn auf den Mitläufer oder das Drucktuch geklebt (kaschiert) werden muß, auch diese Zusatzeinrichtungen mitgeliefert (Abb. 14).

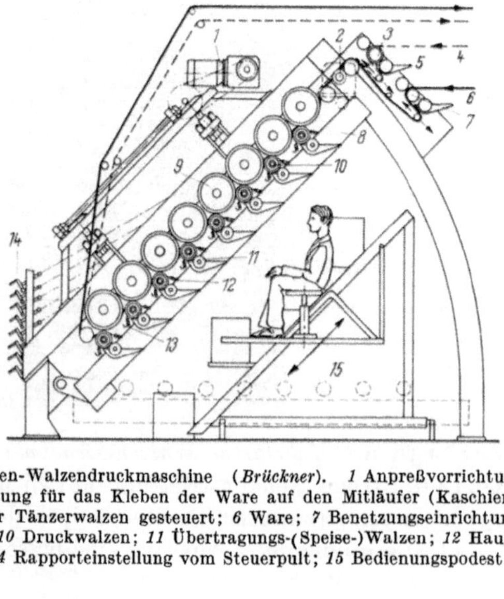

Abb. 14. Mehrfarben-Walzendruckmaschine (*Brückner*). *1* Anpreßvorrichtung; *2* Hubmotor; *3* Aufklebeeinrichtung für das Kleben der Ware auf den Mitläufer (Kaschierung); *4* Mitläufer; *5* Einführung über Tänzerwalzen gesteuert; *6* Ware; *7* Benetzungseinrichtung; *8* Schwenkrahmen; *9* Pressure; *10* Druckwalzen; *11* Übertragungs-(Speise-)Walzen; *12* Hauptrakel; *13* Gegen-(Konter-)Rakel; *14* Rapporteinstellung vom Steuerpult; *15* Bedienungspodest mit Schrägaufzug.

Das *Rapportieren* wird über Handkurbeln vorgenommen, welche an der Vorderseite der Maschine (Abb. 12) angebracht sind und nicht erfordert, daß der Drucker seinen Arbeitsplatz verläßt. Durch das Hochschwenken der Druckwalzen wird außerdem bereits eine Grobrapportierung vorgenommen, und es ist dann nur noch eine Feinrapportierung durch den Drucker notwendig.

Die Mehrfarben-Walzendruckmaschine wird für 4, 5, 6, 8 und 10 Farben geliefert und erlaubt Arbeitsbreiten von 1000–1600 mm. Die Rapportlängen bewegen sich im Maximum von 475–500 mm. Für Webwaren wird mit einer maximalen Produktion von 5–80, für Wirkwaren von 5–40 m/min gearbeitet.

Die Vorteile der Konstruktion ergeben sich zuerst in der besonderen Warenführung (Abb. 15). Die Warenbahn „umschlingt" die Druckwalze

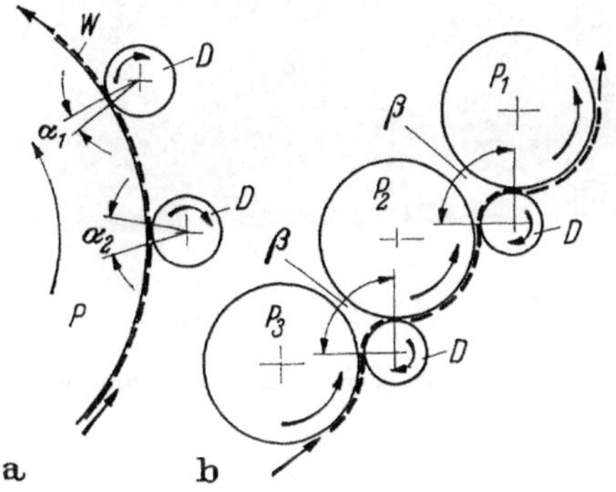

Abb. 15. Vergleich der Warenführung auf einer konventionellen Rouleaux- (a) und der Mehrfarben-Walzendruckmaschine (*Brückner*) (b). a) *P* Pressur im Rouleaux; α_1 Druckwinkel bei geringer, α_2 Druckwinkel bei hoher Pression; b) P_{1-3}Kleinpresseure in der Mehrfarbenmaschine; β Druckwinkel und verlängerter Druckweg. *W* Ware; *D* Druckwalzen.

mit 1/4 ihres Umfanges, nachdem sie bereits den Pressionspunkt verlassen hat. Dabei hat sie keine Gelegenheit, sich frei zu bewegen und damit andere Dimensionen einzunehmen. Der gegenüber konventionellen Rouleaux längere „Druckweg" erlaubt eine sehr leichte Walzengravur, die nur 0,05–0,08 mm Tiefe beträgt, wenn kein Durchdruck verlangt wird, wie z.B. bei Polyamid-Wäschecharmeuse. Trotz des längeren Kontaktes der Ware mit der Druckwalze wird der Weg am Einzelpresseur gegenüber dem konventionellen Rouleaux nicht verkürzt. Diese Vorteile ergeben eine Farbstoffersparnis von 15–20% bzw. auch größere Farbausbeuten. Die Pression der Druckwalzen wirkt senkrecht nach oben und kann, da es sich um Einzelpresseure handelt, um 1/2–2/3 gegenüber dem normalen Rouleaux ermäßigt werden, was wiederum eine Kraftersparnis um 50% beim Antrieb bedeutet. Als besondere Vorteile werden jedoch die *kurzen Rüstzeiten* vermerkt. Für das Aufrüsten einer 8-Farben-Maschine genügen

40, für das Abrüsten 20 und für einen Farbenwechsel 15 min. Letztere Vorteile erlauben es, auch Kleinaufträge noch rationell drucken zu können.

Der Vollständigkeit halber soll hier auch die *Duplex-Walzendruckmaschine* erwähnt werden, welche, nach konventioneller Art konstruiert, das Bedrucken von Waren auf beiden Seiten erlaubt und einmal für den Druck von Decken, Tüchern usw. verwendet wurde. Heute ist sie jedoch kaum mehr im Gebrauch, da es äußerst schwierig ist, die Rapporthaltigkeit auf beide Seiten abzustimmen.

Abb. 16. Probedruckmaschine (*Saueressig*).

Abb. 17. Mit dem Rüstwagen vor die Cupondruckmaschine (*Saueressig*) vorgefahrene Druckwalze vor dem Einsetzen in die Befestigungskonen.

Als *Probedruckmaschine* wird von *Saueressig* ein Rouleaux gebaut, mit dem es möglich ist, Probedrucke von 1–1,5 m Länge herzustellen, ohne dafür das Produktionsrouleaux einsetzen zu müssen (Abb. 16 u. 17).

Mittels einer Schnellspanneinrichtung wird die Ware auf den bombierten Tambour gespannt, die Druckhohlwalze an die Maschine gefahren und dort mittels Konen ohne Aufspindeln eingespannt. Zum Farbauftrag wird eine Gegenrakel verwendet, die umgekehrt wie im Rouleaux verwendet wird. Um den Druckvorgang weitgehend zu imitieren, arbeitet die Maschine mit einer nachgeordneten Glattwalze, welche den aufgedruckten Farbstoff „verquetscht". Nach Abdrucken einer Walze kann bei mehrfarbigen Kolorits die nächste Walze eingelegt und wiederum der Walzenumfang abgedruckt werden. Nach ähnlichen Prinzipien arbeitet auch die vom gleichen Hersteller gebaute *Coupon-Druckmaschine,* die jedoch wegen des größeren Presseurumfangs größere Metragen erlaubt. Beide Konstruktionen werden für die folgenden Zwecke eingesetzt und gestatten es, ohne die Produktionsmaschine zu belasten,

Mustercolorits herzustellen,
Farbstoffe und Hilfsmittel zu erproben,
die Walzengravur zu prüfen bzw.
Neueinstellungen von Druckpasten zu prüfen.

Werden diese Arbeiten provisorisch vorgenommen, sind meist praxisnahe Resultate nicht zu erreichen. Werden dafür Produktionsmaschinen eingesetzt, müssen diese aufgerüstet werden, auch wenn zur Farbübertragung umgekehrte Gegenrakel verwendet werden. Zur Prüfung von Farbstoffen, Druckereihilfsmitteln und Druckpasten können auch *Labordruckmaschinen* verwendet werden, die Prüfung der Güte der gravierten Druckwalze ist jedoch mit diesen Einrichtungen nicht möglich. Die meisten Rouleauxhersteller liefern sowohl Laborrouleaux sowie entsprechende Kleindämpfer und Labortrockner.

In den letzten Jahren wurden in Europa viele Rouleauxdruckereien stillgelegt. Das hatte weniger technologische als vielmehr wirtschaftliche Ursachen. Den *technologischen Ursachen* haben die Maschinenhersteller dadurch Rechnung getragen, daß sie vor allem die Rüstzeiten ihrer Konstruktionen durch spezielle Einrichtungen wie Verwendung von Druckwalzen, die nicht aufgespindelt werden müssen (S. 40), Rüstwagen, die das Vorbereiten der Farbwerke außerhalb des Rouleaux erlauben und leichter bedienbare Produktionsmaschinen einsetzten. Der Warenausstoß ist seit Jahrzehnten so groß, daß eine Steigerung keine Vorteile mehr erbringen konnte. Die Herstellung der Gravuren (S. 28) wurde durch die Einführung der Fotogravur (S. 33) zwar beschleunigt und rationalisiert, doch konnte damit der Preis der einzelnen Druckwalzen nicht wesentlich günstiger und auch die zur Gravierung notwendige Zeit nicht auf die der Herstellung einer Filmdruckschablone ermäßigt werden. Die Schnellebigkeit der Mode erforderte die Herstellung so vieler Druckwalzen, daß bei der „Größe" des Druckauftrags kein wirtschaftlich tragbares Arbeiten auf dem Rouleaux mehr möglich war.

Zu den technologischen Besonderheiten des Walzendrucks gehört weiter die Unmöglichkeit, größere Decker als maximal 500 mm in der Länge herzustellen, da dann die zu verwendenden Druckwalzen in der Handhabung und im Umfang unbrauchbar werden. Diesen Nachteil zeigt der Druck auf Tischen oder auf der Flachschablonen-Filmdruckmaschine nicht, wo Rapporte in theoretisch unbegrenzten Ausdehnungen möglich sind. Außerdem ist die Herstellung von Schablonen einfacher, billiger und wesentlich kürzer als die Druckwalzenherstellung und deren Gravur, wenn auch so feine Linien und Konturen im Filmdruck nicht hergestellt werden können, wie es im Tiefdruckverfahren möglich ist.

Die Stagnation bzw. Rückläufigkeit des Rouleauxdrucks hat vor allem *wirtschaftliche Gründe*. So waren die Partiegrößen für den Rouleauxdruck in der Bundesrepublik Deutschland 1965 mit etwa 7000 m je Kolorit bereits an der untersten Grenze des Einsatzes dieses Druckes angelangt. Für Filmdruckmaschinen lag die Partiegröße bei 2000 m, also im optimalen Bereich der Wirtschaftlichkeit dieser Anlagen. Als weiterer Grund wirtschaftlicher Art ist die Tatsache zu nennen, daß Stapelartikel mit meist zeitlosen Mustern in Europa nur eingeschränkt abgesetzt werden können und Aufträge für außereuropäische Auftraggeber von den Druckereien der „Niedrigpreisländer" übernommen wurden, die meist auch billigere textile Rohstoffe zur Verfügung haben oder einführen können. Die Anschaffung von Druckwalzen und deren Lagerung stellt außerdem hohe finanzielle Ansprüche an den Drucker, denen er bei dem heute schnellen Dessinwechsel kaum folgen kann, und der auch aus diesem Grund auf den maschinellen Filmdruck mit seinen billigen Schablonen, die in der Regel im eigenen Betrieb hergestellt werden, ausweicht.

Druckwalzenherstellung und -gravur. Die Gravur der Rouleauxdruckwalzen wird nur von den Firmen selbst vorgenommen, die dafür eine eigene Werkstatt haben, jedoch hauptsächlich von speziellen Firmen ausgeführt, die nach den Musterentwürfen der Drucker die Walzen gravieren (Gravieranstalten). Meist stellen diese Firmen auch Filmdruckschablonen her. Diese Firmen beziehen meist die Druckwalzen als Rohwalzen und übernehmen nur die Gravur. Das Gravieren ist nicht die Aufgabe des Druckers, sondern erfordert speziell ausgebildete Walzengraveure, die meist eine besondere Ausbildung als Feinmechaniker haben. Die Maschinen und Einrichtungen einer Walzengravieranstalt sind vielfältig und teuer und lohnen sich im Textildruck nur dort, wo laufend neue Walzen graviert oder gebrauchte Walzen abgedreht, aufgekupfert und neu graviert werden. Es kann nicht Aufgabe dieses Buches sein, alle für die Gravur notwendigen Arbeiten und Maschinen zu beschreiben, es sollen jedoch die Prinzipien der Walzenbearbeitung und -gravur so weit beschrieben werden, wie es zur Information des Druckers notwendig erscheint.

Spezielle Informationen geben die am Ende dieses Abschnittes angegebenen Firmen, die sich mit der Konstruktion von Graviermaschinen befassen, bzw. es muß auf die Fachliteratur verwiesen werden. Besonders ausführlich unterrichtet in dieser Hinsicht das Buch von JAKOB/WEISSGERBER, Walzengravur und Schablonenherstellung im Textildruck, Melliand, Heidelberg 1960.

Die **Rouleauxdruckwalzen** (*Druckwalzen*) sind Hohlzylinder, die je nach Gewebebreite eine Länge von z.B. 950 mm (Gewebebreite 800 mm) und 1400 mm (Gewebebreite 1300 mm) haben, die auch als Ballen- oder Walzenkörperlänge bezeichnet wird. Der Walzenumfang bewegt sich im ersteren Beispiel zwischen 450 und 500 mm und bei der größeren Gewebebreite zwischen 500 und 580 mm, die Bohrung zwischen 87–92 und 112–117 mm. Es handelt sich um Kupferhohlwalzen höchster Reinheit und feinster Kornbeschaffenheit des Kupfers. Die konische Bohrung erfordert größte Genauigkeit. Zur Kupfereinsparung werden auch Stahlhohlzylinder verwendet, die einen Kupfermantel mit einer Auflage von 2–20 mm erhalten und sich nicht immer so günstig beim Gravieren verhalten wie reine Kupferzylinder.

Beim Gravieren wird im Prinzip eine Musterzeichnung rapportmäßig auf die Druckwalze übertragen und dort das Muster vertieft hergestellt. Bei feinen Linien oder Punkten bestehen keine besonderen Schwierigkeiten. Handelt es sich jedoch um größere Flächen, müssen diese in der Druckwalze unterteilt werden, um eine Haftung in der Gravur und Übertragung auf das Gewebe in gleichmäßiger Form zu erreichen, d.h. ohne daß die Farbstoffpasten *verquetscht* (aus dem Muster gepreßt) werden. Die großen Flächen werden durch Haschuren unterteilt und damit Stege gebildet, welche den Druckfarbstoff in einzelne Näpfchen (Tupfen) unterteilen. Dabei werden jedoch die Stege beim Druckmuster auf der Ware nicht sichtbar. Die Stege dienen auch zur Stützung der Rakel, um ein „Einfallen“ in den Decker zu vermeiden. Die Zahl der *Haschuren* richtet sich nach der Musterfläche und beträgt 12–32 auf 1 cm. Sie werden als Rillen diagonal gegeneinander in die Musterfläche graviert. Bei allen Gravierverfahren ist es notwendig, daß das Muster über die gesamte Musterfläche der Druckwalze in der Breite und auch Höhe genau rapportiert und die Entwurfzeichnungen auf diese Maße abgestimmt – meist verkleinert – werden.

Für die *Walzengravur* verwendet man 3 Arbeitsweisen, da die Handgravur heute kaum mehr üblich ist. Dazu gehören die

Moletten-,
Pantographen-(Panto-) und
Fotogravur.

Bei der **Molettengravur** wird mittels einer erhaben gravierten Walze aus Stahl das Muster in den Kupferzylinder eingepreßt. Dabei sind jedoch mehrere Zwischenarbeiten notwendig. Zuerst wird ein ungehärteter Stahlzylinder in Umfang und Länge auf einen oder wenige Rapporte abgestimmt, wozu meist auf speziellen Drehbänken gearbeitet wird. Nun wird das Muster vertieft, meist von Hand aus, in den Konturen vom Walzenstecher mit verschiedenen Werkzeugen eingestochen. Zur Herstellung der Haschurenraster verwendet man meist die Divisier- und Schlagmaschine, auf der mit entsprechenden Werkzeugen die Haschuren oder auch andere, geometrische Muster mechanisch in die Molette eingeschlagen werden. Da es jedoch nicht möglich ist, auf der Schlagmaschine die volle Gravurtiefe zu erreichen, wird die Walze, die bei diesem Verfahren als *Muttermolette* bezeichnet wird, vorher mit einem säurebeständigen Lack überzogen, und die Haschuren bzw. Muster werden von der Schlagmaschine in einem Ätzbad mit 18 °Bé Salpetersäure geätzt und anschließend von Hand aus nachgestochen. Zur Herstellung von Muttermoletten ist auch die Graviermaschine und die Fotogravur gebräuchlich, wie sie zur Herstellung der Druckwalze selbst verwendet wird. Zur Übertragung der Zeichnung werden zuerst auf transparenten Folien die Muster mit einer verdickten Zeichenfarbe aus Schwefelmilch und Zinnober aufgezeichnet und auf die minimal verkupferte Muttermolette aufgelegt. Zur Verkupferung ist ein 10-sec-Eintauchen der Molette in eine Lösung von 35 g/l Kupfersulfat + 35 g/l konzentrierte Salzsäure + 50 g/l Ammonchlorid ausreichend. An den Zeichenstellen bildet sich eine schwarze Kupfersulfidschicht, die, mit etwas Schellacklösung befestigt, für das Stechen der Konturen dient. Die Muttermoletten haben in der Regel eine Länge von maximal 1500 mm und einen Durchmesser von 75 mm.

Die gravierte Muttermolette wird nun in einem elektrischen Muffelofen bei 850 °C 1 Std. *gehärtet*, und anschließend senkrecht in destilliertem Wasser abgeschreckt. Das Härten ist auch in gleicher Weise für die Reliefmolette notwendig. Obwohl es prinzipiell möglich ist, sofort die eigentliche *Reliefmolette* (*Tochtermolette*) wie die Muttermolette herzustellen, ist jedoch dann eine weit langwierigere und damit teure Arbeit vom Walzenstecher notwendig, da dann alle Teile der Walze entfernt werden müssen, die nicht als Druckmuster erscheinen und in der Regel größere Ausmaße aufweisen als das Druckmuster selbst. Außerdem enthält die Reliefmolette meist mehrere Rapporte der Muttermolette. Zur Übertragung der vertieften Gravur der Muttermolette auf die Tochtermolette wird die gehärtete, geputzte und polierte Muttermolette auf der *Releviermaschine* (Abb. 18) gegen die Reliefmolette gepreßt. Da es nicht möglich ist, allein durch Pression die Gravurtiefe zu erreichen, wird die Tochtermolette zuerst mit einem säurebeständigen Lack bestrichen und die Muttermolette mit geringem Druck an die Reliefmolette gepreßt. Ist eine gewisse Tiefe erreicht, wird mit Salpetersäure von 24–26 °Bé geätzt, und beide Prozesse werden anschließend so oft wiederholt, bis die Gravurtiefe ausreicht. Die Reliefmolette besteht ebenfalls aus Weichstahl und hat im Umfang meist ein Verhältnis von 1:1 bis 1:4 zur Muttermolette, gleiches gilt auch von der Länge der beiden Moletten. Nach dem Verbessern und Putzen wird die Reliefmolette in gleicher Weise wie die Muttermolette im Muffelofen gehärtet, geputzt und poliert.

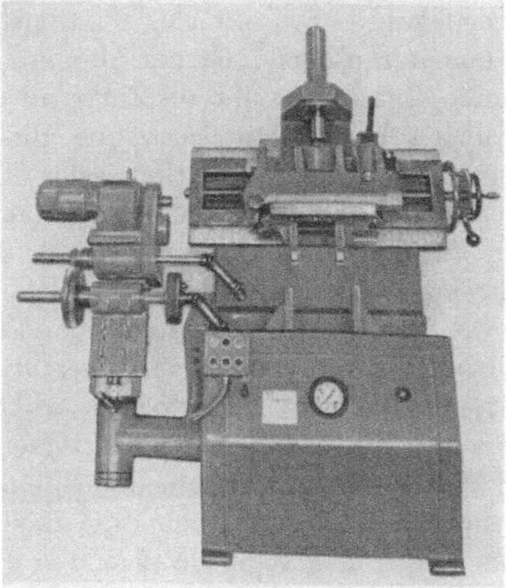

Abb. 18. Releviermaschine (*Ungricht*) für die Molettengravur.

Nun erst erfolgt das eigentliche *Molettieren* auf dem *Molettierstuhl* (Molettiermaschine); dabei wird die gehärtete Reliefmolette gegen die Kupferdruckwalze mit einem Druck bis zu 7 t so lange drehend gepreßt, bis die erforderliche Gravurtiefe erreicht ist. Das Molettieren ist Präzisionsarbeit, da die Rapporte in der Höhe und Breite ohne jeden Übergang ineinander übergehen müssen.

Das Molettengravierverfahren ist das älteste, mechanische Gravierverfahren und wegen der einzelnen Zwischenarbeiten auch das teuerste. Durch verschiedene Tiefen der Gravur oder Aufteilen des Musters in unterschiedlich große Punkte (Picots) können auch bei der Molettengravierung Farbabläufe und Schattierungen erreicht werden. Zur Herstellung kleiner, geometrischer Muster von meist zeitloser Gestalt wird jedoch immer wieder auf dieses Verfahren zurückgegriffen. Ferner hat es den Vorteil, daß bei „abgearbeiteten" Druckwalzen durch die Reliefmolette und die Hilfsarbeiten das Muster vertieft werden kann und dadurch eine Neugravur der Druckwalzen erst nach mehrmaligem Nachgravieren notwendig wird. Trotz dieser Vorteile hat die Molettengravierung gegenüber der Fotogravur nur geringe Bedeutung.

Bei der **Pantographengravur** (*Pantogravur*) wird die Kupferdruckwalze direkt graviert. Dabei wird der Rapport direkt von der entsprechend vorbereiteten Zeichnung mittels eines *Pantographen* (*Storchschnabel*) meist verkleinert auf die mit einem säurebeständigen Lack vorpräparierte Kupferwalze mittels eines Diamanten eingeritzt und durch anschließende Ätzung vertieft. Der Pantograph dient lediglich zur Verkleinerung des Rapports von der Musterzeichnung, die wegen der Genauigkeit meist größer hergestellt wird als der Rapport auf der Druckwalze.

Da die Rapportzeichnung nicht direkt für die Pantogravur verwendet werden kann, wird sie vom Plattenstecher (Pantographist) auf etwa 0,7 mm starke Zink-, seltener Aluminiumplatten übertragen. Dabei werden die Zinkplatten mit aus Zinkweiß, Kolophonium und Terpentin angerührten Pasten bestrichen, die Musterzeichnung mittels eines Vergrößerungsapparates (Plattenstecher-Kamera) auf die Zinkplatten gespiegelt und dort mit einem Bleistift aufgezeichnet. Dabei können sämtliche Farbtöne übertragen werden, da die einzelnen Nuancen durch verschiedene Farben nach dem Plattenstechen markiert und dadurch nicht für jede Druckwalze und damit jeden Farbton besondere Zinkplatten angefertigt werden müssen. Die hergestellte Zeichnung wird nun vom Plattenstecher radiert (gestochen), wobei mittels Stichel, Hammer, Ziehhaken usw. die Konturen des Musters in die Zinkplatte eingegraben werden. Nun werden die einzelnen Farbtöne ausgemalt und anschließend auf einer Plattendivisiermaschine die Haschuren in einem Winkel von 60° links- und rechtsgängig ansteigend in die Zinkplatten mittels eines Ziehmeißels zwischen die bereits gestochenen Konturen eingegraben. Die so vorbereiteten Platten werden in den Pantographen eingespannt, und der Storchschnabel mit seiner Verkleinerung wird auf die gleichfalls eingespannte Druckwalze eingepaßt.

Die polierte Kupferwalze erhält eine ätzbeständige Lackschicht, die wie bei der Fotogravur oder mittels eines Pinsels aufgetragen und durch Erwärmen der Walze gleichmäßig auf der Oberfläche verteilt. Der *Flachtischpantograph* arbeitet so, daß der Graveur zuerst auf der Zinkplatte die Konturen mittels eines Führungsstiftes abfährt und mittels eines Diamanten auf der synchron drehbaren Druckwalze der Lack geritzt wird. Danach werden in gleicher Weise die Haschuren abgefahren und in den Lack eingeritzt. Die Pantographen sind so eingerichtet, daß meist die gesamte Druckwalze gleichzeitig, von einer Zinkplatte ausgehend, über mehrere Diamanten radiert werden kann und dadurch ein seitliches Verschieben der Walze bzw. Einritzen der Rapporte neben- oder übereinander unnötig ist und somit in sehr kurzer Zeit die Druckwalze pantographiert wird. Von einigen Firmen wurden auch fotoelektrische Pantographen (z.B. von *Officina Meccanica Olivetti s.p.a.*, Ivrea/Italien) hergestellt, bei denen durch fotoelektrische Abtastung und Gravur mehrere Walzen nebeneinander pantographiert werden können. Nach der Gravur werden die Walzen geätzt und wie bei der Fotogravur näher beschrieben (S. 33) fertiggestellt.

Die Pantogravur ist weit produktiver als die Molettengravur und erlaubt ebenfalls Feinheiten von beachtlichem Umfang, die jedoch auch durch die Fotogravur erreicht werden. Für Halbtoneffekte und Farbabläufe ist es möglich, zuerst die „tiefen Töne", d. h. die Musterstellen vorzuätzen, welche einen tieferen Druck ergeben sollen, und die „seichteren" durch nochmaliges Pantographieren herzustellen.

Das modernste und vielfältigste Walzengravierverfahren ist die **Fotogravur**, bei der nach ähnlichen Prinzipien wie bei der Herstellung von Filmdruckschablonen gearbeitet wird, d. h., die Druckwalzen werden mit einer lichtempfindlichen Chromlackschicht überzogen, das Muster als Positiv aufgelegt, belichtet, an den unbelichteten Musterstellen der wasserlöslich gebliebene Lack abgelöst und durch eine Ätze die Gravur auf die erforderliche Tiefe ausgeätzt. Durch diese Art der Gravierung lassen sich fast alle durch die Moletten- und Pantogravur möglichen Muster herstellen, wobei die Gravierung wesentlich kürzer und damit wirtschaftlicher ist als bei den bereits beschriebenen Verfahren.

Für die Fotogravur sind die folgenden Arbeiten notwendig. Die vom Entwurf kommende Zeichnung wird *fotografiert*. Entsprechende Großkameras werden von einer Reihe von Firmen geliefert, es sollen hier nur einige Hersteller genannt werden, die auch Geräte und Einrichtungen für die Druckwalzenherstellung liefern:

Hoh *Klimsch* *Mettenheimer*

Bei der Herstellung des Negativs ist es bereits möglich, das Muster durch Zwischenschalten eines Rasters aufzuteilen, wenn Farbabläufe, d. h. dunkle und hellere Töne der gleichen Nuance, nebeneinander notwendig sind. Um diese Abläufe zu erreichen, werden beim *Autotypieverfahren* die Muster in verschieden große Punkte zerlegt und damit bei gleicher Tiefe der Ätzung der optische Effekt des „Hellerwerdens" erreicht (Abb. 19).

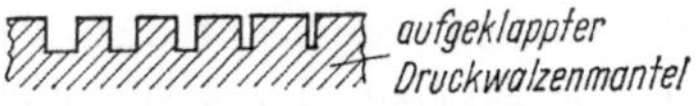

Abb. 19. Erzeugung von Farbabläufen (Abschattierungen) nach dem Autotypieverfahren (Schema).

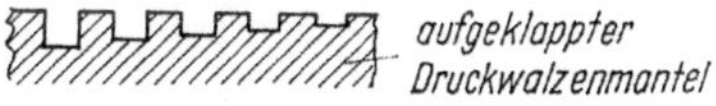

Abb. 20. Erzeugung von Farbabläufen (Abschattierungen) nach dem Tiefdruckverfahren (Schema).

Beim *Kupfertiefdruckverfahren* wird der gleiche Effekt durch gleich große Punkte erreicht, die jedoch durch verschieden tiefe Ätzung das „Hellerwerden" erzeugen (Abb. 20). Beim Autotypieverfahren wird das Raster, welches zur besseren Haftung der Druckfarbe in der Gravur und zur Verhinderung des „Einfallens" der Rakel in die Gravur notwendig ist, entweder beim Fotografieren durch Zwischenschalten eines Glas-Gravur-Kontrastrasters oder bei direkter Verwendung von Kontaktrasterfilmen oder auch durch Rasterfolien auf dem Kontaktkopiergerät (Abb. 21) hergestellt. Da die Zeichnungen und damit auch die fotografisch hergestellten Negative nur einen Rapport enthalten und in der Regel nicht den ganzen Walzenumfang umspannen, wird auf speziellen *Kopiergeräten* ein Diapositiv hergestellt, das den ganzen Walzenumfang, jedoch nicht alle Rapporte in der Walzenlänge, umspannt. Nun wird das Diapositiv auf die mit lichtempfindlichem und säurebeständigem Lack vorpräparierte Walze aufgelegt und ebenfalls durch Belichtung, also fotografisch, entwickelt, und wenn Filme für den ganzen Walzenumfang verwendet wurden, in der Länge der Druckwalze auf *Addier- und Kopiermaschinen* auf die Walze kopiert. Nun wird die Walze „entwickelt", d.h. der wasserlöslich gebliebene (unbelichtete) Lack abgelöst und die Gravur auf *Ätzmaschinen* ausgeätzt, anschließend der Lack entfernt, die Gravur nachkontrolliert und für den Druck vorbereitet.

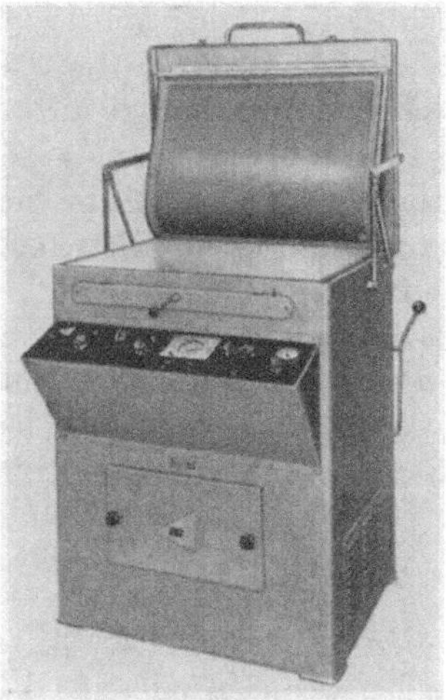

Abb. 21. Kopiergerät RAPID (*Mettenheimer*).

Beim Tiefdruckverfahren wird die Tiefe der Gravur durch das Diapositiv des Films verursacht, d.h., die Wasserunlöslichkeit des belichteten Lackes auf der Walze ist je nach zu druckender Farbtiefe unterschiedlich und damit die Ätzung an den Stellen, wo kein Lack auf dem Kupfer sitzt, stärker; sie wird dort niedriger, wo wenig oder mehr Lack durch Teilbelichtung auf der Walze verblieben ist. Bei der *Pigmentpapiermethode* wird ein sensibilisiertes (lichtempfindlich gemachtes) Pigmentpapier auf dem Kontaktkopiergerät in Rapportgröße mit dem Halbtonfilm kopiert, wobei auf dem Papier entsprechend stärker oder geringer belichtete Partien entstehen. Das Rastern kann entweder vor oder nach der Übertragung des Bildes erfolgen. Bei der häufiger verwendeten *Direktkopiermethode* sind verschiedene, meist lizenzierte Verfahren im Gebrauch. Im Prinzip wird mittels eines Diapositivs des Musters direkt auf die lackierte Druckwalze kopiert und damit die Herstellung des Pigmentpapiers erspart. Auch wird das Bild und das Raster gesondert auf die Walze kopiert, die absolut gleich-

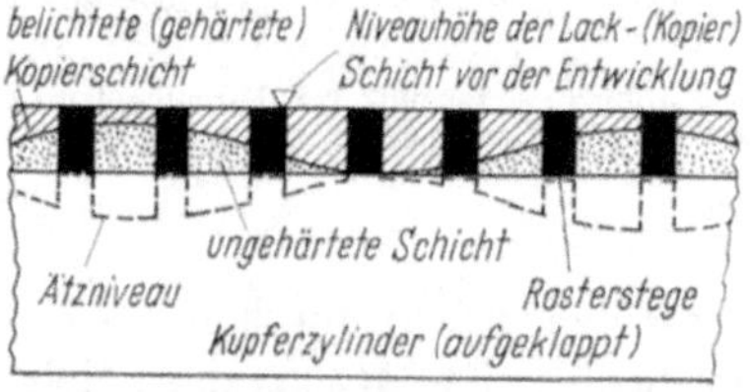

Abb. 22. Kupfertiefdruckmethode, Schema der Ätzung nach dem Direktübertragungsverfahren.

mäßig mit der Lackschicht beschichtet sein muß, da örtliche Schichtunterschiede die Abstufungen der Farbtöne verwischen. Abgesehen von den Rasterstegen wird die Lackschicht der Walze mehr oder weniger stark gegerbt und dadurch nach dem Entwickeln (Auswaschen der unbelichteten Anteile) und damit mit den wasserlöslich gebliebenen Lackschichten auch die folgende Ätzung mit unterschiedlicher Tiefe erzeugt (Abb. 22).

Nach dem *Belichten* der Druckwalzen auf *Addier-*, *Kopier-* oder *Umlaufkopiermaschinen* (Abb. 23) mit Quecksilberdampf- oder Bogenlampen, wobei Belichtungszeiten zwischen 40 und 120 sec üblich sind, wird

Abb. 23. Umlaufkopiermaschine Typ UKA (*Saueressig*).

entwickelt. Dabei wird die Walze meist auf der Ätzmaschine mit lauwarmem Wasser vorbehandelt, wodurch die Kopierschicht quillt und der unbelichtete Lack abgelöst wird. Nun wird der verbliebene Lack mit 1–2 g/l eines basischen oder sauren Farbstoffes angefärbt, um das Ätzmuster sichtbar zu machen und evtl. Fehler von Hand aus retuschieren zu können. Um den Lack gegen die Ätzlösung widerstandsfähiger zu machen, wird mit besonderen Härtemitteln – meist Formaldehyd, Harnstoffderivate, Phenol, Chrom- oder Aluminiumverbindungen – die verbliebene Lackschicht gegerbt. Meist werden Farbstoffe und Härtungsmittel von den Lieferanten der Beschichtungslacke (Kopiermittel) mitgeliefert (S. 39). Oft wird das Anfärben und Härten (Gerben) der Kopierschichten gemeinsam vorgenommen. Bei Kopierschichten auf Basis von Polyvinylalkohol werden die Schichten bei 200 °C mit einem Brennstab (Abb. 24) eingebrannt, wodurch eine Polymerisation des Alkohols eintritt. Die entwickelten Walzen werden nun getrocknet – meist verwendet man Heißluft, die man gegen die Zylinder bläst –, so daß sie nach einer Retusche bzw. Nachsicht zur Ätzung fertig sind.

Beim Ätzen verwendet man spezielle *Ätzmaschinen*, in denen die entwickelten Druckwalzen durch Säure- oder saure Salzlösungen geätzt werden und das Kupfer aus der Walze dort ausgelöst wird, wo durch geringere Belichtung oder überhaupt keine Belichtung und nachträgliches Abwaschen (Entwickeln) der säurebeständige Lack abgelöst wurde. Das Ätzen der verschieden vorgravierten Druckwalzen unterscheidet sich meist in der Zusammensetzung der Ätzbäder, das gilt auch für die verschiedenen Fotogravierverfahren, die sich auf Grund der verschiedenen Kopierlösungen unterscheiden. Für das Ätzen selbst ist das *chemische*

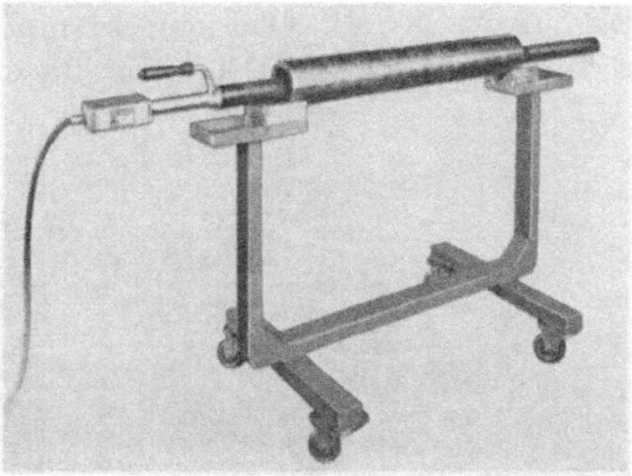

Abb. 24. Druckwalzentransportwagen mit elektrischem Einbrennstab (*Saueressig*).

und *elektrolytische Ätzverfahren* im Gebrauch. Bei der chemischen Ätzmethode wird Salpetersäure und Eisenchloridlösung verwendet. Meist wird in 35–36 °Bé Salpetersäure vorgeätzt und die eigentliche Gravurtiefe mit einer Lösung von Eisen(III)chlorid ausgeätzt. Bei der chemischen Ätze wird oft mit Essigsäure gepufferte Salpetersäure verwendet. Die Ätzungen unterscheiden sich in ihrem Querschnitt durch das verwendete Ätzmittel und hängen von der Musterung bzw. den Gravurverfahren usw. ab. Bei der elektrolytischen Ätzmethode wird mit Schwachstrom in sauren Elektrolytlösungen gearbeitet, wobei die zu gravierende Walze als Anode fungiert und mit einer Kupferkathode parallel gegenüber gearbeitet wird. Geätzt wird in der Regel bei 20–30 °C in Ätzbädern, in welche die mit Konen festgehaltenen Druckwalzen 1/3–5/6 eintauchen und mit 120–250 U/min gedreht werden. Die Ätzmaschinen bestehen meist aus mehreren korrosionsfesten Trögen, um verschiedene Ätzmittel nebeneinander verwenden zu können, ein Trog dient zum Spülen mit Frischwasser, und danach wird die Gravurtiefe mit mechanischen oder optischen Geräten (Tiefenmeßgeräte) kontrolliert. Die Gravurtiefe hängt von vielen Umständen ab, dazu gehört vor allem die Anzahl der Haschuren auf 1 cm, die wiederum vom zu bedruckenden Gewebe abhängig ist und zwischen 16 und 30 liegt. Je größer die Haschurenzahl ist, desto geringer ist die Ätztiefe, bei der angegebenen Haschurenzahl liegt sie zwischen 0,06 und 0,27 mm, gleiches gilt auch für die Rasterpunkte, die je Zentimeter zwischen 25 und 48 schwanken, damit Ätztiefen von 0,16–0,06 mm erfordern und je nach Ätzmittel in 30–40 min erreicht werden. Nach dem Ätzen werden die Walzen gespült, die Kopier- und Lackschichten mit geeigneten Lösungsmitteln abgelöst, wobei meist eine Messingdrahtbürste zur Hilfe genommen wird, nachgespült und getrocknet und evtl. verchromt.

Auch wenn die Gravur in der Textildruckerei selbst nicht vorgenommen wird, ist es zweckmäßig, einen Graveur zu beschäftigen, der die *Walzenretusche* bzw. *Ausbesserungen an gebrauchten Walzen* vornimmt. Es handelt sich dabei um Handarbeiten, welche z.B. das Nachschlagen von Picotwalzen, Flicken von Ätzlöchern, Ausbessern von Walzenanreißern usw. umfaßt.

Druckwalzenvorbereitung für die Gravur und den Druck. Diese Arbeiten werden hauptsächlich in Gravuranstalten bzw. nur dort im eigenen Betrieb vorgenommen, wo auch die Gravur üblich ist. Meist werden dort auch gebrauchte Druckwalzen abgedreht, aufgekupfert, für die Gravur vorbereitet und nach dem Gravieren verchromt.

Die Kupferzylinder werden meist aus Neu- oder Altkupfer in den Kupferhütten erschmolzen, auf einer Rohrpresse warm zu Rohzylindern verformt, beidseitig Ziehspitzen angebracht und auf hydraulischen Ziehbänken zu Rohdruckwalzen mit konischer Bohrung mit oder ohne Keil gezogen und auf die ungefähr gewünschten Umfangsmaße abgedreht.

Auf *Feinstdrehbänken* werden die Rohzylinder auf 1/10 bis 1/100 mm zuerst mit Hartmetall, z.B. Widiastahl, abgedreht und anschließend mit Drehdiamanten abgedreht und poliert. Diese Arbeiten bezwecken die Herstellung absolut kreisförmiger Walzenumfänge und homogener Walzenoberfläche. Auf den *Polier- und Schleifmaschinen* werden als Schleifmittel meist synthetische Steine verwendet.

Da auch abgearbeitete Zylinder zum Druck wiederverwendet werden, sollen hier auch diese Arbeiten kurz beschrieben werden. Diese Druckwalzen werden durch Abdrehen, Schleifen und Polieren wie auch die Rohwalzen vorbereitet und gründlich mit organischen Lösungsmitteln oder speziellen Entfettern von allen Fetten befreit und zur sauren, elektrolytischen Aufkupferung in speziellen *Aufkupferungsmaschinen* vorbereitet. Beim Aufkupfern arbeitet man meist mit einer Lösung von 200–250 g/l Kupfersulfat + 20–25 g/l konzentrierter Schwefelsäure. Die Lösungen spindeln dabei 18–22° Bé und haben einen pH-Wert von 0,8–1. Als Strom wird Gleichstrom verwendet, der mit 20 A/dm^2 der Eintauchfläche dimensioniert wird. Zur Glättung der elektrolytisch abgeschiedenen Kupferkristalle werden die drehenden Walzen durch beschwerte Achate geglättet. Das Aufkupfern ist ein langwieriger Prozeß, da unter den angegebenen Bedingungen in 1 Std. nur 0,1-mm-Schichten entstehen und in der Regel 5–10 mm Auflagen erforderlich sind.

Durch *Verchromen* der gravierten Druckwalzen ergeben sich große Vorteile gegenüber normalen Kupferwalzen, die hauptsächlich in der größeren Härte der Außenschichten und der größeren Widerstandsfähigkeit dieser Druckwalzen gegen chemische Einflüsse bestehen. Es kommt nur die *Hartverchromung* mit Auflagen von 10–15 nm in Betracht, die elektrolytisch (galvanisch) auf die gravierten und entfetteten Druckwalzen aufgebracht werden. Man arbeitet meist mit Strom von 10–12 V und einer Stromdichte von 30–50 A/dm² bei 50–60 °C, die sich je nach Zusammensetzung der Verchromungsbäder richtet.

Abb. 25. Walzenbeschichtungsapparat (*Mettenheimer*).

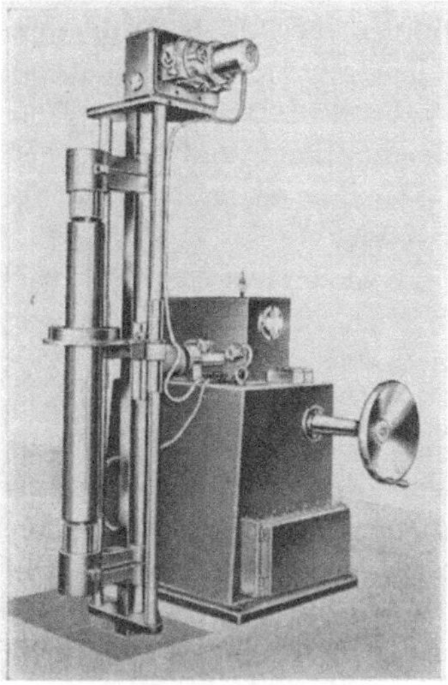

Abb. 26. Ringbeschichtungsmaschine (*Ungricht*).

Für das Aufbringen von Kopierlösungen bei der Fotogravur und von Ätzlacken bei der Pantogravur werden spezielle *Beschichtungsanlagen* verwendet, die das Beschichten durch Aufsprühen (Abb. 25) bzw. im Tauchverfahren über Beschichtungsmanschetten besorgen (Abb. 26). Als Grundvoraussetzung ist beim Beschichten notwendig, daß in allen Fällen in absolut staubfreier Atmosphäre gearbeitet wird, um eine homogene und blasenfreie Schicht zu erhalten, die in ihren Abmessungen auf der Gesamtwalze keine Unterschiede aufweist. Für den Transport der Walzen sind *Walzentransportwagen* (Abb. 24, S. 36) üblich, die eine Berührung der feuchten Beschichtung oder der entfetteten Druckwalze ausschließen. Diese Transportwagen werden meist mit elektrischen Heizstäben ausgestattet, um Ätzlacke einbrennen zu können, wenn das bei speziellen Kopierlösungen notwendig ist.

Die nachstehend angegebenen Firmen stellen Einrichtungen bzw. Hilfsmittel für die Gravur, Bearbeitung von Druckwalzen usw. her:

Blasberg	Aufkupferungs- und Verchromungsanlagen,
Erhardt	Flachtischpantographen,
Hoh	Addierkopiergeräte, Bogenlampen, Kontaktkopiergeräte,
Klimsch	Ätzanlagen, Kontaktraster, Kopiereinrichtungen, Druckraster, Kontaktkopiergeräte, Bogenlampen, Reproduktionskameras, Kopierlacke,
Mettenheimer	Addierkopiereinrichtungen, Kopierlacke, Ätzanlagen, Aufkupferungs- und Verchromungseinrichtungen, Beschichtungs- und Entwicklungsmaschinen, Kontaktkopieranlagen, Beleuchtungsanlagen, Walzenkopiermaschinen, Zylinderschleif- und -poliermaschinen,
Osnabrück	Kupferzylinder,
Saueressig	Addierkopiergeräte, Ätz-, Verkupferungs- und Verchromungsanlagen, Zylinderpolier- und -schleifmaschinen, Walzentransportwagen, Entwicklungsmaschinen,
Ungricht	Aufkupferungs- und Verchromungsanlagen, Fotogravieranlagen, Gravierchemikalien.

Abgesehen von speziellen Walzendruckmaschinen, bei denen die Druckwalzen über Konen im Farbwerk festgehalten werden und daher keine Spindel benötigen, ist es notwendig, die gravierten Druckwalzen auf Stahlspindeln aufzuspindeln. Man verwendet dazu **Aufspindelmaschinen** (Spindelpressen, Abb. 27), die von fast allen Rouleauxherstellern (S. 21)

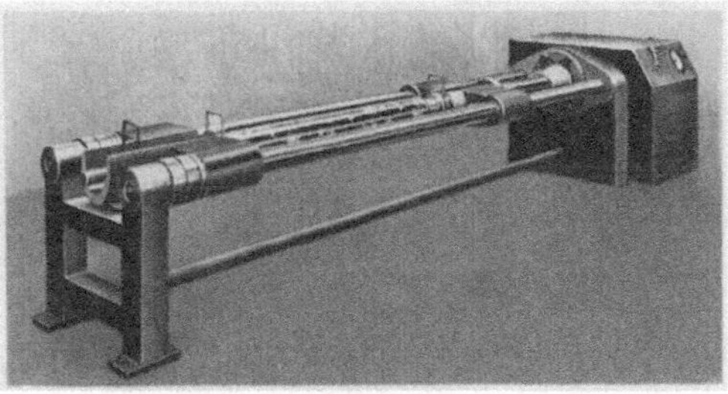

Abb. 27. Hydraulische Aufspindelmaschine (*Kleinewefers*).

gebaut werden. Dabei werden konisch gearbeitete Stahlspindeln, die auch mit einer Nut versehen sein können, in konische Druckwalzenzylinder eingepreßt und damit befestigt. Meist ist die Spindeloberfläche leicht gerieft, wodurch ein besserer Sitz gewährleistet ist. Die Druckwalze wird mit Hebezeugen in die Spindelpresse eingehoben und an ihrer gesamten Hohlfläche festgehalten. Dann wird die Stahlspindel in gesäubertem Zustand eingeführt und mit einem Druck bis zu 80 t in den Hohlzylinder eingepreßt. Der Druck wird entweder mechanisch oder ölhydraulisch erzeugt und kann entsprechend vorgewählt bzw. laufend über Manometer kontrolliert werden. Beim Aufspindeln ist jeder harte Druck zu vermeiden. Die Maschinen arbeiten meist mit 2–3 Geschwindigkeiten, und das Aufspindeln wird dann unterbrochen, wenn Drücke auftreten, die über das Normalmaß hinausgehen. Bei abgearbeiteten Druckwalzen kann der Sitz durch Einlegen von Papierstreifen geringfügig verbessert werden, ferner hilft auch eine geringe Aufkupferung des Innenraums der Druckwalze. Beim *Abspindeln* wird die Spindelpresse in umgekehrter Weise verwendet. Bei sehr festsitzenden Spindeln kann durch Übergießen mit Heißwasser und damit stärkere Ausdehnung des Kupfers der Druckzylinder leichter von der Stahlspindel gelöst werden.

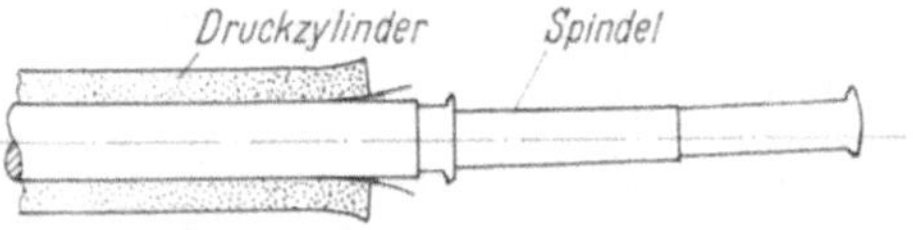

Abb. 28. Druckwalzen- und Spindeldeformation, durch fehlerhaftes Auf- und Abspindeln verursacht.

Trotz aller Sicherheitsvorrichtungen in der Spindelpresse kommt es doch oft durch Aufbiegen zur Deformation der Druckzylinder bzw. Verziehen der Druckspindel (Abb. 28). Von *Brückner* wurde deshalb eine

Abb. 29. Abziehen der Druckwalze von der automatischen Spannspindel (*Brückner*).

spezielle *Spannspindel* (*System Kauschka*) herausgebracht, bei der kein Preß-, sondern hydraulisch erzeugter Federdruck verwendet wird und die Spindel gleichmäßig in der Druckwalze hält. Durch Ablassen des Druckes im fliegend konstruierten Spindelblock (Abb. 29) kann die Druckwalze ohne Gewaltanwendung abgezogen werden. Durch Verwendung dieser speziellen Aufspindelung können auch Kupferhohlzylinder benutzt werden, die nur eine Wandstärke von 6–10 mm, gegenüber 15 bis 20 mm normal, aufweisen; dadurch sind beim Auf- und Abspindeln keine Hebezeuge mehr notwendig, da der leichtere Druckzylinder von einer Bedienung bewegt werden kann.

Da es ausgeschlossen ist, die Druckwalzen nach einem Auftrag immer wieder neu zu gravieren, versucht man möglichst modisch-zeitlose Muster auf dem Rouleaux zu drucken und die Druckwalzen immer wieder zu verwenden. Das *Walzenlager* wird dadurch sehr groß, da oft mehrere tausend Druckwalzen gelagert werden müssen. Zur Vermeidung von Gravurschäden werden die Walzen mit einer Filzmanschette umhüllt und hängend in Gestellen aufbewahrt, wobei die Serien, die zur Herstellung eines Druckmusters notwendig sind, zusammenbleiben.

Kammzug-, Vigoureux- oder Melangedruck. Bei dieser Art des Drucks werden *Kammzüge* – hauptsächlich aus Wolle, seltener Zellulosefasern (*Kardenband*) und neuerdings häufiger aus synthetischen Fasern – mit *Reliefwalzen* bedruckt. Es handelt sich dabei um einen *Walzendruck*, mit dem der verdickte Farbstoff auf das über eine *Gillbox* (Kämmwerk) er-

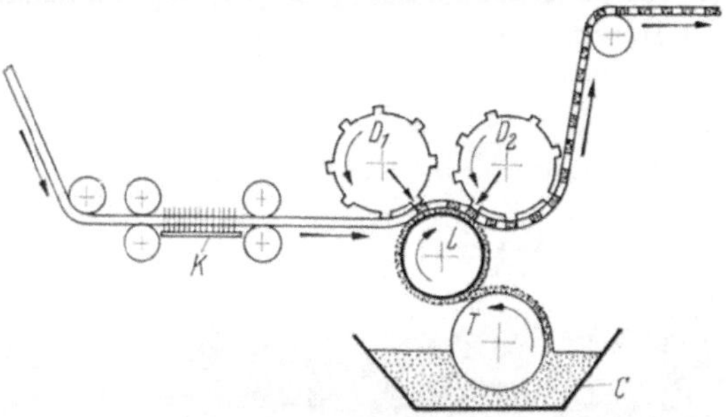

Abb. 30. Schema des Vigoureuxdrucks mit 2 Druckwalzen. D_1, D_2 Druckwalzen; L filzbombierte Farblieferwalze; T Tauchwalze; C Chassis (Farbtrog); K Kämmwerk (Gillbox).

zeugte Faservlies übertragen wird (Abb. 30). Die Einrichtung wurde 1863 dem Franzosen Stanislas Vigoureux patentiert und hat seither vielfach dort Eingang gefunden, wo „feine Melangen" hauptsächlich für Oberbekleidungstextilien hergestellt werden. Oft findet man den Vigoureuxdruck auch in Spinnereien.

Zur Herstellung von Melangen werden in der Streichgarnherstellung Faserstoffe, die in der Flocke gefärbt wurden, in den verlangten Farbanteilen gemischt (melangiert, manipuliert). Da jedoch die zum Färben von losem Material (Flocke) verwendeten Färbeapparate eine gewisse, meist große Warenmenge erfordern, ist es unvermeidlich, daß oft weit höhere Materialanteile eingefärbt werden müssen, als es für die geforderte Melange notwendig ist, und dadurch erfordern die nicht verarbeiteten

Fasermengen eine kostspielige Lagerhaltung. Besonders aufwendig ist diese Lagerhaltung beim Melangieren von Kammgarnen, weshalb dort der Kammzugdruck häufiger eingesetzt wird. Beim Vigoureuxdruck wird nur so viel Material bedruckt, wie zur Herstellung der Melange, zuzüglich gewisser Spinnverluste, notwendig ist. Ein weiterer Vorteil des Kammzugdrucks ist die weit „feinere" Melange, da, durch die Feinheit der Gravierung bedingt, eine Faser bedruckte und unbedruckte Stellen aufweist und dadurch die erreichbaren Melangen gleichmäßiger und für das Auge angenehmer sind, als es durch eine Mischung vorgefärbter Fasern möglich ist.

Beim Vigoureuxdruck wird durch das Bedrucken kein Muster erzeugt, da durch das anschließende Verstrecken diese Musterung verlorengeht. Ebenfalls wird eine Konturenschärfe nicht unbedingt gefordert, doch muß der Durchdruck möglichst vollkommen sein, um stark ungleichmäßige Melangen zu verhindern. Der bedruckte Kammzug wird nicht getrocknet, sondern in feuchtem Zustand gedämpft, da ein geringes Abflecken auf unbedruckte Kammzugteile keinen Einfluß auf den Effekt hat.

Die **Vigoureuxdruckmaschine** besteht im Prinzip (Abb. 30) aus dem *Aufsteckzeug*, einem Gestell, auf dem 10–16 Kammzugbobinen aufgesteckt und getrennt über besondere Führungsrechen dem Nadelfeld der

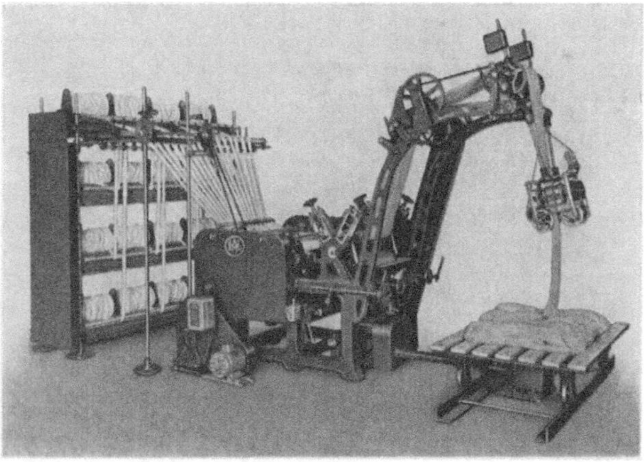

Abb. 31. Vigoureuxdruckmaschine mit Zubehör (*SACM*).

Gillbox (*Kämmwerk*) zugeführt werden. Im Kämmwerk werden die Bänder, die meist mit 20 g/m angeliefert werden, 1:4 bis 1:6 verstreckt und zu einem gleichmäßigen Vlies ausgebreitet und so dem *Farbwerk* (*Druckwerk*) zugeführt. Das Farbwerk besteht aus dem Chassis, in das die gegenüber dem normalen Walzendruck weit dünnere (weniger zügige, viskose) Farbpaste eingegossen wird. Die Farbpaste wird von einer *Tauchwalze* aufgenommen und der mit Filz bombierten *Übertragungswalze* zugeführt. Den eigentlichen Druck besorgen mit Streifen *gravierte Bronze-* oder *Edelstahlwalzen*, die das Kammzugvlies gegen die Übertragungswalze pressen. Der Preßdruck wird mittels verstellbarer Druckspindeln auf die Druckwalzen erzeugt und mittels Spiralfedern elastisch gehalten (Abb. 31 u. 32). Je nach Gravierung ist die zu bedruckende Fläche wählbar (Abb. 33).

Abb. 32. Vigoreuxdruckmaschine (*SACM*) mit Gillbox, 2 Druckwalzen für 60%ige Druckbedeckung.

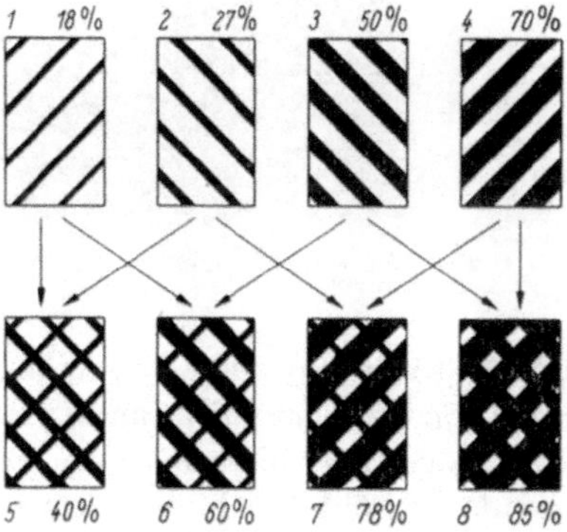

Abb. 33. Druckbilder im Vigoureuxdruck mit Prozentangaben der bedruckten Kammzugfläche. 1–4 mit einer, 5–8 mit 2 Druckwalzen im Vigoureuxdruck (*SACM*). Die Pfeile bei den Druckbildern 5–8 zeigen die 2 verwendeten Walzen der Einwalzenmaschine.

Auf diese Weise ist es möglich, die „Tiefe“ der Melange zu verändern, auch kann die Farbtiefe über den Farbstoffzusatz zur Druckpaste verändert werden. Die Druckwalzen enthalten in der Regel links- und rechtsgängige Riffeln, so daß mit verschieden gravierten Druckwalzen die in Abb. 33 gezeigten Druckmöglichkeiten bestehen. Die Maschinenhersteller liefern daneben auch andere Druckwalzen und es läßt sich die bedruckte Fläche bzw. Melange durch Zulaufen von unbedrucktem, vorgefärbtem oder in anderen Tönen bedrucktem Kammzug weiter variieren. Obwohl es möglich ist, durch Verwendung von 2 Farbwerken auch 2 Farben zu drucken, wird von dieser Möglichkeit wenig Gebrauch gemacht, da dann ein Ineinanderfließen der Farbpasten beim Naß-in-Naß-Druck gefördert wird und „Überfälle" auf der Ware sehr ungleichmäßige Nuancen ergeben. Häufiger werden für den gleichen Zweck 2 oder mehrere, gesondert bedruckte Kammzüge zusammenlaufend versponnen. Häufiger werden jedoch Kammzüge oder Kardenbänder bedruckt, die in der Flocke in Pastelltönen (Perltöne) vorgefärbt wurden. Dafür eignen sich auch Vorfärbungen in Bobinenform bzw. neuerdings im Kontinueverfahren vorgefärbte Kammzüge.

Der bedruckte Kammzug wird über eine *Abtafelvorrichtung* abgelegt und in Weidenkörben (perforierten Kästen) ohne Zwischentrocknung in *speziellen Dämpfern* durch Dämpfen fixiert. Es handelt sich dabei um

Abb. 34. Schrankdämpfer für vigoureuxbedruckten Kammzug (*Dupuis*).

Schrank- (Abb. 34) oder Kesseldämpfer, die auch zum Dämpfen von Kopsen und Kreuzspulen und, wenn besondere Einsätze verwendet werden, auch zum Dämpfen von Stranggarn eingesetzt werden. Die Dämpfdauer richtet sich vor allem nach dem bedruckten Material und den verwendeten Farbstoffen und beträgt, wenn nicht besondere Zusätze verwendet wurden, bei Wolle 1–2 Std., wobei meist nach 60 min das Material durch Einblasen von Luft abgekühlt wird. Durch Abkühlen des gedämpften Kammzugs über mehrere Stunden oder über Nacht wird ebenfalls eine bessere Farbtiefe erreicht. Gedämpft wird mit möglichst „feuchtem", also gut gesättigtem Dampf bei 100 °C bzw. bei Wolle mit maximal 108 °C und geringem Überdruck, wenn die Dämpfzeit abgekürzt werden soll. Allerdings führen höhere Dämpftemperaturen und überhitzter Dampf meist zu starker Vergilbung der Wolle. Obwohl es durchaus möglich ist, kontinuierliche Dämpfer zur Fixierung von bedrucktem Kammzug einzusetzen, lohnt sich deren Anschaffung nur dann, wenn sehr große Mengen gedämpft werden sollen bzw. wenn diese Dämpfer auch zum kontinuierlichen Fixieren von foulardiertem Kammzug verwendet werden. Diese Kontinuedämpfer werden u.a. von *ILMA*, *Fleissner*, *Smith* u.a. Firmen gebaut und als Teil der Einrichtung zum kontinuierlichen Färben von Kammzug geliefert. Die Schrank- oder Kesseldämpfer werden meist als diskontinuierliche *Vakuumdämpfer* hergestellt und gestatten ein vorheriges Evakuieren des Materials und Dämpfungsraums, um ein möglichst schnelles und gleichmäßiges Durchdringen des Materials durch den Dampf zu erreichen und evtl. schädlichen Lufteinfluß zu vermeiden. Die Zusammensetzung der Druckpasten wird beim Druck der angegebenen Materialien (S. 264 Zellulosefasern, S. 280 Wolle, S. 300 Polyamidfasern, S. 307 Polyester, S. 314 Acrylfasern und S. 320 für Mischfasern) angegeben. Kammzüge aus synthetischen Fasern werden meist in Dämpfern unter Druck gedämpft bzw. auf entsprechend eingerichtete Thermosolierungsanlagen, z.B. beim RT-Verfahren der Fa. *Fleissner*, eingesetzt. Vigoureuxdruckmaschinen werden u.a. von nachfolgenden Firmen hergestellt:

Caipo	*ILMA*	*SACM*
Giachino	*Prince*	*Sant-Andrea*

Vigoureuxdämpfer liefern neben den vorstehend genannten Firmen auch:

Bailey	*Dupuis*	*Lagarde*	*Sellers*
Butterworth	*Greenville*	*Rodney*	*Welker*
Callebaut	*Hemmer*	*Smith*	*West-Point*
Cook			

Die gedämpften Kammzüge werden meist auf 5 Kästen der *Lisseuse* gewaschen und anschließend auf kleinen Kupferzylindern oder über Saugtrommeltrockner getrocknet und „geplättet".

Stranggarndruck. Durch Bedrucken von Stranggarnen soll die teure Herstellung von *Effektgarnen* oder *-zwirnen* umgangen werden. Allerdings hat der Garndruck nicht die Bedeutung erlangen können wie die Herstellung von Garnen auf Effektspinn- bzw. -zwirnmaschinen, ist jedoch häufiger als der Kettdruck (S. 9). Bedruckt werden alle Materialien, doch kommen hauptsächlich billigere Garne dafür in Betracht, die zur Herstellung von Teppichen, Web- und Wirkwaren verwendet werden. Dabei ist zu berücksichtigen, daß in Web- und Wirkwaren ein sog. „Bildern" auftreten kann, d.h., daß durch ungewollte Muster durch die bedruckten Stellen über kleinere und größere Abschnitte der Web- und Wirkwaren Figuren (Bilder) auftreten, die das Warenbild stören.

Die Vorbereitung der Stranggarne gleicht im wesentlichen der von Stückwaren. Die Garne müssen gut saugfähig sein, meist gebleicht und durch *Gasieren* (Sengen) von den abstehenden Fasern befreit werden. Für den Stranggarndruck hat sich die *Parallel-* oder *Gebundhaspelung* bewährt, bei der die einzelnen Garnfäden nebeneinander und nicht übereinander verkreuzt liegen. Für die Spannung und Parallelisierung werden von *Fleissner*, *Gerber*, *Timmer* u.a. Firmen *Strangausbreitmaschinen* hergestellt, in denen die Stränge mechanisch „ausgeschlagen" werden, es ist jedoch auch ein Ausschlagen von Hand aus mittels Schlaghölzern möglich.

Beim Stranggarndruck handelt es sich um einen Reliefdruck. Dabei werden die Stranggarne in einfacher Lage zwischen den mit Druckpaste beschickten unteren Druckwalzen und den ebenfalls als Relief ausgebildeten Preßwalzen hindurchgeführt. Bei der **Stranggarndruckmaschine** von

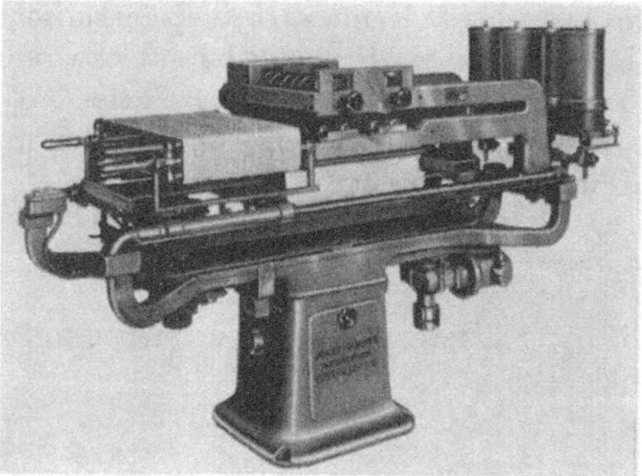

Abb. 35. Automatische Stranggarndruckmaschine (*Timmer*).

Timmer (Abb. 35) werden die Garnstränge auf einem Schlitten ausgespannt, automatisch zwischen die beiden Walzen hindurchgeführt und dadurch jeweils 1/4 des Strangumfanges bedruckt. Bei der Rückführung wird das nächste Viertel bedruckt. Dadurch wird bei zweimaligem Hin- und Rückführen der Gesamtumfang bedruckt. Auf den Spindeln der Druck- und Preßwalzen können Ringe von verschiedener Breite (3, 5, 6, 8, 10, 12, 20 mm) aufgesetzt werden, die das Relief bilden. Die Druckpaste entnehmen die Druckwalzenringe dem Chassis, das aus entsprechenden Vorratsbehältern gespeist wird. Je nach Größe der Maschine können bis zu 4 Farben gleichzeitig aneinander oder mit bestimmten, unbedruckten Abständen gedruckt werden. Meist besteht eine Ladung aus 200 g Stranggarn aus nativen oder aus bis zu 400 g synthetischen Fasern, die in 20 sec bedruckt werden können. Die Anordnung der Walzen zeigen die Abb. 36.

Wie beim Vigoreux- werden auch im Stranggarndruck keine figürlichen Muster gedruckt. Die „Muster" erscheinen als Streifen unterschiedlicher Breite auf den Strängen, oder es werden bedruckte von unbedruckten Streifen abgelöst. Eine Konturenschärfe ist nicht unbedingt nötig, wogegen der Durchdruck möglichst vollkommen sein soll. Nach

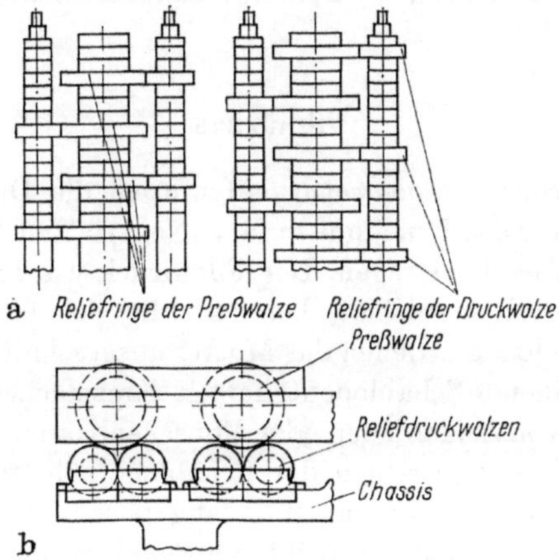

Abb. 36. Farbwerke in der automatischen Stranggarndruckmaschine (*Timmer*). a) Aufsicht; b) Seitenansicht für den Zweifarbendruck.

dem Druck werden die Stränge in Trockenschränken oder kontinuierlich arbeitenden *Kanal-* oder *Rollstabtrocknern* getrocknet und zur Fixierung in *Dämpfern*, wie sie auch zum Fixieren von Kammzug (S. 44) üblich sind, im „Pack" oder in Schrankdämpfern hängend fixiert und auf Kufen oder Stranggarnbehandlungsmaschinen (*Gerber*, *Mezzera* usw.) nachbehandelt. Der Ätz- oder Reservedruck ist auf Strängen nicht üblich, es kommen jedoch oft hell gefärbte Materialien zum Bedrucken.

Zum *Bedrucken von Fertigtextilien*, wie z.B. Strümpfen, Pullovern oder anderen Wirkwarenteilen, wird meist der Filmdruck auf Tischen verwendet, auf denen die Einzelstücke aufgenadelt oder geklebt und ansonsten wie für den Filmdruck üblich bedruckt und nachbehandelt werden. Das Bedrucken derartiger Textilien ist nur ausnahmsweise üblich und hängt sehr stark von der jeweiligen Mode ab.

Spritz- und Bürstdruck

Diese Druckverfahren arbeiten mit Schablonen aus Zinkblech, aus dem das Druckmuster ausgesägt oder gestanzt wurde. Die früher üblichen Schablonen aus Spezialpappen haben nur eine geringe Lebensdauer. Der nur mit der halben Menge an Verdickungsmitteln verdickte Farbstoff wird mittels Spritzpistolen (Spritzdruck) oder Bürsten (Bürstdruck) auf die Ware übertragen, die ähnlich wie beim Hand- und Filmdruck auf Drucktischen befestigt wird. Die Verfahren haben heute nur kunsthandwerkliche Bedeutung, da die Produktion gering ist. Es lassen sich jedoch durch besondere Führung der Spritzpistolen spezielle Schatteneffekte erzielen, die meist nur unvollständig durch Rasterauflösung im Film- oder durch spezielle Gravierung der Druckwalzen (Halbtöne) im Walzendruck zu imitieren sind.

Filmdruck

Beim Filmdruck (*Schablonendruck*) werden die Druckpasten durch eine Schablone, die das Druckmuster als „Negativ" enthält, mittels einer Rakel auf die Ware übertragen. Der Filmdruck wurde aus dem japanischen *Yuzen-Druck* entwickelt, bei dem die Schablonen aus Papierschichten bestanden, aus denen das Muster ausgeschnitten wurde. Dabei wurden herausfallende Schablonenteile, z.B. Kreisflächen, durch Einlegen oder Aufkleben von Seidenfäden oder Menschenhaaren auf die Schablone oder zwischen den Papierlagen der Schablone gehalten. Als *Siebdruck* wurde der Filmdruck in Europa am Anfang dieses Jahrhunderts von den USA übernommen. Als Material für die Schablonenherstellung wurden zuerst Seidengewebe (*silk screen printing*) verwendet und die Partien, welche auf dem Gewebe nicht bedruckt wurden, auf der Schablone durch Auftragen von Lack farbundurchlässig gemacht. Die Bezeichnung Siebdruck wird heute nur im grafischen Gewerbe verwendet. In der Textilindustrie hat sich der Ausdruck „Filmdruck" eingeführt. Im englischen Sprachbereich wurde der Ausdruck *screen printing* jedoch beibehalten. Die Bezeichnung Filmdruck stammt aus dem Herstellungsverfahren der Schablonen, die mit einer lichtempfindlichen Schicht (Film) bestrichen werden, die durch Belichten dort wasserunlöslich wird, wo kein Farbstoff durch die *Gaze* (Schablonengewebe) auf die Ware gerakelt werden soll.

Der Filmdruck kann mittels Flachschablonen auf Tischen (*Handfilmdruck*) oder mit gleichen Schablonen auf *Filmdruckmaschinen* vorgenommen werden. Die neueste Entwicklung hat zur Konstruktion von Filmdruckmaschinen geführt, die mit Rundschablonen (*Rotationsfilmdruckmaschine*) arbeiten.

Der Filmdruck auf Tischen (Handfilmdruck) von Geweben und Gewirken, seltener von Ketten, stellt die ursprüngliche Form des Filmdrucks dar. Die textilen Bahnen werden auf einem Tisch, der mit einem elastischen Filz oder elastisch-kaschierten Drucktuch bespannt ist, aufgenadelt oder aufgeklebt (S. 133) und mit Flachschablonen meist von Hand aus über Rakel bedruckt. Die *Drucktische* haben je nach Aufträgen eine Länge von 5–100 m und Breiten von 1–3 m. Meist sind es Metalltische mit einer aus Schichtholz bestehenden Platte, um ein Verziehen durch unterschiedliche Feuchtigkeit zu vermeiden. Wichtig ist, daß die Tische waagerecht eingestellt werden und die Tischfläche planeben ist. Die *Flachschablonen* werden, entweder von Hand oder in *Druckwagen* eingespannt, auf dem Tisch verschoben. Zur Rapportierung dienen für die Handbedienung Stifte, in welche Flacheisen der Schablone einrasten. Werden Druckwagen verwendet, laufen diese beidseitig auf Schienen. Die Vorderseiten der Tische haben eine U-förmige Schiene, in die *Rapportreiter* eingesetzt werden und in die beim Absenken der Schablone entsprechende Rastereinrichtungen der Schablonen einfallen und dadurch die Schablone im Rapport festhalten.

Abb. 37. Trockenwagen (*Zimmer, Kufstein*) für den Filmdruck auf Tischen.

Der Tischdruck hat den Vorteil, daß nicht naß-in-naß gedruckt werden muß. Es werden zuerst die ungeradzahligen Rapporte gedruckt (abgeschlagen) und erst danach die geradzahligen; da bei entsprechend langen Drucktischen die ungeradzahligen Rapporte inzwischen getrocknet sind, ist ein Verschmieren der Unterseite der über den Rapport hinausragenden Schablonenteile und Übertragen auf den nächsten Rapport unmöglich. Bei kurzen Drucktischen werden zum Trocknen der gedruckten Rapporte, um längere Stillstände zu vermeiden, *Trockenwagen* (Abb. 37) eingesetzt, die mittels Heißluft oder IR-Strahlen die gedruckten Rapporte trocknen und wie die Druckwagen in den Schienen über den Tisch bewegt werden. Günstig ist es auch, die Raumluft in der Druckerei möglichst von Feuchtigkeit zu befreien. Von *Heberlein* wird neuerdings eine spezielle *Drucktischheizung* (Abb. 38) empfohlen. Durch eine zwischen die elastische Unterlage und das Drucktuch eingelegte elektrische Heizmatte wird das Gewebe auf 40–50 °C mit Gleichstrom von 50 V aufgeheizt, so daß die Abschläge schnell trocknen können. In der Praxis ergaben sich dadurch teilweise Produktionserhöhungen von 100 %. Mit dieser Heizung werden auch die Bahnen nach dem Druck auf dem Tisch getrocknet, es erübrigt sich dadurch auch ein Aufhängen über den Tischen oder in besonderen Gestel-

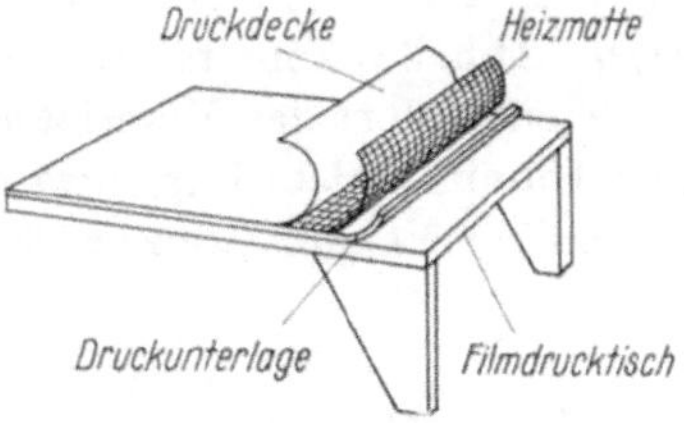

Abb. 38. Schema der elektrischen Drucktischheizung (*Heberlein*).

len. Besonders vorteilhaft sind mit dieser Einrichtung Überfälle zu trocknen, die immer sehr lange Zeit zum Durchtrocknen benötigen. Eine Reihe von Dauerklebern (S. 134) erleidet auch nach Dauerbenützung durch die Drucktischheizung keinerlei Einbuße in ihrer Klebkraft.

Nach dem Druck werden die Textilbahnen meist über den Tischen in Gestellen (S. 52) oder in Schleifen in Schragen zum Trocknen aufgehängt. Besondere Trockner, die an den Drucktisch angeschlossen werden müßten, lohnen wegen der geringen Produktion des Tischdrucks nicht. Der Auftrag der Kleber (S. 133) erfordert eine besondere Sorgfalt, da die Kleberauflage absolut gleichmäßig sein muß. Örtlich zu starke Kleberauflage führt zum „Durchschlagen“ des Klebers an die zu bedruckende Seite und damit zur Änderung der Kapillarität der Faser, wodurch meist dunklere Flecken im Decker entstehen. Ferner soll die Ware möglichst sofort nach dem Kleberauftrag auf den Tisch gebracht werden,

Abb. 39. Klebe- und Spannwagen für den Filmdruck auf Tischen (*Zimmer, Kufstein*).

was von Hand aus nicht immer möglich ist. Es wurden deshalb *Klebewagen* (Abb. 39) konstruiert, mit denen der Kleber aufgetragen und anschließend sofort das Material aufgespannt wird. Meist wird der Kleber über Gummi- oder Bürstenwalzen auf die Druckdecke übertragen und dort mit einer Gummiwalze verteilt. Die Ware läuft in gespanntem, falten-

Abb. 40. Waschwagen (*Zimmer, Kufstein*).

freiem Zustand von der Rolle im Klebewagen auf den Tisch und wird mit einer Preßwalze auf den Tisch gepreßt. Werden keine Dauerkleber (S. 134), sondern solche verwendet, welche nach jedem Druck erneuert werden, müssen die Tische gewaschen und die Feuchtigkeit von der Druckdecke abgerakelt werden. Diese langwierige Handarbeit kann durch entsprechende *Waschwagen* (Abb. 40) vorgenommen werden. Dabei wird die Druckdecke meist mit rotierenden Flach- oder Rundbürsten mit dem aus einem Reservoir kommenden Waschwasser gewaschen und mit einem schrägstehenden Rakel das Waschwasser in die an beiden Tischseiten angebrachten Rinnen geschoben. Klebe- und Waschwagen laufen in den Schienen, die auch für den Druckwagen vorgesehen sind, und können manuell oder elektrisch bewegt bzw. angetrieben werden. Drucktische und Hilfseinrichtungen werden meist von Filmdruckmaschinenherstellern gebaut. Als *Rakel* (Abb. 41) können einfache Hartholzbrettchen

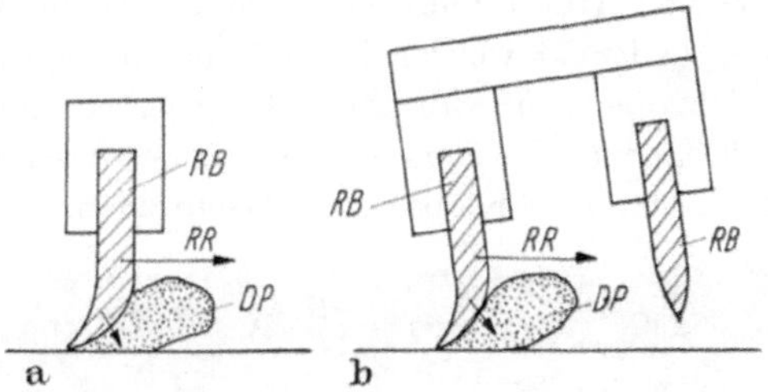

Abb. 41. Wirkungsweise der Einfach- (a) und Doppelrakel (b) mit weichen Rakelblättern. *RB* Rakelblätter; *RR* Rakelrichtung; *DP* Druckpaste.

verwendet werden, die an der Rakelseite eine gewisse „Schärfe“ haben. Die Druckpaste wird mit der Rakel zuerst ohne Absetzen über die Schablone geschoben, anschließend die Rakel umgesetzt und wieder zum Schablonenanfang gezogen. Diese Tätigkeit nennt man einen *Abschlag*. Zum besseren Farbstoffauftrag können die Rakelzüge mehrmals wiederholt werden, was auch dann möglich ist, wenn bereits weitere Rapporte gedruckt wurden und eine Verbesserung eines bereits gedruckten Abschlags notwendig ist. Diese Arbeitsweise ist nur beim Tischdruck möglich. Auf Filmdruckmaschinen mit Flachschablonen können die einzelnen Rakelzüge meist individuell auf die Schablone abgestellt werden, ein nochmaliges Drucken (Rakeln) ist jedoch nicht mehr möglich. Bei großen Gewebebreiten ist das Rakeln durch eine Bedienung unmöglich, man arbeitet dann meist mit 2 Leuten, welche einfache Rakeln über die Schablonen ziehen; die Rakel wird dabei beidseitig mit 2 Haltestäben versehen und mit diesen auch umgesetzt. Den Rakeldruck erzeugt man durch aufgelegte Gewichte. Die Rakeln sind meist mit Führungsstäben ausgestattet, die auf den Druckwagen gleiten. Für große Breiten sind auch kippbare *Doppelrakeln* (Abb. 41) üblich, bei denen die Druckpaste zwischen 2 Rakelblättern geführt wird und ein „Umsetzen“ nicht mehr notwendig ist. Auch kann ein Doppelrakel selbst bei größeren Warenbreiten von einer Person bedient werden. Anstelle von Hartholzblättern verwendet man heute Gummirakel von unterschiedlicher Härte und „Schärfe", die jeweils auf das Gewebe, die Schablonengaze; das Muster und den Farbstoff abgestimmt werden. Dazu kommen noch der wechselnde Rakeldruck und der Winkel, mit dem die Rakelblätter zur Schablone arbeiten. Alle angegebenen Bedingungen können zum unterschiedlichen Farbauftrag, Durchdruck und damit zur Qualitätsänderung des Druckes beitragen. Das Rakeln selbst erfolgt beim Tischdruck nur in Schußrichtung (Querrichtung); beim mechanisierten Handdruck und den Filmdruckmaschinen ist auch ein Rakeln in Kettrichtung (Längsrichtung) üblich.

Obwohl mit dem Handfilmdruck auch diffizilste Muster mit genauesten Passern gedruckt werden können, hat die geringe Produktion Anlaß zur Einführung von Einrichtungen gegeben, die allgemein als **mechanisierter Filmdruck** bezeichnet werden. Zu dieser Mechanisierung gehören eigentlich schon die Klebe- und Waschwagen, doch wurden diese

Abb. 42. Automatische Filmdruckwagen (*SACM*) für Langtische mit trocknender Ware über den Tischen.

Einrichtungen durch den *automatischen Druckwagen* (Abb. 42) ergänzt und dem Drucker der Wagentransport und das Rakeln abgenommen. Diese Druckwagen arbeiten ebenfalls auf Tischen, die jedoch meist länger sind und oft auch mehrere Tische zu Gruppen zusammenfassen, wodurch sich die Produktion weiter erhöhen läßt. Von *SACM* wird dieser Druckwagen auch so eingerichtet, daß über eine Drehscheibe der Wagen, ohne daß eine Bedienung notwendig ist, auf Tischen verwendet werden kann, die nebeneinander stehen. Die automatischen Druckwagen werden meist elektrisch über eine Leitschiene angetrieben und sind für das Rakeln in Schuß- oder Kettrichtung eingerichtet. Dabei kann jeweils die eine oder andere Rakelart gewählt werden. Welche der beiden Arten besser ist, kann nicht einwandfrei entschieden werden.

Als *Langtischfilmdruckautomat LFA 61* wird von der Fa. *Zimmer, Kufstein,* ein automatischer Filmdruckwagen gebaut, der wahlweise für 1–4 Rakelzüge in Kett- oder auch Schußrichtung geliefert wird. Mittels Wahlschalter ist es möglich, die Rapporte hintereinander naß-in-naß oder auch zuerst die ungeradzahligen und anschließend die geradzahligen Rapporte zu drucken. Eine ähnliche Einrichtung wird auch von *Meccanotessile* als ,,vollautomatischer Filmdruckwagen Modell CS" gebaut.

Die Befürworter des Rakelns in Kettrichtung sagen mit Recht, daß bei den meisten Geweben der an der Oberfläche liegenden Schußanteil geringer ist und damit durch das Rakeln in Kettrichtung mehr Gewebe bedruckt und dadurch weniger Rakelzüge für den Farbauftrag notwendig sind, als es beim Rakeln in Schußrichtung der Fall ist. Es wird jedoch bei der Wahl der Rakelrichtung auf das Gewebe ankommen; dabei ist jedoch ein Zusammenschieben der Gewebebahn beim Schußrakeln mehr zu befürchten, da die Gewebespannung in Kettrichtung weit größer und damit auch der Rakelwiderstand in dieser Richtung größer ist.

Die vorstehend beschriebenen Einrichtungen wurden zuerst hauptsächlich für den automatischen Druck auf Langtischen eingesetzt. Neuerdings werden sie für das Drucken von Anschlußaufträgen verwendet, deren Größe den Einsatz von Filmdruckmaschinen mit Flachschablonen nicht mehr lohnt. Dabei können die Flachschablonen der Maschine in gleicher Weise für den Automaten verwendet werden. Selbstverständlich ist mit diesen Schablonen auch der Handfilmdruck möglich.

Filmdruckmaschinen. Seit Einführung des Filmdrucks in Europa war man bemüht, nicht nur den Druck auf Tischen zu mechanisieren, sondern auch spezielle Filmdruckmaschinen zu konstruieren. Diese Bestrebungen haben jedoch erst in den letzten Jahren zu Konstruktionen geführt, die sich in der Praxis einführen konnten. Dabei galten die ersten Bestrebungen zuerst der alleinigen Erhöhung der Produktion und damit den Metragen der Rouleauxdruckmaschine näher zu kommen. In letzter Zeit erzwangen jedoch die immer kleiner werdenden Auftragsmengen eines Kolorits, die auf der Walzendruckmaschine nicht mehr wirtschaftlich zu drucken waren, zum Einsatz von Filmdruckmaschinen, welche mit geringsten Rüstzeiten (S. 21) noch wirtschaftlich arbeiten. Diesen Bestrebungen kommen moderne Filmdruckmaschinen jeden Prinzips durchaus nach. In der Regel ist ein Drucken naß-in-trocken, wie auf Langtischen, auf Maschinen nicht möglich und dadurch die Musterung einer gewissen Einschränkung unterworfen und trotz komplizierter Rapportierung nicht immer die Passergenauigkeit zu erreichen. Filmdruckmaschinen erfordern weit größere Investitionen als der Handfilmdruck und reichen damit fast an die Anschaffungskosten von Walzendruckmaschinen heran.

Allen Filmdruckmaschinen ist das Prinzip gemeinsam, daß die Ware, auf einem endlosen, beweglichen Drucktuch aufgeklebt, unter den Flach- oder Rundschablonen bewegt wird. Als *halbautomatische Filmdruckmaschinen* werden Konstruktionen gebaut, bei denen die Warenbahn, auf einem endlosen Drucktuch geklebt, dem Kurztisch zugeleitet wird und auf diesem mit einer oder mehreren absenkbaren Schablonen bedruckt wird (Abb. 43). Diese Einrichtungen werden jedoch vor allem für die

Abb. 43. Halbautomatische Filmdruckmaschine für 8 Farben mit Schablonenmagazin und Kondensierapparat (*Willigens*).

Dessinbeflockung (S. 97) und den Pigmentdruck eingesetzt und die bedruckte Ware anschließend sofort getrocknet bzw. kondensiert. Als Halbautomat arbeitete auch eine *Karusselldruckmaschine*, bei der die Schablonen in einem Drehgestell untergebracht waren, welches zwischen 2 Kurztischen lief, so daß durch Einschwenken der Schablonen 2 Bahnen nebeneinander von 2 Bedienungen bedruckt werden konnten. Halbautomatische Einrichtungen bauen auch die auf S. 101 angegebenen Hersteller von Flockdruckmaschinen.

Als *Duplex-Filmdruckanlage* ist eine Einrichtung von *Zimmer, Kufstein*, bekannt, welche hauptsächlich für den Zweifarbendruck von Dekken eingesetzt wird. Dabei läuft die Ware nicht, wie bei allen anderen Maschinen, waagrecht, sondern wird von unten nach oben senkrecht jeweils um einen Rapport weiterbewegt. Die Anlage arbeitet je nach Verwendung ein- und auch zweiseitig, d.h., der Decker wird entweder an einer oder beiden Seiten erzeugt. Die Schablonen sind oberhalb der Anlage angebracht und werden mittels eines Aufzugs bewegt. Gerakelt wird von unten nach oben.

Den *vollautomatischen Filmdruckmaschinen* gehören 2 Gruppen an, die sich durch unterschiedliche Schablonenformen auszeichnen. Bei den Flachdruckmaschinen werden die im Tischdruck gebräuchlichen Flachschablonen und bei den Rotationsfilmdruckmaschinen spezielle Rundschablonen verwendet. Bei ersteren wird die zu bedruckende Ware für die Abschläge angehalten, bei letzteren Maschinen durchläuft die Ware, wie beim Walzendruck, ohne Stillstand für den Farbauftrag die Maschine. Rotationsmaschinen können deshalb als „Walzendruck mit Schablonen" angesprochen werden und erreichen in ihrer Produktion teilweise die Walzendruckmaschinen.

Bei den **Filmdruckmaschinen mit Flachschablonen,** die heute von den Herstellern für den Druck bis zu 24 Farben geliefert werden, wird die Ware meist von einer Großkaule, faltenlos und gespannt an ein endloses Drucktuch geführt, dort aufgeklebt und „schrittweise "(intermittierend) unter die gehobenen Flachschablonen geführt, die Schablonen abgesenkt, die Druckpaste auf die Ware gerakelt, die Schablonen gehoben, die Ware weiterbewegt und am Auslauf der Maschine in synchron laufenden Trocknern getrocknet. Das Drucktuch läuft, nachdem es vom Kleber durch Waschen befreit wurde, zum Maschineneingang zurück, erhält neuen Kleber und steht damit der neu zulaufenden Ware wieder zur Verfügung. Filmdruckmaschinen mit Flachschablonen werden zur Zeit von folgenden Firmen gebaut:

Buser	*Precision*	*Toshin*
Meccanotessile	*Reggiani*	*Unitechna*
Metalmaccanica	*Stork*	*Zimmer*

Es handelt sich dabei um Präzisionsmaschinen, die nach dem oben angegebenen Prinzip arbeiten, jedoch durch gewisse Besonderheiten ausgezeichnet sind, deren Beschreibung im einzelnen hier nicht möglich ist. Es sollen jedoch nachstehend einige typische Merkmale der meisten Konstruktionen angegeben werden.

Die *Hydromag III–v* von *Buser* (Abb. 44) ist für das Bedrucken von Stückwaren in Breiten von 1120–2490 mm und mit Drucktischlängen von 13800–29800 mm lieferbar. Die Schablonenzahl richtet sich nach der Größe der Schablone und Länge der Maschinen. Danach richtet sich auch die Produktion, die z.B. bei einem 64-cm-Rapport 400 und bei einem 300-cm-Rapport 1450 m/Std. beträgt. Die Maschine arbeitet mit *Flutrakeln,* dabei wird bereits der erste Rakelstrich vor dem Absenken der Schablone ausgeführt, die Poren der Schablone werden bereits mit Druckpaste gefüllt, und beim ersten Rakelstrich wird praktisch die doppelte Pastenmenge übertragen, die normal nur mit 2 Rakelstrichen (1 Rakelzug) an die Ware käme. Als Besonderheit ist weiter das Abheben der Schablone zuerst an der Nichtbedienungsseite zu nennen, wodurch ein Verspritzen der Druckpaste durch ruckartig-gleichzeitiges Abheben unterbleibt. Die Rakeln arbeiten in Schußrichtung, der Rakelantrieb erfolgt bei jeder Schablone über einen Motor und ist damit individuell auf die jeweilige Gewebebreite, den Rakeldruck und die Anzahl der Rakelzüge einstellbar. Daneben sind auch 2 Rakelgeschwindigkeiten möglich. Die Maschine arbeitet mit Doppelrakeln, und es kann mit 1, 2, 4 und 6 Rakelstrichen abgeschlagen werden. Die Schablonen werden auf einem „harten" oder mit Filz bespannten „weichen" Tisch gedruckt, wodurch sich

Abb. 44. Filmdruckmaschine HYDROMAG III – v (*Buser*) für den Druck mit Flachschablonen.

jeweils das gewünschte Muster erreichen läßt, da als Faustregel gilt, daß „harte Rakeln einen weichen Tisch und weiche Rakeln einen harten Tisch benötigen". Die Entscheidung, welche Einrichtungen gewählt werden, hängt von vielen Faktoren, wie Mustergröße, Faserart, Saugfähigkeit des Fonds usw., ab. Während des Rakelns wird das Drucktuch durch magnetisch gesteuerte Klemmbleche festgehalten und dadurch ein Verziehen des Musters ausgeschaltet.

Als Besonderheit dieser Konstruktion muß die Bewegung des Drucktuches genannt werden. Bei den konventionellen Filmdruckmaschinen mit Flachschablonen macht sich ein Stillstand des Drucktuches während des Rakelns notwendig, dabei bleibt auch das Klebewerk stehen, und es bilden sich durch erhöhten Kleberauftrag Streifen auf der Ware, die im Extremfall zum „Durchschlagen" des Klebers und damit zu Flecken beim Druck führen. Bei der Hydromag III–v wird der Teil des Drucktuches, auf dem die Schablonen nicht aufliegen, kontinuierlich bewegt und damit ein ununterbrochener Kleberauftrag ermöglicht (Abb. 45). Dabei wird das Drucktuch im Einlaufständer mit der Unterseite hochgezogen und am Auslauf, ebenfalls über eine Tänzerwalze, nachgegeben. Die Maschine arbeitet mit einem Kleberwerk in üblicher Art, für sehr dünne

Gewebe kann jedoch auch ein Dauerkleber (Thermoplastkleber) verwendet werden, dessen Klebkraft durch erhöhte Temperatur zunimmt. Durch eine am Einlaufständer angebrachte Heizwalze, deren Temperatur geregelt wird, wird der Kleber plastisch und die Ware aufgeklebt. Ohne Temperaturerhöhung kann ohne Schaden für den Dauerkleber auch mit konventionellen Klebern gearbeitet werden. Die Maschine erfordert 2 Bedienungen und ermöglicht eine Präzisionseinstellung von 0,2 mm. Der Farbenwechsel bei 8 Farben ist in 60 min möglich.

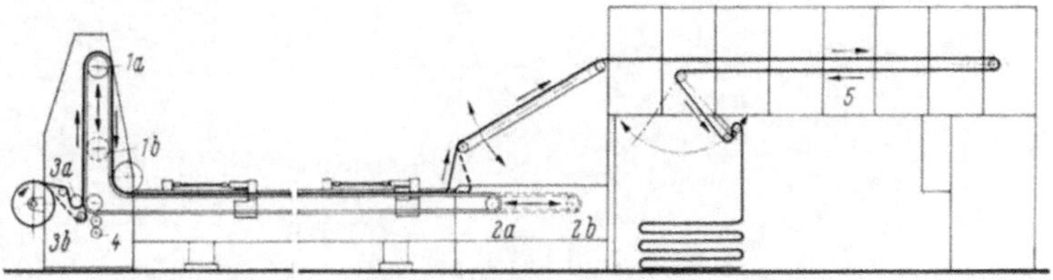

Abb. 45. Filmdruckmaschine HYDROMAG III – v mit Düsentrockner (*Buser*). *1a* Tänzerwalze für den kontinuierlichen Kleberauftrag in höchster Stellung; *1b* in tiefster Stellung; *2a* Tänzerwalze in vorderster; *2b* in rückwärtigster Stellung; *3a* Heizwalze für den Thermokleber; *3b* Heizwalze ohne Thermokleber; *4* Zweiwalzenklebewerk; *5* Düsentrockner.

Die *automatische Filmdruckanlage* von *Stork* wird in mehreren Typen geliefert, die sich in der Anzahl der Farben unterscheiden (Typ FS = maximal 5, BS = 9 und DS = 12 Farben), die selbstverständlich auch von der Größe der Schablone abhängen. Die Maschine arbeitet nach dem Prinzip des „harten Tisches und der weichen Rakel". Dabei wird die weiche Rakel, die als Einfachrakel in Kettrichtung arbeitet, mit meist geringem Druck an die Schablone gepreßt, das Rakelblatt biegt sich durch und „arbeitet" dadurch die Druckpaste in das Textilmaterial mit einem Rakelstrich ein. Für dichte Gewebe können auch Doppelrakeln eingesetzt werden. Die Rakeln werden gemeinsam über einen Motorantrieb bewegt. Die Rapportierung erfolgt über ein Micromatik-System und erlaubt eine Feineinstellung von 0,01 mm. Die Schablonen können auch zusätzlich während des Druckens verstellt werden. Die Druckpaste wird bei kleinen Aufträgen von Hand aus vor die Rakel eingegossen, bei Großaufträgen über entsprechende Ansatzgefäße über die gesamte Rakelbreite kontinuierlich zugeführt. Die Produktion der Anlage wird mit 480–900 m/Std. angegeben, wobei der Schablonenwechsel mit 3 min je Schablone angesetzt wird.

Die *Ichinose-Filmdruckmaschine* von *Toshin* verwendet ein 3,5 mm starkes, kaschiertes Drucktuch, das mit einem Stahlband weiterbewegt wird. Es wird in Schußrichtung mit Doppelrakeln gerakelt. Die Maschine wird mit maximal 12 Schablonenstellen geliefert und hat eine Produktion von 540–630 m/Std., der Musterwechsel beträgt 30 min.

Als *Meccanofilm-automatische Filmdruckmaschine Mod 175/18/12* (Abb. 46) kommt von *Reggiani* eine Konstruktion auf den Markt, die eine maximale Druckbreite von 1750 mm gestattet. Die Schablonenbreite ist maximal 1900 mm, die Farbenzahl 12. Die Produktion beträgt bei entsprechender Rapportgröße 540–930 m/Std. Für den Farbauftrag werden spezielle Doppelrakeln verwendet, die im Druck, dem Kippwinkel und

Abb. 46. „Meccanofilm" automatische Filmdruckmaschine mit angeschlossenem Trockner (*Reggiani*).

in der Rakelzuganzahl individuell verstellt und damit auf jeder einzelnen Schablone verändert werden können. Es sind dadurch 2 bis 6 Rakelschläge möglich. Das Drucktuch wird pneumatisch über spezielle Kluppen weiterbewegt und während des Rakelns festgehalten. Die Rapportierung arbeitet mit einer Toleranz von 0,1 mm. *Reggiani* liefert auf Wunsch auch spezielle Zwischentrockner, die, zwischen den einzelnen Schablonen eingesetzt, ein verstärktes Trocknen der aus „vorherigen Händen" gedruckten Abschläge ermöglichen. Von *Reggiani* wurden Kostenvergleiche über die Druckkosten beim Rouleaux- und Druck auf der Meccanofilm-Maschine mit 4–8 Farben angestellt, die auszugsweise in Abb. 47 dargestellt sind. Dabei wurden die Druckwalzen- und Schablonenkosten, Rüstzeiten berücksichtigt und der Druck auf dem Rouleaux mit 3000 m/Std. und der Filmdruckmaschine mit 510 m/Std. verglichen (s.a. S. 21).

Als *Etikettendruckmaschine* kommt von *Stork* eine spezielle Filmdruckmaschine auf den Markt, bei der Textilbänder mit Flachschablonen in gleicher Weise wie bei der Großmaschine (S. 61) bedruckt werden. *Reisinger* hat eine ähnliche Konstruktion im Handel, bei der es zusätzlich möglich ist, die Etiketten am Ende des Druckvorganges in entsprechende Größen zu schneiden, wenn zum Druck Gewebebahnen verwendet wurden.

In den letzten Jahren haben *Filmdruckmaschinen mit Rundschablonen* wachsende Bedeutung erlangt, die meist als **Rotationsfilmdruckmaschinen** bezeichnet werden. Gegenüber dem Druck mit Flachschablonen, der diskontinuierlich (intermittierend) erfolgt, wird auf diesen Konstruktionen kontinuierlich gearbeitet, da die Ware nicht für das Rakeln stillgesetzt werden muß. Es handelt sich also um einen ,,Walzendruck mit runden

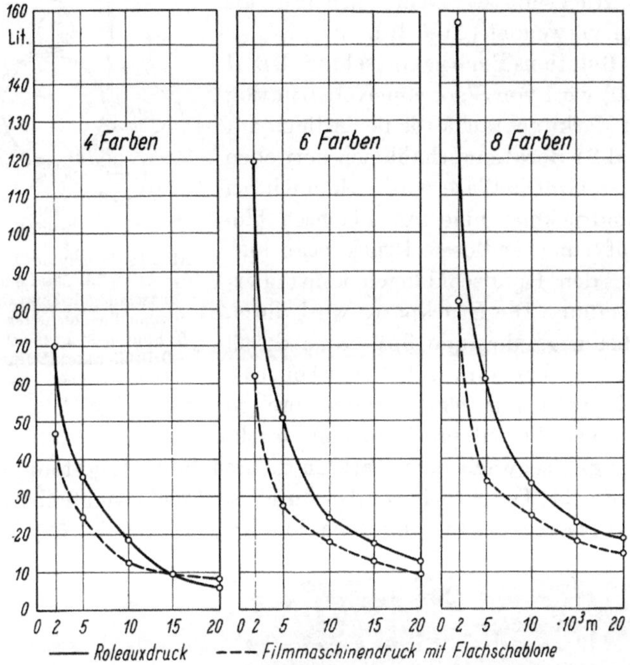

Abb. 47. Kostenvergleiche bei Verwendung von Rouleaux- und Filmdruckmaschinen für Flachschablonen (*Reggiani*). Aus SVF-Fachorgan 17 (1962) 48, Lit = italienische Lire.

Schablonen". Die ersten Konstruktionen wurden dem Rouleaux nachgebaut und die Druckwerke um einen runden Tambour (Presseur) angeordnet. In Europa haben jedoch die Konstruktionen mit ,,endlosen" Drucktischen, wie sie auch in Maschinen für den Druck mit Flachschablonen üblich sind, größere Bedeutung.

Die *ALJABA-Rotationsfilmdruckmaschine*, die von *A. J. C. Oliveira Barros* in Lissabon/Portugal konstruiert und von der *ALJABA* in Lizenz gebaut wird (Abb. 48), verwendet einen zentralen Presseur wie auch die Walzendruckmaschinen. Die einzelnen Farbwerke werden um diesen angetriebenen Presseur angeordnet und bestehen aus Rundschablonen, die beidseitig auf Kupferringen aufgespannt werden. Die Druckpaste wird mittels einer Pumpe durch die Achse zugeführt. Als Rakel werden rotierende Rundstäbe verwendet. Von der gleichen Firma wird auch eine Rotationsmaschine gebaut, die jedoch mit Einzelpresseuren, ähnlich wie die Portal-Gewebedruckmaschine (S. 22) ausgestattet ist und, wenn sie als Duplex-Maschine für beidseitigen Druck benutzt wird, das Rollrakel des Farbwerkes, das an der Rückseite der Ware arbeitet, als Presseur verwendet (Abb. 49).

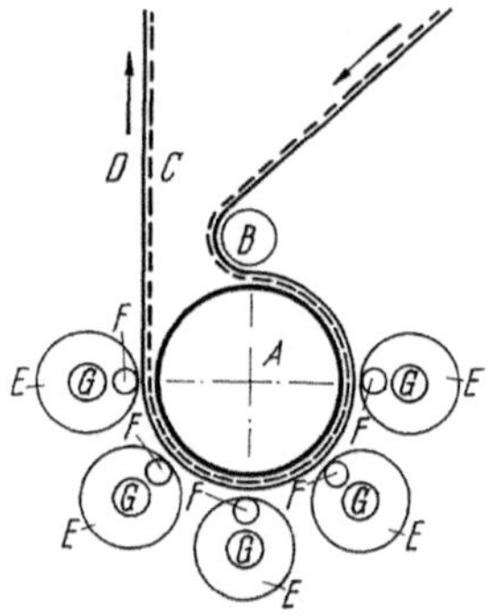

Abb. 48. Prinzip des Druckens auf der ALJABA-Rotationsfilmdruckmaschine mit Zentralpresseur. *A* gummibeschichteter Presseur; *B* Führungswalze; *C* Mitläufer; *D* Druckware; *E* Rund-(Rotations-)Schablone; *F* Rakelwalzen; *G* Farbstoffzuführung.

Als **Rotationsfilmdruckmaschine RD II** (Abb. 50) wird von *Stork* eine Konstruktion auf den Markt gebracht, die neuerdings mit maximal 24 Rotationsschablonen betrieben werden kann. Die Ware wird, wie auch bei der Filmdruckmaschine mit Flachschablonen, auf einer endlosen Druckdecke aufgeklebt, den Rundschablonen kontinuierlich zugeführt. Die Druckpaste wird durch die Achse zugeführt und ihre Höhe durch Niveauregler konstant gehalten (Abb. 51). Gerakelt wird mit einer 20 mm breiten Gummirakel, die entsprechend den Druckbedingungen schwach oder stark an die Schablone angestellt wird. Die Ware und das Drucktuch werden durch senkrecht verstellbare Gegenwalzen (Presseure) an die Rundschablone angehoben (Abb. 52). Nach dem

Abb. 49. ALJABA-Duplex-Rotationsfilmdruckmaschine für den 12-Farben-Druck eingerichtet. Hier nur mit einer Farbe als Duplexmaschine laufend.

Druck wird das Drucktuch gewaschen und wieder dem Maschineneingang zugeleitet. Die Druckpaste wird über eine Pumpe den Schablonen zugeführt, wobei für 4 Schablonen nur eine Pumpe notwendig ist, die durch

Abb. 50. 16-Farben-Rotationsfilmdruckmaschine Typ RD II c/1 (*Stork*).

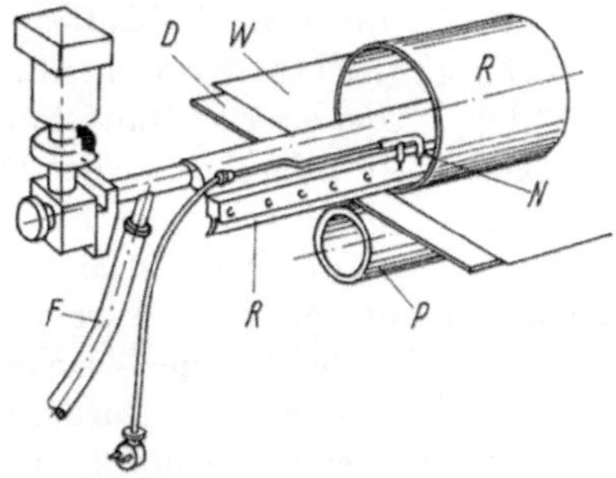

Abb. 51. Schema der Farbstoffzufuhr, Niveauregelung der Druckpaste in der Rotationsfilmdruckmaschine (*Stork*). F Farbstoffzuführung; *R* Rakel; *P* Presseur (vertikal verstellbar); *N* Niveautaster; *R* Rundschablone; *W* Ware; *D* Druckdecke.

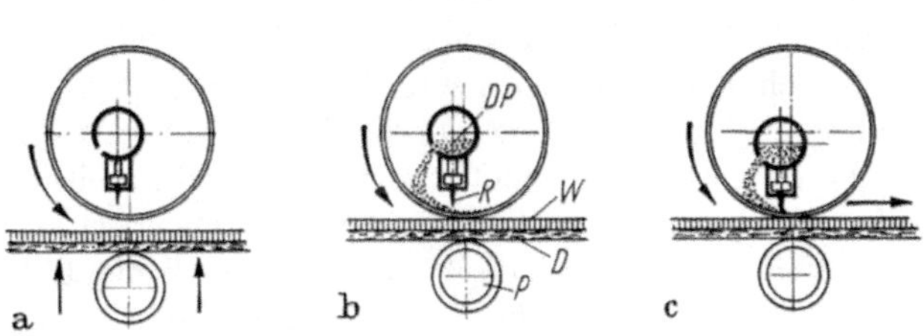

Abb. 52. Schema der Rakel- und Rotationsschablonenanstellung an die Ware in der Rotationsfilmdruckmaschine (*Stork*). a) Schablonenanstellung; b) Farbstoffzuführung vor Druckbeginn; c) Druckbeginn. *D* Drucktuch; *W* Ware; *R* Rakel; *DP* Druckpaste; *P* Presseur.

Anschluß an eine Wanne mit Wasser während des Schablonenwechsels gereinigt wird. Zur Reinigung der Rundschablone wird eine Hilfseinrichtung geliefert, mit der es möglich ist, eine Rundschablone in 10–20 sec zu reinigen. Für das Mustern neuer Kolorits, zur Kontrolle der Schablonen bzw. für Probeabschläge steht ein Musterungstisch zur Verfügung, auf dem die Rundschablonen in einem Druckwagen transportiert werden. Die Leistung der Produktionsmaschine beträgt bei einem Achtfarbendruck mit einem Schablonenwechsel nach 3000 m Auf-, Um- und Abrüstzeiten 1500 m/Std. Von *Stork* werden als Vergleichszahlen für den Rouleauxdruck 1000 m/Std. und für die Flachdruckmaschine (*Stork*) 600 m/Std. bei sonst gleichen Bedingungen angegeben.

Die Fa. *Zimmer, Klagenfurt,* baut 3 Konstruktionen von Filmdruckmaschinen, die alle mit dem MAGNET-ROLL-System arbeiten. Es soll an dieser Stelle nur die **Filmdruckmaschine mit Rotationsdruck-Zusatzeinrichtung** beschrieben werden, mit der abwechselnd mit Flach- oder Rotationsschablonen gedruckt werden kann. Daneben werden Konstruktionen für den Flachschablonen- und den alleinigen Rotationsdruck hergestellt. Alle Maschinen arbeiten mit magnetischen Rollrakeln, die den Farbauftrag in Kett-(Längs-) Richtung vorschreiben. Im Prinzip wird ein eiserner Rundstab als Rakel verwendet, der durch einen Elektromagneten an die Flach- oder Rundschablone gesaugt wird. Dabei arbeitet der Magnet unterhalb des Drucktuches und der aufgeklebten Ware und dient gleichzeitig als Presseur (Abb. 53). Es sind dadurch keine – wie in den anderen Konstruktionen notwendige – Gegenpresseure erforderlich. Der Farbstoffauftrag wird durch die Auswahl der Rollen erzielt, die mit einem Durchmesser von 3–30 mm eingesetzt werden. Bei Flachschablonen wird das Drucktuch mit dem Gewebe in der Zeit des Rakelstriches festgehalten und durch den Elektromagneten, der sich in Kettrichtung bewegt, die Rakelrolle über die Flachschablone abgerollt, wobei die Druckpaste vor der Rolle über die Schablone geschoben wird. Durch Verwendung von dünnen Rollrakeln werden dabei ein geringer Farbauftrag und damit scharfe Konturen erreicht, da durch die magnetische Anziehung die Rolle mit hohem Druck auf die Schablone drückt. Für satte Flächen werden stärkere Magnetrollen verwendet. Durch die Vielzahl der möglichen Rollendurchmesser kann jede Art des Druckes ausgeführt werden. Die Magnetrolle wird beim Flachschablonendruck bis zum Schablonenrahmen geführt und dadurch die Druckpaste „unterrollt" und kommt damit wieder vor die

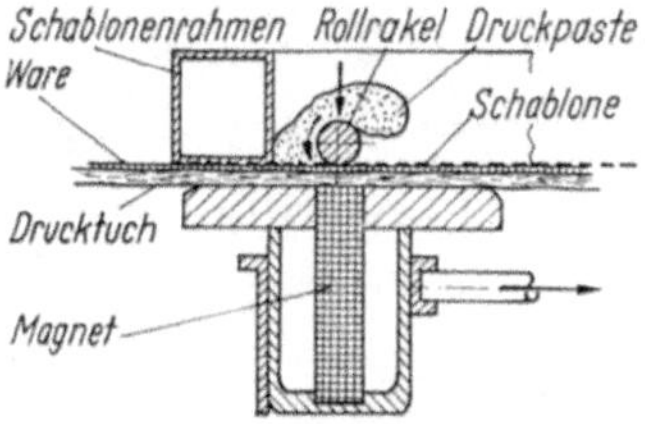

Abb. 53. Schema des Rakelns nach dem MAGNET-ROLL-System (*Zimmer, Klagenfurt*) im Augenblick des „Unterrollens" am Ende eines Rakelstrichs beim Druck mit Flachschablonen.

Rolle für den weiteren Rakelstrich (Abb. 53). Beim Rotationsdruck rollt die Rakel im Inneren der Schablone und wird durch den feststehenden Magnetbalken unterhalb von Ware und Drucktuch mit der entsprechenden Pression gehalten (Abb. 54).

Die Vorteile des MAGNET-ROLL-Systems bestehen darin, daß bei richtiger Auswahl der Rollrakel nur einmaliges Rakeln notwendig ist. Da die Rolle nur auf der Schablone aufliegt, ist ein komplizierter Ein- und Umbau beim Rakelwechsel unnötig. Ein Rakelschleifen, wie es bei konventionellen Rakeln notwendig ist, entfällt. Die Rolle streicht nicht über die Schablone, sondern rollt über diese ab, wodurch eine größere Schonung der Gaze und Lackschichten erreicht wird. Der Rakeldruck wird durch 6 einstellbare Magnetstärken variiert. Es kann damit über die Rollendurchmesser und die Magnetstärke jederzeit ein Druck wiederholt werden, ohne daß kostspielige Andrucke notwendig werden. Da Magnetrollrakeln aufwendige Rakelaufbauten nicht notwendig machen, kann der Druck sehr leicht überwacht werden, und der Schablonenwechsel ist kürzer. Es können auf einem Drucktisch auch 2 Bahnen nebeneinander gedruckt werden, da dann nur die Länge der Rollrakel entsprechend der Schablonenbreite gewählt werden muß.

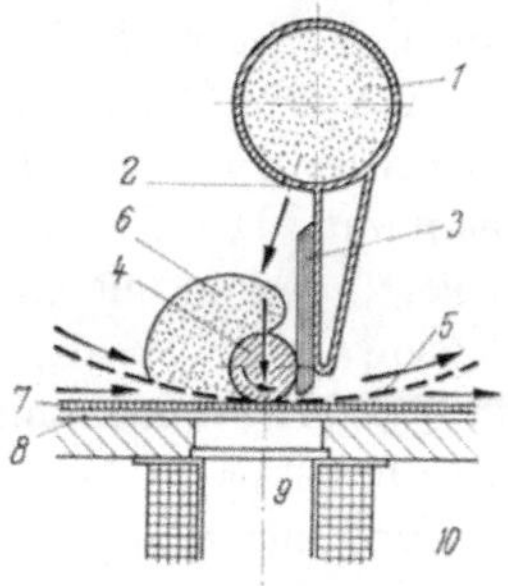

Abb. 54. Farbstoffzuführung in der Rotationsfilmdruckmaschine (*Zimmer, Klagenfurt*). *1* Farbzuführungsrohr; *2* Farbaustritt; *3* Stütze für die Magnetrolle; *4* Magnetrolle; *5* Rotationsschablone; *6* Druckpaste; *7* Ware; *8* Druckdecke; *9* Magnetkern; *10* Magnetspule.

Die *Filmdruckmaschine mit Flachschablonen* (*Zimmer, Klagenfurt*) hat einen vollhydraulischen Antrieb mit automatischer Folgesteuerung. Das Hydrauliksystem wird durch einen einzigen Motor mit 2 Ölpumpen angetrieben, ein Hilfsmotor dient zur Rapportlängeneinstellung und zur Steuerung des Magnetbalkens unterhalb des Drucktuches. Die Maschine arbeitet mit einer Rapportgenauigkeit von 0,2 mm, die Schablonen werden an 4 Punkten gehalten, die Halterung ist so eingerichtet, daß auch kleinere Schablonen verwendet werden können. Der Farbstoffzusatz erfolgt aus Farbbehältern, die als Rinne über einer oder beiden Seiten der Schablone sitzen und aus denen durch Handsteuerung die Druckpaste zu dosieren ist. Der Wareneinlauf kann wahlweise von einer Groß- oder Kleindocke erfolgen, wobei mittels Hilfseinrichtungen eine gleichmäßige Warenspannung und faltenfreier Warenlauf garantiert ist. Die Warenzuführung wird dem Material angepaßt und kann auch vom „Stoß“ erfolgen, wenn Warendocken nicht verfügbar sind. Insgesamt sind 14 verschiedene Zuführungsmöglichkeiten vorgesehen. Als Standardmodelle werden Konstruktionen für den Druck von 8 bzw. 12 Farben hergestellt. Je nach Rapportlänge ist eine Produktion von 200–2500 m/Std. möglich.

Von *Zimmer, Klagenfurt,* wurde ein neues Klebesystem für die Ware und Waschsystem für das Drucktuch entwickelt, das bei allen Konstruktionen der Firma eingesetzt wird. Zum Aufkleben der Ware wird bei anderen Konstruktionen über Kleberohre mit gefräster Kante, Auftragsbürsten mit Rakel, Picotwalzen und Auftrag mittels Zwei- oder Dreiwalzenklebewerken gearbeitet, die alle vor dem Umlenken unterhalb des Drucktuchs in den Maschinen arbeiten. Gleiches gilt auch vom Kleberauftrag mit Magnetrollen. Alle diese Systeme haben vor allem beim Kleben mit wasserlöslichen Klebern und Synthetiks gewisse Nachteile. Zum Aufkleben verwendet deshalb die genannte Firma ein besonderes *Klebewerk,* das an dem oben zulaufenden Drucktuch angebracht ist. Aus einer Kleberwanne tropft der Kleber auf das Drucktuch und wird in seiner Breite durch Begrenzungsbleche auf die Warenbreite abgestimmt. Die Stärke der Kleberschicht wird durch ein Stahlrakel dosiert, das in einem Kleberbalken befestigt ist. Durch Preß- und Gegenwalzen wird die Ware auf das Drucktuch gepreßt. Zur Verbesserung der Haftung kann zusätzlich auch eine Blindschablone mit Rakel ohne Druckpaste vor den Druckschablonen verwendet werden.

Zur Entfernung des wasserlöslichen Klebers dient ein besonderes *Waschwerk.* Das beschmutzte Drucktuch wird nach dem Abheben der bedruckten Ware, die zum Trockner geht, zuerst über Düsen vorbefeuchtet, wodurch der trockene Kleber quillt. Beim Passieren der Umlenkwalze wird ein Polyamidnetz an das Drucktuch gepreßt, dadurch der Kleber bereits gelockert und über einen Feststoffschaber der Großteil des Klebers bereits entfernt. Zur restlosen Entfernung passiert das Drucktuch mehrere Rakelkombinationen mit Wasserumwälzung, und damit wird der restliche Kleber entfernt, der in einen Waschwasserbehälter gespült wird. Um Flusen und Fäden aus dem Wasserkreislauf fernzuhalten, ist ein Sieb über dem Waschbehälter eingesetzt. Zur Trocknung des Drucktuches dient ein Trockenrakel und ein Warmluftgebläse, mit dem die Warmluft tangential an das Drucktuch geblasen wird.

Durch Verwendung der *Zusatzeinrichtung für den Rotationsdruck* kann die Filmdruckmaschine auch für diesen Druck verwendet werden. Dabei werden über einen Schalter die hintere Antriebswalze für das Drucktuch kontinuierlich bis zu maximal 50 m/min angetrieben und die Rundschablonen in die Einlegestellen montiert. Über besondere Holme werden die Rotationschablonen gehalten und der Rapport eingestellt. Die Schablonen werden an beiden Seiten der Maschine angetrieben, wodurch ein Verziehen vermieden wird und die Schablonen stärker geschont werden. Die Farbzuführung (Abb. 54, S. 63) erfolgt über ein Rohr, in das die Druckpaste durch eine Förderpumpe zugeführt wird. Aus diesem Rohr tropft der Farbstoff vor die Magnetrolle, die gestützt wird. Ansonsten arbeitet man auch hier nach dem MAGNET-ROLL-System, allerdings mit feststehenden Magneten unterhalb der Druckdecke. Die Magnetrolle rotiert und preßt die Druckpaste durch die Rotationsschablone auf die Ware. Nach dem gleichen Prinzip arbeitet auch die Rotationsfilmdruckmaschine des gleichen Herstellers. Die Maschine selbst und auch der Rotationszusatz erlauben den Druck mit perforierten (S. 96), geätzten (S. 96) und galvanoplastischen Rundschablonen (S. 97).

Von *Zimmer, Klagenfurt,* werden als wesentliche **Vorteile des Flachschablonendrucks** die nachfolgenden Punkte angegeben:

1. Billige Schablonen
2. Wiederverwendung des Schablonenrahmens
3. Einfache Schablonenherstellung, ist meist im Betrieb selbst möglich
4. Druck von geringen Metragen ist noch wirtschaftlich
5. Hohe Brillanz des Druckes
6. Unterschiedlicher Durchdruck ist möglich
7. Druck von abgepaßten Stücken ist möglich
8. Keine Fehler beim Maschinenstillstand
9. Auch dicke Waren können bedruckt werden (z. B. Teppiche)
10. Auch große Überfälle mit hohem Farbauftrag sind möglich
11. Verwendung von Zwischentrocknern zwischen den Schablonen
12. Rapportgrößen zwischen 35 und 320 cm (*Zimmer, Klagenfurt*)
13. Variationsmöglichkeiten in den verwendeten Schablonengazen
14. Auch bei veränderter Druckgeschwindigkeit ist gleicher Druckausfall üblich
15. Leicht zugängliche Schablonen mit der Möglichkeit sofortiger Reparatur auch während des Druckens
16. Leichte Kontrollierbarkeit der Abschläge zwischen den Schablonen
17. Leichte Auswechselbarkeit der Roll- bzw. auch anderer Rakel
18. Druck von Florgeweben möglich, da Flusen von der Druckdecke leicht entfernt werden können (Waschwerk von *Zimmer, Klagenfurt*)
19. Auch sehr große Rapportüberfälle können gedruckt werden
20. Handelsübliche Schablonengazen sind verwendbar

Die genannte Firma gibt als **Vorteile des Rotationsdruckes** an:

1. Hohe Produktionsgeschwindigkeit
2. Druck von Streifen und nicht unterbrochene Flächen ist ohne sichtbare Ansatzstellen möglich
3. Einseitiges Färben mit „ungemusterter" Schablone ist möglich
4. Synthetische Fasern können leichter und sicherer bedruckt werden, da die kürzere Verweilzeit in der Maschine weniger Möglichkeiten zur Feuchtigkeitsdehnung zulassen und auch das Kleberproblem einfacher zu lösen ist
5. Möglichkeit des Druckes von Rasterabläufen und Halbtoneffekten.

Der Vergleich der Vorteile spricht im Augenblick zwar für den Druck mit Flachschablonen, das wird sich wahrscheinlich ändern, da der Rotationsdruck noch am Anfang der Entwicklung steht und erst in den kommenden Jahren vervollkommnet wird.

Von der Fa. *Maschinenfabrik Zimmer, Kufstein/Österreich* wird eine *Rotationsschablonendruckmaschine* System und Patent ZIMMER (Abb. 55) gebaut, die ebenfalls das MAGNET-ROLL-System verwendet. Daneben ist es auch möglich, nach dem MAGNET-System mit einer Streichleiste (Normalrakel) zu arbeiten, die mit ihrem Anstellwinkel auch während des Laufes der Maschine den Druckbedingungen angepaßt werden kann. Durch diese Einrichtung, die auch als „elektromagne-

Abb. 55. Rotationsschablonendruckmaschine (*Zimmer, Kufstein*).

tische Rakel" angesprochen werden kann, ist es möglich, auch sehr feine Konturen zu drucken, die mit der Rollrakel nicht immer zu erreichen sind. Die Maschine ist für den Druck von Web- und Wirkwaren geeignet, entsprechend mit speziellen Einlaufvorrichtungen ausgestattet und kann auch mit Kleindocken betrieben werden. Dabei wird die Einlauflinie der Ware automatisch auf gleicher Höhe gehalten und auch die Distanz zum Drucktuch selbst bei kleiner werdender Docke eingehalten. Um ein Verschmutzen der ungedruckten Ware zu vermeiden, kann die Kleindocke (maximaler Durchschnitt 650 mm) unter das Drucktuch abgeschwenkt werden. Die Maschine arbeitet mit einer Produktion bis zu 80 m/min. Der Kleberauftrag erfolgt nach dem MAGNET-ROLL-System, wobei die Menge des Kleberauftrags über den Durchmesser der Magnetrolle gesteuert wird. Die endlose Druckdecke enthält an einem Rand abriebfeste Kunststoffknöpfe, die in einem Linealtunnel geführt werden und damit ein „Wandern" der Druckdecke und damit die Möglichkeit der Deckerverschiebung ausschließen. Für Druckbreiten von 2000 mm und darüber werden die Rotationsschablonen einseitig und bei Überbreiten beidseitig synchron angetrieben.

Die Farbstoffzuführung erfolgt über eine Farbpumpe, welche die Druckpaste über einen Saugschlauch aus dem Farbkübel und über einen Druckschlauch in die Rotationsschablone befördert. Zur schnellen Reinigung der Schablonen liefert die Firma ein Schablonenschnellwaschaggregat. Zur Reinigung von Saug- und Druckschlauch sowie der Pumpe, was auch beim Farbwechsel notwendig ist, werden die beiden Schläuche in einen Wassertank gesteckt und mit zirkulierendem Wasser gereinigt. Die Reinigung der Druckdecke erfolgt durch eine Spritzvorrichtung, welche das Drucktuch befeuchtet und den Kleber zum Quellen bringt, die Flusen werden durch eine Rakel in den Flusenkanal geschoben, und durch ein weiteres Intensivspritzwerk wird die Druckdecke gründlich gereinigt. Als Rotationsschablonen empfiehlt die Firma die durch galvanische Direktdessinierung hergestellten Schablonen und liefert auch die gesamte Einrichtung für die Schablonenherstellung bzw. stellt entsprechende Schablonen her.

Die Entscheidung für den Einsatz von Filmdruckmaschinen ist eine Frage der erwarteten Produktion und erfordert eine besondere gründliche Warenvorbereitung (S. 144), um eine möglichst saugfähige und flusenfreie Ware zu erhalten. Nach der bisherigen Entwicklung ist es unwahrscheinlich, daß der Tischdruck restlos von den Maschinen ersetzt wird, wahrscheinlich behalten alle Verfahren nebeneinander ihre Berechtigung. Wenn auch der Rotationsdruck bereits eine ernsthafte Konkurrenz für den maschinellen Druck mit Flachschablonen darstellt, können Flachschablonen für sog. Anschlußaufträge von geringerer Größe auch auf Tischen eingesetzt werden, was mit Rundschablonen unmöglich ist. Generell haben jedoch die Filmdruckmaschinen dem Rouleauxdruck ernsthafte Konkurrenz bereitet, und es haben sich sehr viele Drucker diesen Einrichtungen zugewandt.

Herstellung von Filmdruckschablonen

Für den Filmdruck auf Tischen und auch auf Filmdruckmaschinen sind Schablonen notwendig, die zum Großteil auch in den Druckereien hergestellt, jedoch vielfach von Firmen angefertigt werden, die auch Druckwalzen herstellen und als Gravieranstalten auch die Druckwalzen für den Papier- und Tapetendruck und das gesamte grafische Gewerbe herstellen. Kleinere Filmdruckereien senden meist den Entwurf an diese Anstalten und erhalten dann die fertige Schablone. Großfirmen haben jedoch meist eigene Ateliers, die sowohl den Entwurf als auch die Schablonen für den Druck anfertigen. In der Regel hat die Druckerei besonders vorgebildete Musterentwerfer (Designer) zur Verfügung, die den künstlerischen Entwurf anfertigen, bzw. Zeichner, welche kopierfähige Diapositive herstellen. Zur Herstellung von Flachschablonen sind in der

Regel nicht so kostspielige, maschinelle Einrichtungen notwendig wie zur Anfertigung von Druckwalzen, so daß Flachschablonen häufiger in den Druckereien hergestellt werden.

Bei der Herstellung von Filmdruckschablonen ist es notwendig, von der zu reproduzierenden *Musterzeichnung* (künstlerischer Entwurf) genaue Kopien der einzelnen Farben auf lichtdurchlässige Folien herzustellen (Diapositiv), die auf die sensibilisierte Schablone übertragen (kopiert) werden. Als *Zeichenfolien* werden Acetat-, Triacetat- u. a. Kunststoffolien mit einer Dicke von 0,1 mm verwendet, die einseitig mattiert wurden. Diese Folien dürfen sich beim Auftragen der feuchten Deckfarben (Zeichentuschen) nicht verziehen und dadurch die Maße des Musters verändern. Bei der Übertragung des Musters muß zuerst die Schuß-(Quer-) und Kett-(Längs-)Richtung festgestellt werden. Nun wird in der zu übertragenden Musterzeichnung der *Rapport* (*Musterrapport*) festgestellt. Unter Rapport versteht man die Mustereinheit, die sich auf der Schablone bzw. beim späteren Druck regelmäßig wiederholt. Dabei versteht man unter den *Rapportmaßen* (Rapportgröße) die Ausdehnung des Rapports in Kettrichtung (Rapporthöhe) und in Schußrichtung (Rapportbreite). Vom Musterentwerfer werden nicht in allen Fällen Zeichnungen geliefert, welche eine einwandfreie Rapportierung erlauben, und es ist dann notwendig, die Musterentwürfe umzuzeichnen und erst dann die einzelnen Farben als *Farbauszüge* auf die Folie zu übertragen.

Zuerst bestimmt man auf der Original- oder Umzeichnung die Rapportausdehnung als Rechteck und markiert mit Rapport- oder Paßmarken. Diese Marken begrenzen den Musterrapport, der sich meist durch mehrmalige Wiederholung in beiden Richtungen der Schablone als *Schablonenrapport* wiederholt. Bei großen Mustern ist der Muster- mit dem Schablonenrapport identisch. Der Schablonenrapport kann den Musterrapport direkt aneinandergereiht oder auch in beiden Richtungen (Breite und Höhe) 1/2, 1/3 usw. *versetzt* enthalten. Die Rapportgrenzen sind am günstigsten, wenn sie durch nichtdruckende Teile laufen und sowenig wie möglich von den geraden Linien des Rapportrechtecks abweichen. Meist ist es jedoch notwendig, die Grenzen durch eine gewundene Linie zu bezeichnen, wenn dadurch eine Begrenzung außerhalb druckender Teile möglich ist. Müssen druckende Teile durchschnitten werden, sollte das an den schmalsten Stellen geschehen. Bei der Übertragung der Musterrapporte (*Nutzen*) auf den Schablonenrapport muß man berücksichtigen, daß meist mit vorher festgelegten Schablonengrößen gearbeitet wird und die Rapporte nicht bis an den Schablonenrahmen reichen dürfen. Man geht mit dem Schablonenrapport so weit an die Rahmeninnenseite, daß noch so viel Platz (Marginalabstand) vorhanden ist, daß die Druckpaste eingeführt werden kann und an den Schablonenseiten, wo keine Druckpaste sitzt, mindestens 2 cm vom Rahmen entfernt das

Muster endet. In betriebseigenen Musterateliers ist es möglich, den Entwerfer zu veranlassen, daß er bereits beim Entwurf die Ausdehnung des Muster- und damit des Schablonenrapports berücksichtigt und möglichst mit nur so vielen Farben arbeitet, wie der Druck haben soll, und auch die anderen für schnelles Kopieren notwendigen Bedingungen einhält. Meist zeichnet der Entwerfer mehrere Rapporte neben- und übereinander um den Gesamteindruck des Druckes zu vermitteln; aus diesen wird dann der Musterrapport als Farbauszug herauskopiert.

Zur *Herstellung der Farbauszüge* für die fotochemische Schablonenherstellung sind verschiedene Verfahren möglich. Bevor jedoch die Farbauszüge hergestellt werden, müssen alle drucktechnischen Belange feststehen, wie z. B., ob durch Auf-, Ätz- oder Reservedruck koloriert werden soll, ob Überfälle, Halbtoneffekte, Konturen, Raster usw. vorgesehen sind. Werden aneinandergrenzende Farben gedruckt, ist es notwendig, die Farbauszüge um 0,25–0,5 mm größer zu zeichnen – meist werden dazu die helleren Farbtöne verwendet –, um sog. *Blitzer* (schmale, unbedruckte Stellen) zu vermeiden. Besonders ausführlich wird in dem auf S. 29 angegebenen Werk auf die Schablonenherstellung eingegangen, was hier aus Platzgründen unterbleiben muß.

Bei der *Herstellung von handgemalten Farbauszügen* werden transparente Zeichenfolien, Fotopapier oder Filme verwendet. Man zeichnet zuerst in die Mitte dieser Folien ein Achsenkreuz und die entsprechenden Paßmarken. Transparentfotopapiere oder -filme werden vor dem Gebrauch entwickelt und fixiert, Folien auf der mattierten Seite mit Talkum eingerieben. Mit einem weichen Tuch wird das Talkum, das das Fett aufgenommen hat, abgerieben. Vorteilhaft ist es auch, die glatte Seite der Folien mit einer Lösung eines Antistatikums einzureiben und vor dem Gebrauch zu trocknen. Nun werden die mit dem Achsenkreuz (Mitte des Musterrapports) versehenen Folien auf die Musterzeichnung aufgelegt und befestigt. Man malt die Konturen der einzelnen Farben mit Tusche auf das jeweilige Folienmaterial. Nachdem alle Farben auf die einzelnen Folien übertragen wurden, legt man alle Folien paßgenau übereinander auf eine Glasplatte und beleuchtet von unten. Dadurch läßt sich die Genauigkeit der Auszüge überprüfen, und Fehler können retuschiert werden. Erst dann werden die Flächen mit Tusche oder anderen Abdeckfarben ausgemalt. Bei Mustern, die nicht aneinanderstoßen, kann sofort ausgemalt werden. Auf dem *Leuchttisch* ist es unbedingt notwendig, die absolute Lichtundurchlässigkeit der ausgemalten Muster in den Farbauszügen nachzuprüfen. Die vorstehend beschriebene Arbeitsweise wird im Textildruck am häufigsten angewendet.

Durch *Verwendung von Schneidefilmen* lassen sich jedoch auch Muster mit glatten Konturen übertragen. Dabei wird eine transparente Folie verwendet, die eine ebenfalls transparente – meist rotgefärbte – Lackschicht aufkaschiert enthält, die mustermäßig an der Lackseite mit einem Messer nachgezogen wird; ohne die Grundfolie zu verletzten, wird die Lackschicht dort abgezogen, wo im Druck keine Muster erscheinen sollen.

Neben den vorstehend kurz beschriebenen Verfahren können Farbauszüge auch durch *direktes Kopieren auf Fotomaterial* vorgenommen werden, wobei man die Auszüge mittels Durchleuchtung von der auf Transparentpapier angefertigten Musterzeichnung abnimmt oder, wenn undurchlässiges Zeichenmaterial verwendet wurde, über Reflexpapiere arbeitet. Ebenso sind Farbauszüge durch *direkte Reproduktion* möglich, wozu jedoch große Reproduktionskameras und Farbfilter (Komplementärfilter) notwendig sind, um die einzelnen Farben aus der Zeichnung auf die Negative zu bringen, die dann als Diapositive für die Schablonenherstellung verwendet werden. Durch diese Methode ist es daneben möglich, die Musterzeichnung zu verkleinern oder zu vergrößern. Letzteres Verfahren wird im Textildruck meist nur dann verwendet, wenn besondere Feinheiten verlangt werden, die durch die bereits geschilderten Verfahren, vor allem aber durch Ausmalen, nicht erhältlich sind. Zur Herstellung von speziellen *Schattierungseffekten im Farbauszug* werden unterschiedlich genarbte Strukturfolien (Rundkorn-, Wurmkorn- oder andere Prägungen) verwendet, bei denen durch verschiedenen Druck der Fettkreiden Abschattierungen des Musters zu erreichen sind. Ferner ist es möglich, in die Musterflächen fertige oder selbst hergestellte Raster- oder Strukturfilme einzukleben, einzukopieren oder als selbständige Musterteile zu verwenden. Auch ist es möglich, diese als Effektdiapositiv direkt bei der Schablonenherstellung auf die Schablone zu kopieren.

Abgesehen von Rotationsschablonen, deren Herstellung im Anschluß besprochen werden soll, bestehen Flachdruckschablonen für den Filmdruck auf Tischen bzw. den maschinellen Flachdruck aus der Schablonengaze, dem Rahmen, auf dem die Gazen aufgespannt werden, und den notwendigen Zusatzeinrichtungen für das Rapportieren.

Als **Schablonengewebe** oder **-gazen** werden heute neben Seiden-, Phosphorbronze- und Edelstahlgeweben vor allem Gewebe aus Polyamid- und Polyesterfäden verwendet. Vereinzelt werden auch Gazen aus Glasbatist oder Polyvinylchlorid-(PVC-)Fäden eingesetzt. Die Auswahl der Schablonengewebe hängt von der „Feinheit“ des Musters, den zu bedruckenden Textilien und den verwendeten Druckpasten ab. Dabei gelten folgende Grundsätze:

1. Feine, dünne Gewebe erfordern feinere Gazen mit mehr Fäden/cm als grobe Gewebe. Grobe Gazen, mit wenigen und dicken Fäden/cm führen in allen Fällen zu Fehldrucken.
2. Grobe Gewebe können mit groben und auch feinen Gazen bedruckt werden.

Zur Auswahl der Gazen siehe weiter die Tafeln 1, 2, 3, S. 74, 75, 76.

Bei **Seidengazen** handelt es sich um Voll- oder Halbdrehergewebe aus unentbasteter, seltener entbasteter Seide, wie sie auch in der Mühlenindustrie zum Sieben von Mehl verwendet werden (Miller-Gaze). Um ein Verschieben der Kettfäden zu vermeiden, werden Drehergewebe (Abb. 56) verwendet. Seidengaze zeichnet sich durch gute Elastizität, mäßige Dehnung, guten Farbdurchlaß (schlechter als bei Polyamidgazen), Säurebeständigkeit und Beständigkeit gegen Lösungsmittel aus (Tab. 1, S. 74). Zur Herstellung werden multifile Fäden verwendet und wegen der rauhen Oberfläche eine gute Haftung der Fotoschichten erreicht. Beim Druck ist jedoch ein relativ dicker Farbauftrag notwendig. Seide ist alkaliempfindlich und quillt durch Alkalien stark auf. Die Schablonen sind deshalb nach dem Gebrauch sehr gründlich zu reinigen. Nach alkalischen Drucken muß sofort gut gewaschen und mit 5–10%iger Essig- oder Ameisensäure abgesäuert werden. Seide enthält 11% Feuchtigkeit und „setzt schneller zu" als andere Gazen, da sie, vor allem im alkalischen Medium, stark quillt. Dieser Nachteil macht sich dadurch bemerkbar, daß nach mehreren Arbeitsstunden die doppelte Anzahl von Rakelzügen notwendig wird wie beim Beginn des Druckens.

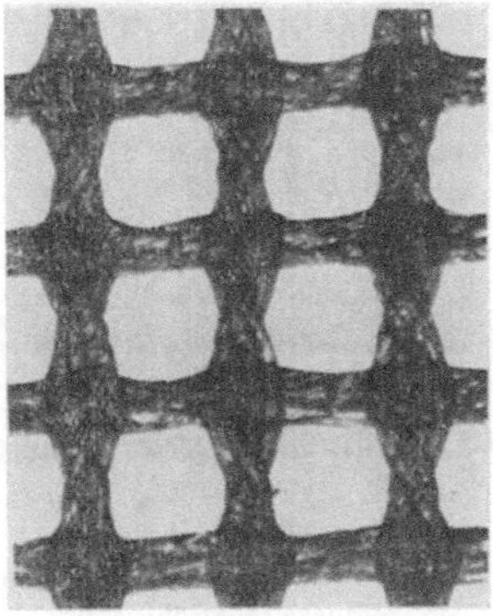

Abb. 56. „Seriprint"-Seidengaze (vergrößert) der *Beuteltuchfabrik.*

Bei den **Phosphorbronzegazen** handelt es sich um Metallgewebe in Leinwandbindung, welche aus Metalldrähten bestehen und ebenfalls nach einer besonderen Numerierung gehandelt werden (Tab. 2, S. 75). Phosphorbronze besteht aus 93% Kupfer, 6,75% Zinn und als Desoxydationsmittel 0,25% Phosphor. Die Vorteile der Metallgazen – es werden neuerdings auch solche aus Edelstahl verwendet – sind ihre Unempfindlichkeit gegen Alkalien, Lösungsmittel und daß sie nicht quellen und weniger stark „zusetzen" als Seidengazen. Ihr besonderer Nachteil besteht in der Empfindlichkeit gegen Druck und Stoß, wodurch Beulen entstehen, die irreparabel sind und zu Fehldrucken führen. Eingerissene Metallschablonen können kaum repariert werden, wie es bei Textilschablonen meist möglich ist. Metallgazen erschlaffen wegen ihrer geringen Elastizität auf Holzrahmen, da das Holz beim Trocknen schwindet und die Gaze diesen Prozeß nicht mitmacht. Man soll Metallgazen deshalb nur in Metallrahmen verwenden. Die Farbdurchlässigkeit der Phosphorbronze ist gut, sie ist gegen organische Säuren weitgehend beständig und absolut abriebfest. Wegen der Starrheit der Metallgazen ist ein Verziehen, wie es bei Textilschablonen auftritt, kaum möglich.

Metallgewebe werden aus Drähten in Stärken von 0,035–0,1 mm hergestellt. Die Numerierung basiert auf der Anzahl Maschen/27 mm (franz. Zoll), die freie Druckfläche richtet sich deshalb auch nach der Drahtstärke, und es sind die Angaben in Tab. 2, S. 75 nicht als absolut zu bezeichnen.

Polyamidgazen (Abb. 57) bestehen aus monofilen Perlon- oder Nylonfäden, die in Leinwand-(Taft-)Bindung verwebt und besonders stabilisiert (fixiert) wurden, um ein Verschieben zu vermeiden. Sie sind die Schablonengewebe, die den Metallgazen die größte Konkurrenz machen. Polyamidgazen sind gut lichtdurchlässig, gegen längere Einwirkung von UV-Strahlen (Sonnenlicht) jedoch empfindlich. Man muß Polyamidschablonen deshalb in dunklen Räumen lagern. Wegen der geringen Dicke der Gewebe erreicht man mit ihnen einen sehr dünnen Farbauftrag und verwendet sie deshalb vornehmlich beim Naß-in-Naß-Druck in Filmdruckmaschinen. Wegen des guten Farbdurchganges dieser Gazen ist es oft unnötig, dünne und schütter gewebte Waren im maschinellen Druck auf den Mitläufer aufzukleben. Wegen der Glätte der Fasern müssen jedoch gut haftende Fotoschichten verwendet werden. Besonders vorteilhaft ist die Elastizität von Polyamidgeweben, wodurch mechanische Beschädigungen weniger auftreten, da auch die Reißfestigkeit sehr hoch ist. Als weiterer Vorteil kann die weitgehende Alkaliunempfindlichkeit genannt werden. Gegen Säurekonzentrationen, wie sie in der Druckerei üblich sind, sind die Gazen ebenfalls widerstandsfähig. Gegen Oxydationsmittel und deren längere Einwirkung sind Polyamide empfindlich, ebenso werden sie durch Phenol, Kresol und konzentrierte Ameisensäure gelöst. Zu berücksichtigen ist bei der Herstellung der Schablonen deren Elastizitätszunahme im nassen Zustand, und es muß deshalb das Gewebe sehr hart gespannt werden. Größere Temperaturschwankungen führen zur Änderung der Formstabilität. Wegen der hohen Elastizität müssen Lacke von ebenfalls hoher Elastizität verwendet werden.

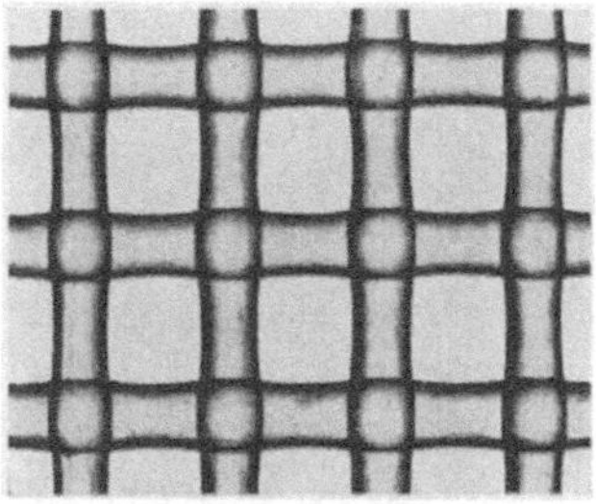

Abb. 57. MOnyl Nr. 36 T, monofile Polyamidgaze (vergrößert) der *Beuteltuchfabrik.*

Polyestergazen bestehen aus multifilen Fäden, die in Leinwandbindung verwebt werden (Abb. 58). Besonders vorteilhaft ist die geringe Feuchtigkeitsaufnahme, wodurch gute Formstabilität erreicht wird und auch Feuchtigkeit keine Änderung der Eigenschaften bewirkt. Gegenüber UV-Strahlung sind Polyestergazen absolut beständig, gegenüber Polyamidgeweben ist die Scheuerfestigkeit jedoch etwas geringer. Gegen alle in der Druckerei verwendeten Chemikalien ist Polyestergaze weitgehend beständig (Tab. 2, S. 75). Polyestergazen sind für alle Arten des Filmdrucks, wie Tab. 3, S. 76 zeigt, verwendbar. Meist werden sie für den Tischdruck und für nicht zu große Metragen in der Maschine verwendet. Gegenüber den Polyamidgazen zeichnet sie die sehr gute Lichtbeständigkeit und geringere Dehnung bei guter Elastizität aus. Der Farbdurchlaß ist geringer als bei Polyamiden. Die Verwendbarkeit der Gazen für verschiedene Drucke zeigt die Tab. 3, S. 76. Die guten Eigenschaften der Polyestergazen haben dazu geführt, daß neuerdings auch monofile Fäden verwendet werden.

Abb. 58. ESTAL, multifile Polyestergaze (vergrößert) der *Seidengaze*, Thal.

In letzter Zeit werden für den Naß-in-Naß-Druck auf Filmdruckmaschinen nach einem besonderen Verfahren *kalanderte monofile Polyamid-* und *Polyestergazen* (Abb. 59) verwendet. Die Gazen haben den Vorteil, daß mit weniger Farbstoffauftrag gearbeitet werden kann, ein Verschmieren dadurch weniger auftritt und schärfere Konturen zu erreichen sind. So ist z.B. möglich, mit 40–50% weniger Druckpaste bei gleicher Farbtiefe des Druckes auszukommen, da wegen des geringeren Volumens der Gazen weniger Druckpaste zwischen den Gazefäden verbleibt. Dieser geringere Farbstoffauftrag hat vor allem beim Druck von Textilien aus Synthesefasern besondere Vorteile, da diese hydrophoben Fasern nur eine eingeschränkte Druckpastenmenge festhalten können und dadurch beim Naß-in-Naß-Druck stärker zum Abschmieren bzw. zum Verquetschen durch die nachfolgenden Schablonen neigen.

Eine weitere Entwicklung hat zur Verwendung von eingefärbten Gazen geführt. Dabei werden bei der Belichtung während der Schablonen-

a b

Abb. 59. Schablonengazen NYBOLT und POLYMON (*Seidengaze*, Zürich). a) normale Gewebe; b) Typ C mit eingeschränkter Farbauftragsdicke.

herstellung die chemisch wirksamen, weißen und UV-Strahlen durch die gefärbte Gaze absorbiert und nicht, wie bei weißen Gazen, gebrochen oder reflektiert, was zur Unterstrahlung und damit schlechteren Wiedergabe von feinen Konturen usw. führt. Gefärbte Gazen aus Synthesefasern sind jedoch nur bei Gazen ab 60 Fäden/cm nach dem Nachlackierverfahren voll wirksam, beim Vorlackierverfahren und bei Gazen mit geringerer Fadenzahl sind die Vorteile unbedeutend.

Tabelle 1. *Eigenschaften verschiedener Schablonengewebe*

Gazematerial	Schmelzpunkt in °C	Feuchtigkeitsaufnahme bei Normklima[1] in %	Dehnung bei Herstellung in %	Reißfestigkeit	Scheuerfestigkeit	Alkalibeständigkeit	Säurebeständigkeit	Organische Lösungsmittelbeständigkeit	Oxydationsmittelbeständigkeit	Lichtbeständigkeit
Seide	170 (Zersetzung)	11	2 (nur naß)	gut	gut	gering	gut	gut	gut	mittel
Polyester (Terylene)	256	0,4	3	sehr gut	gut	mittel	gut	gut	gut	sehr gut
Polyamid (Nylon)	255	4	5 (naß)	sehr gut	sehr gut	gut	mit Einschränkungen	gut	mittel	mittel
Phosphorbronze	etwa 1000	0	0	sehr gut	sehr gut	sehr gut	gut gegen schwache Säuren	sehr gut	mittel	sehr gut

[1] Normklima = 20 °C und 65% rel. Luftfeuchtigkeit.

Tabelle 2. *Technologische Daten verschiedener Schablonengewebe*

Faden-zahl je cm	Seidengaze Marke: DUTAL			Polyamidgaze Nylongaze: NYTAL T			Polyestergaze Terylenegaze: ESTAL				Bronzegaze		
	Nr.	Maschen-öffnung in µm	Freie Druck-fläche in %	Nr.	Maschen-öffnung in µm	Freie Druck-fläche in %	Nr.	Qualität	Maschen-öffnung in µm	Freie Druck-fläche in %	Nr.	Maschen-öffnung in µm	Freie Druck-fläche in %
26				5	243	45	5	mittel	250	41			
29	6	250	52	6	224	42,5	6	leicht	240	49	60	170	39
32				7	200	41,5	7	mittel	200	43			
								schwer	160	27	80	200	50
34	8	200	46	8	200	47,5	8	leicht	195	44	90	180	36
								schwer	175	35			
38	9	170	43	9	171	43	9	mittel	150	33	100	160	50
43	10	149	41	10	171	43,5	10	leicht	140	36	120	140	55
								schwer	117	25			
45	11	130	36	11	155	47,5							
49	12	122	36	12	132	42,75	12	leicht	145	47	140	130	55
								schwer	130	39			
51	13	114	34	13	120	40							
55	14	109	36	14	118	44	14	leicht	120	42	150	120	48
								schwer	100	30			
59	15	100	35	15	112	42,5					160	110	47
62	16	86	28	16	100	39	16	mittel	100	37	180	100	50
66				18	90	36					200	95	45
68				20	85	34,5	20	mittel	80	30			
77				25	80	38	25	mittel	65	25	210	75	36
90					69	38					230	70	36
100					58	35,75					300	60	36
110					54	35							

Tabelle 3. *Auswahl der Gazenummern für verschiedene Drucke*

Gazeart	Große Decker (Fonddrucke) grobe Ware, Dekostoffe und Decken	Kleine Decker, Deko- und Kleiderstoffe	Für feine Striche, Konturen und Raster, Kleiderstoffe	Naß-in-Naß-Druck und feinste Raster
Seidengaze: DUTAL	6	11	14	
	8	12	15	
	9	13	16	
	10	14		
Polyester: ESTAL	5	8	10	20
(Terylene)	6	9	12	25
	7	10	14	
	8	12	16	
Polyamid: NYTAL	6	10	12	25
(Nylon)	8	12	14	
	9		16	
	10		18	
			20	
			25	
Phosphorbronze	80	100	120	180
	90	120	140	210
	100		160	230
			180	300
			200	

In wenigen Fällen wird auch *Glasbatist*, ein mit Schwefelsäure „pergamentiertes" Baumwollgewebe, verwendet, das allerdings leicht einreißt und daher einem schnellen Verschleiß unterliegt. Wegen seiner Billigkeit wird es öfter für den Druck von kleinen Metragen (2000–3000 m) im manuellen Tischdruck eingesetzt. Obwohl *Polyvinylchloridgazen* gegen Chemikalien sehr widerstandsfähig, wasserunempfindlich und elastischer als Naturseidengazen sind, werden sie wegen ihrer Temperaturempfindlichkeit – sie werden bei 60–70 °C plastisch – wenig eingesetzt.

Die Schablonengazen aus synthetischen Fasern haben die Metall- und Gazen aus Seide bzw. Batist wegen ihrer Unempfindlichkeit gegenüber mechanischer oder chemischer Beeinflussung verdrängen können, meist können sie durch Ablösen der Lackschichten mehrmals verwendet werden, was bei Seiden- und Batistgazen nicht möglich ist. Die unverarbeiteten Gazegeweberollen sollen vor Staub geschützt, in Schränken hängend aufbewahrt und vor starken Temperaturunterschieden geschützt werden. Die nachfolgenden Firmen stellen u.a. Metallgazen her:

Ashworth	*Haver*	*Pieper*	*Weisse*
Coates	*Kufferath*	*Ratazzi*	*Wheelwright*

Die nachfolgenden Firmen stellen Gazen aus Seide bzw. synthetischen Fäden oder Fasern her:

Firma	Für die Gazeherstellung verwendetes Material			
	Seide	monofiles Polyamid	monofiles Polyester	multifiles Polyester
Beuteltuchfabrik	Seriprint	MOnyl	MONOlen	
Seidengaze-Zürich		NYBOLT	POLYMON	
Seidengaze-Thal	Dutal, Rotal	Nytal	Estal-mono	Estal
SAATI		Como-Nylon	Como-Mono-Ter	Como-Terital

Die meisten der angegebenen Firmen liefern die synthetischen Gazen in Spezialausführungen mit besonders geringem Farbdurchlaß (Abb. 59) bzw. auch angefärbt, um Unterstrahlungen einzuschränken.

Als **Schablonenrahmen** werden billige *Holzrahmen* aus gut gelagertem Föhrenholz verwendet. Metallrahmen haben sich jedoch wegen ihrer Dimensionsstabilität stärker eingeführt. Für die Herstellung von Holzrahmen werden Vierkanthölzer mit den Abmessungen von 5–8 cm in Breite und Höhe verwendet, die an den Ecken geschlitzt und verleimt werden. Wegen des unvermeidbaren Wechsels von Nässe und anschließendem Trocknen der Schablonen ist auch bei gut lackierten Hölzern, die evtl. an den Ecken mit Winkeleisen verstärkt wurden, ein „Arbeiten" des Holzes unvermeidlich. Das führt zum Verziehen der Schablonen, die nicht mehr eben auf der Ware aufliegen und zu Fehldrucken führen. Beim Bespannen ist auch ein gewisses Durchbiegen der Schablone an den Seiten unvermeidbar.

Metallrahmen werden aus Rohren mit unterschiedlichen Profilen hergestellt. Neben Vierkant- und Rundprofilen haben sich vor allem A- und W-Profile (Abb. 60) eingeführt. Unbehandelte Eisenrahmen neigen zur

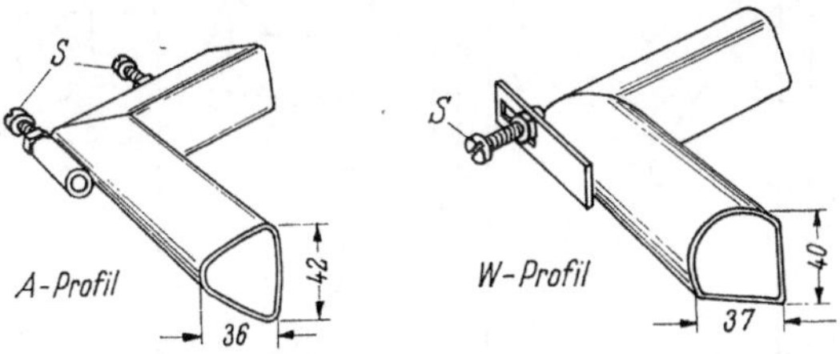

Abb. 60. Metallrahmenprofile (*Hurtz*). *S* Rahmenanschläge.

Rostbildung, die auch durch Lackierung nicht immer verhindert werden kann, es werden deshalb galvanisch verzinkte oder Rahmen aus Aluminiumlegierungen verwendet. Von der Fa. *Hurtz* werden *Ideal-Schablonenrahmen* geliefert, welche eine rauhe Zinkoberfläche haben und dadurch für das Aufkleben der Gaze besonders geeignet sind. Als Wandstärken werden 1,0; 1,25; 1,5 und 2,00 mm verwendet. Auch stabilste Schablonenrahmen neigen durch die Gazespannung zum Durchbiegen, man verwendet deshalb oft *Konkavrahmen*, welche eine gewisse Außenkrümmung haben und damit das Durchbiegen kompensieren. Die Rahmengröße richtet sich nach der Gewebebreite und den Druckmustern und wird gemäß dem Wunsch der Benutzer dimensioniert. Für den Teppichdruck sind Rahmen bis 1500 × 3000 mm üblich. Rahmen werden oft in eigenen Werkstätten hergestellt, sie werden jedoch auch von allen Firmen geliefert, welche Drucktische, Filmdruckmaschinen und Hilfsgeräte für den Filmdruck herstellen.

Vom **Bespannen der Schablonenrahmen** hängt die Genauigkeit der Passer und die Gebrauchsdauer der Schablone ab. Zu geringe Spannung führt zu schlechten Passern und Auslaufen der Druckpaste unter der Gaze, zu harte Spannung fördert das Einreißen der Gaze bei Druck und Stoß auf das Schablonengewebe und verstärkte Durchbiegung der Rahmenschenkel. Seide- und Polyamidgazen verlieren durch Überspannen an Elastizität. Grundvoraussetzung für das Bespannen ist die „trommelharte" und fadengerade Spannung der Gaze auf den Rahmen. Als Richtwerte der beim Spannen notwendigen Dehnung sind für Gazen aus

Seide 2%,
Polyester 3%,
Polyamid 5%

notwendig. Die Werte können dadurch nachgeprüft werden, daß in der Mitte der Schablone mit Bleistift ein Kreuz eingezeichnet wird, welches nach dem Spannen die angegebenen Dehnungswerte in Längs- und Breitenabmessung zeigt. Inzwischen wurden auch Spannungsmesser

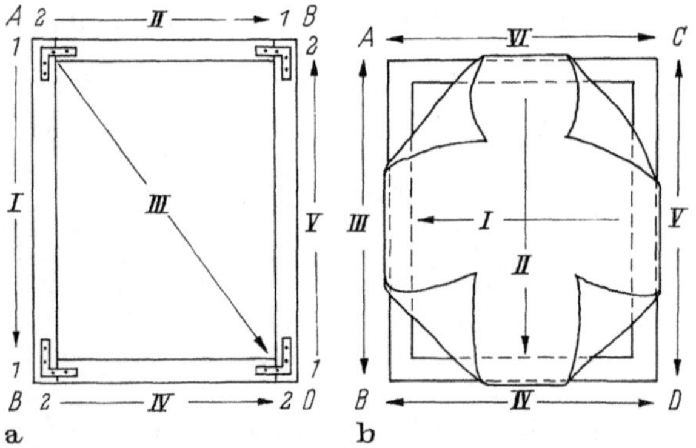

Abb. 61. Schablonenherstellung. a) Spannmethode 1; b) Spannmethode 2.

konstruiert, z. B. von der Fa. *Harlacher*, welche die Gazespannung direkt in Prozenten anzeigen. Obwohl heute eine Reihe von mechanischen Spannvorrichtungen angeboten werden, ist doch das *Handspannen* noch üblich. Dabei werden mehrere Spanmethoden angewandt:

Bei der *1. Methode* wird das Schablonengewebe auf die Größe des Rahmens abgepaßt und gewisse Zugaben für das Anfassen gemacht. Nun wird beim Eckpunkt *A 1* (Abb. 61) mit *Bastnägeln* oder *Agraffen* die Gaze auf der Oberfläche oder besser der Seite des Holzrahmens befestigt. Nun wird bei *A 2* befestigt, nach *B 1* gezogen und unter ständigem Zug zuerst in der Mitte und anschließend bei *B 1* befestigt. Nun kann die Seite *A–B* vollkommen befestigt werden (I). Nach gleicher Methode wird nun von *A 2* nach *C 1* verfahren (II), diagonal gespannt und das Gewebe bei *D 2* befestigt (III) anschließend die Gaze zwischen *B* und *D* gespannt und wie beschrieben bei *B 2* beginnend nach *D 2* befestigt (IV). In gleicher Weise wird nun in Richtung *D 1* bis *C 2* gespannt und befestigt (V). Zur Verbesserung der Haftung wird anschließend das Gewebe mit Klebelacken an den Rahmen geklebt. Die beschriebene Arbeitsweise kommt hauptsächlich für Holzrahmen in Betracht und ist dann für alle Arbeiten von Gazen brauchbar. Zum Spannen der Gaze werden *Spannzangen* (Abb. 62) verwendet, welche breite, mit Sandpapier beklebte Zungen

Abb. 62. Spannzange.

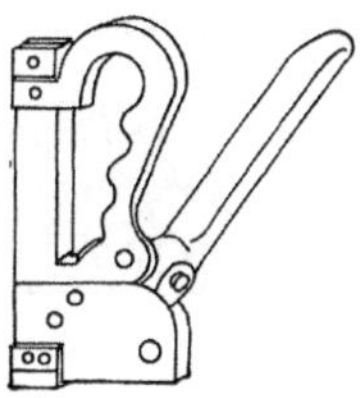

Abb. 63. Agraffenpistole.

haben; dadurch werden die Gazen in breiterer Form gehalten, als es durch Spannen mit der Hand möglich ist. Für die Gazebefestigung sind *Agraffenpistolen* (Abb. 63) vorteilhaft, mit denen die Gaze am Holzrahmen durch Einschlagen von Agraffen (Klammern) befestigt wird, die mit ihren Bügeln die Gaze besser halten als Bastnägel oder Schrauben.

Bei der *2. Methode* wird das Gewebe zuerst in der Mitte zwischen den Schabloneneckpunkten *A*, *B*, *C* und *D* gespannt und wie bei der 1. Methode beschrieben befestigt. Nach gleicher Manier wird nun das Gewebe nach den Rahmenenden und von den ersten Befestigungspunkten ausgehend nach den Ecken hin gespannt und befestigt (Abb. 61, S. 78). Auch diese Art des Spannens wird hauptsächlich für Holzrahmen verwendet.

Die *3. Methode* kann sowohl für Holz- als auch für Metallrahmen verwendet werden. Es werden auf diese Art alle Arten von Schablonen gespannt und befestigt. Man bedient sich dabei zweier Nadelleisten, die genau rechtwinklig auf einem Arbeitstisch befestigt und an welche

Rahmen angelegt werden (Abb. 64 u. 65). Das Schablonengewebe wird zuerst mit entsprechenden Zugaben für das Anfassen zugeschnitten, der vorher mit einem Spezialkleber eingestrichene Rahmen in den Winkel der Nadelleisten gelegt, das Gewebe bei *A* angepaßt, nach *D* gestreckt, dort in die Nadelleiste eingedrückt und von *A* nach *D* verklebt. Bei Verwendung von *ARK-Klebemasse 243* (*Rose*), die auf den Rahmen aufgestrichen wurde, wird nach gutem Durchtrocknen des Klebers das Textilgewebe auf den Rahmen gedrückt und die Berührungsstellen werden mit Aceton befeuchtet. Nach dem Befeuchten und Verdunsten des Acetons haftet das Textilgewebe auf dem Holz- oder Metallrahmen. Für

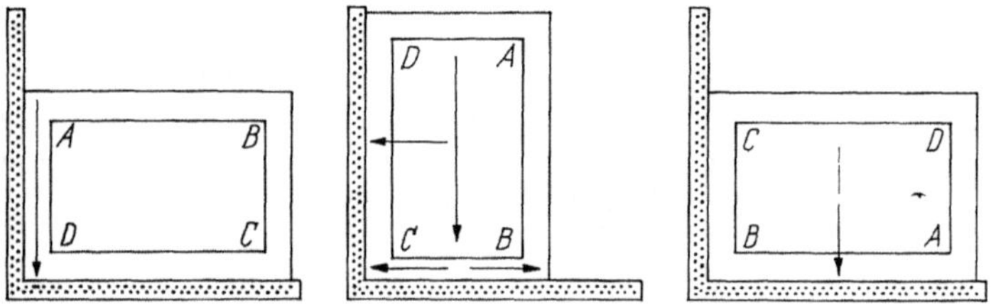

a b c

Abb. 64. Schablonenherstellung nach Methode 3 mit Nadelleisten.

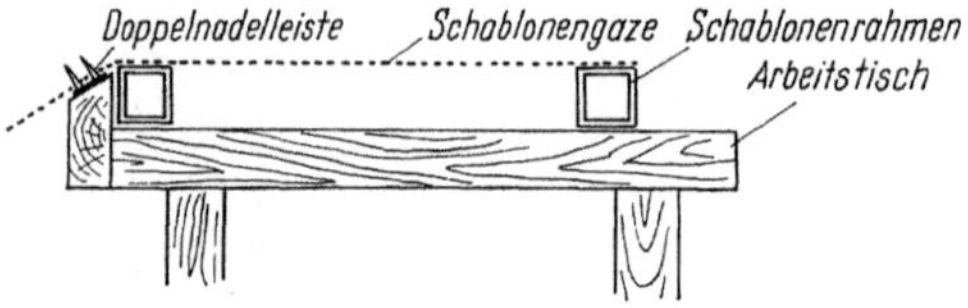

Abb. 65. Spannen der Gaze mittels Nadelleisten an einer Seite.

das Aufkleben von allen Schablonengeweben auf Metallrahmen – es kann auch Phosphorbronze so geklebt werden – empfiehlt die Fa. *Rose* auch die *Klebemasse V4*, bei der die Haftung durch nachträgliches Aufbügeln der Gaze bei 100 °C vorgenommen wird. Von *Kissel* wird dafür *Mecosan M* empfohlen, das auf den Rahmen aufgestrichen, getrocknet und nach Aufpressen der Gaze nach Bestreichen mit *Mecosan-M-Lösungsmittel* die Klebkraft entwickelt. Anschließend wird der Rahmen um 90° gedreht, von der Mitte ausgehend das Gewebe von *A* nach *D* in Richtung *B–C* ausgespannt und festgenadelt. Nun wird in Richtung *C–D* fadengerade gespannt und ebenfalls in die Nadeln gedrückt. Dann kann das Gewebe von *B* nach *C* und *C* nach *D* verklebt werden. Nach neuerlichem Drehen wird in Richtung *A* nach *B* gespannt, eingenadelt und verklebt. Um die Haftung der Spezialkleber auf Metallrahmen zu verbessern, ist es notwendig, die Klebestellen, an denen die Gaze angeklebt wird, vorher zu entfetten und mit Schmirgelpapier aufzurauhen. Die Klebemassen sind meist feuergefährlich und auch die Löser brennbar. Das Arbeiten mit Nadelleisten hat den Vorteil, daß die Gewebe aus den Nadeln gehoben und nachgespannt werden können.

Das Spannen und Kleben kann auch durch *mechanische Spannapparate* vorgenommen werden. Zur Herstellung von Schablonen mit einer einfachen Vorrichtung, die u.U. im Selbstbau hergestellt werden kann, wird das Schablonengewebe zuerst nach der 1. oder 2. Methode auf einem Nadelrahmen gut gespannt und der mit Klebemassen versehene Rahmen von unten gegen das Gewebe so lange gedrückt, bis die vorgeschriebene Spannung erreicht ist. Nun wird entweder wie bei der 3. Methode beschrieben mit Lösern befeuchtet oder aufgebügelt. Oft werden jedoch auch spezielle Kleber direkt auf die Gaze aufgestrichen, welche den Rahmen berührt. Für letzteres Verfahren dienen u.a. der *ARK Kleber L 20* (*Rose*), der als Zweikomponentenkleber vorher mit speziellen Härtern vermischt wurde, z.B. 100 g Kleber L 20 mit 4 g Härter (*Rose*). Der Kleber härtet in 10 min, und es darf deshalb die Mischung nicht länger stehen und muß innerhalb dieser Zeit in einer Schicht von 2 mm auf das Gewebe aufgetragen werden. Um die Gaze, die für die Aufnahme des Musters bestimmt ist, vor Verschmutzung durch den Kleber zu schützen, ist es vorteilhaft die Gaze knapp am Rahmen mit einem Klebestreifen zu bekleben und erst danach den Kleber aufzutragen. Zweikomponentenkleber werden glashart und können die Gaze außerhalb des Rahmens beim Druck zerschneiden. Die kurze Härtezeit des Klebers L 20 hat die Fa. *Rose* veranlaßt, als *ARK Kleber L 20/LT* eine Sondertype herauszubringen, welche eine Härtezeit von 30 min hat. Die Fa. *Kissel* arbeitet mit *Lösungsmittelkleber* (*Mecosan M*), der, mit entsprechendem Verdünner verwendet, immer wieder gelöst werden kann und nicht glashart trocknet. Die beschriebene 3. Spannungsmethode hat zwar den Vorzug, daß nur billige Geräte notwendig sind, es kann jedoch bei großen Schablonen vorkommen, daß die Gewebe an den Ecken verzogen werden (Abb. 66). Um

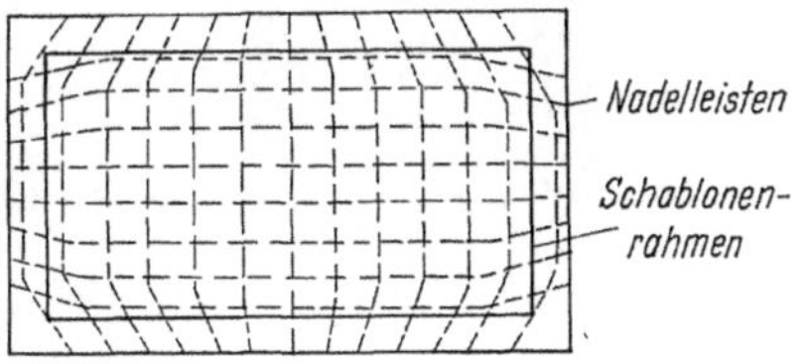

Abb. 66. Verzogene Gaze beim Spannen auf 4 Nadelleisten und anschließendem Heben des Rahmens.

Schablonengewebe zu sparen, ist es bei jeder Spannmethode möglich, die Gazeleisten mit einem stabilen, anderen Gewebe zu vernähen und diese Gewebestreifen für das Einnadeln zu verwenden.

Um auf einmal mehrere Schablonen zu bespannen, bedient man sich einer ähnlichen Methode. Dabei wird die Gaze zwischen 2 Haltewalzen unter Spannung gehalten, in langen Nadelleisten gespannt, eingenadelt, und die Schablonen werden von unten gegen die Gaze gepreßt und anschließend mit den Rahmen verklebt (Abb. 67). Die Schablonenrahmen müssen jedoch mindestens 50 cm von den Spannwalzen angesetzt werden. Um die Fadengeradheit besser überwachen zu können, liefern die meisten Gazehersteller ihre Gewebe mit farbigen Fäden in bestimmten Abständen in Kett- und Schußrichtung.

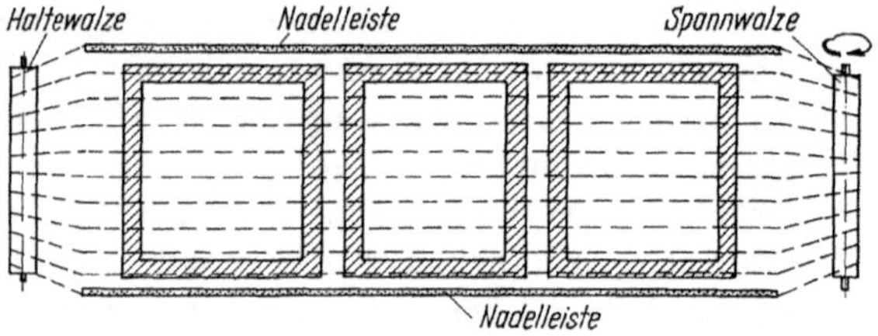

Abb. 67. Spannen der Gaze zwischen 2 Walzen und Nadelleisten bei der Herstellung von mehreren Schablonen.

Alle bisher beschriebenen Spannverfahren erfordern viel Handarbeit und haben dadurch gewisse Nachteile, die man durch **mechanische Spannmaschinen** ausschalten kann. Dabei werden vor allem ein Verziehen der Gazen, Einreißen u.a. Fehler vermieden. Man arbeitet bei diesen Ein-

Abb. 68. Pneumatischer Spannrahmen „Standard" (*Lüscher*).

richtungen in der Regel mit pneumatischer Spannung der Gazen und kann dadurch über Manometer die jeweils günstige Einzelspannung einstellen. Bei den *pneumatischen Spannrahmen* können alle Schablonengrößen zwischen 800×1100 und 1800×2850 mm gespannt werden. Die Gaze wird durch Schnellkluppen gefaßt, ausgespannt und nach dem Verkleben mit dem Rahmen von Hand wieder gelöst (Abb. 68). Nachdem über ein Bedienungspult die notwendige Spannung erreicht ist, wird ohne Veränderung der Spannung die Gaze auf den Rahmen abgesenkt und dort verklebt. Durch diese Mechanisierung können auch bei größten Schablonen bis 60 Stück von einer Bedienung in einer Schicht bespannt werden. Neben diesen vollmechanischen Spannvorrichtungen sind auch pneumatische Einrichtungen im Gebrauch, welche, von der größten Schablone ausgehend, über Verlängerungsrohre auf kleinere Formate umgestellt werden können.

Zum *Auftragen von Foto- und Lackschichten* auf die Schablone werden vorteilhaft *Winkel-* oder *Wannenrakeln* (Abb. 69) verwendet, die an der

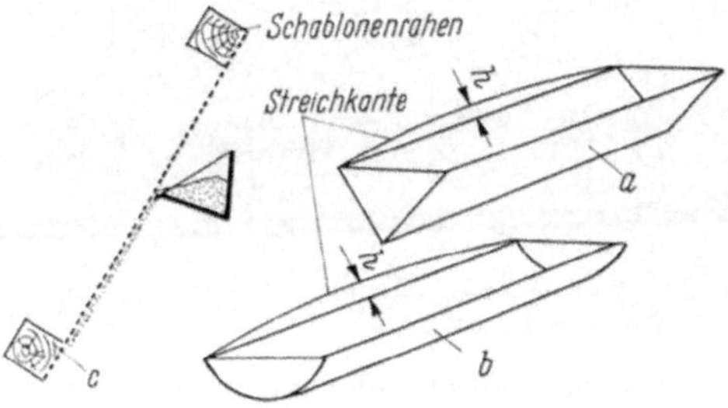

Abb. 69. Berakeln der Schablone mit Hohlrakeln. *a* Winkel-, *b* Wannenrakel, *c* Berakeln der gekippten Schablone, *h* Vorwölbung der Streichkante.

Streichkante etwas ausgebogen sind, um beim Rakeln auch die in der Mitte ausweichende Schablonengaze mit der gleichen Schichtdicke zu versehen. Meist werden für jede Schablonengröße besondere Rakeln verwendet, die, um ein Verkanten am Rahmen zu vermeiden, um 4–5 cm kürzer als die Schablonenbreite sind. Die Schablonenrahmen werden etwa (80°) gegen den Bearbeiter gekippt, die Rakel mit dem Lack unten angesetzt und in einem Strich nach oben gleichmäßig abgerakelt. Die Schichtdicke muß absolut gleichmäßig sein, so daß sich ein Absetzen während des Rakelns verbietet. Die Schichtdicke kann durch unterschiedlichen Druck oder unterschiedliche „Schärfe" der Streichkante erzielt werden. Scharfe Kanten ergeben dünnere, stumpfere dickere Filme. Um eine Verstärkung der Schicht beim Absetzen zu vermeiden, werden die Hohlrakeln am Ende der Rakelbahn zuerst etwas nach hinten gekippt damit der Lack zurückfließt und dann erst abgehoben. Neuerdings werden zum Beschichten auch *Lackiermaschinen* verwendet, die auch zum Absaugen (Abb. 70) verwendet werden können. Grundsätzlich ist beim Lackieren zu beachten, daß in absolut *staubfreier Atmosphäre* gerakelt werden muß, da jedes Staubkörnchen die Lackschicht stört und zu sog. *Nadellöchern* in den Schichten führt und dort beim Drucken Farbstoff durchgerakelt wird. Ebenso unangenehm sind auch Schaumblasen im Lack. Auch das Lackieren mit Pinseln oder Sprühpistolen ist möglich. Da mit den Hohlrakeln nicht die gesamte Fläche der Schablonengaze erreicht wird, ist es notwendig, an den Seiten mittels eines Pinsels nachzulackieren. Von *Rose/Kissel* wird dafür auch schnelltrocknender *Reparaturlack BX*, der mit 50% BX-Lösungsmittel verdünnt wird, empfohlen.

Abb. 70. Lackabsaugmaschine „Standard" (*Lüscher*).

Dieser Lack eignet sich auch für die Retusche von Nadellöchern bzw. Fehlern, die in der Lackschicht während des Druckens auftreten. Vor dem Beschichten müssen die Gazen von allen Verunreinigungen wie Fetten, Ölen, Präparationen befreit werden, um eine gute Haftung der Schichten an oder in der Gaze zu erreichen. Für das *Entfetten* können warme, verdünnte Natronlauge, synthetische Waschmittel und anschließendes Einreiben mit Talkum, Abbürsten, oder auch spezielle Vorreinigungsmittel wie z.B. *Kiwoclean* (*Kissel/Rose*) verwendet werden. Man teigt die Pulverprodukte an, bürstet sie ein oder rakelt sie auf, läßt einige Minuten stehen, bürstet nach und spült unter kräftigem Bürsten ab, bis das Spülwasser klar ist, und trocknet. Das Entfetten ist auch mit organischen Fettlösern wie z.B. mit chlorierten Kohlenwasserstoffen (Tri, Tetra oder Per) möglich, die man hauptsächlich für Metallgazen verwendet.

Das *Aufrauhen* der Gaze aus synthetischen Fäden wird durch das Bürsten beim Entfetten erreicht, kann aber auch durch in Spiritus angeteigte Schlämmkreide oder Haushaltpräparate wie Vim, Ata usw. erfolgen, die meist einseitig für Polyamidgazen verwendet werden, Polyestergazen benötigen als multifile Fäden kein besonderes Aufrauhen. Für

Metallgazen kann auch eine Behandlung mit 10%iger Chromschwefelsäure und anschließender Neutralisation mit Ammoniak- oder Sodalösung verwendet werden. Seidengewebe werden nur mit 50 °C warmem Wasser gründlich gespült.

Für die Übertragung der Rapportdiapositive (Nutzen) auf die Schablone bestehen bei der fotochemischen Arbeitsweise zwei Möglichkeiten:

a) Nachlackier- oder Verstärkungs- und
b) Vorlackier- oder Auslöseverfahren.

Beide Verfahren unterscheiden sich in der Reihenfolge des Auftrags von Lack- und Fotoschicht. Beim **Nachlackier-** oder **Verstärkungsverfahren** (Abb. 71) wird auf die entfettete und aufgerauhte Außenseite der

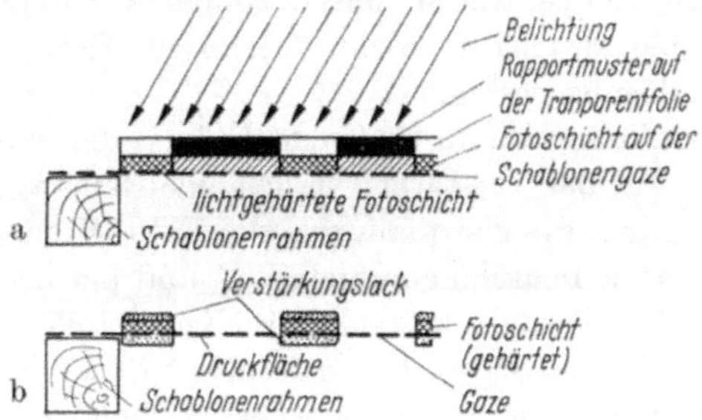

Abb. 71. Prinzip der Schablonenherstellung beim Nachlackierverfahren. a) Belichtung; b) entwickelte Schablone mit beidseitiger Verstärkung.

Schablone zuerst die Fotoschicht aufgerakelt, getrocknet, das Muster kopiert (belichtet), durch Entwickeln die unbelichtete Fotoschicht ausgewaschen, mit Verstärkerlack eingerakelt, der Überschuß von Hand ausgelöst oder mit Absaugmaschinen abgesaugt, die Schablone getrocknet oder der Verstärkerlack kondensiert (gehärtet) und retuschiert. Für das Nachlackierverfahren können sensibilisierte Gelatine oder Polyvinylalkohole verwendet werden, wobei sich letztere besonders eignen. Zu diesen gehören u.a.:

ASTRASOL *Klimsch* (1 l + 50 ml Ammonbichromatlösung, 20%ig),
ARKOPHOT *Rose* (1 l + 50 ml Ammonbichromat, 25%ige Lösung),
Fixoprint UN *Casella* (1 l + 50 ml Ammonbichromat, 20%ige Lösung),
Schablonenlack HN farblos *Hoechst* (1 l + 5–10 ml Ammonbichromat, 20%ige Lösung),
Schablonenlack HN trocken *Hoechst* (100 g gelöst in 1 l Wasser + 5–10 ml Ammonbichromat, 20%ige Lösung),
Super Emulsion 5 *Lüscher* (1 l + 12 g Ammonbichromat),
Ultrasol *Harlacher* (950 g + 50 g Sensibilisator).

Die Kopierschichten werden wie beschrieben aufgerakelt, die unberakelten Schablonenseiten eingestrichen und die Schablonen bei Zimmertemperatur unter Lichtabschluß (Dunkelkammer) getrocknet. Oft werden nur die nichtsensibilisierten Lacke eingerakelt, die gelösten Chromsalze kurz vor der Kopierung aufgebracht und kurz nachgetrocknet. Da sich die Belichtung nicht von der beim Vorlackierverfahren und der Verwendung von Gelatine unterscheidet, wird sie anschließend beschrieben.

Die belichteten Schablonen werden durch Abbrausen mit Kaltwasser mit mäßigem Druck beidseitig entwickelt. Zur besseren Ablösung ist es oft vorteilhaft, mit lauwarmem Wasser (bis 30 °C) nachzuspülen oder die Schablone durch Einlegen in Wasser so lange zu wässern, bis die Schaumbildung aufhört und das Spülwasser vollkommen klar ist und damit alle Chromsalze und die unbelichtete Schicht abgelöst wurden. Anschließend werden, wiederum bei maximal 30 °C, die entwickelten Schablonen getrocknet. Höhere Temperaturen führen zu porösen Schichten, bei unbelichteten Schablonen tritt dann eine thermische Härtung ein, die eine ausreichende Auslösung verhindert.

Nach dem Trocknen wird durch *Verstärkerlacke* die Polyvinylalkoholschicht gehärtet. Für das Verstärken stehen eine Reihe von Schablonenlacken zur Verfügung, die gleichfalls wie die Foto-(Kopier-)Schicht mit Hohlrakeln oder Rakelmaschine aufgebracht und am besten sofort abgesaugt werden. Die Härtelacke sind meist Kunststoffe, gelöst in organischen Lösungsmitteln, die nach dem Trocknen, das je nach Lösungsmittel 1–15 Std. dauern kann, gebrauchsfertige Schablonen ergeben. So werden *Schablonenlack 267 CH-Marken* (*Rose*) teilweise für das Rakeln, den Pinselauftrag oder zum Sprühen empfohlen. Diese Lacke können je nach Typ mit Xylol/Terpentinöl, Essigester und Ketonen oder Cyclohexanon ausgelöst werden. Neben diesen Typen sind auch Schablonenlacke im Gebrauch, die zur Härtung besondere Zusätze erfordern, so z.B. *Schablonenlack M blau* oder *FD blau* von *Cassella,* die mit 2–10% *Härtemittel M-FD* und bei Temperaturen von 30–80 °C in 15–3 Std. aushärten. Der Lack kann jedoch auch ohne Härtemittel bei 130–140 °C kondensiert werden. Je höher der Härtemittelzusatz, desto niedriger kann die Temperatur und um so länger die Härtezeit gewählt werden, auch ist die Haltbarkeit der fertigen Lacke von der Härtemittelmenge abhängig und beträgt in geschlossenen Gefäßen 2–6 Wochen. Die Wahl der Härtetemperatur richtet sich nach der im Gebrauch der Schablonen üblichen Trockentemperatur und soll keineswegs niedriger sein als diese. Von *Rose* werden als Verstärker *Schablonenlack-ND-Marken* mit 175–300 g/kg Härter oder die Type RSP + 5% Härter RSP empfohlen.

Die Verstärkerlacke werden meist farblos, weiß- oder blaugefärbt geliefert, um dem Schablonenhersteller die Möglichkeit der Kontrolle der Muster durch die angefärbten Lacke zu geben. Da nicht alle Lacke gegen alle in der Druckpaste verwendeten Lösungsmittel beständig sind, sind die Angaben der Hersteller entsprechend zu berücksichtigen.

Die Härtelacke sollen möglichst in sehr dünner Schicht aufgetragen werden, und zwar je nach Verwendung der Schablone (Tischdruck nur an der Innenseite, Maschinen- und Naß-in-Naß-Druck an beiden Seiten, evtl. Innenseite zweimalig). Dabei werden die Verstärkerlackschichten, wenn mehrmals verstärkt wird, nach dem Ausputzen immer zwischengetrocknet. Das *Ausputzen* wird von Hand aus mit den vom Hersteller angegebenen Lösungsmitteln wie Xylol, Terpentinöl, Äthylalkohol, Essigester (Äthyl-, Äthylglykol- oder Butylacetat) oder speziellen Lösern vorgenommen. Dabei dürfen jedoch die Lacke, die mit Härter arbeiten, noch nicht gehärtet sein. Die Lacke werden mit einem Baumwollappen, der im Auslösemittel getränkt wurde, ausgewischt (ausgeputzt). Günstiger ist die Lackentfernung sofort nach dem Rakeln durch eine Lackabsaugmaschine (Abb. 70, S. 84), wodurch ein Nachputzen erspart wird, außerdem sind dann spezielle Löser, wie beim Ausputzen von Hand aus, unnötig. Bei der kombinierten Lackier- und Absaugmaschine UNIVERSAL (*Lüscher*) kann gleichzeitig lackiert und abgesaugt werden (Abb. 70, S. 84). Für das Trocknen und Härten sollten möglichst Trockenschränke mit explosionssicheren Einrichtungen verwendet werden, um evtl. feuergefährliche Abgase nicht zu entzünden.

In einigen Fällen werden neben den mit Bichromaten sensibilisierten Polyvinyl-Kopierlösungen noch Gelatineschichten verwendet, die in gleicher Weise wie bereits beschrieben auf die Schablone im Nachlackier- oder Verstärkerverfahren aufgebracht werden. Es sind eine Vielzahl von Rezepturen üblich, und es soll deshalb nur ein Chromgelatinerezept angegeben werden:

88 g	fettfreie Gelatine werden in
538 g	destilliertem Wasser bei maximal 70 °C auf dem Wasserbad gelöst,
9 g	Ammoniak konz.,
9 g	Glyzerin und
8 g	Entschäumer zugesetzt,
88 g	Kaolin in
170 g	destilliertem Wasser angeteigt und
90 g	Ammonbichromatlösung 15%ig nachgesetzt.
1000 g	

Als *Chromgelatine DHN* kommt von *Durand* und als *Chromatine* von *Rose* fertige, sensibilisierte Gelatine in Pulverform in den Handel, die mit 200 g/l verwendet und bei 30 °C (DHN) und bei 70 °C (Chromatine) auf dem Wasserbad direkt zur streichfähigen Beschichtung gelöst werden kann. Nach dem Beschichten wird belichtet und durch Abbrausen oder Einlegen in Kaltwasser entwickelt. Um die Gelatinefotoschichten zu kontrollieren, wird vor dem Trocknen die Schablone mit einer Lösung von 0,5% Methylviolett übergossen (Anfärben der belichteten Schicht) und auf Retuschiertischen nachgeprüft. Zur Nachhärtung ist es für

Schablonen, die nicht sehr lange verwendet werden, möglich, die nur entwickelten Schablonen durch Einlegen in

10 g	Natrium-, Kalium- oder Ammonbichromat,
50 g	Formaldehyd, 40%ig,
940 g	Wasser
1000 g	

während 15 min zu härten. Für den Dauergebrauch ist jedoch ein Nachhärten mit ausgesuchten Härtelacken unumgänglich. Es lassen sich jedoch nicht alle auf S. 89 angegebenen Härtelacke verwenden. Verwendbar sind jedoch die Produkte von *Cassella.*

Zur *Entfernung der gehärteten Fotoschichten* (Entschlichtung) aus Polyvinyllacken sind Oxydationsmittel wie Wasserstoffperoxid, Kaliumpermanganat oder Hypochlorit verwendbar. Für die Entfernung von entwickelten Gelatineschichten eignet sich eine kombinierte Behandlung mit 50%iger Milch- oder 4%iger Oxalsäure während 2–4 Std. und anschließender Entschlichtung der Gelatine mit Eiweißenzymen, wie *Viveral FG* (*Hoechst*) oder *Degomma BS* (*Röhm*). Dabei werden die nach der Säurebehandlung gespülten Schablonen in Lösungen von 5–10 g/l der angegebenen Enzyme eingelegt. Oft ist es notwendig, auch die Verstärkungslacke zuerst zu entfernen. Dabei werden die entsprechenden Lösungs-(Ausputz-)Löser verwendet, wenn es sich um Einkomponentenschichten handelt; wenn Lack und Härter eingesetzt wurden, werden spezielle Lösungsverfahren eingesetzt. Die Entfernung von Schablonenlack M und FD blau (*Cassella*) von Seide ist durch Einlegen über Nacht in kalte, 85%ige Ameisensäure, von Metall- oder synthetischen Gazen durch Einlegen in eine Lösung von

200 g	Harnstoff,
130 g	Wasser,
100 ml	Natronlauge, 30 °Bé,
570 g	Spiritus

möglich. Meist wird die Lösung auf einen saugfähigen Baumwollappen, der auf der Schablone liegt, aufgegossen, und nach öfterem Nachgießen während 1–2 Std. sind die Lacke so weit gequollen, daß sie durch Abbürsten mit Heißwasser entfernt werden können. Meist ist damit auch die Fotoschicht entfernbar. Oft können Reste der Fotoschicht mit Oxydationsmitteln entfernt werden. Die Abbeizlösung kann auch mit 250 g Bentonit angepastet und als Paste aufgetragen werden. Die so behandelten (entschlichteten) Schablonen sind nach gutem Spülen und Trocknen für die Wiederverwendung (Neulackierung) vorbereitet.

Das Nachlackierverfahren hat den Nachteil, daß die Verstärkungsschicht nicht in der Gaze verankert ist und dadurch nicht ganz die Abriebfestigkeit zeigt wie Schablonen, die nach dem nachstehenden Verfahren hergestellt wurden. Chromgelatine ist noch etwas weniger haltbar als sensibilisierte Polyvinylalkoholschichten.

Beim **Vorlackier-** oder **Auslöseverfahren** werden sog. *Nurlackschablonen* ebenfalls auf fotochemischem Weg hergestellt (Abb. 72). Dabei wird zuerst der Lack auf die Schablone gebracht, der sich besser in der Gaze verankert, als es beim Nachlackieren der Fall ist. Anschließend wird die

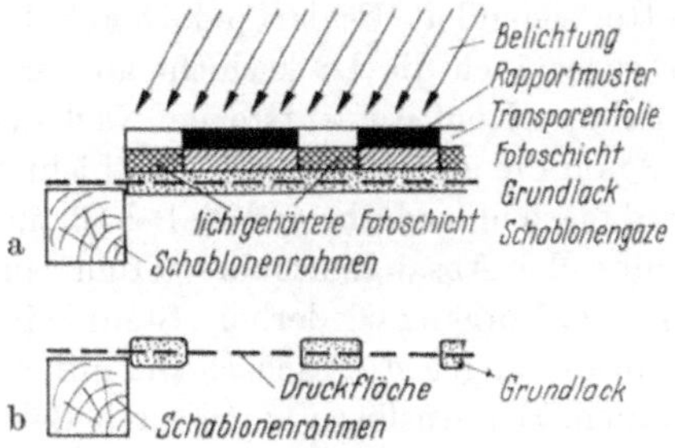

Abb. 72. Herstellung einer Nurlackschablone nach dem Vorlackierverfahren. a) Belichtung; b) entwickelte Schablone nach dem Auslösen des Grundlacks und Ablösen der Fotoschicht.

Fotoschicht (Kopierlösung) aufgebracht, mit aufgelegten Diapositiven durch Belichtung kopiert, die Schablone wie üblich durch Auslösen der unbelichteten Kopierschicht entwickelt. An den Stellen, wo keine gehärtete Kopierschicht verblieben ist, wird der Lack ausgelöst und anschließend die belichtete Kopierschicht abgelöst. Für das beschriebene Verfahren werden besondere Lacke verwendet, die meist nicht als Verstärkerlacke für das Nachlackierverfahren brauchbar sind, dazu gehören u.a.:

Schablonenlack M 40 M 40/3 B *Rose*
Schablonenlack OPN *Rose* (auch als Härtelack verwendbar).

Es handelt sich auch hier um Lösungen von Produkten in organischen Lösungsmitteln, die wie auch die Kopierschicht oder die Verstärkerlacke auf die entfettete und aufgerauhte Schablone in einem Strich oder in mehreren Strichen beidseitig mit Hohlrakeln aufgerakelt (Abb. 69, S. 83) und, wenn zweimal gerakelt wird, 3–6 Std. zwischengetrocknet werden. Die Lacke werden farblos, weiß und meist blau angefärbt geliefert. Um eine gute Haftung der Kopierschicht auf der Unterseite (nicht Rakelseite) zu erreichen, werden die vorlackierten und getrockneten Schablonen durch gründliches Einreiben mit Talkum entfettet, indem mit einem sauberen Lappen das Talkum eingerieben und anschließend entfernt wird. Nun wird wie bereits beschrieben die Fotoschicht aufgerakelt – wobei sich vor allem sensibilisierte Gelatine, aber auch die anderen Produkte eignen –, bei maximal 40 °C in dunklen Räumen getrocknet, die Diapositive werden aufgelegt und belichtet. Dann erfolgt das Entwickeln der Fotoschicht in kaltem oder warmem Wasser durch Abbrausen oder

Wässern. Zur Sichtbarmachung der Muster wird mit einem blauen Direktfarbstoff eingefärbt und weiter gewaschen. Nun wird stehend bei maximal 40 °C getrocknet (nicht liegend), retuschiert, z. B. mit Retuschfarbe (*Rose*).

Nun wird zuerst die Lackschicht durch *spezielle Auslösungsmittel* entfernt. Die Schablone wird dabei mit der Unterseite nach oben auf einen Bock gelegt und mit einem baumwollenen Frottélappen mit dem Lösungsmittel behandelt. Es darf jedoch kein Löser durch die Schablone tropfen, da sonst auch die Lackschicht an der Rakelseite angefressen wird und unscharfe Konturen entstehen. Nach dem Einreiben mit Löser wird nach 2–3 min die auszulösende Lackschicht an der Innenseite glänzend. Nun wird rasch umgedreht und die Schablone mit der Unterseite auf dem Saugschlitz der Absaugmaschine geführt und abgesaugt. Bei dicken Gazen wird der Vorgang wiederholt. Steht keine Absaugmaschine zur Verfügung, kann die angelöste Lackschicht mit einem trocknen Tuch ausgerieben werden. Das Auslösen kann durch Beleuchten der Schablone von unten kontrolliert werden. Nun wird auch die Fotoschicht abgelöst. Für Gelatineschichten wird die Schablone dabei mit einer Bürste mit 10%iger Natronlauge abgelöst. Für Polyvinylschichten wird 10%ige Natriumhypochloritlauge + 2% Natriumhydroxid (Ätznatron fest) verwendet. Nach der Behandlung wird gründlich, evtl. heiß gespült. War die Fotoschicht angefärbt, ist das Ablösen dann beendet, wenn keine farbigen Reste im Muster zu sehen sind. Nun wird auf Retuschiertischen nachkontrolliert und evtl. mit den verwendeten Vorlacken ausgebessert. Im allgemeinen ist eine besondere Verstärkung der Schablone nicht notwendig, kann aber von Vorteil sein, wenn die Schablonen für den Dauergebrauch auf Filmdruckmaschinen verwendet werden. Man verstärkt dann vor dem Ablösen der Fotoschicht mit den für das Nachlackierverfahren üblichen Lacken und saugt möglichst sofort den überschüssigen Verstärkerlack ab. Meist wird auch dann verstärkt, wenn der Vorlack keine ausreichende Lösungsmittelbeständigkeit zeigt. Es haben sich dafür besonders die Verstärkerlacke mit Härtemittel bewährt.

Zur Übertragung der Farbauszüge eines Musters auf die sensibilisierte (fotochemisch-empfindliche) Schablone können das

Großdiapositiv- oder
Additionskopierverfahren

verwendet werden. Beim *Großdiapositivkopierverfahren* wird ein Diapositiv (Nutze) hergestellt, das in der Regel mehrere Rapporte enthält und mit einer Belichtung auf die gesamte Fläche der Schablone übertragen wird. Zum Zusammensetzen des Großdiapositivs wird heute noch die Handmontage verwendet, bei der man die einzelnen Rapportdiapositive, die auf *Kontaktkopiergeräten* hergestellt wurden, von Hand aus auf einem durchleuchteten Tisch (Licht- oder Montagetisch) zu einem Großfilm (Schablonengröße) zusammenstellt (montiert). Diese Tische werden auch zur Kontrolle der Paßgenauigkeit mehrfarbiger Muster verwendet, wobei man die Rapportnutzen übereinanderlegt bzw. bereits auf diese Art die Farbauszüge prüft, auch werden die Tische für Retuschierarbeiten verwendet. Beim Zusammensetzen der Großfilme müssen die versetzten Rapporte berücksichtigt werden. Großdiapositive neigen wegen der unterschiedlichen Feuchtigkeit, die sich beim Kopieren einstellt, oft zum Verziehen (Arbeiten) und damit zu ungenauen Passern.

Die Großdiapositive werden durch Belichten auf die Schablone übertragen. Dabei werden entweder feststehende Horizontal- oder schwenkbare Tische verwendet, die meist in die Vertikallage gebracht werden. Zur Belichtung werden Kohlenbogenlampen, Flächenlicht mit Xenonlampen u.a. Beleuchtungen verwendet. Wird auf Horizontaltischen gearbeitet und die Kohlenbogenlampe über dem Tisch angebracht, ist es notwendig, abfallende Kohle durch eine Glasscheibe aufzufangen. Um das Diapositiv möglichst fest auf die Schablone zu pressen, werden Glasscheiben verwendet. Die Kontrolle der Belichtungszeit erfolgt über Uhren, die meist automatisch und nach der Belichtungszeit die Lampen abschalten. Leuchtstoff-(Xenon-)Lampen haben den Vorteil, daß sie „kaltes“ Licht geben und die Übelstände der Kohlenbogenlampen nicht zeigen.

Abb. 73. POLY-COP horizontale Kopier- und Addiermaschine (*Lüscher*).

Die Nachteile der Großdiapositive haben dazu geführt, daß heute hauptsächlich die *direkte Additionskopierung* verwendet wird und dazu entweder auf horizontalen Tischen unter besonderen Bedingungen auf Maschinen (z.B. POLY-COP/*Lüscher*) oder auf Einrichtungen mit vertikalen Tischen (z.B. der VERTI-COP/*Lüscher* oder Typ H 80 oder H 85 der Additionskopiermaschine/*Harlacher*) kopiert wird. Bei der halbautomatischen Kopier- und Addiermaschine POLY-COP der Fa. *Lüscher* (Abb. 73) wird der Musterrapport in einem Kopierfenster montiert und der außerhalb befindliche Raum mit schwarzem Papier oder einer lichtundurchlässigen Folie abgedeckt. Beim partiellen Kopieren wird die Schablone in Längs- und die Lichtquelle mit dem Kopierfenster in Querrichtung verschoben. Die Bewegungen erfolgen jeweils getrennt auf Führungsschienen mit einer Toleranzgenauigkeit von + 0,3 mm. Die Rapportdistanz wird nur einmal über Meter und Nonius eingestellt und beim Kopieren der weiteren Rapporte von der Maschine selbst übernommen. Für die Belichtung empfiehlt die Fa. *Lüscher* Leuchtstoffröhren als Flächenlicht, da durch diese Belichtung keine Erwärmung auftritt und immer die gleiche Kopierzeit möglich ist, die über eine Zeitschaltuhr gesteuert wird. Die Lichtquelle arbeitet unter dem Kopiertisch. Bei Verwendung der SUPER-EMULSION 5 (*Lüscher*) als Fotoschicht genügen Belichtungszeiten von 4–5 sec je Musterrapport. Durch dunkles Verfärben dieser belichteten Fotoschicht läßt sich der Kopiervorgang leicht kontrollieren.

Bei der *vertikalen Additionskopiermaschine Typ H 80* (*Harlacher*) wird mit Kohlenbogenlampen, neuerdings hauptsächlich mit Xenonpunktlicht, gearbeitet, das besonders zeitsparend und damit wirtschaftlich ist. Als Standardgröße wird die H 80 für das Kopieren von Schablonen in der maximalen Größe von 1400 mm (Kett-) und 1750 mm (Schußrichtung) geliefert, sie kann jedoch auch für größere Abmessungen gebaut werden. Das Rapportdiapositiv wird zuerst genau rechtwinklig auf der Glasscheibe des Vertikaltisches nach dem darauf eingravierten Fadenkreuz fixiert, der Schablonenrahmen im Vertikalverschiebungsrahmen festgestellt. Mit einem Anpreßpolster wird nun die Gaze der Schablone pneumatisch an das Diapositiv angepreßt. Der Preßdruck wird über Regulierventile gesteuert und der Druck auf einem Manometer abgelesen. Die Diapositivrapporte werden nur einmal mit einer Genauigkeit von 0,1 mm eingestellt. Über ein Kommandopult werden die Kopierfunktionen gesteuert.

Beim Typ H 86 der Additionskopiermaschine von *Harlacher* handelt es sich um eine Weiterentwicklung des Typs H 80 für die Herstellung von Schablonen für den Druck von Kopftüchern oder Tischdecken mit 1/4-Diapositiv-Rapporten. Die Kopierscheibe wird dabei nach jeder Belichtung um 90° gedreht. Als *VERTICOP, vertikale Kopier- und Addiermaschine* hat die Fa. *Lüscher* eine Konstruktion auf dem Markt, die ebenfalls mit beiden Lichtarten betrieben werden kann und in der die Schablone horizontal und die Lichtquelle vertikal verschoben wird (Abb. 74).

Die Hersteller von Einrichtungen für die Schablonenherstellung betreiben meist eigene Werkstätten für die Herstellung von Schablonen und haben in ihrem Fabrikationsprogramm Gazespannapparate, Lackabsaugmaschinen, Schablonentrocken- und Polymerisieröfen usw. Von *Harlacher* werden auch Rahmenputzmaschinen gebaut.

Die Fa. *Kälin* stellt eine Reihe von Hilfsgeräten für den Filmdruck her. Dazu gehört u.a. eine Präzisionsschablonenhalterung für alle Film-

Abb. 74. VERTICOP-Kopier- und Addiermaschine (*Lüscher*).

druckmaschinen und Druckwagen, eine vollautomatische Schablonenwasch- und -trocknungsanlage, in der die Schablonen senkrecht stehend durch Bedüsen mit Waschwasser gewaschen und kontinuierlich im anschließenden Trockenraum, ebenfalls mittels Düsen, mit Heißluft beblasen und damit getrocknet werden.

Gebrauchte Schablonen müssen sofort mit Warmwasser gewaschen und dabei alle Druckpastenreste entfernt werden, die, wenn sie antrocknen, sehr schwer entfernbar sind und u.U. zur Beschädigung der Lackschicht bei gewaltsamer Reinigung führen können. Meist werden die Schablonen in einem Waschbecken in lauwarmes Wasser eingelegt und mit einer weichen Bürste gewaschen oder noch besser mit einer Brause abgebraust und anschließend an der Luft oder in mäßig warmen Räumen getrocknet. Für die Aufbewahrung werden Rahmengestelle verwendet, in denen die sauberen Schablonen stehend, für ein Muster zusammengefaßt, in kühlen Räumen, möglichst vor direktem Licht geschützt, aufbewahrt werden. Vor der Wiederverwendung ist meist ein Nachprüfen bzw. eine Retusche der Schablonen notwendig.

Zur Herstellung von Rotations-(Runddruck-)Schablonen sind mehrere Verfahren im Gebrauch, die teilweise von den Herstellern der Rotationsfilmdruckmaschinen, heute jedoch bereits auch von Herstellern von Flachdruckschablonen vorgenommen werden. Inzwischen liefern auch die Maschinenhersteller und die Firmen, die Einrichtungen für die Flachdruckschablonenherstellung (S. 67) bauen, solche für Rotationsschablonen. Grundsätzlich werden als Rotationsschablonen nur Nickelschablonen verwendet, da dieses Metall eine ausreichende Widerstandsfähigkeit gegen mechanische und chemische Beanspruchung zeigt und eine sehr geringe Dehnbarkeit hat. Von den Herstellern werden heute unterschiedliche Verfahren als besonders brauchbar für die Rundschablonenherstellung bezeichnet. Zur Zeit sind die nachfolgenden Verfahren zur Herstellung von Rotationsschablonen in Verwendung:

das Vorlackier-,
das Fotolack-,
das Ätz- und das
galvanische Verfahren.

Die beiden ersten Verfahren haben die Verwendung von nahtlosen Ringschablonen gemeinsam, die aus einer Nickelfolie von etwa 0,08 mm Stärke bestehen und bereits eine Perforierung unterschiedlicher Zahl aufweisen. Im Textildruck werden 60, 80 oder 100 mesh (Rasterperforationen auf 1 Zoll engl.) als Rasterfeinheiten verwendet. Diese Einteilung entspricht einer Anzahl von 24, 30 oder 40 Punkten/cm. Es handelt sich dabei um ein Punktraster, dessen Öffnungen sich nach dem Äußeren der Schablonenhülse trichterförmig erweitern. Die Rasterschablone wird auf galvanoplastischem Weg hergestellt, indem auf einem meist durch eine Molettengravur vorgerastertem Stahlzylinder Nickel niedergeschlagen wird. Nach etwa 40 min wird der Nickelzylinder vom Stahlrohr abgezogen.

Beim *Vorlackierverfahren* wird der Rotationszylinder mit Spannringen an beiden Seiten gespannt und auf einem Bock, auf dem der Zylinder aufliegt, mit gesättigter Chromsäurelösung gründlich entfettet, indem man mit einer Bürste die Chromsäure einreibt. Anschließend wird gründlich mit Wasser nachgespült. Mit einer harten Bürste aus Polyamidborsten wird 10%ige Sodalösung eingebürstet und nochmals gründlich kalt gespült. Bei gut vorgereinigten Schablonen läuft das Wasser an allen Seiten gleichmäßig ab. Das Spülwasser kann auch auf einem Absaugbock mit hochstehendem Saugschlitz abgesaugt werden, anschließend wird mit Hilfsringen versteift und in einem staubfreien Raum getrocknet. Die Musterfläche darf bei der gereinigten und getrockneten Schablone nicht mehr berührt werden. Nun wird beim Vorlackierverfahren ein Lack aufgebracht, der nicht sensibilisiert ist, z. B. Rotationsschablonenlack 185 (*Rose*), der evtl. mit MIK B (Methylisobutylketon) verdünnt werden kann. Für das Auftragen des Lackes wird meist eine Rundrakel verwendet, wie sie auch zum Beschichten von Druckzylindern üblich ist (S. 28). Es wird der Lack in dünner Schicht durch 2–4maliges Beschichten von unten nach oben mit 50 cm/sec aufgebracht und dazwischen jeweils bei 30 °C getrocknet. Die Schablone ist ausreichend beschichtet, wenn alle Rasteröffnungen geschlossen sind. Nun wird der Zylinder ausreichend mit Talkum bepudert und die Kopierschicht (sensibilisierte Fotoschicht) ebenfalls mit der Ring-(Rund-)Rakel aufgebracht. Von *Rose* werden dafür als Fotoschicht Chromatine, Arkophot oder Astrasol (auf Basis von Polyvinylalkohol) bzw. Fotoemulsionen wie Alcoset, Alcotex oder Photoemulsion LPO empfohlen.

Zum Belichten eignen sich die gleichen Einrichtungen, die auch bei der Herstellung von Druckwalzen als Addierkopiermaschinen üblich sind, so z. B. die Zylinderkopiermaschine H 210 (*Harlacher*) Abb. 75. Die Farb-

Abb. 75. Zylinderkopiermaschine H 210 (*Harlacher*).

auszüge des Druckmusters werden nach der gleichen Methode hergestellt, wie sie auch für Flachschablonen üblich ist (S. 67). Als Farbauszug werden die auf durchsichtigen Folien gezeichneten Muster ohne Rasterung verwendet, es können jedoch auch fertige und addierte Übertragungsfilme verwendet werden, die entweder als Großdiapositiv oder auch durch Addieren während der Belichtung für das Kopieren eingesetzt werden. Bei der Belichtungsmaschine von *Stork* wird die Rotationsschablone auf eine aufblasbare Belichtungswalze geschoben und mit Philips-Hochdruck-Quecksilberdampflampen Nr. HPR – 125 W belichtet. Die Belichtungszeiten richten sich nach der verwendeten Fotoschicht und der Rasterung der Schablone (mesh). Nach dem Belichten wird zuerst wie auch bei der Druckwalzenherstellung entwickelt, indem in Wasser die unbelichtete Kopierschicht herausgelöst wird. Nach dem Trocknen wird der Vorlack mit speziellen Lösungsmitteln, z. B. M40/3B (*Rose*), wenn mit Lack 185 gearbeitet wurde, herausgelöst, wobei eine Absaugmaschine wertvolle Dienste leistet. Um die Widerstandsfähigkeit des Lacks zu verbessern, muß eingebrannt werden. *Rose* empfiehlt dafür eine Behandlung während 60 min bei 170 °C in Härteschränken. Durch Zusatz von Katalysatoren (z.B. Einbrennmittel K 185/*Rose*) kann die Einbrenntemperatur auf 140 °C herabgesetzt werden.

Beim *Foto-Lack-(Nurlack-)Verfahren* ist die Arbeitsweise ähnlich wie beim Vorlackierverfahren, es wird lediglich ein bereits sensibilisierter Lack verwendet, so daß das Vorlackieren entfällt. So wird z.B. von *Rose* die Verwendung von Photoemulsion 96 D empfohlen, die mit 15 g Ammoniumbichromatlösung 15% auf 1000 g sensibilisiert wird. Die sensibilisierte Emulsion hat bei niedrigen Temperaturen eine Haltbarkeit von einem Tag, wenn in geschlossenen Behältern aufbewahrt wird. Die beschichteten Zylinder sollen nach dem Trocknen jedoch möglichst umgehend belichtet und entwickelt werden, bei 30 °C muß innerhalb von 5 Std. fertiggestellt werden. Die Belichtungszeit richtet sich auch hier nach der Lichtquelle und der Rasterung und beträgt bei Verwendung von Philips-Hochdruck-Lampen, die 125 Watt aufnehmen, 7–15 min, je nach notwendigem Raster, wobei 100 mesh 7 und 40 mesh 25 min erfordern. Die belichteten Stellen werden hellbraun und können dadurch leicht kontrolliert werden. Zur Entwicklung wird die Schablone 5–10 min in kaltes Wasser gelegt, mit geringem Wasserdruck abgebraust und bei Zimmer- oder gering erhöhter Temperatur getrocknet. Auch hier ist ein Einbrennen während 60 min bei 180 °C (nicht über 200 °C) zur Erhöhung der Widerstandsfähigkeit der Lackschicht notwendig. Zur Korrektur eignet sich unsensibilisierte Emulsion 96 D, die vor der Härtung verwendet wird. Von *Stork* wird die Verwendung von E.W.D.-Emulsion Nr. 1040 oder 1248 empfohlen, die vor dem Härten, jedoch nach dem Entwickeln und Trocknen, mit einer weichen Bürste mit E.W.D.-Härter Typ N oder G auf den Zylinder gebracht werden und dadurch eine Härtezeit von 3 Std. bei 65 °C und eine Nachhärtung von 60 min bei 140 °C bzw. 30 min bei 150 °C erfordern. Die Härtelösung wird vorteilhaft beim Auftragen abgesaugt. Die Hersteller der Lacke und Härter haben auch Hilfsmittel auf dem Markt, mit denen es möglich ist, die gesamte Lackschicht zu entfernen und die Rotationsschablonen wieder zu verwenden.

Bei der Herstellung von Rotationsschablonen nach dem *Ätzverfahren* sind Rasternegative notwendig, die mittels Reproduktionskameras mit vorgeschaltetem Kreuz- oder Linienraster hergestellt werden, wie es auch beim direkten Autotypieverfahren zur Herstellung von Druckwalzen üblich ist. Von diesen Negativfilmen wird ein Übertragungsfilm hergestellt. Als Grundmaterial wird nun ein glatter, ungerasterter Nickelzylinder meist galvanoplastisch hergestellt, auf dem mittels einer Ringbeschichtung eine sensibilisierte Fotoschicht aufgetragen wird. Nun wird auf den bereits beschriebenen Addierkopiermaschinen belichtet und anschließend der unbelichtete Lack ausgelöst. Die Perforation der Nickelschablone erfolgt nun in Ätzmaschinen, indem die entwickelte und getrocknete Schablone chemisch oder elektrolytisch geätzt wird. Die Dauer der Ätzung hängt von der Stärke der Nickelschablone (0,06–0,08 mm) und der Größe der Rasterung ab. Nach dem Ätzen wird die Schablone gespült, die Fotoschicht abgelöst, nachgespült, getrocknet und gehärtet. Nach Einsetzen der Spann- oder Endringe ist die Schablone gebrauchsfertig. Das Verfahren erfordert eine weit größere Kenntnis und praktische Erfahrung, erlaubt aber weit feinere Musterabläufe, als es durch die Lackverfahren möglich ist.

Beim *galvanischen Verfahren* wird eine glatte, feingeschliffene Stahlwalze verwendet, auf die mittels eines Negativrasterfilms auf die vorher aufgebrachte Fotoschicht das Muster durch Belichten und Entwickeln übertragen wird. Durch galvanoplastische Nickelabscheidung (Elektroformung) wird an den Stellen, wo die unbelichtete Fotoschicht vom Stahlzylinder abgelöst wurde, ein perforierter (gerasterter) Nickelzylinder erzeugt. Auch dieses Verfahren ist schwieriger zu handhaben, als dies bei den Lackverfahren üblich ist.

Rotationsschablonen, die nach dem Ätz- oder galvanoplastischen Verfahren hergestellt wurden, können nicht mehr regeneriert, d.h. für ein anderes Muster eingesetzt werden; die zur Herstellung der Schablonen notwendigen Stahlzylinder werden jedoch immer wieder verwendet. Im Prinzip werden auf allen Rotationsmaschinen alle Schablonen, die nach dem beschriebenen Verfahren erzeugt wurden, verwendet, meist bevorzugen jedoch die Maschinenhersteller die eine oder andere Schablonenherstellung, liefern entsprechende Hilfsgeräte oder stellen selbst die Schablonen her.

Spezielle Druckverfahren

In diesem Abschnitt sollen alle diejenigen Druckverfahren beschrieben werden, die nicht eindeutig in die vorgehend angegebenen Arbeitsverfahren passen. Es handelt sich dabei um Walzen- bzw. Filmdruckverfahren bzw. solche, die in der Druckerei ausgeführt, aber mit den Grundverfahren keine oder nur eingeschränkte Beziehungen haben. Teilweise ist es auch notwendig, Rezepturen anzugeben, da die Verfahren nicht eindeutig dem Druck einer Faser- oder Farbstoffklasse zugeordnet werden können. In diesem Abschnitt werden

der Flockdruck,
der Vielfarbendruck mit einer Walze,
das Umdruckverfahren und
der Gründeldruck,
die Herstellung von Ausbrennartikeln im Druck und
der Cloquédruck

beschrieben.

Flockdruck (Flock-print). Bei diesem Verfahren werden durch Auftrag von speziellen *Klebemitteln* (Binder) auf flächige Bahnen, wie Textilien, Folien aus Kunst- oder Schaumstoffen, Holz, Papier, Faservliesen oder auch auf Einzelstücken samt-, velour- und wildlederähnliche Oberflächen erzeugt. In der Kleberschicht werden mit handwerklichen oder maschinellen Einrichtungen 30000–300000 Fasern/m² aufgebracht und durch den Kleber festgehalten, der anschließend durch eine Thermobehandlung wasser- und gegen organische Lösungsmittel unlöslich gemacht wird. Als *Flockmaterial* kommen Einzelfasern aus roher, gebleichter oder gefärbter Baumwolle, Reyon oder Synthesefasern (meist Polyamidfasern) in Betracht. Faserflocken werden in einer Stärke von 0,3–30 den (Denier) und einer Länge von 0,7–12 mm u. a. von nachfolgenden Firmen geliefert:

Dr. Plate GmbH., Bonn,
Vereinigte Glanzstoff-Fabriken AG., Wuppertal,
Société de la Viscose Suisse, Emmenbrücke/Schweiz,
Poudres Industrielles de Nord, Hem (Nord)/Frankreich,
Le Flockage, Montreul sur Seine/Frankreich.

In der Textilindustrie werden Gewebe und Gewirke, Einzelstücke, wie z.B. Pullover, Bänder, Teppiche, Auslegware und andere Dekorationstextilien (z.B. Gardinen), beflockt. Bei der Teppichherstellung haben in den letzten Jahren Tufting-Teppiche den Flockdruck wieder zurückgedrängt. Bei Gardinen wird das Verfahren hauptsächlich als Ersatz für Jacquardgardinen eingesetzt, da im Flockdruck weit größere Produktionsmengen auf einfachen Gardinen „gemustert", als auf Jacquardwebstühlen hergestellt werden können. Für Bänder kommt hauptsächlich die Flächenbeflockung in Betracht. Für Oberbekleidungstextilien wird sowohl die Flächen- als auch Dessinbeflockung mit ein- und mehrfarbigen Flocken bzw. auch die Melangebeflockung auf gebleichten, vorgefärbten oder bedruckten Stückwaren ausgeführt.

Die einzelnen Beflockungsarten unterscheiden sich, abgesehen von der Verwendung ungefärbten, gefärbten oder melangierten Flockmaterials, in dessen Stärke und Länge, vor allem in der Flächenausdehnung. Bei der **Flächen-(Ganzflächen-)Beflockung** wird meist die gesamte Fläche der Bahn mit dem klebrigen Binder versehen, der durch Rakeln vor der Beflockung aufgetragen wird. Bei der **Dessin-(Muster-)Beflockung** wird der Flockkleber als Muster aufgetragen und anschließend beflockt, so daß entsprechende Teile der Bahn ohne Flockauftrag belassen werden. Eigentlich ist nur das letzte Verfahren als Flockdruck zu verstehen, da der Binderauftrag mittels Schablonen oder Druckwalzen erfolgt. Meist wird jedoch die elektrostatische Beflockung nach beiden Arten von den gleichen Firmen ausgeführt.

Die *elektrostatische Beflockung* arbeitet mit einem elektrostatischen Feld, das durch einen Elektrostaten mit Gleichstrom von 40000 bis 60000 V und 500 mA erzeugt wird. Dieses Feld ist notwendig, um die Faserflocken senkrecht aufzurichten und in die Kleberschicht „einzuschießen" (Abb. 76). Im Prinzip wird der Flock in Kästen über der Ware eingefüllt, dort mit feststehenden oder Rundbürsten in Bewegung gehalten, um ein Verklumpen zu vermeiden, auch wird durch eine Rüttelbewegung der Kästen eine Verklumpung verhindert. Nun fallen die Einzelfasern gegen die Ware und werden entweder durch ein Sieb oder

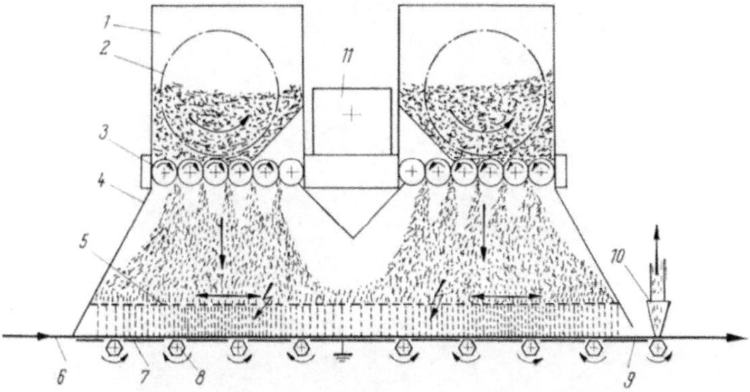

Abb. 76. Prinzip der Ganzflächenbeflockung mit dem Großflächenstrahler GFS (*Wirth*). *1* Flockstrahler; *2* Flockenrührwerk; *3* Dosierung; *4* Plexiglasabdeckung; *5* oszillierende Flockelektroden; *6* Warenbahn mit Klebstoff; *7* Gegenpotentiale; *8* Schlägerwellen; *9* beflockte Warenbahn; *10* Reinigung von überschüssigem Flock; *11* Antriebsmotoren für die Dosierung.

durch Rundbürstenwalzen dosiert. Die Flockelektrode lädt die Flocken auf, sie stellen sich senkrecht, was durch die oszillierende Bewegung der Elektrode unterstützt wird. Durch die Kraftlinien des elektrischen Feldes werden die Flocken senkrecht in die Kleberschicht eingeschossen. Das Gegenpotential befindet sich unterhalb der Bahn und wird, wenn es sich um Textilien handelt, mit Schlägerwellen bewegt, um auch dadurch eine

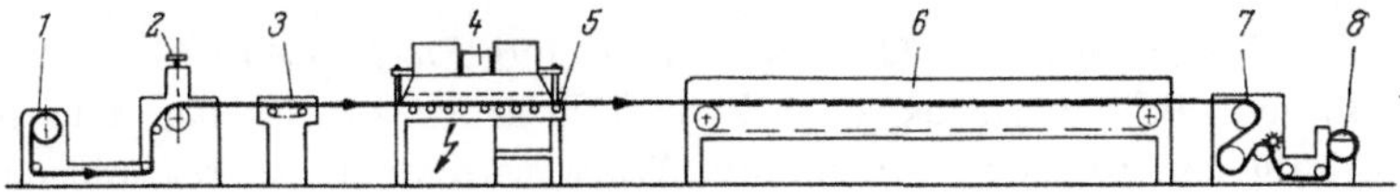

Abb. 77. Arbeitsprinzip der Ganzflächenbeflockung (*Wirth*). *1* Abwicklung; *2* Kleberauftrag; *3* pneumatischer Zugtisch; *4* Beflockung; *5* Reinigung; *6* Trocknung; *7* Kühlung und Reinigung; *8* Aufwicklung.

möglichst gleichmäßige Beflockung zu erreichen. Nach der Beflockung wird die Ware durch Absaugen oder durch ein umgekehrt angelegtes Feld elektrostatisch von den nichthaftenden Flocken befreit, die Ware getrocknet, kondensiert, gekühlt und aufgewickelt (Abb. 77).

Der *Kleberauftrag* erfolgt entweder durch Rakeln für die Flächenbeflockung (Abb. 77) und bei den kontinuierlich arbeitenden Beflockungsanlagen für die Dessinbeflockung durch Tiefdruckwalzen (Abb. 78) über entsprechende Klebewerke. Von *R. Reisinger* wird eine diskontinuierliche Beflockungsanlage hergestellt, die wie eine Filmdruckmaschine mit Flachschablonen arbeitet und sowohl für den Pigmentdruck als auch die Be-

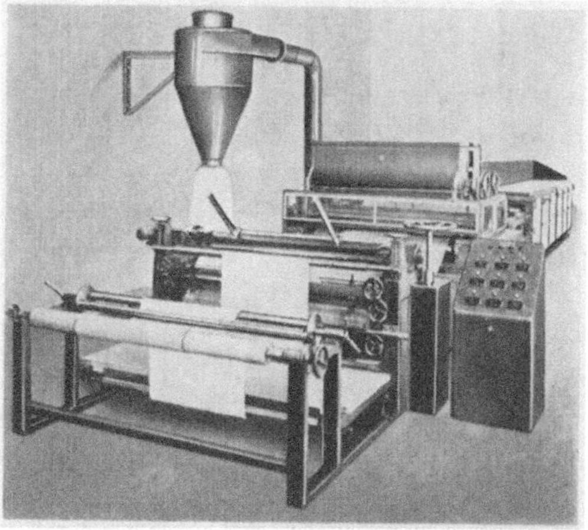

Abb. 78. Dessinbeflockungsanlage mit Arbeitsbühne, Rouleauxklebewerk, Beflockungseinrichtung und Kondensierkammer (*Willigens*).

flockung eingerichtet ist. Eine ähnliche Einrichtung hat auch die Fa. *Hofer* auf dem Markt. Die gleiche Firma liefert ferner eine „*Multicolor*-Anlage für die Beflockung von Meterware", welche zum Filmdruck oder Flockdruck mit 4 Farben und auch für die Ganzflächenbeflockung geeignet ist. Dabei werden die einzelnen Schablonen aus einem Magazin gezogen und jeweils für den Druck oder Kleberauftrag verwendet. Durch ein Rakelwerk ist der Kleberauftrag auf die gesamte Fläche vor dem Beflocken möglich.

Zur Beflockung von Gewebebahnen sind *Flockwagen* (Abb. 79) im Gebrauch, die wie Druckwagen beim Filmdruck auf Tischen arbeiten. Die aufgenadelte oder aufgeklebte Ware wird dabei zuerst mit einer Flachschablone mit dem Kleber dessingerecht versehen, beflockt und anschließend getrocknet. Durch diese Wagen ist es wie auch im Filmdruck möglich, verschiedene Muster nebeneinander und auch Überfälle durch Beflockung zu erreichen. Für Kleinteile, Platten, Pullover bzw. für Musterzwecke werden von den meisten, unten angegebenen Firmen auch *Kleinbeflocker* (Abb. 80) geliefert, die mit einem Kugelsieb für die Aufnahme des Flocks sowie Elektrostaten als Siebstrahler arbeiten und von Hand aus bedient werden. Ebenfalls haben die meisten Firmen Kabinenflockgeräte auf dem Markt, die hauptsächlich zur Rundumbeflockung von Einzelteilen, z. B. aus Holz, Plastik-, Verpackungsteilen und Blumen usw., verwendet werden und die Teile in der Kabine, die mit einem elektrischen Feld ausgestattet ist, beflockt. Die Firmen haben auch *Flockschneidemaschinen* auf dem Markt, mit denen die in Strangform gelieferten Flockmaterialien auf die geforderte Flocklänge geschnitten werden. Von den Flockherstellern wird Flock meist mit einer Spinnfärbung (Düsenfärbung) und damit besseren Echtheiten geliefert.

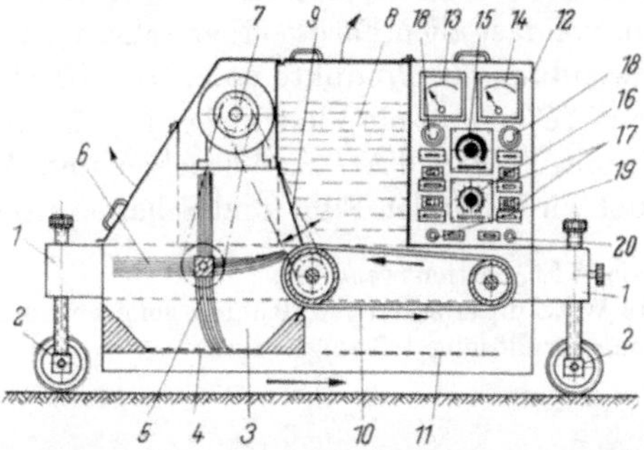

Abb. 79. Schema des AWR-Flockdruck-Wagens (Wirth). *1* Rahmengestell, höhenverstellbar; *2* Laufräder; *3* Kontrollfenster; *4* Flockelektrode; *5* Bürstenwelle; *6* Bürsten; *7* Antriebsmotoren für *5* und *10*; *8* Flockenvorratsbehälter; *9* Dosierrakel, Grobeinstellung; *10* Förder-Zu- und -Rückführband; *11* Absaugelektrode; *12* Elektrostat; *13* Hochspannungsvoltmeter; *14* Mikroamperemeter; *15* Potentiometer; *16* Dosierungsfeinregler; *17* Schalter für Elektrostat und Antriebsmotoren; *18* Kontrollampen; *19* Sicherung; *20* Erdanschluß.

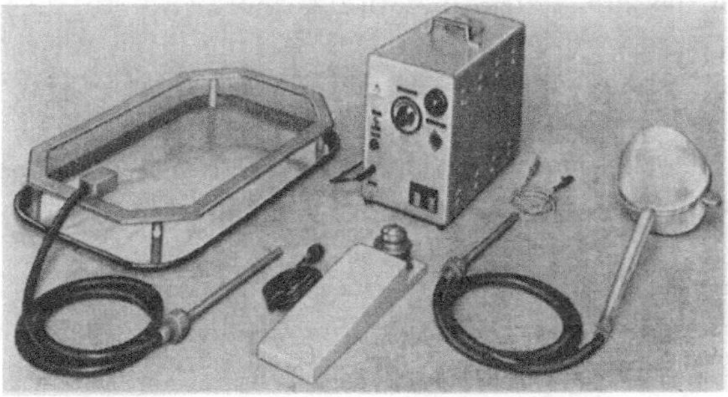

Abb. 80. Handbeflockungsgeräte mit Siebstrahler, Elektrostat ES/4, Kugelsieb und Hilfseinrichtungen (*Eloflock*).

Die nachstehend aufgeführten Firmen haben fast alle Typen von Beflockungsanlagen, Rakeleinrichtungen, Trocken- und Kondensiereinrichtungen auf dem Markt.

Eloflock	*Menzel*	*Willigens*
Hofer	*Reisinger*	*Wirth*
Hug		

Ein Großteil dieser Firmen baut auch Anlagen für den Filmdruck und Kombinationen mit Beflockungsanlagen.

Als **Flock-(Binder-)Kleber** sind im Prinzip *Zweikomponentenkleber* üblich, die entweder in wässeriger Lösung oder in organischen Lösungsmitteln verwendet werden. Der Hauptteil der Kleber besteht dabei aus dem *Kunstharz* und dem *Vernetzer*, der meist nur in kleinen Mengen notwendig ist. Daneben enthalten die wässerigen Binder noch anorganische Salze zur Beschleunigung des Vernetzens bzw. Härtens der Kunstharze. Flockbinder, die auch für den Bronze-, Gold- und Glimmerdruck brauchbar sind, werden von fast allen Farbstoffherstellern geliefert. Als Beispiel soll hier die Anwendung der Produkte von *Bayer* beschrieben werden.

Als *Acrafloc WEC* kommt ein Flockkleber in wässeriger Emulsion auf den Markt, der mit *Acrafix WEC* als Vernetzer und Ammonchlorid als Härter verwendet wird. Für den Film- und Schablonenflockdruck werden

850 g	Acrafloc WEC portionsweise mit
120 g	Acrafix WEC unter ständigem Rühren gemischt und zuletzt
30 g	Ammonchloridlösung 1:3 eingetragen.
1000 g	

Gegen das Schäumen der Binder wird noch ein Silikon-Antischaummittel, z.B. 3 g/kg Respumit SI (*Bayer*), zugesetzt. Für ein Verdicken der Binderpasten eignet sich besonders Vinarol ST (*Hoechst*) als 25%ige Lösung, das mit 5–10% vorgelegt und in das der Stammansatz eingerührt wird. Beim Filmflockdruck ist außerdem ein Zusatz von 40 g/kg Glyzerin von Vorteil, das zuletzt den Bindern zugerührt wird. Für die Ganzflächenbeflockung werden 10–20% Vinarol-ST-Lösung 25%ig verwendet und das Gewebe, mit einem Vorstrich von 100 Teilen Impranil CHWS + 5 Teilen Acrafix LDU versehen, getrocknet, der Binder aufgerakelt und wie beschrieben beflockt. Die Waren werden nach dem Beflocken bei 40–80 °C getrocknet und während 8–4 min bei 110–140 °C kondensiert und nachgebürstet.

Als *Acrafloc LUS* kommt von *Bayer* ein in organischen Lösungsmitteln gelöstes Kunstharz und als *Acrafix LDU* der Vernetzer in den Handel, die in Mischungen von 100:15 eingesetzt werden. Durch Verhängen während 24 Std. oder Trocknen bei 80–90 °C während 30 min werden die Drucke getrocknet. Die endgültige Vernetzung bedarf 3 Tage, und erst dann können die Waren nachgebürstet werden.

Die wässerigen Flockbinder erfordern eine Kondensation in Warmluft nach dem Trocknen, die Arbeitsgeräte werden mit Wasser, „zugesetzte“ Schablonen mit Lösungsmittel B 13 (*Rose*), Cyclohexanon oder Trichloräthylen gereinigt. Bei Lösungsmittelklebern ist nur ein Trocknen und Nachhärten der beflockten Ware notwendig, die Arbeitsgeräte müssen mit Äthylacetat, Aceton u.a. organischen Lösungsmitteln gereinigt und die Arbeitsräume sehr gut belüftet werden, um die Lösungsmittel ausreichend abzuführen.

Zum **Vielfarbendruck mit einer Druckwalze** (*Polychromiedruck/Tschekonin-Verfahren*) gehören eine Reihe von Möglichkeiten, die patentrechtlich in verschiedenen Ländern geschützt wurden, jedoch bisher keinen rechten Eingang in der Textildruckerei gefunden haben. Dabei ist es möglich, eine unbegrenzte Anzahl von Nuancen und Mustern mit einer Walze und in einem Arbeitsgang auf die Ware zu drucken. Zuerst wurde das Verfahren als ORBIS-Druck bekannt. Im Prinzip werden besonders präparierte Druckfarbstoffe als plastische Masse auf eine Walze nach Art eines Mosaiks aufgebracht, die „Druckwalze" anschließend abgedreht und in die Druckmaschine eingespannt. Die textile Stückware wird entweder trocken oder gut entwässert kalt oder angewärmt gegen die Walze gepreßt, wo sie sich von der Walzenoberfläche den aufzudruckenden Farbstoff abnimmt. Die Walzen sind meist mit einer Farbstoffauflage für 10000–20000 m versehen und müssen dann neu präpariert werden.

Die **Umdruckverfahren** arbeiten mit auf Papierbahnen aufgetragenen und verdickten Druckfarbstoffen, die auf einem Kalander gegen die zu bedruckende Textilbahn gepreßt werden, die den Decker vom Papier abnimmt. Nach diesem Prinzip arbeitet das STAR-Druckverfahren der Fa. *Stampa Tessuti Artistici*, Mailand, das hauptsächlich für Künstlerdrucke verwendet wird und sich besonders zur Wiedergabe von Gemälden eignet. Die Firma liefert selbst die Druckpapiere in abgepaßten Maßen oder in Bahnen mit den gewünschten Auflagen von Druckfarbstoffen, die in thermoplastischen Harzen eingebettet sind. Die Drucke werden meist im Tiefdruckverfahren auf die Papierbahnen gebracht, und es wird dabei im Trichromiedruck gearbeitet.

Zum Bedrucken von Wirkwaren wird von der Fa. *Thermacrome Ltd.*, Manchester 14/England, eine Druckmaschine gebaut, die nach gleichem Prinzip wie das Stardruckverfahren arbeitet und den Pigmentfarbstoff von Papierbahnen ein- oder beidseitig auf die Textilien überträgt.

Der **Gründeldruck (Gründeln)** bezweckt die „Anfärbung" des unbedruckten Fonds mit möglichst kleinen und eng aneinanderstehenden Mustern, um dem Verbraucher eine Vorfärbung vorzutäuschen. Dabei werden zum Gründeln meist nur helle und mittlere Töne eingesetzt, da aus „letzter Hand" gedruckt wird und dabei die eigentlichen Druckdecker keine Nuanceveränderung erfahren sollen. Das Gründeln erfolgt mit Haschuren-, Picot- oder auch mustermäßig gravierten Druckwalzen auf dem Rouleaux (S. 103) und seltener durch eine entsprechend hergestellte Druckschablone, die durch eine Vollschablone ohne Muster ersetzt werden kann, wie sie auch als „Blindschablone" zum Andrücken auf dem Tisch oder als Filmdruckschablone, dann allerdings am Eingang ohne Druckpaste, verwendet wird.

Der **Ausbrenn- oder Dévorantartikel** erfordert ein besonderes Druckverfahren, da mit diesen aus einem Mischgewebe durch Ausbrennen

(Ätzen) mustermäßig ein Faseranteil entfernt wird. Obwohl praktisch alle Muster ausgebrannt werden können, wird der Ausbrennartikel in der Hauptsache zur Herstellung von Ätzspitzen im Druck verwendet. Unter *Ätzspitzen*, die ohne Aufdruck erzeugt werden, versteht man sog. *Luftspitzen* durch Aufsticken von Fäden auf ein Grundgewebe, das durch anschließende Behandlung ausgebrannt wird. So können z.B. Baumwolle, Seide oder synthetische Fasern auf Sekundäracetatgrundgewebe aufgestickt und das Acetatgewebe anschließend mit Aceton ausgelöst werden. Dieses Verfahren ist allerdings wegen des Acetonpreises teuer. Auch das Besticken von Seidengewebe mit Baumwollgarnen und Herauslösen der Schappeseide (Abfallseide) durch eine nachfolgende, alkalische Hypochloritbleiche ist teuer. Man arbeitet heute meist auf mit Säurespendern oder Aluminiumsulfat präparierten Zellulose-(ZW-)Grundgeweben und karbonisiert durch Heißluft oder Dämpfe die Zellulose des Grundgewebes heraus und neutralisiert und wäscht das Fertigerzeugnis. Bei vorstehend beschriebenen Stickverfahren ist man in allen Fällen an das Stickmuster gebunden. Beim Dévorantartikel werden einfache und damit billige Mischgewebe hergestellt, die meist durch Aufdrucken auf dem Rouleaux das Muster erhalten und bei denen durch nachträgliches Thermobehandeln oder Dämpfen der ätzbare Faseranteil entfernt wird.

Früher wurde als ätzbares Material Sekundäracetat eingesetzt, das durch Aufdruck von Benzoylperoxid entfernt werden konnte. Heute werden als Grundgewebe meist Gewebe aus Zellulose- und synthetischen Fasern nebeneinander verwendet. Am besten haben sich Polyester- und Polyamidfasern bewährt. Als Ätzmittel für den Zelluloseanteil wird Aluminiumsulfat (wasserfrei) oder alkylierte Naphthalinsulfosäure (z.B. Nekal SBS/*BASF*) verwendet, die wie das Aluminiumsalz durch Dämpfen oder eine Heißluftbehandlung Säure abspalten. Mit Naphthalinsulfosäure arbeitet man am günstigsten nach dem Dämpf-, mit Aluminiumsalz nach dem Thermoverfahren. Die Ausbrennpasten haben folgende Zusammensetzung:

30 –	50 g	Nekal SBS werden in
600 –	600 g	Tragantverdickung verrührt und
30 –	50 g	Glyzerin,
20 –	20 g	Emulphor EL (*BASF*),
15 –	15 g	Etingal A/*BASF* als Antischaummittel zugesetzt und mit
305 –	265 g	Wasser oder Verdickung ausgeglichen.
1000 g		

Dieser Druck wird vor allem für Mischungen von Polyamid-/Zellulosefasern empfohlen, und die Drucke werden durch 8–10 min Dämpfen bei 104–106 °C oder 1–2 min bei 115–120 °C entwickelt. Anschließend wird kalt gespült, bei 60–70 °C mit 2–3 g/l kalzinierter Soda + 1 g/l Kieralon B hochkonzentriert (*BASF*) neutralisiert und geseift, anschließend mit organischer Säure neutralisiert und fertiggespült. Ein zu langes Dämpfen oder eine zu lange Heißluftbehandlung kann die Polyamidfaser schädigen.

Wegen der Unempfindlichkeit der Polyesterfaser gegen Mineralsäure werden Dévorantartikel aus Polyester-/Zellulosefasern bedruckt:

120 – 180 g	Aluminiumsulfat (wasserfrei) wird in
500 – 500 g	Kernmehlätherverdickung (metallsalzbeständig) verrührt,
80 – 80 g	Glyzerin,
20 – 20 g	Emulphor EL (*BASF*),
10 – 10 g	Etingal A (*BASF*) zugesetzt und mit
270 – 210 g	Wasser oder Verdickung ausgeglichen.
1000 g	

Nach dem Drucken wird 4 min bei 140 °C oder 30 sec bei 185–195 °C gebrannt und wie bereits beschrieben ausgewaschen. Das Emulphor EL verbessert die Auswaschbarkeit der geätzten Zellulose und dient als Carrier, wenn mit Dispersionsfarbstoffen der geätzte Fond gleichzeitig angefärbt wird. Zur Anfärbung des Polyamidfonds werden neben Dispersions- auch Säure- oder Metallkomplexfarbstoffe verwendet, die das Karbonisieren aushalten und durch Dämpfen oder Thermobehandlung fixiert werden. Der Ausbrennartikel gestattet neben der Anfärbung des Fonds über die Ätze eine Reihe von weiteren Mustermöglichkeiten. So kann z.B. der gesamte Fond oder nur ein Faseranteil des Fonds vorgefärbt werden. Auch der gemeinsame Aufdruck von Pigmentfarbstoffen oder Pigmentweiß ist möglich. Daneben können je nach Geschmack auch beide Faserkomponenten oder nur eine nach dem Ausbrennen angefärbt werden.

Zur Herstellung von **Cloqué-(Krepp-)Effekten** im Druck ist es notwendig, auf textile Bahnen Chemikalien aufzudrucken, welche die Fasern zum Schrumpfen veranlassen und dadurch mustermäßig einen Kreppeffekt hervorrufen. Am wichtigsten ist der *Laugenkreppartikel* auf Baumwollgeweben, bei dem konzentrierte Lauge aufgedruckt wird. Hauptsächlich werden dabei Streifen hergestellt und auf dem Rouleaux gedruckt. In 920 g Natronlauge 50%ig werden bei 50–60 °C 80–100 g Britischgummi und 45 g Stärkeäther (z.B. Solvitose C5/*Sichel*/*Scholte*) unter Rühren gelöst. Anschließend wird gedruckt und die Ware einige Zeit abgelegt, wodurch sich die Kräuselung der unbedruckten Stellen verbessert. Nun wird gründlich gespült, neutralisiert und nachgespült. Der Artikel ist auch auf küpengefärbten Fond üblich, allerdings muß dann mit Farbstoffen gearbeitet werden, die die angegebene Behandlung ohne Zerstörung oder stärkere Nuanceänderung überstehen. Die Druckwalzen sollen möglichst eine hohe Gravurtiefe von 0,4–0,5 mm haben, die Mitläufer dürfen nicht getrocknet, sondern sollen möglichst umgehend durch Spülen von der Lauge befreit werden. Als Anhaltswerte sind beim Laugenaufdruck 15% Längs- und 18% Breiteneinsprung der Ware an den bedruckten Stellen üblich. Zur besseren Laugenbenetzung werden der Druckpaste Laugier- oder Merzerisiernetzer zugesetzt.

Um den Mitläuferverschleiß zu umgehen, ist auch ein *Reservierverfahren* im Gebrauch, bei dem man in Dextrin verdicktes Zinkchlorid oder Aluminiumsulfat aufdruckt, scharf trocknet und mit Laugier- oder Merzerisierlauge foulardiert, 10–15 min in Rutschen ablegt und anschließend wäscht, neutralisiert und gründlich nachspült. Beim Reservieren von gefärbter Ware dürfen ebenfalls nur laugen- und Zn-, Al-satzbeständige Echtfarbstoffe zur Vorfärbung eingesetzt werden.

Durch Aufdruck von 200–250 g/kg Resorzin oder Phenol in Arabisch- oder Senegalgummi-Verdickung lassen sich durch Dämpfen bei 102 °C während 5–10 min oder bei 130 °C während 2–3 min auf *Polyamidgeweben* ebenfalls *Cloquéeffekte* erreichen. Phenol ist weit günstiger, da es die Faser nicht verbräunt und durch Zusatz von Triäthynolamin in der Druckpaste keine Faserschwächung auftritt. Durch eine Behandlung in möglichst konzentrierter Ameisensäure ist auch der umgekehrte Weg möglich. Man druckt mit Arabischgummi, trocknet und schrumpft anschließend in Ameisensäure die unbedruckten Stellen.

Durch Aufdruck von 400–600 g/kg Ammon- oder Kalziumrhodanid lassen sich *Cloquéeffekte auf Wolle* oder Seide herstellen. Als Verdickungsmittel sind Zelluloseäther (z.B. Tylose H 300/*Hoechst*) am günstigsten. Nach dem Aufdrucken und schonenden Trocknen wird die Ware einige Tage abgelegt, 5–10 min mit möglichst feuchtem Dampf (nicht zu lange) gedämpft, die Ware nochmals abgelegt und anschließend gespült. Der Cloqué ist auf chlorierter Wolle wesentlich geringer als auf unchlorierter Ware. Ebenso kreppen Seidengewebe weit weniger. Wird das gekreppte Gewebe nachgefärbt, bleiben die gekreppten Stellen wesentlich heller. Als *Klebecloqué* können auch zwei Gewebebahnen durch Auftrag von Klebstoff und anschließendes Kaschieren aneinander geklebt werden. Dabei ist die eine Gewebebahn ausgeschrumpft und die zweite noch unbehandelt. Durch ein nachträgliches Kreppen in Heißwasser oder alkalischen Krepponierbädern schrumpft die ungeschrumpfte Gewebebahn, und es entsteht ein Kreppeffekt. Als Kleber werden Zweikomponentenkleber verwendet, wie sie auch im Flockdruck (S. 97) üblich sind, und meist Punkte oder Streifen gedruckt.

Die nachstehend beschriebenen Druckartikel werden meist handwerklich ausgeführt, können jedoch auch maschinell hergestellt werden. Bei Drucken, die durch **Batik** (*Ambatik*) erzeugt werden, handelt es sich um einen Reservedruck, wobei Wachsreserven als Muster auf Basis von Bienen- oder Dammharz zuerst in Java ausgeführt wurden. Dabei wird das geschmolzene Wachs mit einem Pinsel, Stempel oder Tjanting (einer Röhrchenfeder) auf das ungefärbte oder mit Indigo hell vorgefärbte Gewebe aufgetragen. Anschließend wird mit Farbstoffen gefärbt, die unterhalb des Wachsschmelzpunktes gefärbt werden können, wie z.B. der Indigo. Nach dem Oxydieren und Waschen, bei dem auch das Wachs entfernt wird, entstehen die Reservemuster. Oft wird nur ein Teil des Wachses entfernt oder auch auf das nachgefärbte Muster wiederum Wachsreserve aufgetragen und nochmals nachgefärbt. Die besonderen Effekte der Batik werden dadurch erzielt, daß die Wachsreserven vor dem Färben durch Knittern gebrochen werden und damit feine Haarrisse in der Reserve entstehen, die nur schwer auf konventionellen Druckeinrichtungen zu erzeugen sind und gebatikte Stoffe auszeichnen. Als „Reserven" können auch möglichst symmetrisch in der Stückware angebrachte Knoten usw. bezeichnet werden, die beim nachfolgenden Färben nicht anfärben. Für Batikartikel werden neuerdings Reaktivfarbstoffe eingesetzt, da sie wie auch Indigo und kaltfärbende Küpenfarbstoffe kalt gefärbt und fixiert werden können.

Als *Afrika-Artikel* werden meist Zellulosedrucke bezeichnet, die sehr bunt sind und keinen unbedruckten Fond (Volldeckerdruck) enthalten. Dabei wurde früher der Reserve- oder Ätzdruck auf Indigo verwendet. Heute arbeitet man meist auf naphtholierter Ware durch den Aufdruck von Echtbasen oder -salzen und überklotzt zum Schluß die Ware mit entsprechenden Echtbasen oder -salzen, um den nicht ausgekuppelten Fond anzufärben. Um auch Grüntöne zu erzeugen, werden heute Reaktivfarbstoffe neben oder mit den Echtsalzen verwendet (S. 221).

Neuerdings hat der **Teppichdruck** große Bedeutung erhalten, da textiler Bodenbelag in so großem Maße üblich geworden ist, daß der geknüpfte oder gewebte Buntteppich teils in seiner Herstellung zu kostspielig ist, teils nicht die vom Verbraucher verlangte Buntheit aufweist. Bei den nachstehend beschriebenen mechanischen Verfahrenstechniken werden auch solche angegeben, die eigentlich in die Färberei gehören, jedoch im Endeffekt eine kolorierte Fläche ergeben. Die Verfahren haben in den meisten Fällen den Vorteil, daß die Teppiche rohweiß auf Lager gehalten werden können und je nach Wunsch des Käufers bzw. der Mode kurzfristig koloriert werden können. Auch für die Unimusterung haben Teppichfärbemaschinen inzwischen vor allem als Kontinueanlagen wachsende Bedeutung erlangt. Der Teppichdruck kann auf Tufted- und beflockten Teppichen, jedoch auch auf Nadelvliesen ausgeführt werden. Zur Zeit werden hauptsächlich Teppiche bedruckt, die als Flor Polyamid- oder Acrylfasern enthalten, es werden jedoch auch solche aus Wolle/Halbwolle (z.B. Wolle/Polynosic) bzw. Zellwolle/Polynosic-Fasern bedruckt bzw. im Garndruck koloriert.

Zum *Druck von Stückwaren*, die als Flor Bouclé (Schlingenflor) oder Velour (Schnittflor) enthalten können, werden Einrichtungen verwendet wie z.B. die Teppichdruckmaschine TDA 62 (*Zimmer/Kufstein*) und die Aljaba-Rotationsdruckmaschine (S. 60). Dabei werden überbreite Konstruktionen verwendet und die Farbwerke auf den Teppichdruck abgestimmt. Beim Druck mit diesen Maschinen, der auch auf vorgefärbten Teppichen ausgeführt werden kann, muß unter allen Umständen ein Durchdruck des Flors bis auf das meist aus Zellulosefasern bestehende Träger-(Grund-)Material gewährleistet sein. Von der *Singer-Cobble Ltd.*, *Blackburn/England*, wird als B.T.M.-Maschine (British Tufting Machinery) eine Walzendruckmaschine verwendet, bei der als Druckwalze eine reliefartig mit Schaumstoff „gravierte" Walze verwendet wird, die sich im Farbtrog selbst dreht und durch den Druck einer Gegenwalze zuerst entlüftet und anschließend viel Druckpaste im Schaumrelief aufnimmt und auf den Teppich, der auf einem Presseur läuft, überträgt. Beim Stalwart-Pickering-Verfahren (*E. Pickering Ltd.*, *Blackburn/England*) wird nach ähnlichem Prinzip gedruckt, als Druckwalzen werden Holzwalzen verwendet, die mit Hart- und Weichgummi reliefartig belegt sind und dadurch unterschiedliche Mengen von Druckverdickung aufnehmen und auf den Teppich übertragen.

Eine Modifikation des Drucks mit Flachschablonen stellt die B.D.A.-Anlage (*Bradford Dyers Ass. Ltd.*) dar, die ebenfalls von *Singer-Cobble* hergestellt wird. Es wird dabei, wie beim Filmdruck üblich, mit Flachschablonen gearbeitet. Der Farbstoff wird oberhalb der Schablone mit einer Schwamm- oder Doppelrakel aufgebracht und durch eine Saugplatte, die unterhalb der horizontallaufenden Teppichbahn sitzt, mittels Vakuum durch das Material gesaugt. Bei der von der *Deep Dye Processes/USA* entwickelten Anlage wird der verdickte Farbstoff mit einem speziellen Model auf die Teppichbahn gedruckt. Die Teppichbahn wird mit der Florseite nach unten geführt und das Model von unten dagegen gepreßt. Das Model enthält das Druckmuster mit sämtlichen Musterungen, die durch Stege getrennt sind. Durch ein Röhrensystem wird der Druckfarbstoff, ebenfalls von unten, in die einzelnen Farbmuster gepreßt und von dort durch eine Hubbewegung an den Teppichflor weitergegeben.

Nach den beschriebenen Verfahren werden auch Nadelvliese, beflockter Bodenbelag und Wirkvolours bedruckt. Es können dafür auch die Rotationsfilmdruckmaschine von *Stork* (S. 61) bzw. von *Zimmer, Kufstein*, die Rouleaux- und Walzendruckmaschine von *Brückner* (S. 23) eingesetzt werden. Wichtig ist vor allem die ausreichende Trocknung der bedruckten Ware, die Farbstoffixierung und das Auswaschen des überschüssigen Farbstoffes, das auf entsprechenden Einrichtungen vorgenommen wird, wobei sich großdimensionierte Hängetrockner, -dämpfer und Breitwaschmaschinen bewährt haben.

Für den „melangierten" und „rapportfreien" Druck von Garnen, die als Flormaterial für die Teppichherstellung verwendet werden, sind Methoden bekannt, die allgemein als *Space-Dyeing-Verfahren* bezeichnet werden. Stranggarne, die im Stranggarndruck koloriert wurden (S. 45), sind in der Regel unbrauchbar, da sie im Teppich zum „Bildern" (Figurieren) neigen. Es zeigen sich dabei im Fertigprodukt ungewollte Muster (Bilder), welche zu unverkäuflicher Ware führen, da die Teppiche nichtrapportierende Melangen (Muster) zeigen müssen. Die nach dem Space-Dyeing-Verfahren bedruckten Garne werden meist zu Tufted-Teppichen verarbeitet. In Abwandlung kann auch der Kettdruck (S. 9) verwendet werden, es dürfen jedoch auch dabei keine Rapporte oder „Bilder" in der Fertigware auftreten.

Beim *Knit-de-knit-Verfahren* werden rund- oder flachgestrickte Maschenwaren bedruckt und nach dem Fixieren und der Fertigstellung wieder aufgedreht und als Einzelgarne vertufted. Für den Druck können umgebaute Vigoureux-, Rouleaux- oder auch Walzendruckmaschinen verwendet werden, auch kann der Fond über einen Foulard vorher angefärbt werden. Für das eigentliche Space-Dyeing-Verfahren wurden besondere Walzendruckmaschinen entwickelt, welche die Garne von einem Baum entnehmen, bedrucken, trocknen und wieder einem Baum zuleiten. Beim *Deep-Dye-Process* verwendet man eine Walzendruckmaschine mit gleichen, auch für Stückwaren üblichen Druckelementen. Die Laing-Space-Dyeing-Maschine (*E. Pickering Ltd., Blackburn/England*) arbeitet nach dem Prinzip der Vigoureuxdruckmaschine. Dabei taucht jedoch eine Reliefwalze in das Chassis und nimmt auf den erhöhten Mustern (meist Streifen) den Druckfarbstoff auf. Als Quetschwalze läuft darüber ebenfalls eine mit gleichem Musterrelief versehene Walze, welche die Aufgabe hat, den Farbstoff der Unterwalze in die durchlaufenden Fäden einzupressen. Beim Stalwart-System, für das von der gleichen Firma eine Maschine gebaut wird, wird eine obere Preßwalze verwendet, die im eingestellten Rhythmus das Material gegen eine mit Schaumgummi belegte, untere Übertragungswalze preßt.

An dieser Stelle muß auch auf das *Differential-Dyeing-Verfahren* verwiesen werden, bei dem rohweißes Teppichmaterial als Stückware unterschiedlich anfärbendes Material (meist Polyamidfasern) im Flor enthält, das sich mit einer bestimmten Auswahl von Farbstoffen im diskontinuierlichen oder kontinuierlichen Verfahren anfärben läßt. Es handelt sich dabei nicht um ein Druck-, sondern ein Färbeverfahren.

3. Druckfarbstoffe

Für den Textildruck sind in der Regel alle auch in der Färberei üblichen Farbstoffe verwendbar. Man bevorzugt jedoch wegen der besseren Feinverteilung in den Druckpasten Farbstoffe in *Teig-* oder *flüssiger Form*, die meist ohne besondere Vorbereitung in die fertige Druckpaste eingerührt werden. Teig- und Flüssigfarbstoffe neigen zum Austrocknen, die sich dann an der Oberfläche bildende Haut enthält den Farbstoff in höherer Konzentration und muß deshalb entfernt werden. Viele Teigprodukte neigen zum Ausfrieren, müssen deshalb vor Kälte geschützt transportiert und gelagert werden; da sich ausgefrorene Farbstoffe kaum mehr homogenisieren lassen. In allen Fällen sind Teigfarbstoffe und Druckpasten in geschlossenen Behältern kühl aufzubewahren. Da sich jedoch nicht alle Farbstoffe in flüssiger oder Pastenform herstellen lassen, werden Pulvermarken meist vor dem Gebrauch unter Zuhilfenahme von Lösungsvermittlern (S. 135) und Wasser möglichst gründlich angepastet oder vorgelöst. Da zur Lösung nur wenig Flüssigkeit zur Verfügung steht, werden Pulverfarbstoffe in möglichst guter Feinmahlung bevorzugt. Verschnittmittel, wie z.B. Elektrolyte, setzen die Löslichkeit von Pulverfarbstoffen stark herab, und man sollte deshalb möglichst hochkonzentrierte Produkte für den Druck verwenden. Oft enthalten die Farbstoffe selbst schon Produkte, welche die Löslichkeit bzw. Feinverteilung verbessern, und man sollte dann mit weiteren Dispergatoren oder Lösungsvermittlern vorsichtig sein, um ein Fließen der Druckpasten beim Drukken und Dämpfen zu vermeiden. Die in der Farbküche heute üblichen Schnellrührer (S. 140) erlauben auch eine ausreichende Feinverteilung von Pulverfarbstoffen in den Druckpasten.

Die im Druck erzielten *Echtheiten* unterscheiden sich meist nur bei den Reib- und teilweise den Waschechtheiten von den Färbungen mit den gleichen Farbstoffen durch 1/2–1 Note nach unten, da die Fixierung nicht immer ganz so ausreichend wie beim Färben ist. Die Echtheitsprüfungen von Drucken unterscheiden sich nicht von den Methoden, wie sie auch für Färbungen üblich sind.

4. Druckverdickungsmittel

Um ein Ausfließen der aufgedruckten Farbstoffe, Ätz- und Reservemittel aus dem Druckmuster (*Decker*) zu vermeiden, ist es notwendig, die Lösungen und Dispersionen der Produkte zu verdicken. Als Druckverdickungsmittel stehen dem Drucker eine Vielzahl von Produkten natürlichen, halb- und „vollsynthetischen" Ursprungs zur Verfügung, die in ihrer Anwendung ganz bestimmten Bedingungen gerecht werden müssen. Es handelt sich dabei um Produkte, welche der eigentlichen Druckpaste, die alle für den Druck notwendigen Farbstoffe und Chemikalien enthält, eine gewisse *Viskosität* (Zügigkeit) verleihen, die das Ausfließen aus dem Decker in den nicht zu bedruckenden Fond (Druckboden) verhindern und diese Eigenschaft während des Druckens und auch der nachfolgenden Fixierung, wie z.B. Dämpfen, Hitze- oder Behandlung in wässerigen Medien, beibehalten, bis der Farbstoff, die Ätze oder Reserve auf der Faser fixiert bzw. der vorgefärbte Fond geätzt oder der nachträglich aufgebrachte Farbstoff außerhalb der Reserve so weit fixiert ist, daß ein Auslaufen (Fließen) nicht mehr eintreten kann. In der Regel enthalten die Druckpasten 400–600 g/kg Druckverdickungsmittel in Gebrauchsform, d.h. in gequollener, gelöster oder emulgierter Form. In der Praxis werden Druckverdickungsmittel nach Angabe der Hersteller in größeren Mengen in der Farbküche (S. 138) hergestellt und ohne jeden Zusatz als „Druckverdickungen" auf Lager gehalten. Für den Druck werden die Druckverdickungen, mit den notwendigen Zusätzen an Chemikalien und Farbstoffen verrührt, dem Drucker als fertige *Druckpasten* (teilweise auch als Stammverdickungen bezeichnet) zur Verfügung gestellt. Die natürlichen und ein Teil der „halbsynthetischen" Verdickungsmittel neigen beim Lagern zu Zersetzung, Schimmel- und Bakterienbefall und werden mit entsprechenden *Konservierungsmitteln* geschützt. Als Konservierungsmittel haben sich vor allem gechlorte Phenole und Formaldehyd bewährt, die in Mengen von 0,3–1 g/kg Verdickung nach dem Ansatz zugerührt werden. Zu den Phenolderivaten gehören u.a.

Preventolmarken *Bayer*
Raschitmarken *Raschig*

Die Produkte dürfen die Viskosität der Verdickung nicht beeinträchtigen und weder mit den in der Druckpaste zugesetzten Farbstoffen und Hilfsmitteln reagieren noch das Auswaschen der Verdickungsmittel behindern und restlos auswaschbar sein. Aus diesem Grund sind Konservierungsmittel auf Basis von Schwermetallen (Cu, Sn usw.) nicht verwendbar. Vielfach enthalten die industriell hergestellten Druckverdickungsmittel bereits ausreichende Mengen von Konservierungsmitteln für die Lagerung und müssen nur dann konserviert werden, wenn die aus ihnen hergestellten Druckpasten länger gelagert werden.

Leider ist mit der Feststellung der Verträglichkeit eines Druckverdickungsmittels mit den beim Druck und bei der Fixierung notwendigen weiteren Zusätzen, und der Viskosität der Verdickung, die normalerweise in der fertigen Druckpaste etwa 6000 cP beträgt, noch keineswegs eine bindende Aussage über die Brauchbarkeit des Verdickungsmittels möglich. Der Drucker hat für die Verwendbarkeit der Druckverdickung und der Druckpaste den Begriff der **Zügigkeit** eingeführt, der von Dr. K. SCHMIDT[1] wie folgt definiert wird:

„Unter Zügigkeit einer Druckverdickung versteht man das Vermögen, beim Ab- oder Ausfließen einen mehr oder weniger langen Abflußfaden zu bilden."

Die Zügigkeit wird vom Drucker manuell dadurch beurteilt, daß er die Verdickung oder Druckpaste durchrührt, vom Rührgerät ablaufen

[1] Aus SVF 11 (1956), SCHMIDT, K.: Prüfung von Druckverdickungen.

läßt und rein empirisch die „Länge“ des ablaufenden Fadens beurteilt. Da die Zügigkeit, die öfter nicht ganz zutreffend auch als *Thixotropie* bezeichnet wird, nicht von der Viskosität allein abhängt, sind Viskosimeter üblicher Konstruktion zur Prüfung nur eingeschränkt geeignet. Lediglich *Torsionsviskosimeter* werden öfters zur Messung eingesetzt. Dabei wird der Widerstand eines angetriebenen Rührers in der Verdickung gemessen. Von Dr. K. SCHMIDT wurde in Reihenversuchen die Zügigkeit, die Druckschärfe, der Durchdruck und die Viskosität von Druckverdickungen untersucht[1].

Zur *Prüfung der* **Zügigkeit** wird ein Stempel verwendet, der auf die Oberfläche der Verdickung gelegt wird, und die Länge des Verdickungsfadens gemessen, der sich beim Anheben des Stempels bis zum Abreißen des Fadens ergibt. Die Werte werden in Millimetern bestimmt. Zur *Prüfung der* **Druckschärfe** wird entweder eine keilförmig gravierte Druckwalze oder eine in gleicher Weise hergestellte Filmdruckschablone verwendet (Abb. 81), bei der jeweils die Höhe des noch gedruckten Keils als

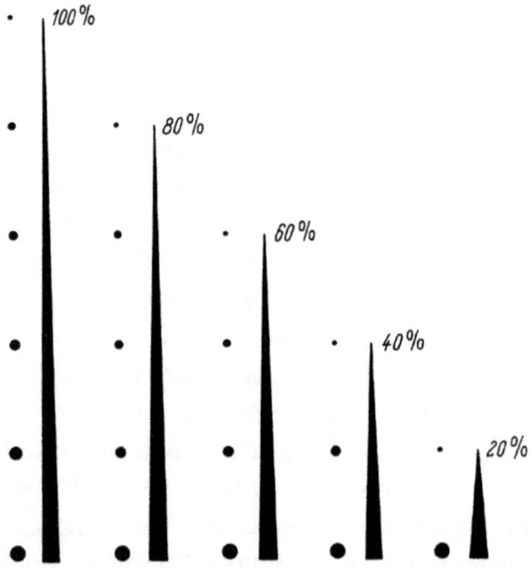

Abb. 81. Prüfung der Druckschärfe und des Durchdrucks mit einer Keilschablone bzw. einer keilförmig gravierten Druckwalze. Nach Dr. K. SCHMIDT in SVF 11 (1956) 56.

Maß für die Druckschärfe festgestellt wird. Der **Durchdruck** wird in gleicher Weise geprüft, und zwar an der Geweberückseite des Keildruckes ausgemessen. Die Prüfung kann auch auf Filterpapier vorgenommen werden, es ist jedoch dann der Einfluß der Farbstoffixierung auf die beiden Werte nicht feststellbar. Zur *Viskositätsmessung* wird ein „Drage-(Epprecht-)Torsionsviskosimeter“ verwendet. In den Abb. 82 bis 84 sind

[1] Siehe Fußnote 1, S. 111.

einzelne Ergebnisse in Diagrammen zusammengefaßt. Sie zeigen, daß die einzelnen Werte keinesfalls in allen Fällen miteinander feststehende Beziehungen haben. Selbstverständlich zeigen in der Regel steigende Visko-

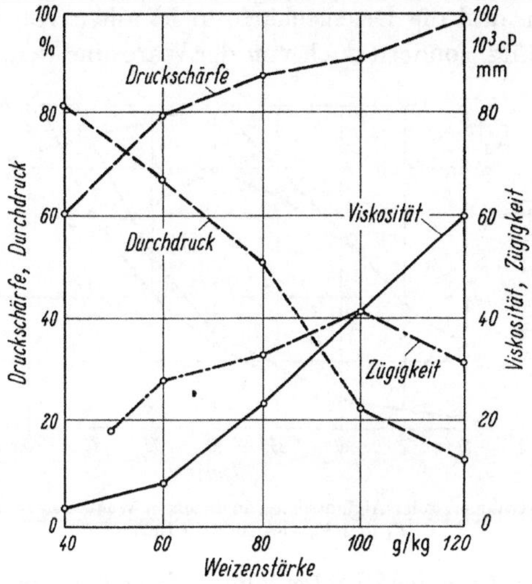

Abb. 82. Charakteristik einer Weizenstärkeverdickung.

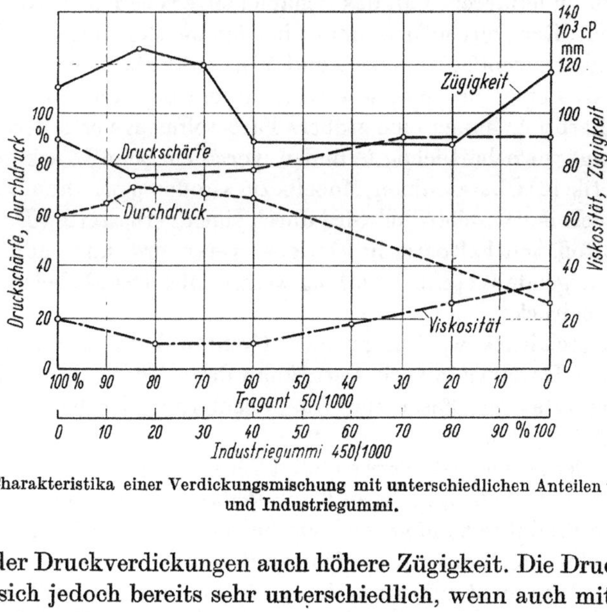

Abb. 83. Charakteristika einer Verdickungsmischung mit unterschiedlichen Anteilen von Tragant und Industriegummi.

sitäten der Druckverdickungen auch höhere Zügigkeit. Die Druckschärfe verhält sich jedoch bereits sehr unterschiedlich, wenn auch mit steigender Zügigkeit die Druckschärfe zu- und der Durchdruck abnimmt.

In der Praxis werden aus technologischen und preislichen Gründen Druckverdickungsmittel sehr oft kombiniert, um allen an den Druck gestellten Anforderungen gerecht zu werden. Bei der *Druckschärfe* wird möglichst der 100 %ige Effekt erstrebt, dabei muß jedoch einschränkend gesagt werden, daß die Druckschärfe nicht allein von der eingesetzten Druckverdickung, sondern auch von der Ware und dem Druckverfahren

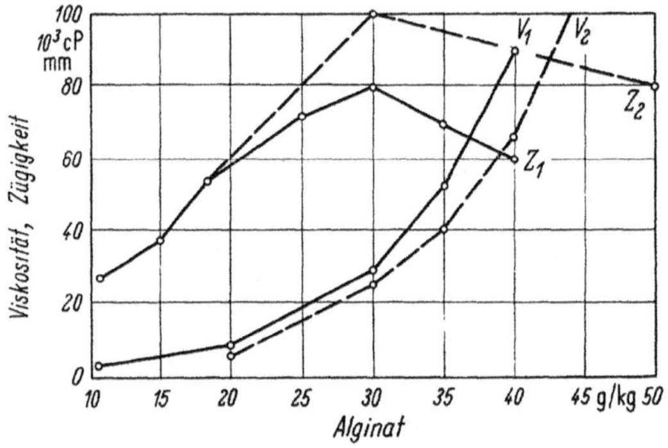

Abb. 84. Charakteristiken zweier Alginatsorten in weichem Wasser. Z_1 und Z_2 Zügigkeit in mm; V_1 und V_2 Viskosität in 1000 cP.

abhängt. So ist es in der Regel möglich, „feine Konturen" im Rouleauxdruck weit besser zu erreichen, als es im Schablonen-(Film-)Druck möglich ist, da in letzterem Fall das Schablonengewebe feinen Konturen im Wege steht. Der Durchdruck nimmt bei den meisten Druckverdickungsmitteln mit steigender Zügigkeit und Viskosität ab. Das muß nicht unbedingt als Fehler betrachtet werden, da ein besserer Durchdruck bei gleicher Farbtiefe immer eine größere Farbstoffmenge erfordert und deshalb oft aus wirtschaftlichen Gründen, vor allem beim Druck von Dekorationsartikeln (Übergardinen, Möbelbezugsstoffen usw.), unnötig ist. Für ausgesprochene Waschartikel wird durch einen verbesserten Durchdruck der Farbstoff weit haltbarer im Gewebe „verankert" und dadurch durch eine nachfolgende Waschbehandlung weniger abgelöst als bei ungenügendem Durchdruck.

Der Durchdruck wird in gewissen Grenzen durch Zusatz von Netzmitteln zur Druckpaste verbessert, kann dann jedoch durch Erhöhung der Kapillarität der Faser zur Verschlechterung der Konturenschärfe (Druckschärfe) führen.

Die in der Druckpaste verwendeten Verdickungsmittel sollen die *Löslichkeit der Farbstoffe* bzw. deren *Feinverteilung,* wenn es sich um wasserunlösliche Produkte handelt, nur sehr eingeschränkt beeinflussen. In der Regel reicht jedoch das zur Verfügung stehende Lösungswasser für den Farbstoff allein nicht aus, wenn die Löslichkeit der Farbstoffe in Wasser für Färbezwecke verglichen wird. Man verwendet deshalb eine Reihe von besonderen Produkten, die als *Lösungsvermittler* (hydrotrope Substanzen) (S. 135) bezeichnet werden, zum Anteigen der Farbstoffe, die dann in weit geringeren Wassermengen löslich sind, als es bei der Verwendung von Wasser allein der Fall ist. Die Feinverteilung wasserunlöslicher Farbstoffe in der Druckpaste ist nur sekundär eine Frage des verwendeten Verdikkungsmittels, primär mehr eine Frage der Feinmahlung, der mechanischen Verteilung durch Rührwerke und evtl. verwendeter Dispergatoren.

Ein ideales Druckverdickungsmittel soll bei der Fixierung durch Dämpfen, Hitze- oder anschließende Naßbehandlung der getrockneten Ware den Farbstoff möglichst vollkommen an das darunter liegende Fasermaterial abgeben, ohne jedoch das Ausfließen aus der Kontur des Druckmusters zu fördern. Diese Forderung ist jedoch nur eingeschränkt zu erfüllen. Es wird immer ein mehr oder weniger großer Anteil des Farbstoffes von der Verdickung festgehalten und muß durch eine intensive Nachwäsche mit dem Verdickungsmittel von der Ware abgelöst bzw. in einer Nachwäsche (Seifen) mit dem Verdickungsmittel von der Ware abgespült werden. Je mehr Farbstoff in der Druckverdickung festgehalten wird, desto größer ist auch die Gefahr des **Abfleckens** (*Abklatschen*) auf den unbedruckten Fond, wenn die Ware naß oder feucht abgelegt wird bzw. wenn zum Auswaschen Strangwaschmaschinen benützt werden müssen.

In dieser Hinsicht bestehen wesentliche Unterschiede bei **körperreichen und körperarmen Verdickungsmitteln.** Körperreiche (niedrigviskose) Verdickungsmittel sind solche, die hohe Mengen an Verdickungsmitteln zur Erreichung der geforderten Zügigkeit benötigen, ihre Klebkraft ist meist hoch, und damit wird auch viel Farbstoff in der Verdickung festgehalten. Zu den körperreichen Verdickungen gehören z.B. alle Naturgummisorten. Als typische Vertreter körperarmer (hochviskoser) Verdickungsmittel gelten ein Großteil der Alginate, die bereits mit wenig Produkt die geforderte Zügigkeit erbringen. Körperreiche Verdickungen zeigen außerdem den Nachteil, daß sie die Gravuren der Druckwalzen und die Filmdruckschablonen schneller „zusetzen" und diese deshalb öfter zwischengereinigt werden müssen. Ein Zusatz von *Drucköl* schränkt diesen Nachteil teilweise ein. Es könnte nun geschlossen werden, daß im Druck körperarme Produkte in allen Fällen besser als körperreiche Verdickungsmittel sind. Das trifft jedoch nur eingeschränkt zu, da z.B. hydrophobe (Protein- und synthetische) Fasern beim Druck ein Eindringen des Farbstoffes nicht zulassen und dieser deshalb mit den körperreichen Druckverdickungsmitteln an die Faseroberfläche geklebt und an dieser bis zur Fixierung festgehalten werden muß, wogegen hydrophile Fasern mit körperarmen Verdickungsmitteln günstigere Effekte ergeben, doch ist der Einsatz dieser Verdickungsmittel auch dann noch eine Preisfrage.

Besondere Aufmerksamkeit muß auch auf die *Elastizität des getrockneten Druckverdickungsmittelfilms* auf der Ware gelegt werden, vor allem dann, wenn auf hydrophobe Fasern gedruckt wird, da harttrocknende Verdickungsmittel bei der Führung der getrockneten Ware zum *Absplittern* neigen, diese Splitter sich meist auf dem Fond ablagern und bei der nachfolgenden Fixierung zur Verschmutzung des Fonds führen. Bei nativen Fasern ist ein Absplittern weniger zu befürchten, auch wenn harttrocknende, körperreiche Verdickungsmittel verwendet werden. In der Regel lassen sich elastische Druckfilme leichter auswaschen als harttrocknende.

Da die meisten Farbstoffe durch Dämpfen fixiert werden, soll die Verdickung der auf der Ware durch Kondensation niedergeschlagenen Feuchtigkeit die Möglichkeit geben, den Farbstoff schnell in die Textilfaser zu transportieren. Wenn auch die Verdickung allein nicht in der Lage ist, diesen Transport zu fördern, zu dem in der Hauptsache *hydrotrope Substanzen* (z.B. Harnstoff) und auch die meist mitverwendeten *Lösungsvermittler* bestimmt sind, soll deren Wirkung durch das Verdickungsmittel nicht oder nur geringfügig gehemmt werden.

Sämtliche Druckverdickungsmittel müssen unter allen Umständen verträglich mit den in der Druckpaste verwendeten Farbstoffen, Chemikalien und sonstigen Hilfsprodukten sein. Diese Verträglichkeit soll möglichst unbegrenzt sein, da in der Regel fertige Druckpasten über Wochen gelagert werden müssen und auch dann noch Drucke mit gleicher Intensität, Brillanz und Egalität erreicht werden sollen. Die *Lagerbeständigkeit der Druckpasten* hängt jedoch nicht allein vom Verdickungsmittel, sondern auch von der Beständigkeit der verwendeten Farbstoffe und der anderen Hilfsprodukte in der Druckpaste ab.

Die nachstehend beschriebenen Verdickungsmittel stellen einen Großteil der heute verwendeten Produkte dar. Da jedoch der Hauptteil der Produkte je nach Farbstoffklasse, Druckverfahren und zu bedruckendem Material nicht allein verwendet wird, kann es sich dabei nur um Anhaltspunkte handeln, die auf die gegebenen Bedingungen abgestimmt werden müssen. Zu diesen Überlegungen sind in der Regel auch preisliche Gründe für die Kombination von ausschlaggebender Bedeutung. Bei der Angabe der Anteile der Verdickungsmittel (in Klammer nach der Marke) in der Druckverdickung wurden nur Standardansätze berücksichtigt und der Anteil in Prozenten angegeben. Das heißt, daß bei einer 6%igen Verdickung 60 g Verdickungsmittel in 940 g Wasser angesetzt werden. Bei den Angaben werden die Prozentsätze angegeben, die bei alleiniger Verwendung der Produkte in der Regel üblich sind. Wird mit anderen Verdickungsmitteln kombiniert, müssen die Angaben bei der Beschreibung der Verdickungsmittel selbst und den Druckverfahren der entsprechenden Farbstoffklassen berücksichtigt werden.

Bei den Druckverdickungsmitteln handelt es sich um *Hydrokolloide*, die je nach Produkt ein geringes oder hohes *Wasserbindungsvermögen* haben und als Verdickung nur teilweise wasserlöslich sind und das Produkt oft als Sol bzw. Gel enthalten.

Stärke. Obwohl native Stärken in der Druckerei allein kaum verwendet werden, sind sie doch wegen ihrer geringen Preise auch heute noch in Kombination mit anderen Verdickungsmitteln im Gebrauch. Wenn in Ausnahmefällen Stärke allein verwendet wird, stellt man Verdickungen mit 12,5–20 % her, die durch Verkleistern und Aufkochen zu einer ziemlich körperreichen Verdickung führen. Die pulverförmigen Stärken werden mit der notwendigen Menge Kaltwasser angerührt und unter ständigem Rühren zum Kochen gebracht. Bei 60–70 °C tritt *Verkleisterung* ein. Die milchige Dispersion wird bei der angegebenen Temperatur viskos und durchscheinend (opak). Nach 15–20 min Kochen muß die Verdickung kaltgerührt werden, um ein Gelatinieren zu vermeiden.

In der Druckerei wird hauptsächlich *Weizenstärke* und neuerdings, wegen des geringeren Preises, *Maisstärke* verwendet. Bei beiden Produkten handelt es sich um entsprechende Mehle, die bei trockener Lagerung weder durch Schimmel nach Bakterien beeinflußt werden. Die Stärkeverdickungen oder mit Stärke angesetzte Druckpasten müssen jedoch mit Konservierungsmitteln (S. 111) konserviert werden. Weizenstärkeverdickungen sind haltbarer als solche aus Maismehl. Druckpasten mit den angegebenen Stärken sind in ihrer Zügigkeit sehr „kurz" und ergeben beim Drucken meist nur einen Oberflächendruck, der sich teilweise durch schlechte Egalität, jedoch scharfe Konturen auszeichnet. Diese Eigenschaften sind der Grund dafür, daß man Stärken kombiniert, durch die Stärke den Durchdruck verringert und die Konturenschärfe verbessert. Die allein mit Stärken erreichbaren Druckfilme auf den Fasern sind sehr hart und können leicht brechen bzw. absplittern. Kombinationen sind praktisch mit allen anderen Verdickungsmitteln möglich, doch muß beachtet werden, daß eine Kochzeit von 15 min zur Verkleisterung notwendig ist und einige Verdickungsmittel ein Kochen nicht erfordern bzw. durch Kochen in ihrer Wirkung leiden (z. B. Alginate).

Ein besonderer Nachteil sämtlicher mit Stärke angesetzten Druckverdickungen besteht darin, daß zur Entfernung der – wenn auch oft nur anteilig verwendeten – Stärke ein *Malzen* notwendig ist. Da die Stärke wasserunlöslich ist, muß sie nach dem Drucken enzymatisch wie beim Entschlichten zu wasserlöslichem Dextrin oder Zucker abgebaut werden. Dadurch ist eine längere Nachbehandlung der bedruckten Ware notwendig, die besondere Entschlichtungsmittel erfordert und zum verstärkten Abflecken (Abklatschen) des durch die Stärke nur oberflächlich haftenden Farbstoffes auf den Druckfond führen kann. Durch Kombination mit anderen Verdickungsmitteln wird zwar die Auswaschbarkeit der Stärken verbessert, eine restlose Entfernung ist jedoch meist nur durch Malzen möglich. Wie jede körperreiche Verdickung, beschleunigen alle Stärkeverdickungen das *Zusetzen von Walzengravuren und Filmdruckschablonen*. Stärke kann mit anderen Verdickungsmitteln kombiniert zum Drucken, Ätzen und Reservieren für alle Farbstoffklassen (außer Reaktivfarbstoffe) eingesetzt werden; die entsprechenden Kombinationsmöglichkeiten werden bei den einzelnen Partnern beschrieben. Als *Textilstärke DMW* kommt von *Maizena* eine spezielle Maisstärke auf den Markt, die mit 5% geringeren Ansatzmengen wie native Stärken verwendet wird und in Kombination mit Alginaten, Johannisbrotkernmehlen und deren Äther, Tragant, Britischgummi usw. zum Einsatz kommt. Sie koaguliert im alkalischen Bereich mit Borax und unterstützt dadurch die Wirkung der ebenfalls koagulierenden Partner im Zweiphasendruck von Küpenfarbstoffen. Die Verwendung von Kartoffel- und Reisstärke ist teils wegen der „Kürze“ der damit erreichten Verdickung bzw. wegen des höheren Preises von Reisstärke nicht üblich.

Eine gewisse Bedeutung haben auch *Quellstärken* als Druckverdikkungsmittel erhalten, die besonders aufbereitete Maisstärken darstellen. Der Vorteil dieser Produkte besteht darin, daß sie bereits kaltlöslich bzw. quellbar sind und ein Aufkochen nicht unbedingt notwendig, zur besten Zügigkeit jedoch empfehlenswert ist. Von *Sichel* werden *Solvitex ST* (10–12,5%ig) für den Druck von Entwicklungs-, Leukoküpenesterfarbstoffen und Anilinschwarz, *Solvitex BG* (15–20%ig) wie ST, auch für Küpenfarbstoffe nach dem Einphasenverfahren und im Ätzdruck empfohlen. *Solvitex A* (16%ig) wird hauptsächlich zum Druck von empfindlichen Geweben aus Seide, Reyon, Zellwolle und Wolle verwendet. Alle Solvitex-Marken können mit Stärke kombiniert werden, wobei jeweils 8% Stärke und 4% Solvitex ST, 6% BG oder 5% A verwendet werden. Die Stärke wird mit der Gesamtwassermenge angeschlämmt, die Quellstärken werden zugerührt, kurz aufgekocht und kalt gerührt. Zur Entfernung ist, trotz besserer Löslichkeit, ein Entschlichten (Malzen) vorteilhaft.

Dextrin und Britischgummi. Als *Dextrin* werden durch Rösten oder/und Säurebehandlung abgebaute Stärken – es wird entweder Kartoffel- oder Weizenstärke verwendet – bezeichnet, die wasserlöslich und noch körperreicher als die nativen oder Quellstärken sind. Man verwendet sie meist 50%ig und löst sie durch 15 min Kochen. Besondere Bedeutung hat *Britischgummi* (*British-gum*) in der Textildruckerei erlangt, das als Dextrin aus Maisstärke hergestellt wird. Die mit Britischgummi erreichbaren Drucke sind sehr egal, wenn auch ihre Farbstärke gegenüber anderen Verdickungen abfällt, da viel Farbstoff in der Verdickung beim Fixieren festgehalten wird. Besonders nachteilig ist die Reduktionswirkung der Produkte, die eine Verwendung im Druck von reduktionsempfindlichen Farbstoffen (Direkt- und Reaktivfarbstoffe) auch dann ausschließt, wenn mit organischen Oxydationsmitteln (S. 167) gearbeitet wird. Britischgummi wird meist mit Tragant gemeinsam verwendet. Auch Kombinationen mit Stärke oder Arabischgummi sind üblich. Da es sich um eine körperreiche Verdickung handelt, wird Britischgummi hauptsächlich im Ätz- und Reservedruck, jedoch auch für den Druck von Küpenfarbstoffen nach dem Einphasenverfahren, dem Woll-, Seiden-, Vigoreuxdruck und zur Erzeugung von Laugenkrepp (S. 105) verwendet. Die gekochten Verdickungen werden zur besseren Homogenisierung kaltgerührt. Dextrine sind wasserlöslich und werden durch nachträgliches, möglichst warmes Spülen aus der Ware entfernt. Die Verdickungen neigen zum Schimmeln und müssen in ähnlicher Weise wie Stärken konserviert werden. Als Standardkombinationen wird mit Stärke (a) oder Tragant (b) verschnitten.

a)	60 – 100 g	Weizenstärke werden mit
	60 – 100 g	Wasser angeschlämmt und
	300 – 200 g	Britischgummi Plo. verrührt und mit
	580 – 600 g	Wasser verdünnt, 20–30 min gekocht und kaltgerührt.
	1000 g	

b) In	600 g	Tragantverdickung 6%ig werden
	200 g	Britischgummi Plo. verrührt, mit
	200 g	Wasser verdünnt und 10 min gekocht und kalt gerührt.
	1000 g	

Dextrinlösungen werden auch als Kleber für den Filmdruck verwendet, um die Ware auf dem Tisch- oder auf das Drucktuch der Filmdruckmaschine zu kleben (S. 133). Dabei werden meist dünnere Lösungen verwendet, die jeweils auf die Gewebequalität abgestimmt werden müssen. Als *Diatex* wird von *Diamalt* eine besonders ausgiebige Britischgummiqualität auf den Markt gebracht, die, 35%ig verwendet, die gleiche Zügigkeit wie 50%ige Britischgummiverdickungen ergibt.

Die vorstehend beschriebenen Verdickungsmittel werden meist als native Produkte bezeichnet, auch wenn sie durch industrielle Verfahren teilweise eine gewisse Veränderung gegenüber dem Stärkerohstoff erfahren haben.

Als *Amylotex DR* (*Sichel*) kommt eine modifizierte, kaltwasserlösliche Stärke auf den Markt, die, 40%ig verwendet, allein oder mit Stärke- oder Johannisbrotkernmehläthern für den Druck von Küpenfarbstoffen nach dem Einphasenverfahren, von Leukoküpenestern, von Entwicklungsfarbstoffen, auf Seide, Wolle, Sekundär- und Triacetat, Polyamid-, Elastomer-, Polyester- und Acrylfasern geeignet ist. Für den Druck der genannten Fasern werden meist Kombinationen mit Johannisbrotkernäthern (4%ig im Verhältnis 2:1 für Seide, Wolle und Acetatfasern), mit Stärkeäthern (10–16%ig im Verhältnis 3:2 bis 1:1 für Polyamid-, Elastomer- und Polyesterfasern) und für Acrylfasern mit Kristallgummi (35%ig im Verhältnis 1:1) gemischt verwendet. Das Produkt ist auch als Kleber für den Filmdruck als 20–35%ige Lösung verwendbar. Amylotex DR wird in kaltes Wasser eingerührt, kann jedoch auch gekocht werden. Die damit hergestellten Druckpasten müssen konserviert werden. Wegen der Wasserlöslichkeit ist ein Malzen nicht notwendig.

Stärkeäther. Diese Produkte werden oft als halbsynthetische Verdickungsmittel bezeichnet und werden durch Veräthern von Maisstärke mit Monochloressigsäure hergestellt. Die Industrie bringt die Produkte je nach Einsatz als niedrig-, mittel- und hochviskose Verdickungsmittel auf den Markt, die, allein verwendet, 10–20%ig eingesetzt werden. Sie ergeben durch Einstreuen in Kaltwasser unter Rühren und 30–60 min Ausquellen eine homogene Verdickung, die leicht alkalisch reagiert. Wird auf Schnellrühren gearbeitet, läßt sich die Verdickung in 3–5 min homogenisieren. Die alkalische Reaktion erspart in den meisten Fällen eine Konservierung, die jedoch bei längerem Aufbewahren der Druckpasten vorteilhaft ist. Stärkeäther können außer mit Kristallgummi mit allen anderen Verdickungsmitteln kombiniert werden. Für den Rouleauxdruck auf Zellulosefasern werden 5% Stärkeäther mit 2–2,5% hochviskosen Kernmehläthern oder Alginaten kombiniert, für den Filmdruck werden 3% mit 3% gemischt. Im Film- und Rouleauxdruck auf Acetat- und synthetische Fasern kombiniert man 3–5%igen Stärkeäther mit 8–7%igen niedrigviskosen Kernmehläthern.

Die Verträglichkeit mit den einzelnen Farbstoffklassen hängt vom Produkt, seiner Viskosität und der Kombinationskomponente ab. Allgemein werden Stärkeäther für den Druck von Reaktiv-, Beizen-, Pigmentfarbstoffen, Anilinschwarz und den Aufdruck von Echtsalzen nicht empfohlen. Für den Zweiphasendruck mit Küpenfarbstoffen werden Kernmehläther mitverwendet, da sie mit Borax koagulieren. Ansonsten werden die Produkte für den Druck mit Direkt-, Entwicklungs-, Schwefel-, Säure,- Metallkomplex-, Leukoküpen- und Küpenfarbstoffen nach dem Einphasenverfahren, dem Ätz- und Reservedruck eingesetzt. Als Handelsprodukte sind u.a. auf dem Markt:

Monagum N, super (10%ig) *Diamalt*,
Solvitose C5 (10%ig), H (10%ig), H4M (20%ig), KV (15%ig) *Sichel/Scholten*,
Verdickung KL (10%ig) *Grünau*.

Stärkeäther stellen sich im Preis ungefähr auf das Dreifache nativer Stärken und auf das Doppelte von modifizierten Stärken, ersparen jedoch in der Anwendung das Malzen und ein kochendes Verkleistern, da sie kaltwasserlöslich sind. Werden sie mit Verdickungsmitteln kombiniert, die gekocht werden müssen, sollten sie in vorgelöstem Zustand den verkochten Produkten heiß zugerührt werden. Spezielle Stärkeäther (z.B. Solvitose H4M/*Sichel*) werden, da sie mit mehrwertigen Metallsalzen verträglich sind, auch zum Druck von Echtsalzen, Phthalocyaninfarbstoffen und besonders für den Ätzdruck eingesetzt. Mittelviskose Produkte werden auch für den Druck auf Seide, Wolle und synthetische Fasern verwendet. Durch Zusatz von niedrigviskosen Kernmehläthern wird das Einsinken der Druckpasten in die Gewebe verbessert.

Tragant. Das Produkt kommt in Stücken, heute jedoch fast ausschließlich als feingemahlenes Pulver in den Handel und stammt aus Ausscheidungen (Pflanzenschleim) orientalischer Akazien (Leguminosen), die auch im Mittelmeerraum und auf Cuba angebaut werden. Vor Einführung der körperarmen Alginate, Johannisbrotkernmehläther und Emulsionsverdickungen war es das körperärmste, natürliche Verdickungsmittel und hat auch heute noch eine weite Verbreitung in der Druckerei behalten. Die auf dem Markt befindlichen Tragantsorten stellen keine Standardprodukte dar und können u. U. sehr unterschiedliche Zügigkeit aufweisen (Abb. 84, S. 114). Tragant wird in der Regel 6 %ig verwendet. Zur Herstellung einer homogenen Verdickung wird das Produkt mit der Hälfte des Lösungswassers bis zu 48 Std. vorgequollen und nach Zusatz des Restwassers während 10 Std. homogen verkocht. Meist sind die Tragantsorten gelblich angefärbt. Durch Alkali wird der Gelbton verstärkt. Beim Druck von Beizenfarbstoffen kann dieser Naturfarbstoff auf der Faser mitfixiert werden. Ansonsten sind die Tragantverdickungen leicht aus den Textilien auswaschbar. Durch Lösen in Vakuumkochern läßt sich die Kochzeit wie auch bei nativen Stärken einschränken, es resultieren dadurch aber meist weniger zügige Verdickungen. Preislich liegt Tragant höher als native Stärke, doch richtet sich der Preis meist nach der Reinheit und Feinmahlung der Handelssorte.

Tragant ist gegen alle in der Druckerei verwendeten Säuren, Alkalien und Salze beständig (er koaguliert nicht) und kann deshalb allein nicht im Zweiphasenverdruck für Küpenfarbstoffe verwendet werden, eignet sich jedoch zum Drucken, Ätzen und Reservieren aller Farbstoffklassen. Alle körperarmen Verdickungsmittel können als Austauschprodukte für Tragant aufgefaßt werden, da sie standardisiert geliefert werden und den Vorteil der Kaltwasserlöslichkeit gegenüber dem Tragant haben.

Als klassische Druckverdickungskombinationen für fast alle Farbstoffklassen sind Stärke-Tragant-Verdickungen üblich, die erst in den letzten Jahren ernsthafte Konkurrenz durch halb- und vollsynthetische Verdickungsmittel erfahren haben.

a) Stärke-Tragant-Verdickung für den Rouleauxdruck:

120 – 150 g	Weizen- oder Maisstärke werden in
150 – 180 g	Kaltwasser klumpenfrei angerührt, mit
505 – 585 g	Heißwasser verdünnt,
200 – 75 g	Tragantschleim 6%ig zugerührt, 30 min gekocht und
25 – 10 g	Drucköl in die heiße Verdickung zugerührt.
1000 g	

Je höher die Stärkemenge gewählt wird, desto geringer ist der Durchdruck.

b) Stärke-Tragant-Verdickung für den Filmdruck:

70 g	Weizen- oder Maisstärke,
100 g	Kaltwasser,
130 g	Heißwasser,
620 g	Tragandschleim, 6%ig,
80 g	Drucköl.
1000 g	

Die nach a) und b) angegebenen Standardverdickungen müssen, wie auch Tragant allein, konserviert werden. Da auch Stärke mitverwendet wurde, ist in allen Fällen ein Stärkeabbau (Malzen) nach dem Druck und der Farbstoffixierung zu empfehlen. Die angegebenen Verdickungskombinationen können mit 30–90 ml/l Essigsäure 50%ig sauer gestellt werden und dann auch zum Drucken von basischen und Chromfarbstoffen verwendet werden. Für den Zweiphasendruck wird Tragantverdickung weniger verwendet, ebenfalls wird für den Druck von Seide, Wolle, Acetat- und synthetischen Fasern heute Tragant nicht mehr verwendet. Beim Drucken von hellen Tönen kann es durch die Eigenfarbe des Tragants zur Vertrübung der Nuancen kommen. Obwohl Reaktivfarbstoffe in der Regel mit Alginaten gedruckt werden, ist auch Tragantverdickung allein brauchbar. Eine Erhöhung der Alkalimenge ist jedoch bei Tragant vorteilhaft. Wegen der möglichen Reaktion der Reaktivfarbstoffe mit allen Stärkeprodukten und der Reduktionswirkung von Dextrinen sind diese Produkte unbrauchbar. Geringe Zusätze werden jedoch für feine Konturen verwendet, wenn auch dann der Durchdruck leidet.

Naturgummi. In der Druckerei werden als Verdickungsmittel heute nur mehr vereinzelt die körperreichen Arabischgummi-(Kordofan-, Senegalgummi-)Sorten verwendet. Indischgummi ist wasserunlöslich, muß durch eine Druckkochung aufgeschlossen werden und ist deshalb als Verdickungsmittel direkt nicht mehr üblich. Es handelt sich meist um Ausscheidungen bestimmter Akazienarten. Die Produkte werden 50%ig verwendet, reagieren schwach sauer und sind empfindlich gegen Salze dreiwertiger Metalle, so daß sie für den Druck von Entwicklungs- und Beizenfarbstoffen sowie Echtsalze nicht eingesetzt werden können. Ihre Hauptanwendung ist der Druck von Seide, der Ätz- und Reservedruck. Zur Verbilligung werden sie auch mit Stärke-Tragant-Verdickungen kombiniert, führen jedoch dann zur Abnahme der Zügigkeit. Mit Kristallgummi 1:1 kombiniert, werden sie vereinzelt auch zum Drucken von synthetischen Fasern verwendet.

Die mit Arabischgummi erzeugten Druckfilme sind sehr hart, jedoch glasklar und lassen sich leicht auswaschen. Die Filmhärte kann bei empfindlichen Waren zum Brechen der Ware führen. Die mit Arabischgummi zu erzielenden Drucke zeichnen sich durch gute Egalität und hohe Brillanz auch bei hellen Tönen aus, da die Verdickungen keine Eigenfarbe zeigen und restlos ausgewaschen werden können. Ein Konservieren ist nicht notwendig. Vielfach wird Arabischgummiverdickung als Coupure und zum Druck großflächiger Decker eingesetzt.

Industrie- oder Kristallgummi tragen ihren Namen deshalb, weil sie aus verschiedenen Naturgummisorten (z.B. Shiratzgummi) durch Druckkochen und anschließendem Bleichen industriell hergestellt werden und als Pulver ein kristallähnliches Aussehen haben. Oft werden sie zu den halbsynthetischen Verdickungsmitteln gezählt. Durch die Aufbereitung sind sie gegenüber Naturgummi ausgiebiger. Man verwendet sie allein meist 25–30%ig. Die Produkte werden durch Einstreuen in warmes Wasser und Rühren gelöst, ein Aufkochen ist unnötig. Werden die Verdickungen länger aufbewahrt, ist ein Konservieren notwendig, Formaldehyd ist jedoch unbrauchbar. In Frankreich werden die Produkte auch in eingedicktem Zustand als „gomme-liquide" geliefert. Kristallgummi lassen sich mit allen anderen Verdickungsmitteln kombinieren, mit Johannisbrotkernmehlen und deren Äthern erhält man jedoch inhomogene Pasten. Man verwendet die Produkte vornehmlich für den Seiden- und Wolldruck, zum Bedrucken von Acetat- und synthetischen Fasern. Obwohl es sich um körperreiche Verdickungen handelt, ergeben sie auf Grund ihrer besonderen Konsistenz guten Durchdruck und scharfe Konturen. Kristallgummi kommen u.a. als

Karagum, CU (25–30%ig) *Diamalt*,
Lamegum (20–30%ig) *Grünau*,
Nafkakristallgummi (25%ig) *Scholten*

in den Handel. Beim Druck mit Direkt-, Küpen-, Schwefel-, Leukoküpenester, Entwicklungsfarbstoffen, Anilinschwarz wird Kristallgummi meist anstelle von Tragant mit Stärke, für den Druck mit Säure-, Metallkomplex-, Dispersions- und kationischen (basischen) Farbstoffen allein verwendet. Im Ätz- und Reservedruck wird meist mit Britischgummi kombiniert. Wird ein guter Durchdruck verlangt, verwendet man die Produkte allein.

Johannisbrotkern- und Guarmehle. Beim Johannisbrotkernmehl (Carubin) handelt es sich um ein Polysaccharid aus dem Samen der Schote des Johannisbrotbaums (ceratonia siliqua), einem anspruchslosen, meist wildwachsenden Baum, der vor allem im Mittelmeerraum wächst. Guarmehl (Guaran) stammt aus dem Samen einer einjährigen indischen Kulturpflanze, hat einen sehr ähnlichen Aufbau wie das Johannisbrotkernmehl und ist ebenfalls unter der Bezeichnung Galaktomannan als Polysaccharid bekannt. Die beiden Mehle werden in der Druckerei nicht verwendet, sondern meist nur die durch spezielle Verfahren aufgeschlossenen

Produkte, die jedoch nicht alkalibeständig sind und mit Alkali koagulieren. Zu diesen Produkten gehören u.a.:

Diagum D (2,5–3%ig) *Diamalt*,
Meypro-Gum KN (2,5%ig), KD (5%ig) *Meyhall*.

Es handelt sich um körperarme Verdickungsmittel, die jedoch vor allem für neutrale bzw. saure Druckpasten geeignet sind. Ihr Anwendungsgebiet liegt im Druck von Direkt-, Säure-, Beizen-, basischen Farbstoffen, im Ätz- und Reservedruck. Ebenfalls lassen sich Anilinschwarz-Echtbasen und -salze mit den Produkten drucken. Dabei wird meist mit Stärke oder anderen Verdickungsmitteln kombiniert. Da Galaktomannane mit Alkali koagulieren, können sie auch im Zweiphasendruck mit Küpen- und Reaktivfarbstoffen verwendet werden. Die Produkte sind konserviert, es empfiehlt sich jedoch, Druckpasten bei längerer Lagerung entsprechend nach zukonservieren, vor allem, wenn mit Verdickungsmitteln kombiniert wird, die zu Schimmel- oder Bakterienbefall neigen. Bei der Verarbeitung werden die Produkte in Kaltwasser eingestreut und 15–20 min gekocht und kaltgerührt. Ein Zusatz von 10 ml/kg Essigsäure zur Stammverdickung verbessert die Haltbarkeit der Verdickungen gegenüber schädlichem Einfluß von Alkali.

Weit ausgedehnter ist die Verwendung von **Johannisbrotkernmehläthern,** die durch Oxäthylierung oder Karboxymethylierung mit unterschiedlicher Viskosität in der Verdickung industriell gewonnen werden. Es handelt sich dabei um Verdickungsmittel, die für alle Druckverfahren geeignet sind. Die Produkte werden durch Einrühren in Kaltwasser und Aufkochen während 2–15 min verarbeitet. Wird auf dem Schnellrührer gearbeitet, genügt zur Homogenisierung ein 4–6stündiges Quellen, ohne daß die Verdickung gekocht wird, wenn die Produkte in das Lösungswasser eingestreut werden. Von den Kernmehläthern sind eine Vielzahl von Produkten auf dem Markt, die sich auch zum Nachdicken von zu dünn gewordenen Druckpasten eignen. Eine allgemeine Anwendungsvorschrift läßt sich deshalb kaum geben. Die Verdickungen reagieren meist schwach alkalisch und *koagulieren* mit Borax, weshalb man sie bevorzugt für den Zweiphasendruck von Küpenfarbstoffen einsetzt und mit Stärke, Stärke- bzw. Zelluloseäthern und Tragant kombiniert. Kernmehläther sollen nicht mit Natur- oder Kristallgummi kombiniert werden, da inhomogene Pasten entstehen. Auch Dextrin und Britischgummi ergeben in größeren Mengen mit Kernmehläthern Ausflockungen. Außer mit Borax sind die Produkte mit allen in der Druckerei vorkommenden Alkalien, Säuren und Chemikalien verträglich. Die *hochviskosen, körperarmen Kernmehläther* werden in der Regel, evtl. mit den bereits angegebenen anderen Verdickungsmitteln für den Druck von Küpenfarbstoffen nach dem Ein- und Zweiphasenverfahren, Reaktiv-, Leukoküpenester-,

Entwicklungs-, Direkt-, Beizen-, Phthalocyanin- und Schwefelfarbstoffen sowie Anilinschwarz eingesetzt. Auch zum Druck von Echtsalzen und für den Ätzdruck sind die Produkte geeignet. Die *niedrigviskosen, körperreicheren Kernmehläther* werden hauptsächlich für den Druck von Proteinfasern, Sekundäracetat- und synthetischen Fasern und deren Mischungen im Ätz- und Reservedruck verwendet. Der besondere Vorteil ist die leichte Auswaschbarkeit der Produkte. Kernmehläther sind konserviert, es empfiehlt sich jedoch dann eine zusätzliche Konservierung, wenn die Druckpasten länger gelagert werden. Kernmehläther kommen u.a. als:

Alkagum NS (6%ig) *Diamalt*,
Alkaprint (6%ig) *Diamalt*,
Diagum R (12%ig) *Diamalt*,
Diaprint SF (12%ig) *Diamalt*,
Produkt 610 (6%ig) *Diamalt*,
Lameprint PHN, A, M (5%ig), P (3,5%ig) *Grünau*,
Verdickung 301 (16%ig), 301 extra (12–13%ig) *Grünau*,
Meypro-Gum CR, CRX, PAM (5%ig), CRT, PA (6%ig), PL (3,5%ig), PAT (4%ig), AC, AC 7 (8%ig), NP (12%ig) *Meyhall*,
Polyprint multus, EV, M 105 (5%ig), X 1451 (3,5%ig), X 1451 LV (7%ig), S 138 (16%ig) *Polygal*,
Solvitose Gummi OFC, OFA (5%ig), OFC 10 (10%ig) *Sichel/Scholten*,
Cesalpiniagum (2,5%ig) *Cesalpinia*,
Indalca U, UG (4–5%ig), U/BV, UG/BV (7–8%ig), U/HV, UG/HV (3,5–4%ig), A, AG (4–5%ig), A/BV, AG/BV (7–8%ig), A/HV, AG/HV (3,5–4%ig), FAG (2,5%ig), 200 (4,5–5%ig), U/ST (14%ig), 759 (11–12%ig), N (18%ig), PA/1 (3–4%ig), PA/2 (4–4,5%ig), PA/3 (7–8%ig), S (3–5%ig) *Cesalpinia*

in den Handel. Spezielle Kernmehläther werden auch als Stabilisatoren für den Emulsionsdruck (z.B. Lameprint P 3–3,5%ig/*Grünau*) für Pigment- und Reaktivfarbstoffe und den Vigoreuxdruck eingesetzt. Als Meypro-Gum E, EM (*Meyhall*), Polyprint CPH-54 (*Polygal*) sind außerdem *selbstemulgierende Verdickungsmitel* (S. 131) auf dem Markt, die in Mengen von 22–35 g/kg in der Stammemulsionsverdickung verwendet werden und für die Emulsion des zugesetzten Schwerbenzins in der Öl-in-Wasser-(O/W-)Emulsion keinen Emulgator zusätzlich benötigen.

Zelluloseäther. Als wasserlösliche Zelluloseäther kommen *Methyl-* (Methylhydroxyäthyl-), *Hydroxyäthyl-* und *Carboxymethylzellulose* (CMC, Zelluloseglykolat) als Druckverdickungsmittel auf den Markt, die unterschiedliche Viskositäten und Verhalten aufweisen. Zu diesen Produkten gehören u.a.:

Tylose H 300 (6%ig), H 4000 (2,5%ig), H 2000 (3,5%ig), MH 300 (3,5%ig) *Hoechst*,
Verdickung V extra (15–18%ig), V extra super (18–20%ig) *Grünau*.

Die Produkte sind kaltwasserlöslich und werden unter Rühren (evtl. mit einem Schnellrührer) in kaltes Wasser eingestreut. Lediglich Methylzellulosen koagulieren durch Erwärmen und durch Zusatz von Alkali, weshalb man Tylose MH 300 im Zweiphasendruck von Küpen- und Reaktivfarbstoffen einsetzt. Die Hydroxylzellulosen (Tylose-H-Marken) und auch die niedrigviskosen Carboxymethylzellulosen (Verdickung-V-Marken) können mit allen anderen Verdickungsmitteln kombiniert und auch allein für alle Farbstoffklassen, den Ätz- und Reservedruck eingesetzt werden. Die niedrigviskosen, körperreichen Zelluloseäther eignen sich besonders für den Druck von Protein-, Acetat- und synthetischen Fasern. Werden Zelluloseäther allein verwendet, ist eine Konservierung nicht nötig, mit anderen Verdickungsmitteln, die zu Schimmelbildung neigen, werden die Verdickungen mit 0,2–0,5 g/kg chlorierter Phenole (S. 111) konserviert. Wegen der Kaltlöslichkeit ist ein besonderes Auswaschen der bedruckten Ware nicht nötig. Bei Zelluloseäthern, die durch Alkali koagulieren, ist nach der Fixierung der Drucke ein Neutralwaschen unbedingt notwendig. Die Hydroxylzellulosen (z.B. Tylose H 300) werden auch zum Stabilisieren von Öl-in-Wasser-(O/W-)Emulsionsverdickungen für Reaktivfarbstoffe eingesetzt.

Alginate. Im letzten Jahrzehnt erfreuen sich Produkte auf Basis von *Alginsäuren* als Druckverdickungsmittel ausgedehnter Verwendung. Aus Meeresalgen (Laminarien), vor allem aus *Braunalgen* (Laminaria digitata), werden Alginate industriell gewonnen und kommen als alginsaures Natrium, Ammonium oder als Triäthanolaminalginat in Pulverform in den Handel. Sie werden durch Einstreuen in Kaltwasser unter Rühren zu Stammverdickungen verarbeitet. Als Naturprodukte neigen sie bei längerem Stehen zur Schimmelbildung und werden deshalb mit Formaldehyd oder gechlorten Phenolen konserviert. Zink-, Kupfer- oder Quecksilbersalze sind wegen der Metallempfindlichkeit der Alginate ungeeignet.

Alginate sind *säureempfindlich* und koagulieren mit Mineral-, Milch-, Zitronen- und Weinsäure, wenn die Druckpasten um 4 oder tiefere pH-Werte erreichen; bei pH 4 tritt bereits eine Viskositätserhöhung ein. Durch Zusatz von Puffersalzen (z.B. Natriumacetat) bzw. Ammonsalzen organischer Säuren oder Essigsäure wird die Säureempfindlichkeit aufgehoben. Gegen *Ätzalkalien* sind die meisten Alginate empfindlich. Durch Zusatz von 1/3 Triäthanolamin der angewandten Alkalimenge kann auch diese Schwierigkeit behoben werden. Gegen schwächere Alkalien (z.B. Karbonate) besteht ebenfalls Empfindlichkeit, die man durch Zusatz der Pottasche oder Soda bei Temperaturen über 60 °C eliminieren kann. Bei hohen Mengen empfiehlt sich jedoch auch hier der Zusatz von Triäthanolamin. Inzwischen hat die Industrie alkalibeständige Alginate auf dem Markt, die vor allem beim Küpendruck Einsatz finden. Alginate aus Braunalgen sind *hitzeempfindlich* und sollen nicht gekocht werden. Durch Kombinationen mit Verdickungsmitteln, die durch Kochen gelöst werden müssen, sollen Alginate erst nach Abkühlen auf 60–80 °C zugerührt werden. Alginate aus Braunalgen sind empfindlich gegen *mehrwertige Metallionen,* die zur Ausfällung von unlöslichen Cu-, Al-, Zn-, Ni-, Ag-, Ca- und Fe-Alginaten führen. Durch Zusatz von anorganischen oder organischen *Komplexbildnern* (z.B. 0,3–0,16 g/l Trilon A oder B/*BASF* je 1 l und 1° d.H.) werden Ausfällungen verhindert. Die anorganischen Komplexbildner (kondensierte Phosphate), wie z.B. Calgon T (*Benckiser*), die in Mengen von 10–20 g/l Lösungswasser verwendet werden, haben den Vorteil, daß sie zusätzlich eine ausgesprochene Dispergierwirkung zeigen und dadurch die Egalität und den Durchdruck fördern. Meist setzt man die Produkte auch dem Waschwasser zu, um auch dort Ausfällungen der Alginate durch Hartwasser zu vermeiden.

Die aus Rotalgen hergestellten *Carragheenate* zeigen von den Alginaten aus Braunalgen abweichende Eigenschaften. Sie reagieren nicht mit mehrwertigen Metallionen, sind also nicht härteempfindlich, und können auch zum Druck von Echtbasen und -salzen, Phthalocyanin-, Naphthol-, Entwicklungs-, Säure-, Metallkomplex-, Beizen- und allen anderen Farbstoffen eingesetzt werden, die auch mit Natriumalginaten verdickt werden. Ein weiterer Vorteil besteht darin, daß sie durch Kochen keine Viskositätsänderung erleiden und somit auch mit Verdickungen kombiniert werden können, die ein Aufkochen benötigen. Eine Depolymerisation tritt weder beim Kochen noch beim Ansetzen der Druckverdickungen auf dem Kombinator bzw. Vatator (S. 139) ein. Die Alkaliempfindlichkeit ist sehr gering, und man verwendet sie deshalb vorteilhaft im Druck von Küpenfarbstoffen im Ein- und Zweiphasenverfahren. Für letztere Verfahren sind auch hochviskose (körperarme) Natriumalginate verwendbar, die nur wenig alkaliempfindlich sind.

In der Gesamtheit sind Alginate und Carragheenate zum Druck aller Farbstoffklassen, Ätzen und Reserven geeignet. Die Hersteller haben in ihren Angeboten eine sehr große Anzahl von Produkten, die jeweils allein oder mit anderen Verdickungsmitteln kombiniert werden. Es ist an dieser Stelle nicht möglich, die einzelnen Produkte zu beschreiben und die besondere Eignung der Einzelprodukte anzugeben. Alginate sind auch als Stabilisatoren in Emulsionsverdickungen üblich, teilweise enthalten die speziellen Handelsprodukte bereits einen Emulgator. Alginate und Carragheenate kommen u.a. unter nachstehenden Handelsnamen auf den Markt und werden, allein verwendet, mit der in Klammer gesetzten Menge eingesetzt:

Cecalginat HV/KP, HV/V (2,5–3%ig), HV, AHV, HV/R, HV/JS (3–4%ig), AP 20/30, AP 20/30 R (6–10%ig), TBV/J, TBV/JR (10–12%ig), TBV/S, TBV/C TBV/K (5–8%ig), BV/JS (10–14%ig), 80 (5%ig) *CECA/Scharf,*
Gomarine CKM (5–10%ig) *CECA/Scharf,*
Dialgin HV (3–4%ig), NMV (6–7%ig) *Diamalt,*
Diganat TLX/N (6–7%ig), 35 T/5 (3,5%ig), TBV (10%ig) *Smit,*
Meypralgin R/HV (3,5–4%ig), R/MV (5%ig), R/LV (12%ig) *Meyhall,*

Omytex HV (3%ig), TBV (8–10%ig) *Sichel*,
Manutex RS (3–4%ig), KP (1,5–3%ig), KRS-H (1–2,5%ig), LO (3%ig), F (4–8%ig), C (3,5%ig), VK (9–10%ig) *Alginate*,
Lamitex (3%ig), H (2,5%ig), CN (3,5%ig), L (4%ig), ATP (8%ig), CO (8%ig), L 10 (10%ig) *Protan/Carroux*,
Protakyp KH (8%ig), K (10%ig) *Protan/Carroux*.

Emulsionsverdickungen. Diese Art von Druckverdickungen werden vor allem im Pigmentdruck eingesetzt. Obwohl bei einer bestimmten Auswahl von Emulgatoren, Stabilisatoren usw. Emulsionsverdickungen zum Drucken aller Farbstoffklassen verwendet werden können, sind sie doch außerhalb des Pigmentdruckes weniger üblich. Man unterscheidet im Prinzip 2 Arten von Emulsionsverdickungen auf Grund der äußeren und inneren Phase der Emulsion. Unter äußerer Phase versteht man das Medium, welches das in diesem unlösliche Substrat als Emulsion in einer Teilchengröße von 1–20 μm meist in Kugelform enthält. Für den Textildruck kommen als Verdickungsmittel spezielle *Schwerbenzine*, die auch als Wasch-, Lack- oder Testbenzin, Kristallöl und white spirit im Handel sind, zur Anwendung. Leider werden oft Benzinqualitäten angeboten, welche keineswegs optimale Erfolge im Druck erbringen. Das liegt vor allem an den sog. Siedeschwänzen des Benzins. Das heißt, es soll für das Drucken von allen Farbstoffen eine Benzinqualität verwendet werden, die in möglichst engen Siedegrenzen überdestilliert. Für den Pigmentdruck sind diese Benzine ebenfalls verwendbar, solche mit abfallenden oder ansteigenden Siedeschwänzen außerhalb der normalen Siedegrenzen aber durchaus erwünscht. Das mag ein wichtiger Grund dafür sein, daß der Emulsionsdruck mit Pigmentfarbstoffen eine billigere Benzinqualität erfordert als die anderen Farbstoffklassen und deshalb dort weit häufiger üblich ist.

Ein wesentlicher Vorteil des *Pigmentdrucks mit Emulsionsverdickungen* besteht darin, daß diese Farbstoffe nach dem Druck nicht mehr gewaschen werden müssen und dadurch die unbedingte Notwendigkeit besteht mit Verdickungsmitteln zu arbeiten, welche, ohne die Ware zu versteifen, auf der Ware bleiben können. Derartige Verdickungsmittel, die man evtl. als „körperlos" bezeichnen könnte, gibt es außer den Emulsionsverdickungen nicht. Pigmentdrucke jeder Art führen, wenn auch oft in geringer Weise, immer zur Versteifung des Deckers, die durch Verwendung von konventionellen Verdickungsmitteln meist so verhärtet würde, daß weit mehr Beanstandungen wegen „harter Ware" auftreten würden. Bei den anderen Farbstoffklassen ist eine Nachwäsche in fast allen Fällen zur Entfernung des nichtfixierten Farbstoffes notwendig, wobei sich die meisten konventionellen Verdickungsmittel mit herauslösen und eine Versteifung des Deckers in der fertigen Ware nicht auftreten kann. Ein weiterer Nachteil, der allen Emulsionsverdickungen anhaftet, ist die Notwendigkeit, mit einer brennbaren Flüssigkeit (Benzin) arbeiten zu müssen, das meist mit einer Dichte von 0,760–0,785 und Siedegrenzen von 140–260 °C verwendet wird und einen Flammpunkt von über 300 °C hat. Die Explosivgrenzen liegen bei 0,5–6 Vol.-% in Luft, so daß bereits 1 kg Benzin in 40 m³ Luft ein explosives Gemisch darstellt. Das bedeutet für den Verarbeiter erhöhte Sicherheitsbestimmungen an elektrischen Anlagen, strengstes Rauchverbot und schnellste Abführung von mit Benzin verunreinigter Luft im Arbeitsraum und vor allem im Trockner, wobei 1 kg Benzin aus Sicherheitsgründen mit 80–120 m³ Luft abgeführt werden muß. Die Druckpasten selbst sind wegen des geringeren Benzingehaltes explosionssicher, können aber z.B. in Kanälen durch das verdunstete Benzin durch Unachtsamkeit zur Explosion führen. Ein weiterer Nachteil besteht darin, daß Benzin in größeren Mengen auf Lager gehalten werden muß, wozu Emballagen und besonders gesicherte Lagerräume vorhanden sein müssen, und da fast niemals mit Benzin als Verdicker allein gearbeitet werden kann, zusätzlich konventionelle Verdickungsmittel gelagert werden müssen. In den Emulsionsverdickungsmittelpasten sind bei O/W-Emulsionen 400–800 g und in den W/O-Emulsionen etwa 200 g Benzin notwendig, die bei Verwendung konventioneller Verdickungsmittel aus Wasser bestehen, was natürlich einen höheren Preis der Emulsionsverdickungen bedeutet.

Die vorstehenden Ausführungen könnten Anlaß geben, zu glauben, daß Emulsionsverdickungen nur Nachteile haben. Das ist jedoch keineswegs der Fall. Drucke mit Emulsionsverdickungen trocknen in der Regel weit schneller als „wässerige“ Drucke, versteifen die Ware als „körperlose“ Verdickungsmittel überhaupt nicht, der Farbstoff muß beim Fixieren nicht aus der Verdickung, da keine vorhanden ist, an die Ware abgegeben werden, und es resultieren meist farbstärkere Drucke. Beim Auswaschen ist ein Vorquellen und zusätzliches Entfernen der Verdikkung mit dem darin verbliebenen Farbstoff unnötig, und die Waschbäder wirken direkt auf den nichtfixierten Farbstoff ein. Die Druckdecker sind nicht hart und neigen dadurch weniger oder überhaupt nicht zum Absplittern, vor allem beim Druck von hydrophoben Fasern (Sekundär-, Triacetat- und synthetische Fasern). Der Durchdruck ist in der Regel besser als mit konventionellen Verdickungsmitteln und kann durch Zusatz letzterer Produkte in sog. Halbemulsionen gesteuert werden.

Zur Herstellung von Emulsionsverdickungen sind unbedingt gute *Schnellrührer* (S. 140), die nach den Turbinen- oder ähnlichen Prinzipien arbeiten, notwendig. Das mag als Nachteil gelten. Da jedoch heute in der Textildruckerei zur schnellen Herstellung anderer Verdickungen diese Einrichtungen vorteilhaft sind, dürfte diese Tatsache kaum als Nachteil angesehen werden können. Es ist deshalb im Rahmen dieser Zeilen nicht möglich, eine generelle Entscheidung für oder gegen den Emulsionsdruck zu fällen, da diese daneben noch von weiteren Faktoren abhängt, wie

z. B. der Art der Ware, den mechanischen Druckeinrichtungen und vielen anderen Umständen. Es dürfte außerdem kaum möglich sein, nur mit Emulsionsverdickungen zu arbeiten. In der Regel werden Pigmentfarbstoffe nur mit Emulsionsverdickungen gedruckt und neben den konventionellen Verdickungen für andere Farbstoffklassen auch Emulsionsverdickungen dort eingesetzt, wo sie technologische Vorteile erbringen.

Als Emulsionsverdickungen sind 2 Typen im Gebrauch. Bei den **Öl-in-Wasser-Emulsionen** ist die innere Phase das Öl – in diesem Fall das Benzin – und die äußere Phase das Wasser. Dieser Typ wird als *O/W-Emulsion* bezeichnet und ist zur Zeit im Textildruck weit häufiger. Im Prinzip werden die wasserlöslichen Emulgatoren in Wasser gelöst und das Benzin in Mengen von 400–800 g/kg in mehreren Portionen auf dem Schnellrührer mit mindestens 1500 U/min eingerührt. Als *Schutzkolloid* ist der Zusatz von 400–600 g/kg einer meist körperarmen Verdickung zur Stabilisierung der Emulsion vorteilhaft, die zuletzt in die Emulgator/Wasser/Benzin-Emulsion am Schnellrührer einemulgiert wird. Diese Emulsionsverdickungen werden oft fälschlich als *Halbemulsionen* bezeichnet, die es physikalisch nicht gibt. Das zugesetzte Verdickungsmittel hat neben der stabilisierenden Wirkung die Aufgabe, den Farbstoff zusätzlich an der Faser zu halten, da die Emulsion beim Trocknen bricht und der Farbstoff evtl. von der hydrophoben Faser abfällt. Einige Emulgatoren müssen vor der Verwendung in Wasser gelöst werden, was vorteilhaft auf dem Wasserbad geschieht (z. B. Diphasol EV/*CIBA*), das 1:7 bei 60–70 °C verarbeitet und dann als 12,5%ige Lösung verwendet wird. Die Emulgatoren sind meist nichtionogene Produkte, die in Mengen von 10–40 g/kg Stammverdickung verwendet werden. In diese Stammverdickungen werden die mit allen Zusätzen versehenen Farbstoffe möglichst auf dem Schnellrührer eingerührt. Es ist jedoch auch der direkte Einzelansatz möglich. Dabei werden den gelösten Farbstoffen auf dem Schnellrührer der Emulgator – evtl. in vorgelöstem Zustand –, dann das Schutzkolloid, das Benzin und zuletzt die anderen Chemikalien zugerührt. Als Schutzkolloide kommen vornehmlich körperarme (hochviskose) Alginate, Carragheenate, Johannisbrotkernmehl- und Stärkeäther, seltener körperreiche Verdickungen in Betracht. Die Emulgatoren sind u. a. als:

Dias-Emulgator	*Diamalt*	Emulgator W, EVD	*Bayer*
Diphasol EV	*CIBA*	Mulsoprint CH	*Durand*
Emulgator DMR	*Hoechst*	Uniperol O	*BASF*

im Handel und werden in Mengen von 10–25 g/kg Stammverdickungen eingesetzt. Einige Firmen haben auch Mischungen von Emulgatoren mit Schutzkolloiden auf dem Markt, die als „selbstemulgierende Verdickungsmittel" bezeichnet werden. Sie werden meist mit 20–40 g/kg Stammverdickung verwendet, die Produkte in das Lösungswasser eingerührt und 20–30 min ausgequollen. Erst dann wird das Benzin einemulgiert. Mit diesen Produkten ist es auch möglich, ohne Schnellrührer zu arbeiten. Dabei werden Benzin und Wasser vorgelegt, und unter kräftigem Rühren wird der Emulsionsverdicker nachgesetzt und mehrere Stunden ausgequollen. Zu diesen Produkten gehören u.a.:

Mypro-Gum, EM, EMX	*Meyhall*	Polyprintemulsionsverdicker CPH	*Polygal*
Emulose CH	*Durand*		

Der zweite Typ der Emulsionsverdickungen, der heute noch wenig verwendet wird, ist die **Wasser-in-Öl-Emulsion,** meist als *W/O-Emulsion* bezeichnet, bei der die innere Phase das Wasser und die äußere das Öl darstellt. Die Verwendung ist vielfach an die Lizenz der Erfinder gebunden, so z.B. das SAICATEX-Verfahren der *Societá Anonima Italiana Colori e Affini*, Mailand, auf dem auch das Neopate (*Francolor*) und das Nova-Verfahren (USA) basieren. Das Luprintol-Verfahren der *BASF* beruht jedoch nicht auf diesen Prinzipien. Die Verwendung und Herstellung von W/O-Emulsionsverdickungen erfordert gewisse Besonderheiten, dazu gehören, daß dabei nur sehr gute Benzine verwendet werden müssen, die keine Siedeschwänze aufweisen. Zur Herstellung der Emulsion sind sehr gut emulgierende Schnellrührer (Turbinen, z.B. Geräte von *Karg*, S. 140) notwendig, um eine ausreichende Feinverteilung des Wassers und damit eine ausreichende Stabilität der Emulsion zu erreichen. W/O-Emulsionen lassen sich mit Wasser nicht verdünnen und müssen im Verschnitt ausreichende Mengen der gleichen Stammemulsion enthalten. Diese Tatsache macht es notwendig, daß die Druckschablonen und -walzen vor dem Druck absolut trocken sein müssen, wenn nicht schlecht deckende Druckflächen im Anfang des Druckes auftreten sollen. Da sich das Benzin in der äußeren Phase befindet, ist stärkeres Verdunsten des Benzins nicht zu vermeiden. Im Anfang der Verwendung der W/O-Emulsionen waren die Emulsionen nicht so stabil wie durch die heute verwendeten Emulgatoren, es kam häufig zum Brechen der Emulsion auf den Druckeinrichtungen, und es waren dann diese Geräte und Einrichtungen wesentlich schwerer zu reinigen. Die mit den heute verfügbaren Emulgatoren hergestellten Verdickungen sind als Emulsionen monatelang haltbar und lassen sich durch einen kräftigen Wasserstrahl von den Druckeinrichtungen schnell entfernen. Als Nachteil der Verfahren muß jedoch gesagt werden, daß für die einzelnen Farbstoffklassen meist besondere Emulgatoren notwendig sind und durch die Stellmittel der Farbstoffe einzelne Farbstoffe nicht gedruckt werden können. Auch die höhere Viskosität der W/O-Emulsionen wird oft als Nachteil angeführt. Preisvergleiche haben jedoch ergeben, daß z.B. der Druck mit Reaktivfarbstoffen mit Alginaten allein und nach der W/O-Emulsionsmethode kaum Unterschiede aufweist. Als Vorteile sind weiter die gleichen wie beim O/W-Emulsionsdruck anzugeben. Daneben muß gesagt werden, daß zum Ansatz der Stammemulsionen meist nur 30–100 g/kg Benzin verwendet werden müssen, die

Drucke klarer und damit brillanter sind, schärfere Konturen aufweisen, die nassen Decker weniger zur Übertragung (Abflecken) neigen und damit leichter naß-in-naß gedruckt werden kann.

Beim SAICATEX-Verfahren wird wie folgt gearbeitet: Zur Herstellung der *Ölphase* werden

30 g Saicatexemulgatoren bei 60–70 °C auf dem Wasserbad geschmolzen und
30 g Schwerbenzin zugesetzt.

In diese Ölphase wird die *Wasserphase* unter Verwendung eines Schnellrührers mit 2400–2800 U/min langsam zugesetzt. Die Wasserphase besteht aus allen Zusätzen, wie Farbstoff, Chemikalien und körperarmen Verdickungsmitteln, wie z. B. Alginate oder Carragheenate, die in der gleichen Menge (500–600 g/kg Druckpaste) verwendet werden. Zur Viskositätsänderung wird Wasser verwendet, das eine höhere Viskosität (Zügigkeit), und Benzin, das eine Herabsetzung der Viskosität bewirkt. Als besondere Emulgatoren sind für das SAICATEX-Verfahren die nachfolgenden Produkte im Handel:

Saicatex C 200% für Reaktiv-, Dispersions-, Säure und Direktfarbstoffe,
Saicatex spezial 200% für Beizenfarbstoffe,
Saicatex flash 200% für das Zweiphasenverfahren für Küpenfarbstoff,
Saicatex NI für das Einphasenverfahren im Küpendruck,
Saicatex TH für indigoide Küpenfarbstoffe.

Die vorstehenden Produkte werden von der *SAICA* bzw. im Ausland von Vertreterfirmen (in Deutschland von *Scharf*) geliefert. Von *Francolor* sind die öllöslichen Emulgatoren als *Fond-Neopate* im Handel. Von *Bayer* werden in der Ölphase 30 g Emulgator OLD + 5 g EVD mit 200 g Benzin eingesetzt.

Für das Bedrucken von Synthesefasern und die Thermofixierung wurden von der *BASF* als *Luprintol S* und *FB* Hilfsmittel herausgebracht, die zur Herstellung von W/O-Emulsionen dienen. Dabei fungiert Luprintol S als öllöslicher Emulgator, der bei über 55 °C flüssig wird und so mit 130–170 g Benzin versetzt wird. In diese werden 50–100 g Luprintol FB eingesiebt. Das Produkt kann jedoch auch in der Wasserphase verwendet werden und wird in das Lösungswasser eingesiebt. Die Wasserphase besteht aus 50–100 g Solvitose C5 (*Sichel/Scholten*) und enthält als Ausgleich 740–595 g Wasser. Auch hier wird die Wasserphase auf dem Schnellrührer in die Ölphase einemulgiert. Neben Solvitose C5 lassen sich auch andere Verdickungsmittel, wie Alginate oder Johannisbrotkernmehläther, einsetzen. Das Luprintol FB ist eine Kunststoffdispersion welche die Aufgabe hat, den oberflächlich sitzenden Druckfarbstoff nach dem Trocknen an die Faser zu binden und dadurch die Reibechtheit der unfixierten Drucke zu verbessern. Das Produkt wird beim Waschen der fixierten Drucke aus der Ware entfernt. Von amerikanischen Firmen werden W/O-Emulsionsverdickungen auch für den Pigmentdruck empfohlen.

Neben den vorstehend angegebenen Verdickungsmitteln ist, allerdings mit geringerer Bedeutung, noch Polyvinylalkohol (z.B. Vinarol ST/*Hoechst*, 20–25%ig) im Gebrauch, der mit Alkali koaguliert, aber wegen seines zur Zeit noch hohen Preises im Druck weniger verwendet wird. In Ausnahmefällen, vor allem wenn anorganische Weißpigmente wie Titan- oder Zinkweiß auf der Faser im Ätzdruck fixiert werden sollen, wird Eialbumin 1:1 verwendet, das durch Dämpfen wasserunlöslich wird und damit als Binder dient. Weitere anorganische Verdickungsmittel, wie z.B. Kaolin, haben kaum Bedeutung erlangen können, da sie nicht die von einem guten Verdickungsmittel verlangten Eigenschaften aufweisen.

Als *Lutexal U* wird von der *BASF* ein neues Verdickungsmittel auf Maleinsäurebasis mit 30% Feststoffgehalt, toluolhaltig, auf den Markt gebracht, das sich für den Druck von Küpen-, Dispersions-, Reaktiv-, Säure-, Metallkomplex- und Direktfarbstoffen eignet. Das Produkt wird 8–14%ig verwendet und ist mit Ammoniak auf pH 10 eingestellt. Bei Verwendung im Küpendruck kann nur nach dem Zweiphasenverfahren gearbeitet werden. Die besonderen Vorzüge des Produktes liegen in der leichten Quellbarkeit in kaltem Wasser, der Unempfindlichkeit gegen Verquetschen, dem egalen Druck mit hoher Ausbeute und der leichten Auswaschbarkeit Lutexal U ist etwas gegen Elektrolyte empfindlich, welche die Zügigkeit herabsetzen.

Bei der Beschreibung des Druckes auf verschiedenen Faserstoffen (Kap. 11 bis 16) wird die Druckpaste als Vollfarbe und Copure angegeben. Bei der **Vollfarbe** handelt es sich meist um den Ansatz mit verhältnismäßig hohen Farbstoffanteil. Bei der **Copure** oder dem **Verschnitt** werden neben der Verdickung noch die zur Farbstoff-Fixierung notwendigen Chemikalien – jedoch ohne Farbstoff – angegeben, die meist in geringeren Mengen notwendig sind. Die Copure hat den Zweck, den für die Vollfarbe notwendigen Ansatz in der gleichen Nuance zu verdünnen, da es sehr häufig vorkommt, daß neben der tiefen Nuance auch bestimmte, hellere Abstufungen gedruckt werden müssen. Durch Verwendung von Verschnittverdickungen wird der Neuansatz der Druckverdickung erspart. Dabei wird meist 1:1, 1:2, 1:3 usw. mit Verschnittverdickung verdünnt, wobei die in der Farbküche üblichen Rührwerke, Mischer usw. (S. 138) eingesetzt werden.

5. Kleber

Im Handfilmdruck und auf Filmdruckmaschinen ist es notwendig, die Stückwaren auf den Tisch oder das Drucktuch aufzukleben, im Walzendruck werden nur sehr dünne oder elastische Waren auf das Drucktuch oder den Mitläufer geklebt bzw. vor dem Druck auf letzteren kaschiert.

Für den Filmdruck können neben einem Großteil der Verdickungsmittel, die nach dem Druck wieder abgewaschen werden, auch Permanent- oder Dauerkleber eingesetzt werden, die mit Wasser nicht entfernt werden können und für längeren Gebrauch bestimmt sind.

Als *Einmalkleber* kommen körperreiche Verdickungsmittel in Betracht, die meist in gleicher Menge verwendet werden, wie sie auch in Verdickungen üblich sind. Dazu gehören Dextrin und Arabischgummi. Daneben werden auch Stärkeäther z.B. Solvitose H (10–30%ig), H4 (10–20%ig) und X1Z (14–20%ig), alle von *Sichel*, verwendet. Auch sind Kleber auf Polyvinylalkoholbasis im Gebrauch, wie z.B. Vinarol ST (15–20%ig) von *Hoechst* oder Sichello V und Z (7–10%ig) von *Sichel*. Von *Kissel* werden als Kiwocoll-Kleber ebenfalls Einmalkleber hergestellt. Für das Kleben von Synthesefasergewirken auf Mitläufern wird z.B. Kiwocoll A 614 (*Kissel*) empfohlen. Alle Produkte werden entweder von Hand aus auf die Tische gerakelt, oder man verwendet entsprechende Klebewagen (S. 50). Nach dem Druck müssen sich die Gewebe leicht vom Tisch lösen und die Kleber durch Waschen mit Warmwasser wieder entfernbar sein. Zum Waschen werden entweder weiche Bürsten oder Waschwagen mit Rakeln verwendet, mit denen der gelöste Kleber in die Waschrinnen an den Tischseiten gestrichen wird.

Als *Dauerkleber* kommen Produkte auf Kunststoffbasis in den Handel, die in gleicher Weise wie die Einmalkleber auf die Druckdecke der Tische aufgebracht werden. Man arbeitet je nach Gewebestärke mit maximal 80 g/m². Die meisten Dauerkleber können mit Wasser abgewaschen werden, um Faserflusen oder sonstige Verunreinigungen zu entfernen. Die Dauerkleber verlieren dann ihre Klebkraft und geben die Flusen frei. Die Klebkraft tritt jedoch sofort wieder auf, wenn die Tische trocken sind. Zu diesen Produkten gehören u.a.:

Kleber FD	*CIBA*
Lubasin C, S	*BASF*
Kiwotex-Marken	*Kissel*

Als Nachteil der Dauerkleber gilt, daß die gesamte Tischfläche mit diesem Kleber versehen werden muß und, wenn schmale Stückwaren gedruckt werden, auch die Schablonengewebe mit dem Kleber in Berührung kommen und dann der Lack abgelöst werden kann. In solchen Fällen empfiehlt es sich, die unbenutzte Kleberfläche mit Gewebe abzudecken. Neuerdings werden von verschiedenen Firmen auch *Thermokleber* empfohlen, die vor allem auf Filmdruckmaschinen (S. 55) besondere Vorteile bieten. Dabei werden mittels einer Heizwalze die Klebkraft entwickelt, die Stückwaren aufgeklebt und den Schablonen zugeführt. In kaltem Zustand verlieren die Kleber ihre Klebkraft, und es kann dann mit konventionellen Klebern gearbeitet werden. Oft ist es notwendig, das Gewebe fest auf das Drucktuch der Filmdruckmaschinen aufzupressen.

Man verwendet für diesen Fall meist eine Blindschablone (ohne Muster) ohne Druckpaste, und das eingesetzte Rakel preßt aus „erster Hand" die Stückware auf das mit Kleber versehene Drucktuch. Beim *Kaschieren* auf den Mitläufer werden diese mit Kleber berakelt, mit der Ware zusammen auf Trockenzylindern getrocknet bzw. auch zwischen mäßig beheizten Kalanderwalzen aneinandergepreßt und anschließend getrocknet, aufgerollt und den Druckmaschinen zugeführt. Oft erübrigt sich dann ein nochmaliges Kleben auf das Drucktuch. Im Rouleauxdruck wird oft das erste Farbwerk als Klebewerk verwendet und aus zweiter Hand die Ware auf den Mitläufer oder das Drucktuch, wenn dieses gewaschen wird, aufgepreßt. Im Klebewerk wird meist eine Picot- oder Haschurenwalze verwendet, die nicht angetrieben, sondern vom Presseur mitgeschleppt wird.

Besondere Vorsicht ist bei Verwendung von Reaktivfarbstoffen geboten, da diese mit einigen Klebern reagieren. Auch ist eine besondere Auswahl dann notwendig, wenn durch Heißluft fixiert wird. Kleber dürfen dann nicht verhornen und in ihrer Auswaschbarkeit leiden. In der Regel sind Dauerkleber für den Maschinendruck und als Kaschiermittel nicht verwendbar. Ihre Klebkraft kann auf Tischen durch nachträgliches Verstärken verbessert werden, zur Entfernung werden meist organische Lösungsmittel wie Aceton, Cyclohexanon, Sprit oder spezielle Klebelöser verwendet.

6. Spezielle Druckereihilfsmittel

In der Regel werden bei der Vorbehandlung von Druckwaren die gleichen Textilhilfsmittel verwendet, wie sie für die Vorreinigung und Bleiche allgemein üblich sind. Gleiches gilt auch für die Nachbehandlung bedruckter Waren, die mit anionischen oder nichtionogenen Waschmitteln gewaschen werden. Die Nachbehandlung gleicht den Arbeiten von Weiß- oder Farbwaren, die eine Ausrüstung (Appretur) erhalten.

In der Druckerei kommen neben auch in der gesamten Textilveredlung üblichen Produkten Hilfsmittel zum Einsatz, die nicht allgemein üblich sind. Dazu gehören vor allem die **hydrotropen Substanzen**, die auch als *Lösungsvermittler* bezeichnet werden und die Aufgabe haben, hauptsächlich Farbstoffe in der in der Druckpaste noch zur Verfügung stehenden Lösungsmittelmenge – meist handelt es sich um Wasser – zu lösen, was meist ohne besondere Hilfsmittel nicht möglich ist. Dabei haben die einzelnen Produkte auch die Funktion als Lösungsmittel selbst übernommen und fördern dadurch auch die Egalität der Drucke, den Durchdruck und teilweise auch die Fixierung der Farbstoffe auf der Faser. Die Wirkungsweise dieser Produkte ist komplex und bisher nicht restlos geklärt. Die Produkte, vor allem gilt das für den Harnstoff oder Thioharnstoff, verbessern nicht nur die Löslichkeit, sondern auch die Fixierung von z.B. Reaktivfarbstoffen, wenn diese durch eine Thermobehandlung (Thermoisolierung) fixiert werden, wobei sich eine Harnstoffschmelze bildet. Hydrotrope Substanzen verteilen die Assoziate der Farbstoffe durch Bildung von Addukten mit diesen, die eine bessere Lösung bzw. Feinverteilung aufweisen, da auch nichtlösliche Farbstoffe durch diese Hilfsmittel eine Veränderung erfahren. Zum besseren Lösen von Farbstoffen werden auch in der Färberei denaturierter Alkohol (Sprit), Pyridin u.a. wasserlösliche, organische Produkte verwendet, die meist mit den Farbstoffen selbst vermischt oder mit dem Lösungswasser gemeinsam verwendet werden. Dabei ist man bestrebt, die Benetzbarkeit der Farbstoffteilchen zu erhöhen und damit eine schnellere Lösung zu erreichen. Gleiches gilt auch von Färbeölen (nicht Druckölen), die teilweise auch hydrotrope Substanzen enthalten und zum Anteigen der Farbstoffe verwendet werden. Als ausgesprochen hydrotrope Substanzen werden jedoch hauptsächlich Glykole (zweiwertige Alkohole = Diole) verwendet, weniger Triole (z.B. Glyzerin) oder noch höherwertige Alkohole, wie z.B. Sorbit, Mannit usw., die jedoch ebenfalls in der Druckerei Verwendung finden.

Alle mehrwertigen Alkohole sind hygroskopisch und in der Lage, hohe Wassermengen zu binden. In der Druckerei sind als Lösungsvermittler *Äthylenglykol, Thiodiglykol* usw. üblich, die u.a. als

Glydot B, BN	*ICI*	Solutene CI, DG, EM	*Francolor*
Glyezin A	*BASF*	Tinosollöser A	*Geigy*
Lyogen TG	*Sandoz*	Vinkol DNB	*Schill*
Lyoprint G	*CIBA*		

im Handel sind. *Glyzerin* wird in der Druckerei weniger wegen seiner hydrotropen als vielmehr wegen seiner hygroskopischen Wirkung in Druckpasten verwendet, um beim Lagern der Druckpasten eine „Hautbildung“ an der Oberfläche zu verhindern bzw. beim Dämpfen mehr Kondensatfeuchtigkeit in den Decker zu ziehen und dadurch eine bessere Farbausbeute bzw. schnellere Fixierung zu erreichen, die teilweise auch mit den Glykolen erreicht wird. Gleiches gilt auch von den höherwertigen Alkoholen, z.B. *Karion F* (*Merck*), und anderen Produkten, die als Stärke-(Zucker-)Sirup verwendet werden.

Besonders häufig ist die Verwendung von *Harnstoff*, der in den meisten Druckpasten verwendet wird, billig ist und die vorstehend angegebenen Forderungen einer hydrotropen Substanz erfüllt. *Thioharnstoff* ist zwar noch wirksamer, jedoch teurer. Meist werden die Farbstoffe mit Harnstoff vermischt, mit heißem Wasser durch Übergießen gelöst und die Lösung in die Stammverdickungen eingerührt. Die Anwendungsmengen hydrotroper Substanzen sind sehr unterschiedlich, betragen aber meist mindestens die gleiche Menge wie Farbstoff. Weniger üblich sind Phenol,

Kresol und deren Salze, die meist nur für bestimmte Farbstoffgruppen eingesetzt, oft auch zur Faserquellung verwendet werden. Daneben sind noch aromatische, sulfosaure Salze (z.B. der Sulfanilsäure, z.B. Solutionssalz B neu/*BASF*), Formamid, Acetamid u.a. Produkte im Gebrauch. Zur Verbesserung der Feinverteilung sind daneben noch spezielle Dispergier- und Emulgiermittel üblich, die meist jedoch nur für bestimmte Farbstoffklassen oder Einzelfarbstoffe verwendet werden und bei diesen angegeben sind. Das gilt auch für die hydrotropen Produkte, deren Verwendung nicht generell angegeben werden kann.

Als **Drucköle** werden meist Kombinationsprodukte verwendet, die Mineralöle und Emulgatoren enthalten und nicht wie die Färbeöle zum Anteigen der Farbstoffe, sondern zur Verbesserung der Geschmeidigkeit der Druckpasten eingesetzt werden. Sie verbessern daneben das „Laufen" auf dem Rouleaux, da sie die Druckwalzen, Rakel usw. mit einem feinen Ölfilm überziehen und dadurch das „Überziehen" der Druckwalzen mit Druckpaste wegen ihrer hydrophoben Eigenschaft verhindern, Rakelanrisse wegen ihrer Schmierwirkung verringern und auch das Rakeln im Filmdruck erleichtern. Oft enthalten Drucköle noch hydrotrope Substanzen und Antischaummittel. In der Regel werden 10–80 g/kg Drucköl am Schluß in die fertige Druckpaste eingerührt. Als Drucköle kommen u.a. die nachfolgenden Produkte in den Handel:

Antipumol BD, KDH	*Rudolf*	Printogen W	*Grünau*
Prematol D	*Schill*	Printegal C	*Cassella*
Textildrucköl H	*Hoechst*	Monopoldrucköl	*Stockhausen*
Drucköl P	*Grünau*	Euraclin	*Durand*
Drucköl D	*Sichel*		

Schäumende Druckpasten führen in den meisten Fällen durch die platzenden Schaumlamellen während des Druckens zu Fehldrucken. Man verwendet deshalb, wie auch in der Appretur und Färberei, häufig *Antischaummittel* (*Schaumdämpfer*) in den Druckpasten. Meist handelt es sich um wasserunlösliche höhere Alkohole, Phosphorsäureester (P) und Silikonöl (Si), welche die Oberflächenspannung erhöhen und dadurch Schaumblasen verhindern; die Produkte werden meist mit 1–5 g/kg verwendet. Die Alkohole werden wie auch die Phosphorsäureester direkt, emulgierende Phosphorsäureester in einer Emulsion von 1:30 und Silikonöle 1:100 den fertigen Druckpasten zugesetzt. Antischaummittel kommen u.a. als:

Antischaummittel M (Si)	*Zschimmer*	Entschäumer HJ	*Hoechst*
		Etingal S, A (P)	*BASF*
Antispumin K, RS	*Stockhausen*	Fumexol 2, AS	*CIBA*
Aphrogene AS, HP	*Francolor*	Irgafomal SE (Si), TP	*Geigy*
Aspumit A, TM	*Quehl*	Respumit I, SI (Si)	*Bayer*
CHT-Entschäumer (P)	*Tübingen*	Siotol AF	*ICI*

in den Handel. Neben diesen, meist allgemein verwendbaren Druckereihilfsmitteln ist noch eine Vielzahl von Produkten im Gebrauch, die jedoch meist nur für bestimmte Farbstoffgruppen, Einzelfarbstoffe oder Druckverfahren eingesetzt werden und dort angegeben sind. Dazu gehören u.a. Reduktions-, Ätzhilfsmittel, Nachbehandlungsmittel zur Verbesserung der Echtheiten, Konservierungsmittel, besondere Entwickler usw. Verdickungsmittel und Kleber wurden in besonderen Abschnitten behandelt.

7. Farbküche

Zur Aufbereitung der Druckverdickungsmittel und Herstellung der Druckpasten ist in der Druckerei die Einrichtung einer Farbküche unbedingt notwendig, da dem Drucker die druckfertigen Pasten zur Verfügung stehen müssen und nur in seltenen Fällen – z.B. durch Einstreuen von weiteren Verdickungsmitteln als Pulver zur Erhöhung der Viskosität zu dünner Druckpaste – an der Druckmaschine Nachsätze gemacht werden. Erst durch die Einführung kontinuierlicher Färbemethoden haben sich Färbereien ebenfalls zur Einrichtung einer Farbküche entschlossen, da dort ebenfalls nur fertige Farbstofflösungen zur Verwendung kommen.

Abb. 85. Kochkessel für die Herstellung von Druckverdickungen mit Doppel-Planeten-Rührwerk (*KOVO*).

Obwohl eine Vielzahl von Verdickungsmitteln zur Verfügung stehen, die ein Erwärmen oder Aufkochen nicht erfordern, werden auch heute aus Preisgründen immer noch Stärke, Tragant usw. verwendet, die in besonderen *Kochern* verkleistert oder gelöst werden müssen. Daneben lassen sich durch Erwärmen auch kaltlösliche Produkte weit schneller homogenisieren. Bei den **Kochkesseln** (Abb. 85) handelt es sich meist um doppelwandige Rundgefäße, die durch indirekte Dampfheizung in den Doppelwänden aufgeheizt bzw. durch Einleiten von Kühlwasser auch abgekühlt werden. Zur guten Durchmischung der Ansätze sind die Kocher mit speziellen, meist *Planetenrührwerken* ausgestattet. Das Fassungsvermögen der Kessel beträgt je nach Größe 50–600 l, die Rührwerke werden vor dem Auskippen der fertigen Verdickung abgeschraubt und der Kessel durch Kippen entleert. Die früher üblichen Kupferkessel wurden inzwischen durch solche aus Edelstahl abgelöst.

Die beschriebenen Kochkessel werden meist von allen Firmen hergestellt, die auch Rouleauxdruckmaschinen bauen, doch haben sich auch eine Vielzahl anderer Firmen dem Bau dieser Kessel gewidmet. Dazu gehören u.a.:

Grohmann	*Meccanotessile*	*Zimmer*, Klagenfurt
Hechtenberg	*Scholz*	*Zimmer*, Kufstein
ILMA		

Zur Stärkeverkleisterung werden inzwischen auch *Druckkocher* verwendet, die das Verkleistern bei Temperaturen über 100°C in Autoklaven ermöglichen und in denen die Kochzeit sehr kurz und die Kleister sehr homogen sind.

Abb. 86. Textilkombinator vom Typ TK 03/11 (*Schröder*).

Zur *kontinuierlichen Herstellung von Druckverdickungen*, die Stärke enthalten, werden inzwischen auch spezielle Einrichtungen verwendet, die als Textilkombinator von *Schröder* und als Votator auf dem Mark sind.

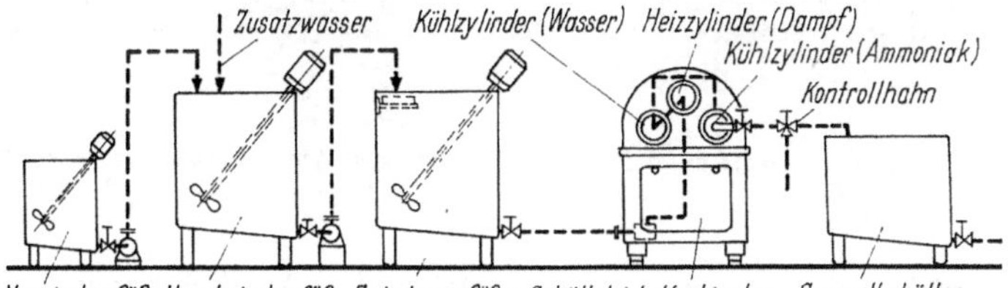

Abb. 87. Schema der Verwendung des Textilkombinators (*Schröder*).

Im Prinzip arbeiten die beiden Einrichtungen ähnlich. Bei Verwendung des **Textilkombinators** (Abb. 86 u. 87) werden die zur Verdickung notwendigen Produkte in wenig Wasser in einem Vormischgefäß mit meist transportablem Rührwerk gemischt, im Hauptmischgefäß mit der restlichen Wassermenge verrührt und in ein Zwischengefäß, das evtl. ein Schüttelsieb und ebenfalls ein Rührwerk enthält, umgepumpt und für den Kombinator auf Vorrat gehalten. Der Kombinator besteht je nach Leistung und verfügbarem Dampfdruck aus 2–4 Wärmeaustauschzylindern, in die die über eine Pumpe aus dem Zwischengefäß vorgemischte Verdickung eingepumpt wird. In den ersten Zylindern wird nun die Verdickung je nach gewählter Temperatur bei 100 bzw. auch 120 °C erwärmt und dabei über eine Welle mit Schabemesser weiterbewegt. Die Erwärmung und auch die nachfolgende Kühlung erfolgt im Doppelmantel der Zylinder durch Dampf, Kaltwasser oder Ammoniak, also indirekt. Nachdem die Stärke in den Heizzylindern aufgeschlossen wurde, wird die Verdickung in weitere Zylinder gefördert und dort mit Kaltwasser und/ oder Ammoniak ebenfalls unter dauernder Bewegung indirekt gekühlt. Die fertige Verdickung wird in einem Sammelbehälter gesammelt und dort direkt zum Ansatz der Druckpasten entnommen. Der Vorteil der Einrichtung besteht in der luftfreien Verkochung, die bei Temperaturen

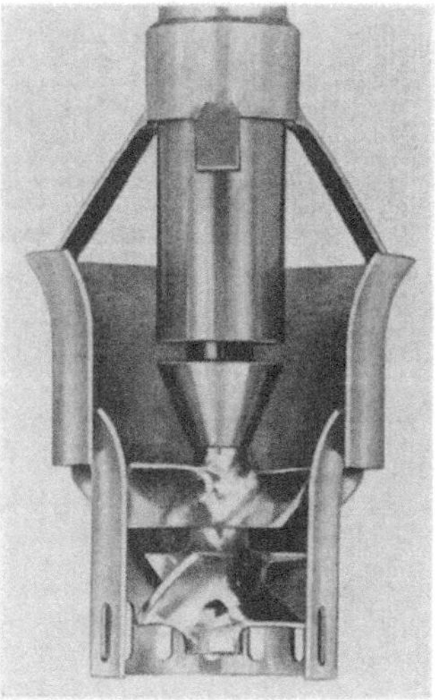

Abb. 88. Leitstrahlmischkopf mit 2 Rotoren (*Karg*).

Abb. 89. Wirkungsweise des Leitstrahlmischkopfes des YSTRAL-Schnellrührers (*Karg*).

über 100 °C entsprechend schnell erfolgt. Die Verdickungen passieren meist in 5 min den Kombinator, die Leistung beträgt bei großen Maschinen bis 900 kg/Std.

Als **Schnellrührer** wurden inzwischen eine Reihe von Rührwerken in der Farbküche eingeführt, die auch in vielen anderen Industrien verwendet werden. Die einzelnen Einrichtungen unterscheiden sich meist in der

Form der eingesetzten Rührer (Mischköpfe), von denen die Feinverteilung abhängt. Schnellrührer werden in den verschiedensten Größen gebaut und können transportabel, wie z. B. trag- oder fahrbar, und bei Dauerbetrieb auch stationsfest eingesetzt werden. Von *Karg* wird als *YSTRAL-Strahl-Mischturbine* ein Schnellrührer gebaut, der je nach Leistung mit unterschiedlichen Mischköpfen (Abb. 88) ausgerüstet werden kann und zum Lösen, Homogenisieren, Emulgieren, Dispergieren und Suspendieren eingesetzt wird (Abb. 89). Dabei arbeitet das Gerät ohne jeden Lufteinsog, was besonders wichtig bei der Herstellung von Druckpasten ist. Der Schnellrührer erlaubt 0–3000 U/min des Mischkopfs. Von *Janke* werden *ULTRA-TURAX-Schnellrührer* (Abb. 90) geliefert, die je nach

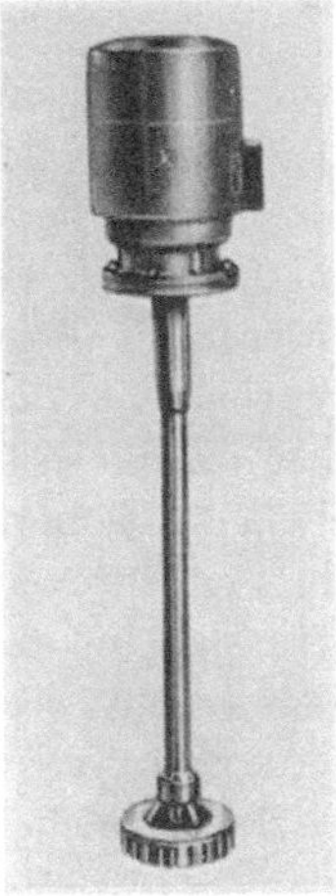

Abb. 90. ULTRA-TURAX-Schnellrührer-Betriebsgerät (*Janke*).

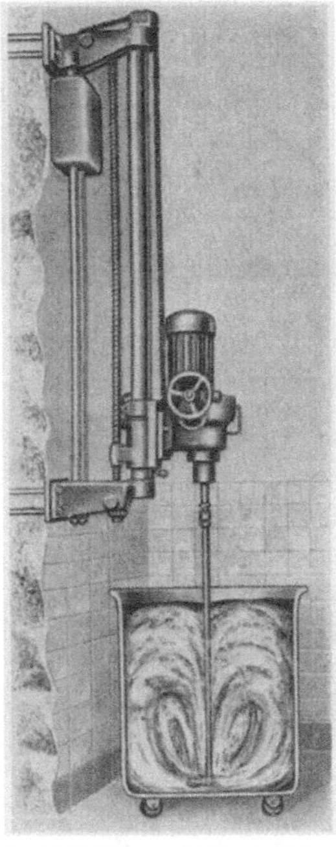

Abb. 91. SINUS-Schnellrührer (*Spangenberg*).

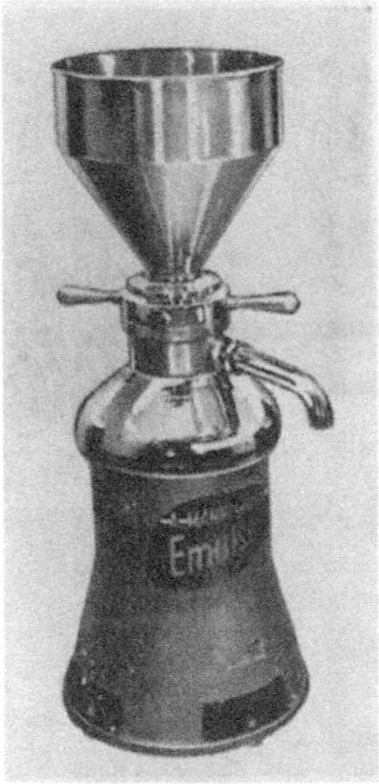

Abb. 92. EMULSOR Typ E7N (*Mannesmann*).

Größe ebenfalls mit maximal 3000 U/min arbeiten. Als SINUS-*Schnellmischer* (Abb. 91) werden von *Spangenberg* Einrichtungen in verschiedenen Größen geliefert, die mit maximal 2000 U/min, und HERKULES-*Umwälz-Schnellmischer*, die mit maximal 1500 U/min arbeiten, angeboten. Der EMULSOR der Fa. *Mannesmann* (Abb. 92) wird in mehreren Größen mit Stundenleistungen von 50–5000 kg geliefert. Das zu passierende Gut wird über einen Trichter dem Arbeitsraum zugeführt, dessen Wirkungsweise auf der gleichzeitigen Anwendung von mechanischen, schwingungstechnischen und hydrodynamischen Vorgängen beruht. Dabei sind die Zerkleinerer mit einer Tourenzahl von 3000–6000 U/min zu betreiben. Zuerst wird das Gut in einem Vorzerkleinerer mit Turbinenwirkung vorbereitet und in den eigentlichen Arbeitsraum kontinuierlich zugeführt, in dem zwischen Rotor und Stator die Feinverteilung stattfindet und neben einer Feinstzerkleinerung eine Homogenisierung, Emulgierung und intensive Benetzung erreicht wird. Es können mit diesem Gerät konventionelle Druckpasten homogenisiert und ein nachfolgendes Passieren erspart werden. Die Einrichtung ist auch zur Herstellung von Emulsionsverdickungen gebräuchlich. Rühreinrichtungen werden außer von den bereits genannten Firmen u.a. von nachstehenden Herstellern geliefert:

KOVO *Papenmeier* *Probst*

Von fast allen vorstehend angegebenen Firmen wird daneben eine Reihe von speziellen Mischmaschinen, wie *Kugel-* und *Trichtermühlen, Walzenstühle, Homogenisier-* und *Emulgiermaschinen*, geliefert, die in der Farbküche dann eingesetzt werden, wenn mit länger stehenden Druckpasten gearbeitet werden muß bzw. in Spezialfällen diese Geräte notwendig sind, was vor allem im Pigmentdruck möglich ist, wenn die Pigmente oder Pigmentfarbstoffe nicht in der für den Druck notwendigen Feinheit geliefert werden. Auch pigmentierte Ätzpasten erfordern oft eines dieser Geräte zur ausreichenden Feinverteilung.

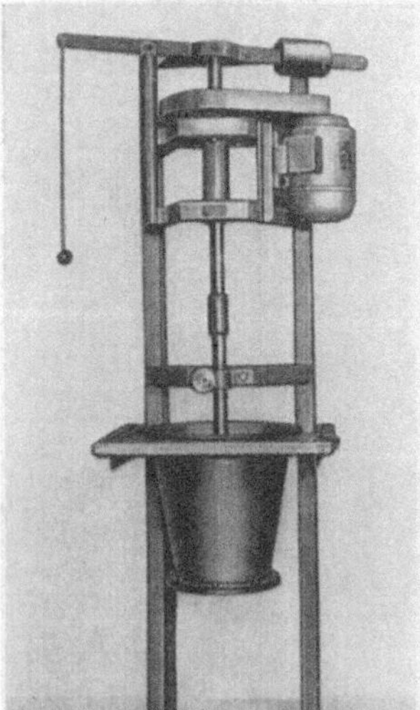

Abb. 93. Bürstenpassiermaschine (*Grohmann*).

Auch bei Verwendung von guten Kochern, Rührwerken und anderen Mischeinrichtungen ist es meist unvermeidlich, daß nicht doch einige Klumpen oder unverteilter Farbstoff in den Verdickungen oder Druckpasten zu Fehldrucken Anlaß geben. Es werden deshalb die Verdickungen, hauptsächlich aber die Druckpasten, auf **Passiermaschinen** (*Siebmaschinen*) von diesen Teilen befreit. Abgesehen von Schnellzentrifugen, die aber in der Farbküche seltener verwendet werden, wird bei allen Passiermaschinen die Druckpaste durch ein Sieb gebürstet, gerieben oder gesaugt, so daß die Klumpen aufgefangen bzw. fein verteilt werden. Die einfachsten Konstruktionen sind die *Bürstensiebmaschinen* (Abb. 93), bei denen die Druckpasten in einen Siebtrichter eingegossen und mittels rotierender Flachbürsten durch das Sieb gebürstet werden. Die Leistung beträgt je nach Viskosität der Druckpaste und Feinheit der Siebe bis 170 kg/Std. bei einem 70-l-Trichter. Als *Vakuum-Siebmaschinen* sind Konstruktionen im Gebrauch, bei denen die Druckpasten über ein Vakuum durch das Sieb gesaugt werden. Die *Colorquick-Vacuum-Siebmaschine* (*Kleinewefers*, Abb. 94) hat eine Leistung von 150 kg/min. Daneben sind auch *Gegenstrompassiermaschinen* im Gebrauch, bei denen auf der Vakuumpassiermaschine der Saugstrom abwechselnd von Druckluftimpulsen unterbrochen wird. Dabei wird das Zusetzen der Siebe eingeschränkt, und es ist dadurch möglich, die Passiermaschine länger zu verwenden, als es bei normalen Vakuummaschinen möglich ist. Als *Passierzentrifugen* sind Zentrifugen im Gebrauch, bei denen die Druckpasten über einen Trichter in die Zentrifuge laufen und die Paste durch die Rotation des Innenkorbes aus Siebgewebe gesiebt wird. Als *Schnellzentrifuge* wird eine spezielle Zentrifuge verwendet, bei der durch besondere Einsätze ebenfalls durch die Zentrifugalkraft die Verunreinigungen von der Druckpaste abgetrennt wird (Klär-, Trenn- und Emulgierzylinder).

Abb. 94. Colorquick-Vacuum-Siebmaschine (*Kleinewefers*).

Oft ist es notwendig, die Zügigkeit bzw. Viskosität der Verdikkungs- und Druckpasten zu messen bzw. bei längerer Lagerung zu kontrollieren. Dabei sind die normalen Viskosimeter nicht verwendbar. Man verwendet meist *Torsionsviskosimeter* bzw. *Visco-* oder *Printographen*. Die Geräte erlauben eine genaue Bestimmung der Zügigkeit und werden von *Brabender*, *Industrie-Meß- und Kontrollverfahren*, Duisburg; *Hans J. Zimmer*, *Apparatebau*, Offenbach/Main u.a. Firmen hergestellt.

Besonders wichtig ist auch für die Farbküche die *Feststellung des* **Druckpastenverbrauchs** für den jeweiligen Auftrag, um möglichst ohne größere Restmengen die Druckpasten anzusetzen und Lagerschäden bei wenig haltbaren Druckpasten und damit wirtschaftliche Verluste zu vermeiden. Von der Fa. *Georg von Beckerath*, Süchteln, wird dafür ein *Flächenmeßgerät* herausgebracht, das mittels einer Fotozelle den prozentuellen Anteil der bedruckten Fläche gegenüber dem unbedruckten Fond mißt. Dabei werden meist Abschläge der jeweiligen Schablonen oder Andrucke mit Druckwalzen evtl. auf der Probe- oder Coupondruckmaschine (S. 26) in Schwarz gemacht. Neuerdings läßt sich das Gerät auch für die Ausmessung der Farbauszüge aus der Entwurfszeichnung verwenden. Die Menge des Druckfarbenverbrauchs richtet sich jedoch nicht nur nach der bedruckten Fläche, sondern auch nach den technologischen Besonderheiten des Film- und Rouleauxdrucks, dem Gewebe usw. Diese Daten werden durch einen möglichst großen Druck auf ein vorher gewogenes Originalgewebestück durch Nachwiegen festgestellt. Es ist danach möglich, die Gewichtsmenge der aufgedruckten Paste auf einer bestimmten Quadratfläche zu ermitteln.

8. Vorbehandlung von Textilien für den Druck

Textilien, die bedruckt werden sollen, müssen vor allem von allen hydrophoben Verunreinigungen wie Wachsen, Fetten, Ölen usw. befreit werden. Diese Verunreinigungen beeinträchtigen die Farbstoffaufnahme, ergeben ungenügend scharfe Konturen und schlechten Durchdruck. Es wird sich deshalb in allen Fällen eine gründliche Vorreinigung notwendig machen, die evtl. mit der Bleiche kombiniert wird. Zur Verbesserung der Hydrophilität kommt im Baumwolldruck eine *Beuche* oder mindestens gute, *alkalische Abkochung* und in allen Fällen ein Entschlichten in Betracht. Meist werden Baumwollwaren gebleicht, wobei sich oft eine Hypochloritbleiche als ausreichend erweist. Regenerierte Zellulosen werden von der Präparation durch eine Wäsche befreit und evtl. nachgebleicht. Gleiches gilt auch für synthetische Fasern und deren Mischungen. Seide kommt ausschließlich in entbastetem Zustand zum Druck. Wolle wird fast immer chloriert, um ihre Farbstoffaufnahmefähigkeit zu erhöhen (S. 271).

Besonders vorteilhaft ist die Vorbehandlung von Stückwaren in Breitform, da die Strangform immer zu Knittern führt, was auch im Druck zu unruhigem Druck und schlechtem Warenbild führen kann. Ausreichende Konturenschärfe wird nur dann erreicht, wenn die Stückwaren flusenfrei zum Druck kommen. Es werden deshalb fast alle Waren vor dem Druck gesengt und dort, wo durch *Sengen* Schmelzkügelchen auftreten, wie z.B. bei Wolle oder Synthesefasern, nach dem Sengen geschoren oder nur geschoren. Flusige Ware zeigt nicht nur unscharfe Konturen, sondern es werden durch die Fasern Druckwalzen, Schablonen und Rakeln stark verschmutzt und ergeben Fehldrucke. Es ist immer vorteilhaft, Stückwaren vor dem Drucken beidseitig zu *bürsten*, um Faden- und Faserreste zu entfernen, die auch nach dem Sengen und den anderen Vorbereitungsarbeiten auftreten. Durch die Vorbehandlung werden sehr häufig Webwaren „verzogen“ und damit meist die Schußfäden diagonal oder in Bogen verschoben. Bei der Verarbeitung ergeben sich dadurch verzogene Decker. Man kann diesen Schußverzug entweder auf *Breitstreckrahmen* (Egalisierrahmen) oder mit speziellen Schußfadenrichtern vor dem Einlauf in Trockenmaschinen ausgleichen. Die günstigste Form der Stückwaren für den Druck ist die möglichst spannungslose Wickelung auf *Großkaulen*, die mittels Peripherie- oder Zentrumswickler hergestellt werden. Diese Hilfseinrichtungen sind, wie Feuchtigkeits-, Gewichts- u.a. Meßeinrichtungen, auch in der Färberei und Appretur gebräuchlich.

9. Nachbehandlung der bedruckten Textilien

Bedruckte Textilien müssen, wenn auf kontinuierlichen Einrichtungen gearbeitet wird, sofort nach dem Druck getrocknet werden, da ein Ablegen oder Aufrollen der feuchten Stücke unweigerlich zum Abflecken auf den unbedruckten Fond bzw. andere Decker führt. Es muß weiter vermieden werden, daß die Ware, bevor sie nicht mindestens oberflächlich angetrocknet ist, an der rechten Seite durch Leitwalzen oder andere Warenführungselemente berührt wird, was ebenfalls ein Verschmieren der feuchten Drucke begünstigt.

Zum **Trocknen bedruckter Textilbahnen** sind in der Regel wegen der vorstehend angegebenen Notwendigkeiten die in der Appretur und Färberei üblichen Trockner meist ungeeignet. Dazu gehören Spannrahmen, Zylinder- und Schleifentrockner usw., man verwendet dafür Mansarden und heute hauptsächlich Hotflues. Letztere Trockner werden auch in der Kontinuefärberei verwendet, da auch dort zumindest bis zur oberflächlichen Trocknung die Ware rechtsseitig nicht berührt wird.

Die **Mansarde** ist eine Trockenmaschine, die ausschließlich in der Druckerei verwendet wird. Dabei wird die Ware direkt von der Druckmaschine kommend spiralförmig, nur linksseitig über Leitwalzen geführt, in einem Kasten mit Heißluft getrocknet. Erst wenn die Ware den innersten Punkt der Mansarde erreicht, wird sie rechtsseitig geführt, gewendet und gegenläufig wieder zum Eingang der Maschine zurückgeleitet. Diese Konstruktionen erfordern sehr viel Platz und große Heißluftmengen, außerdem wird die Ware nur bis zum Wendepunkt getrocknet, der Rückweg in der Mansarde kann zum Übertrocknen führen. Moderne Mansarden arbeiten über ein *Umlenkschwert*, mit dem die Ware nach dem Trocknen nicht mehr zurück-, sondern von der Mitte ausgehend seitlich aus der Maschine geleitet wird. Zur Intensivierung der Trocknung wird die Heißluft zumindest beim Vortrocknen mittels Düsen auf die Ware geblasen (Abb. 95). Auch diese Konstruktionen erfordern meist einen größeren Platz und wurden durch spezielle Mansarden abgelöst, die durchweg mit beidseitiger Düsenbelüftung arbeiten und damit eine Intensivtrocknung auf kürzestem Weg erreichen. Diese Mansarden sind meist über den Druckmaschinen montiert, wodurch Platz für das Zwischenwerk am Rouleaux geschaffen wird und die Mitläuferreserve oder die Mitläuferwaschmaschine untergebracht werden kann (Abb. 96). Gleichzeitig wird in den zuletzt beschriebenen Konstruktionen der Mitläufer mitgetrocknet. Bei konventionellen Mansarden werden die Mitläufer meist in einer vor der Mansarde angebrachten Vortrockenkammer ge-

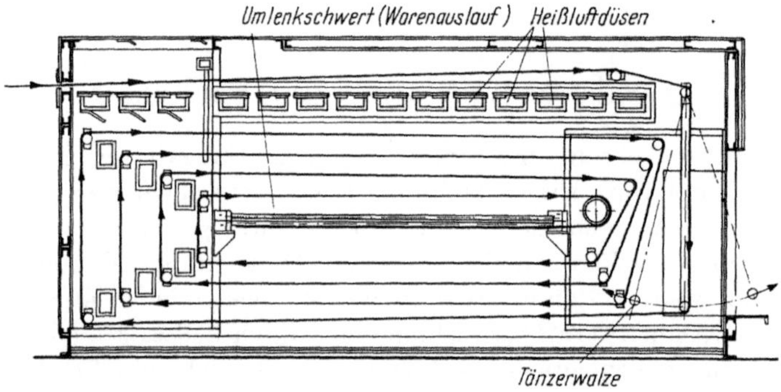

Abb. 95. Trockenmansarde mit Düsentrocknung im Vorfeld (*Stork*).

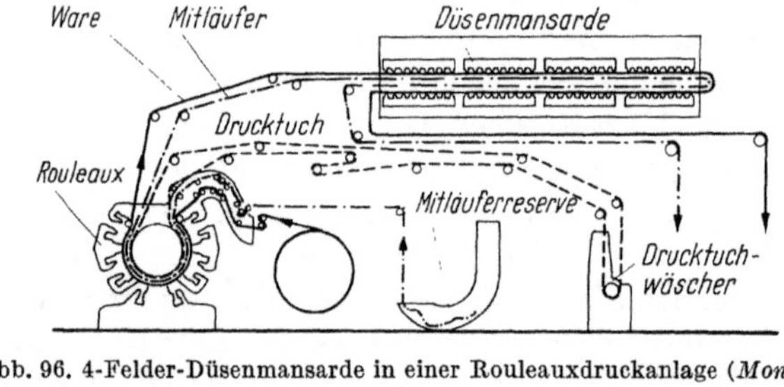

Abb. 96. 4-Felder-Düsenmansarde in einer Rouleauxdruckanlage (*Monforts*).

trocknet. Die zuletzt beschriebenen Einrichtungen werden meist als Düsentrockner von den Firmen gebaut, die auch Rouleaux- und Filmdruckmaschinen herstellen. Hotfluehersteller bauen in der Regel auch Mansarden.

Bei der **Hotflue** handelt es sich um eine Trockenmaschine, in der die Ware, in „Schleifen“ über angetriebene Leitrollen geführt, mit Heißluft getrocknet wird. Dabei ist es unvermeidlich, daß die Ware beim Umlenken nach oben auch rechtsseitig an die Leitrolle kommt. Es muß deshalb gewährleistet sein, daß der Druck bis zu dieser Umlenkwalze oberflächlich so weit getrocknet ist, daß ein Abschmieren an diese Walzen nicht mehr eintritt. Um diese Forderungen zu erfüllen, wird die Heißluft heute nur über Düsen direkt an (Abb. 97) oder tangential zwischen (Abb. 98

u. 99) die laufenden Warenbahnen geblasen. Hotflues (Abb. 100) sind ein fester Bestandteil jeder Thermosolanlage, wobei die Trocknerleistung durch einen vorgeschalteten IR-Kanalschacht zusätzlich erhöht wird.

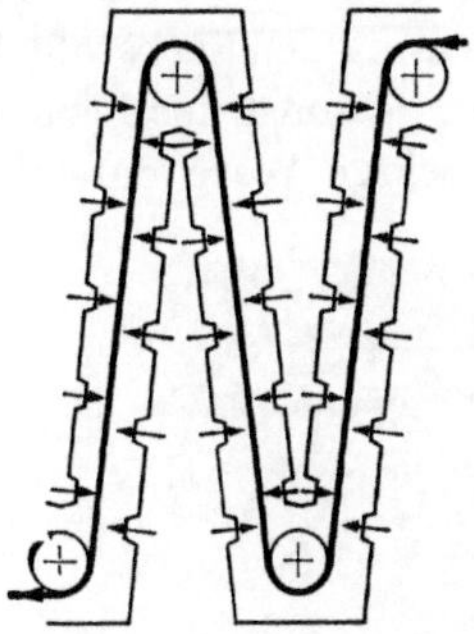

Abb. 97. Direkte Düsenbelüftung in der Hotflue TMH (*Monforts*).

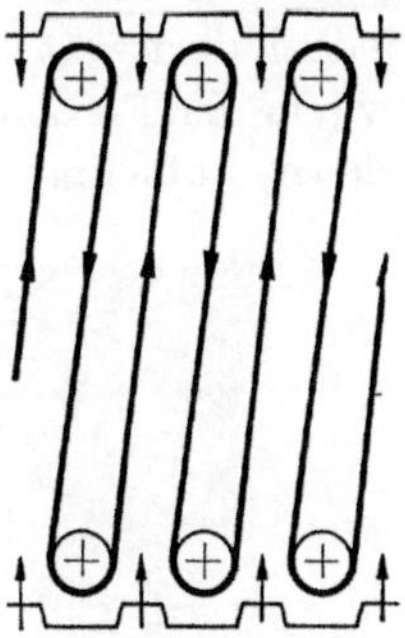

Abb. 98. Tangentiale Düsenbelüftung in der Hotflue (*Haas*).

Mansarden und Hotflues werden heute mit speziellen Antrieben ausgestattet, um die Ware möglichst spannungslos zu trocknen bzw. auf-

Abb. 99. Warenlauf in der Hotflue TMH (*Monforts*) mit tangentialer Belüftung.

tretende Spannungen aufzufangen, was auch durch Zwischenschalten von Tänzerwalzen möglich ist. Mansarden und Hotflues werden u. a. von

Amdés	*Cook*	*Mather-Platt*
Artos	*Famatex*	*Mezzera*
Brückner	*Haas*	*Monforts*
Clerc	*Industrial-Heat*	*National-Drying*
Comerio-Ercale	*KOVO*	*Schilde*

gebaut.

Zur Farbstoffixierung sind, abgesehen von Sonderfällen, Einrichtungen für die Breitbehandlung der getrockneten Waren in *feuchtheißer* oder *trockener Heißluftatmosphäre* notwendig. Dabei werden die Textilien im ersten Fall einer Kurzbehandlung ausgesetzt, wie sie in Färbebädern üblich, jedoch dort weit länger ist. Eine Fixierung der Farbstoffe in Vollbädern wie in der Färberei ist nicht möglich, da sonst der Farbstoff aus den Deckern läuft und Fehldrucke und fleckige Ware entstehen, die

Abb. 100. Langschleifen-Hotflue mit 2-Walzen-Foulard (*Amdés*).

auch durch Abziehen und nochmaliges Bedrucken nicht mehr zu reparieren ist. Meist zeigen die bedruckten Stellen beim nachträglichen Färben unterschiedliche Farbtöne, das gilt auch für Druckware, die man in dunklere Farbtöne überfärbt.

Für die Feuchtheißbehandlung kommen nur **Dämpfer** in Betracht, die u. U. sofort an die Trockenmaschinen angeschlossen sind. Die Ware muß evtl. anschließend im Kontinuebetrieb gewaschen werden. Die Aufgabe des Dämpfens ist eine mannigfaltige und unterscheidet sich beim Fixieren der einzelnen Farbstoffklassen oft wesentlich. Im Prinzip soll das Kondenswasser aus dem feuchtheißen Dampf den örtlich aufgedruckten Farbstoff lösen, aus der Verdickung in die Faser transportieren und dort zur Bindung an das Substrat veranlassen. Daneben sollen die Farbstoffmoleküle auch zur Migration (Wanderung) veranlaßt und dadurch die Egalität der Drucke gefördert werden. Die gleiche Aufgabe hat auch die aus dem Dampf durch Kondensation auf der Ware „aufgeschlagene" Feuchtigkeit bei Drucken, welche Chemikalien enthalten, die nur in wässeriger Lösung zur Fixierung der gleichzeitig aufgedruckten Farbstoffe dienen. Für das Dämpfen von getrockneten Drucken ist also immer *gesättigter Dampf* oder nur gering überhitzter Dampf notwendig, der auf der kalten Ware nur so weit kondensieren soll, wie es zu den beschriebenen Aufgaben notwendig ist. Dabei führt zu starke Kondensation zum Fließen bzw. stark überhitzter Dampf zur weiteren Trocknung der Ware und damit nicht zur Fixierung der Drucke. Durch die Kondensation des Dampfes soll dieser jedoch nicht so weit abgekühlt werden, daß die Ware die Fixiertemperatur nicht erreicht bzw. die Dampfatmosphäre im Dämpfer so feucht wird, daß sich Wasser als „Nebel" ausbildet und gleichfalls zum Fließen der Drucke führt. Oft dient der Dampf nicht zur Farbstoffixierung, sondern fördert lediglich den Transport aus der Verdickung in die Faser.

Da in der Regel der Druckerei nur überhitzter Dampf zur Verfügung steht, arbeiten die Dämpfer mit einem *Sumpf*, in den kontinuierlich Frischwasser zugeleitet wird, das durch indirekte oder direkte Dampfheizung erwärmt und dadurch der gesättigte Dampf erst im Dämpfer erzeugt wird. Um ein Verspritzen des kochenden Wassers an die Ware zu vermeiden, sind über dem Sumpf 2 perforierte Bleche angeordnet, welche nur den Dampf, jedoch nicht verspritztes Wasser durchlassen. Neuerdings arbeitet man jedoch auch mit überhitztem Dampf, der über Minder-(Reduzier-)Ventile gesättigt und so direkt in die Dämpfer eingespritzt wird. Bei Säuredämpfern muß es möglich sein, in den Sumpf oder mit der Dampfeinspritzung die zur Fixierung notwendigen organischen Säuren einzuführen. Zur Beschleunigung der Kondensation des Wassers aus dem Dampf verwendet man *hydrotrope Substanzen* (S. 135), die meist auch *hygroskopisch* sind und durch die vom Decker mehr Wasser angezogen wird als vom unbedruckten Fond. Zum Teil fördern auch Netzmittel in der Druckpaste nicht nur den Durchdruck, sondern auch die Kapillarität der Faser und damit auch die Kondensation. In allen Fällen kommen die getrockneten Waren in ausgekühltem Zustand zum Dämpfen, um die Kondensation nicht einzuschränken. Wird direkt nach dem Trocknen gedämpft, werden die Waren entweder durch Luftgänge oder durch Anblasen von Kaltluft in besonderen Kühlzonen für das Dämpfen vorbereitet. Nach dem Dämpfen soll die Ware jedoch möglichst nur so viel Feuchtigkeit enthalten, daß sie beim Ablegen oder Aufrollen nicht abfleckt, was allerdings nicht immer möglich ist. Deshalb wird in vielen Fällen nach dem Dämpfen sofort gewaschen.

Als Dämpfer sind diskontinuierliche und kontinuierlich arbeitende Konstruktionen auf dem Markt. *Diskontinuierliche Dämpfer* sind beim Dämpfen von Kammzug, der im Vigoreuxdruck bedruckt wurde, üblich und werden dort beschrieben (S. 41). Gleiches gilt auch für das Dämpfen von Stranggarnen (S. 44), die meist in gleichen Einrichtungen gedämpft werden. Diskontinuierliche Dämpfer werden jedoch noch häufig zum

Dämpfen von Stückwaren verwendet, die unter Bedingungen gedämpft werden müssen, die in Kontinuedämpfern, abgesehen von Hochtemperaturdämpfern, nicht zu erreichen sind. Dazu gehören vor allem die **Sterndämpfer.** In diesen Konstruktionen werden die Stückwaren ähnlich wie auf Färbesternen, jedoch nur an einer Kante sternförmig eingenadelt (eingesternt), in den Dämpfer eingehängt, die Dämpferglocke über den Stern abgesenkt oder der Stern durch Türen in den Dämpfer eingefahren. Als *Kesseldämpfer*, welche die Ware ebenfalls als Stern enthalten, sind Kessel üblich, in welche der Warenstern von oben eingefahren und nach dem Verschließen des Deckels über einen Sumpf oder durch Direktdampf gedämpft wird. Dabei ist es notwendig, daß zuerst das Entlüftungsventil im Deckel so lange geöffnet bleibt, bis alle Luft ausgetreten ist, da beim Dämpfen von vielen Farbstoffen (z. B. Küpenfarbstoffen) möglichst ohne Luftsauerstoff gedämpft werden muß. Der *DEDEKO-Sterndämpfer mit senkbarer Glocke* (Abb. 101) arbeitet nach dem gleichen Prinzip, jedoch

Abb. 101. Sterndämpfer mit absenkbarer Glocke Typ DGD – Glockendämpfer (*Dupuis*).

wird die Ware in Bodenhöhe, auf einem Rüstwagen eingesternt, in den Dämpfer gefahren, die Glocke abgesenkt, verriegelt und Dampf von geforderter Dichte – man arbeitet mit Drücken von 0,05–3 atü (143 °C) – eingeleitet, entlüftet und gedämpft. Der Dampf kann auf 2 Wegen durch die Ware geleitet werden. Um auch ein kantengleiches Behandeln zu erreichen, wird einmal der Dampf vom Boden, evtl. über einem Sumpf, konzentrisch durch den Stern gedrückt bzw. wird durch Umstellung der Dampf durch ein Mittelrohr an die Dämpferdecke gedrückt, so daß er zwangsläufig von oben die Ware durchströmen muß. Dadurch wird ein absolut gleiches Behandeln der Ware möglich. Der Dämpfer wird in 3 Größen für die Aufnahme von 180, 300 und 500 m gebaut, wenn Sterne mit einem Hakenabstand von 8 mm verwendet werden. Bei stärkeren Waren wird die Ware in einem Abstand von 9 mm eingenadelt, das Fassungsvermögen ist dann geringer. Der Glockendurchmesser beträgt bei den 3 Typen 1500, 2000 oder 2400 mm, die Höhe 2150, 2180 und 2240 mm, es kann Ware bis zu einer Breite von 1600 mm in allen Typen gedämpft werden.

Von *Dupuis* wird auch ein *DEDEKO-Sterndämpfer in Schrankform* (Abb. 102) geliefert, der nach den gleichen Prinzipien wie die vorher beschriebene Konstruktion arbeitet, jedoch nur für Drücke bis 0,25 atü (105 °C) verwendet werden kann. Die Sterne werden, auf einem Wagen vorbereitet, in den Dämpfer eingefahren, und die Tür wird über einen

Abb. 102. DEDEKO-Schrankdämpfer DSD (*Dupuis*).

Schnellverschluß verriegelt. Diese Konstruktion erfordert keinen größeren Raum über dem Dämpfer. Beide Dämpfer sind mit Deckenheizung und variabler Entlüftung während des Dämpfens ausgestattet, um den mit Chemikalien gesättigten Dampf ausreichend abzuführen.

Kessel- oder Sterndämpfer haben den Vorteil, daß die Dämpfzeiten, der Druck und damit die Temperatur beliebig gewählt werden können, was bei Kontinuedämpfern, wenn nicht sehr große Einrichtungen verwendet werden, nicht möglich ist. Allerdings ist ein Kontinuedämpfen in Stern- und Schrankdämpfern nicht möglich und die Produktion deshalb geringer. Für das Dämpfen von bedruckten Wollgeweben werden meist nur diese Dämpfer verwendet, gleiches gilt auch für das Druckdämpfen von bedruckten Synthesefasertextilien, da ein kontinuierliches Druckdämpfen teure Dämpfer erfordert bzw. ein Thermosolieren heute üblicher geworden ist. Zur Warenschonung werden die Gewebe im Sterndämpfer oft mit einem Band an der Leiste vernäht, um ein Einstechen in die Ware selbst zu vermeiden. Meist werden einige Außenlagen aus billigem Baumwollgewebe hergestellt, um das Gewebe vor der Berührung mit den Kesselwänden zu schützen. Bei ungenügend sublimierechten Dispersionsfarbstoffen ist es auch üblich, Baumwollgewebe zwischen die Warenlagen einzusternen, um den Farbstoff am Niederschlagen an der benachbarten Warenbahn zu hindern.

Die **Kontinuedämpfer** werden vom Drucker meist als *Mather-Platt*- oder *Schnelldämpfer* bezeichnet, da die Fa. *Mather-Platt* zuerst diese

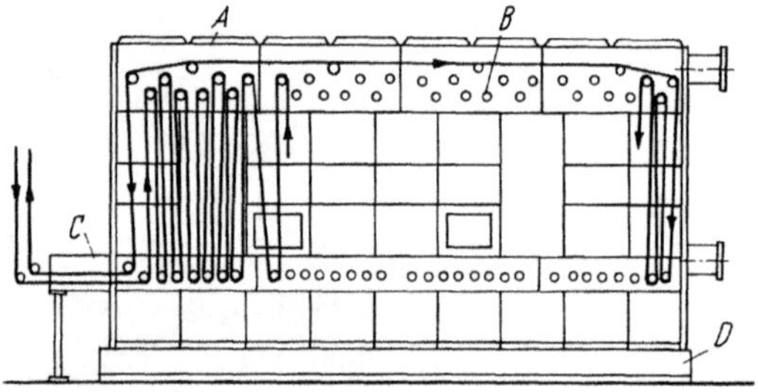

Abb. 103. Kontinue-Dämpfer (*Nather-Platt*) für 112 m Wareninhalt. *A* Dämpfkammer; *B* angetriebene Führungsrollen; *C* beheizter Warenein- und -auslaufstutzen; *D* Sumpf.

Konstruktionen auf den Markt brachte. Es wird die Ware über Leitrollen, ähnlich wie in der Hotflue, durch den Dämpfer bewegt (Abb. 103 und 104). Das Fassungsvermögen richtet sich nach der Anzahl der Felder,

Abb. 104. Kontinue-Dämpfer mit senkrechtem Warenlauf (*Goller*).

zwischen denen in der Regel Tänzerwalzen zur Spannungsregelung arbeiten, und beträgt je Feld etwa 60 m. Es sind Konstruktionen bis zu 6 Feldern üblich. Die Dämpfzeiten können über die Durchlaufgeschwindigkeiten oder, wenn sehr kurze Dämpfzeiten ausreichen, durch Auslassen von Leitwalzen und damit kürzeren Wareneinzug geregelt werden. Der Warenein- und -auslauf kann an einer Seite des Dämpfers oder auch gesondert angebracht werden. Um Flecken am Ein- und/oder Auslauf zu vermeiden, werden die Stutzen besonders beheizt, um Kondensattropfen zu verhindern. Da der Dampfdruck im Dämpfer etwas höher ist, strömt immer etwas Dampf aus, der oft stört. Es haben deshalb die meisten Firmen besondere Einrichtungen geschaffen, um diesen Dampf abzuführen (Abb. 105) und zusätzlich die Luftfreiheit im Dämpfer aufrechtzuerhalten.

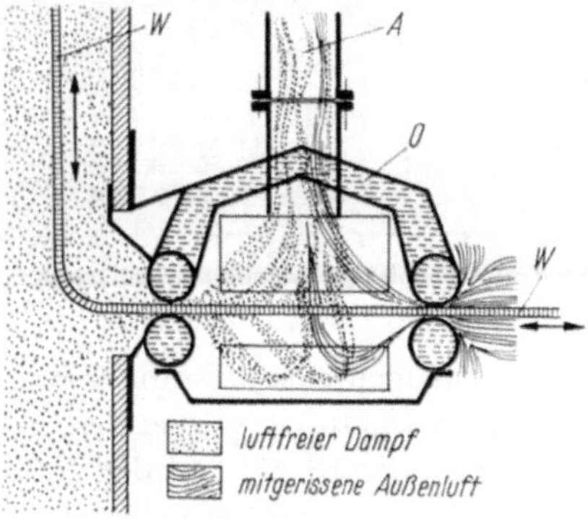

Abb. 105. Dämpfer Ein- und Ausgang zur Erzielung der Luftfreiheit im Dämpfer (*Gerber*). *W* ein- bzw. auslaufende Ware; *A* Abzugsstutzen für den ausströmenden Dampf; *O* ölbeheizte Ein- oder Austrittslippen.

Am Warenauslauf ist es auch möglich, die Ware direkt in ein Behandlungsbad (Wasserschloß) zu führen und damit ein Ausströmen des Dampfes bzw. Luftzutritt auszuschalten. Dort, wo eine Naßbehandlung nicht sofort möglich ist, werden die Luftverschlüsse wie am Wareneingang verwendet. Diese Einrichtungen werden in allen, auch den nachstehend beschriebenen Dämpfern verwendet und die Decken beheizt, der Dampf direkt zugeführt oder über einen Sumpf erzeugt.

Als *Hängeschleifendämpfer* sind Konstruktionen vor allem in der Filmdruckerei üblich, bei denen die Ware in Schleifen hängend auf einer endlosen Kette durch den Dämpfer getragen wird. Die *SACM* verwendet als Besonderheit eine großdimensionierte Saugtrommel am Wareneingang, durch welche kontinuierlich Dampf angesaugt wird. Dadurch wird die Ware sofort intensiv mit Dampf durchströmt, die Warenbahn festgehalten, so daß sie nicht abrutschen kann. Der Hängeschleifendämpfer vermeidet auch eine Berührung der bedruckten Ware an der rechten Seite durch Leitwalzen während des Dämpfens. Eine ähnliche Konstruktion liefert auch die Fa. *Artos*.

Als *Spiral-* oder *Krostewitz-Dämpfer* sind Konstruktionen üblich, die wie eine Trockenmansarde arbeiten und nur linksseitige Warenführung benötigen. Die Ware wird in der Regel über ein Schwert seitlich aus der Maschine geleitet. Für lange Dämpfzeiten und große Produktion kann die Ware auch innerhalb des Dämpfers über Wendeschwerter umgeleitet und in 2 Spiralen gedämpft werden (Abb. 106).

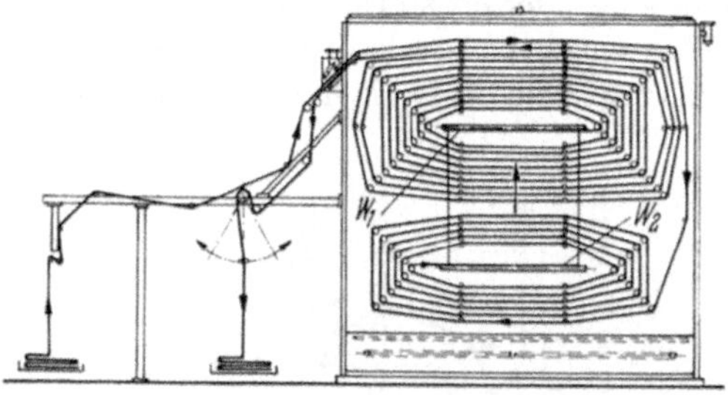

Abb. 106. Doppelspiraldämpfer (*Gerber*) mit 2 Wendeschwertern (W_1 und W_2).

Für das Fixieren von Küpen- und neuerdings auch Reaktivfarbstoffen hat wegen der nur kurzen Dämpfzeiten und der Sicherheit der Arbeitsweise das Zweiphasenverfahren (S. 189) an Bedeutung gewonnen, und es wurden dafür eine Reihe von **Zweiphasendämpfern** (oft noch als Colloresin-Dämpfer bezeichnet) konstruiert. Dabei müssen Foulards direkt mit dem Dämpfer zusammenarbeiten und der Weg zwischen Foulard durch einen Luftgang unterbrochen sein oder der Einlaufstutzen direkt an den Foulard reichen. Als *Turmdämpfer* (Abb. 107) sind Konstruktionen üblich,

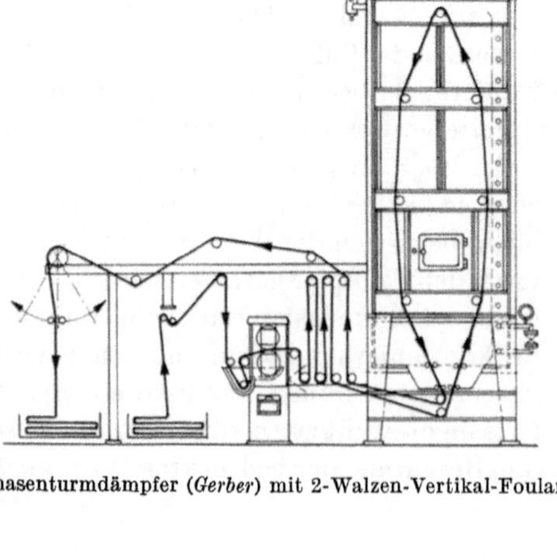

Abb. 107. Zweiphasenturmdämpfer (*Gerber*) mit 2-Walzen-Vertikal-Foulard und Luftgang.

in denen die Ware nur linksseitig geführt in einem Turm gedämpft wird. Für größere Produktion eignen sich *Brücken-* (Abb. 108) oder *Portaldämpfer* (Abb. 109), die jedoch auch für kurze Dämpfzeiten bei der Fixierung von

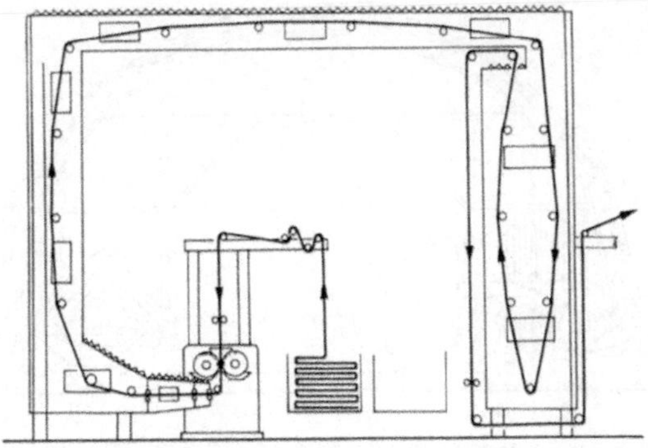

Abb. 108. Brückendämpfer für das Zweiphasenverfahren (*Goller*).

Abb. 109. Portaldämpfer (*Gerber*).

anderen Farbstoffen verwendet werden. Aus diesen Konstruktionen wurden die *Bogen-*, *Kanal-* oder *Blitzdämpfer* (*Flash-Ager*) entwickelt, bei denen die Ware in einem bogenförmigen Kanal nach der Foulardpassage gedämpft wird (Abb. 110). Der Kanalbogen faßt je nach Größe 7–25 m und erlaubt dadurch bei Dämpfzeiten von 30 sec eine Produktion bis 200 m/min. Der Dampf wird direkt eingespritzt. Zur Einsparung von Oxydationsmitteln werden die Anlagen mit einem Oxydator versehen, in dem die Ware spiralförmig durch Frischluft nach dem Dämpfen oxydiert wird. Die Ware kann vom Foulard direkt oder nach einem Luftgang in den Dämpfer geleitet werden.

Eine Sonderkonstruktion stellt der *Elektrofixierer* (nach AUBAUER) der Fa. *Schilde* dar (Abb. 111 und 112). Es handelt sich dabei um einen Spiraldämpfer, der allein mit eingespritztem Dampf betrieben werden

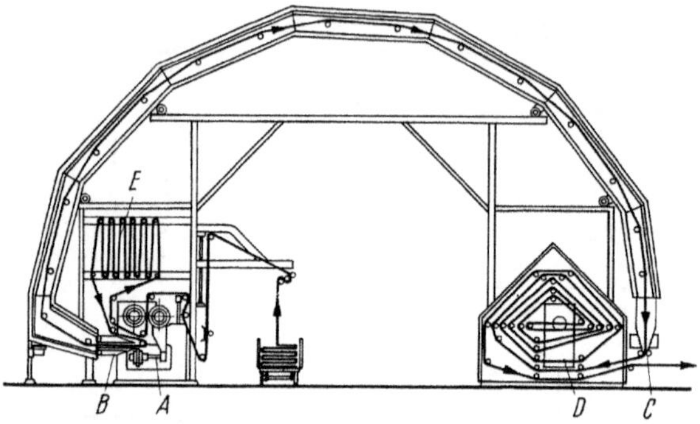

Abb. 110. Flash-Ager, Bogendämpfer für das Zweiphasenverfahren (*Stork*). *A* 2-Walzen-Horizontal-Foulard; *B* kondensatfreier Wareneinlauf; *C* Warenauslauf mit doppeltem Dampfschloß; *D* Oxydator für die Luftoxydation; *E* Luftgang.

kann. Daneben enthält der Dämpfer elektrische Heizstäbe zwischen den Warenbahnen, mit denen der eingespritzte Dampf überhitzt und dadurch auch unter höheren Temperaturen gedämpft oder mit vorgeschalteten Foulard für das Zweiphasenverfahren eingesetzt werden kann. Wird nur mit den Heizstäben gearbeitet, werden Pigment- oder auch Reaktivfarbstoffe durch Trockenhitze allein fixiert. Der Elektrofixierer erlaubt universell variable Fixierbedingungen und hat sich seit Jahrzehnten in der Druckerei eingeführt. Außer den bereits angeführten Firmen bauen nachstehende Firmen u.a. meist viele Typen von Dämpfern zur Fixierung von Farbstoffen in der Druckerei und Färberei, Trockner und Waschmaschinen.

Amdés	*Farmer-Norton*	*Mezzera*
Artos	*Gerber*	*Mortensen*
Benteler/Kleinewefers	*Goller*	*SACM*
Butterworth	*KOVO*	*Stork*
Comerio-Ercole	*Marion*	*Unitechna*
Dornier	*Mather-Platt*	*West-Point*

Die Vorteile der Farbstoffixierung bei höheren Temperaturen haben zu Konstruktionen geführt, welche eine kontinuierliche Arbeitsweise mit Sattdampf bis 140 °C zulassen. Diese Einrichtungen werden zur Zeit hauptsächlich zur oxydativen Schnellbleiche und Kontinuefärbung von Synthesefasern und deren Mischungen mit nativen Fasern verwendet und sind allgemein als *HT-Druckdämpfer* bekannt. Sie können auch zur Fixierung von Drucken auf letzteren Fasern bzw. deren Mischungen eingesetzt werden. Die Konstruktionen werden von *Farmer-Norton*, *Kleinewefers*,

Peter u.a. Firmen gebaut. Als *Hochtemperaturdämpfer* (Abb. 113) arbeitet eine Konstruktion von *Artos*, die mit der *ICI* entwickelt wurde und eine Kombination von druckloser Dampf-Heißluft-Fixierung darstellt,

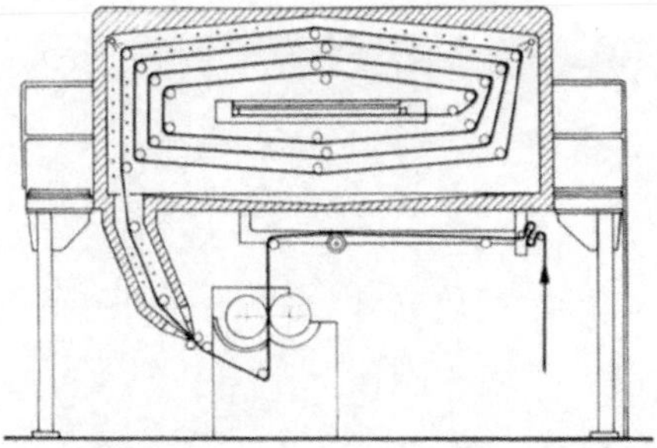

Abb. 111. Elektrofixierer – Warenlaufschema (*Schilde*).

Abb. 112. Elektrofixierer (*Schilde*).

wie sie bereits im Schnellfixierverfahren auf dem Spannrahmen durchgeführt wird. Das Verfahren arbeitet bei Temperaturen von 130–190 °C und einem Feuchtigkeitsgehalt von 90 %, der durch Dampfeinspritzung erreicht wird. Die Ware durchläuft eine Vorkammer, in der sie konventionell mit Dampf beblasen wird. Anschließend werden die Warenschleifen direkt und tangential von oben und unten mit Heißluft über Düsen auf die Fixiertemperatur aufgeheizt. Die Anlage (Abb. 114) kann auch für foulardierte Ware verwendet werden, und daneben kann der Dampf in der Fixierkammer zusätzlich wirken. Die Fixierzeiten sind, wie auch beim Schnellfixieren auf Spannrahmen, entsprechend kurz und betragen je nach Warendicke, Farbstoffauftrag und Temperatur meist nur Sekunden. Zur Schockaufheizung ist auch der Einbau eines IR-Strahlenfeldes möglich. Der Wareninhalt beträgt 53 m, die Produktion liegt je nach Schwere der Ware zwischen 40 und 100 m/min.

Abb. 113. Hochtemperaturdämpfer (*Artos*).

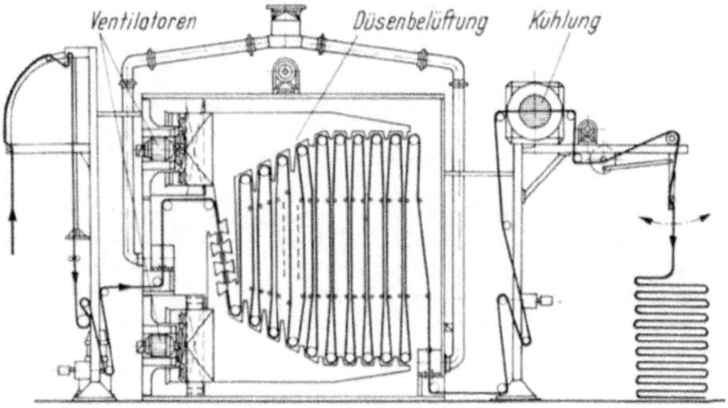

Abb. 114. Hochtemperaturdämpfer (*Artos/ICI*).

Wie auch die vorstehend beschriebenen Anlagen werden **Thermosolier-(Thermofixier-)Einrichtungen** immer häufiger auch in der Druckerei eingesetzt, die bedruckte Ware auf Hotflues, evtl. über einen vorgeschalteten IR-Kanal, getrocknet und auf Spannrahmen bei Temperaturen bis 220 °C fixiert. In der Druckerei ist jedoch meist die gleichzeitige Fixierung von Farbstoff und Synthesefaser nicht möglich, da durch die Warenkrumpfung während des Fixierens die Decker verzogen werden. Man fixiert deshalb die Faser vor und thermosoliert den Farbstoff nach dem

Druck. Auch die *Schnell-(Kurzzeit-)Fixierung* mit Heißluft und hohem Dampfgehalt ist üblich. Als *RT-(Rationelles Thermoisolieren)Anlage* wird neuerdings eine Siebtrommelanlage für die Fixierung von Synthesefaserstückwaren und deren Mischungen mit nativen Fasern gebaut (Abb. 115),

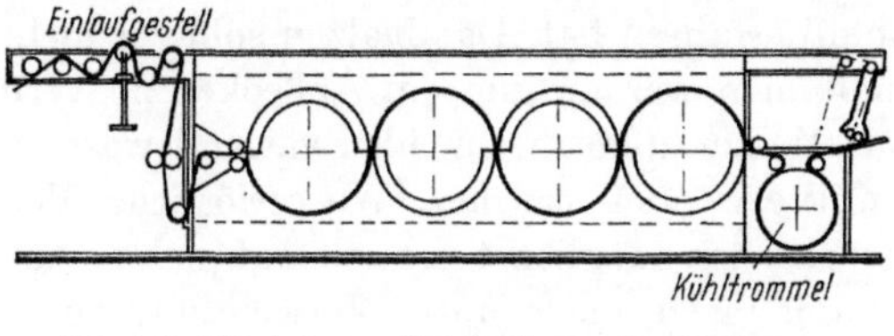

Abb. 115. RT-Anlage mit 4 Siebtrommeln (*Fleissner*).

die sowohl in der Kontinuefärberei als auch in der Druckerei verwendet wird. Im Prinzip läuft die Stückware über eine Reihe von perforierten Zylindern, durch welche die Heißluft gesaugt wird. An der der Ware abgekehrten Seite sind die Zylinder abgedeckt, so daß die Ware unbedingt von der Heißluft durchströmt werden muß, sich sehr schnell aufheizt und die Farbstoffe meist in maximal 20 sec vollständig fixiert werden. Siebabdrücke werden durch die Wahl der Perforation der Trommeln ausgeschlossen, die entsprechend feinporig ist. Thermosolanlagen werden für die Färberei und den Druck u.a. von folgenden Firmen gebaut:

Amdés	*Brückner*	*Farmer-Norton*	*Haas*
Artos	*Famatex*	*Fleissner*	*Monforts*

Zur Fixierung von Pigment-, Reaktiv- u.a. Farbstoffen werden auch *Kondensiermaschinen* verwendet, wie sie auch in der Hochveredlung üblich sind.

Zur Naßfixierung verschiedener Farbstoffe, für den Chemikalienklotz bzw. das Foulardieren nach dem Reservieren werden **Foulards** verwendet, wie sie auch in der Färberei und Appretur üblich sind. Anstelle der Foulardentwicklung kann auch der erste Kasten einer Breit- oder Strangwaschmaschine verwendet werden, in der auch gedämpfte Küpendrucke oxydiert werden. Um z.B. aufgedruckte Reserven zu schonen, werden die normalen Foulards zum *Pflatschen* verwendet, wobei die Ware nicht das Chassis, sondern nur eine Quetschfuge passiert und die untere Walze als Übertragungswalze verwendet wird. Zur besseren Benetzung wird die Behandlungsflotte vor der Oberwalze auf die Ware gesprüht. Foulards werden von einer Vielzahl von Firmen hergestellt, und es kann hier auf eine eingehende Beschreibung verzichtet werden.

Nach dem Dämpfen ist es, abgesehen von Pigmentdrucken, notwendig, die bedruckten Waren ausgiebig von der Druckverdickung und den nicht fixierten Farbstoffen zu befreien. Dafür kommen sowohl *Strang-* als auch *Breitwaschmaschinen*, seltener diskontinuierlich arbeitende Haspelkufen oder Jigger in Betracht. Wurde mit stärkehaltigen Druckverdikkungen gedruckt, muß die Stärke enzymatisch, wie beim Entschlichten, durch Malzen entfernt werden. Dabei sind meist kürzere Entschlichtungszeiten ausreichend, da die Stärke durch das Dämpfen bereits einen gewissen Aufschluß erfahren hat. Das Malzen sollte jedoch möglichst vorsichtig vorgenommen werden, um ein Abflecken zu vermeiden. Oft erübrigt sich das Malzen dann, wenn überwiegend wasserlösliche Verdikkungsmittel mitverwendet wurden. Wasserlösliche Verdickungsmittel müssen beim Waschen möglichst schnell aufquellen, um mit dem unfixierten Farbstoff rasch, meist unter Verwendung von viel fließendem Wasser, entfernt zu werden. Wegen der geringeren Abfleckgefahr werden zur Wäsche von Druckware hauptsächlich Breitwaschmaschinen verwendet, welche in den ersten Kufen mit Einrichtungen versehen sind, welche einen intensiven Wasserzu- und -ablauf erlauben. Meist sind normale Rollenkufenbatterien mit 8 Waschkästen üblich. Breitwaschmaschinen mit mechanischen Waschhilfen, wie Spritzrohre, Schlägerwalzen, Preßlufteinblasung, Zwischenquetschwerken, Gegenstromeinrichtungen usw., eignen sich auch in kleineren Ausführungen zur Wäsche. Von einigen Firmen werden auch Strangwaschmaschinen empfohlen, die ebenfalls kontinuierlich arbeiten, jedoch mit sehr schneller Warenbewegung und großen Wassermengen (z. B. Niagara-Waschmaschine/*Mezzera*) oder im Pilgerschritt (Rope-O-matic/*Stork*) arbeiten. Da die Waschmaschinen auch in der Kontinuefärberei und Appretur üblich sind, erübrigt sich eine besondere Beschreibung an dieser Stelle. Zur intensiven Wäsche ist es üblich, zumindest in den ersten Waschkästen die Ware mit Wasser über Spritzdüsen zu besprühen. Meist neigen die Farbstoffe nach der Wäsche nicht mehr zum Abflecken, und es kann die Ware nach der Wäsche und dem Entwässern auf Quetschwerken feucht abgelegt werden. Ist das nicht der Fall, muß möglichst ohne Ablegen sofort getrocknet werden. Für die Schlußtrocknung sind alle für diesen Zweck brauchbaren Einrichtungen, wie Spannrahmen, Zylinder-, Schleifen- u. a. Trockner, verwendbar.

10. Fehler im Textildruck und ihre Beseitigung

In diesem Abschnitt werden hauptsächlich Fehler besprochen, die vom unsachgemäßen Einsatz der maschinellen Einrichtung resultieren und nicht ihren Grund in der Verwendung ungeeigneter Verdickungsmittel und Farbstoffe usw. haben. Da jedoch Fehler oft mehrere Ursachen haben, sind Fehlerquellen teilweise auch beim Druck mit einzelnen Farbstoffklassen usw. angeführt. Nicht berücksichtigt werden hier Fehler, die durch mangelhafte Nachbehandlung, unsachgemäße Lagerung der bedruckten und unfixierten Ware entstehen. Bei den nachstehend beschriebenen Fehlern handelt es sich teilweise um solche, die möglichst ohne Stillstand der maschinellen Einrichtung bzw. ohne Unterbrechung des Drucks behoben werden können, da z.B. Stillstände der Walzendruckmaschine wiederum an den Stellen, wo die Druckwalzen länger an die Ware gepreßt wird, tieferen Druck und damit unbrauchbare Waren ergeben. Im Filmdruck auf Tischen kann jederzeit unterbrochen werden, ähnliches gilt auch für den maschinellen Filmdruck mit Flachschablonen.

Fehler im Walzendruck

Bei der Auswahl der Gravur sollte grundsätzlich beachtet werden, daß diese auf die Art des Gewebes abgestimmt werden muß und feine Gewebe auch eine feine (flachere) Gravur erfordern und für grobe Stoffe eine tiefer gravierte Walze notwendig ist. Da grobe Gewebe meist eine erhöhte Farbstoffaufnahme zeigen, muß auch deshalb die Gravurtiefe entsprechend größer gehalten werden. In Sonderfällen können feine Gravuren auch zum Bedrucken grober Gewebe brauchbar sein. Feine Gewebe mit Druckwalzen, die eine tiefe Gravur enthalten, führen immer zu *Fehldrucken,* da die aufgedruckte Druckpaste vom Gewebe nicht aufgenommen werden kann. Eine Fehlerbeseitigung durch nochmaliges Bedrucken ist im Walzendruck ausgeschlossen, da eine Rapportierung nicht mehr möglich ist.

Paßungenauigkeiten (*ungenaue Passer*) entstehen durch *ungenaue Einstellung (Rapportierung) der Druckwalzen* und des Farbwerks bereits vor Beginn des Druckes. Der Fehler kann auch während des Druckes auftreten, wenn die *Druckwalzen ungenügend aufgespindelt* wurden und sich während des Druckes lösen oder verschieben. Verschiebt (arbeitet) die Ware zwischen den Druckwalzen, entstehen ebenfalls *wirre* und damit *nichtpassende Drucke.* Durch Nachstellung des Rapportes über den Höhen-, Seiten- und Diagonalrapport kann u.U. während des Druckes ein genauer Passer erreicht werden. Bei schlecht aufgespindelter Druckwalze ist nur eine Verbesserung durch neues Aufspindeln der Druckwalze während des Maschinenstillstands bei ausgebauter Druckwalze möglich. Durch erhöhte Warenspannung kann das *Arbeiten der Ware zwischen den Druckwalzen* verhindert werden. Zu hohe Spannung bewirkt oft das Gegenteil, und es können dann Falten in der Ware und damit wieder Fehldrucke entstehen. Größere Warenspannung läßt sich auch während des laufenden Rouleaux erreichen. Durch *fehlerhafte Gravuren* entstehen ebenfalls ungenaue Passer, die jedoch nur durch Verbesserung der Gravur bei ausgebauter Druckwalze behoben werden können.

Farbausfall (*Fehlen eines Deckers*) macht sich durch Fehlen des Druckes einer oder mehrerer Druckwalzen bemerkbar. Als Ursachen kommen zu *geringe Druckpastenmengen im Chassis* in Betracht, da die Übertragungswalze ihren Zweck dann nicht erfüllen kann. Die *Anstellung der Übertragungs- zur Druckwalze* ist ungenau bzw. die *Übertragungswalze unrund.* Durch ausreichende Zuführung von Druckpaste ins Chassis des Farbwerkes kann dieser Fehler während des Druckens behoben werden. Durch Verbessern der Stellung der Übertragungswalze während des Druckens ist gleichfalls eine Verbesserung möglich. Unrunde Übertragungswalzen lassen sich entweder auswechseln oder auch mit einigen Lagen von Mitläufern umwickeln, wobei die letzten Lagen gleichzeitig Druckfarbe enthalten sollen, um beim Weiterdrucken sofort Druckpaste auf die Druckwalze zu übertragen. Durch diese Bombage der Übertragungswalze lassen sich unrunde Walzen verbessern und oft ein Ausbau des Farbwerkes ersparen.

Farbausquetschungen entstehen durch *zu harte Anstellung der Übertragungswalze* an die Druckwalze, die Druckpaste wird aus der Gravur der Druckwalze ausgequetscht, und der Druck zeigt einen schütteren, moiréartigen Charakter. Durch Verringern des Druckes der Übertragungswalze ist der Fehler während des Laufens zu verbessern. Durch Bombieren der Übertragungswalze läßt sich ebenfalls Abhilfe schaffen, auch ein Zusatz von Verdickung ergibt größere Viskosität der Druckpaste und damit auch die Möglichkeit, die Übertragungswalze mit geringerem Druck laufen zu lassen.

Druckausquetschungen entstehen durch *zu tiefe Gravur*, durch *ungenügende Saugfähigkeit der Druckware* bzw. auch *beid-* oder *einseitig zu starken Druck der Druckwalze* an die Ware. Druckausquetschungen zeigen auf der Ware unscharfe, ausgefranste Konturen, die meist entgegen der Druckrichtung laufen, d.h. am unteren Rand der Decker besonders sichtbar sind. Es können die Drucke jedoch auch durch *nachfolgende Druckwalzen* verquetscht werden, wenn der aus „vorherigen Händen" gedruckte Decker zu viel Druckpaste an die Ware abgegeben hat. Zu tiefe Gravuren stammen aus unsachgemäßer Auswahl der Druckwalzen, eine gewisse Verbesserung läßt sich durch Erhöhung der Zügigkeit (Viskosität) der Druckpaste erreichen. Die ungenügende Saugfähigkeit der Ware kann teilweise durch Zusatz von Netzmitteln zur Druckpaste verbessert werden. Durch Ermäßigung des Druckwalzendruckes an die Ware läßt sich dieser Fehler auch während des Druckens ohne Stillstand beheben. Ein Ausquetschen durch den Druck der Druckwalzen aus „letzter Hand" läßt sich durch Erhöhung der Viskosität der dort eingesetzten Druckpaste und Verringerung des Druckes (Pression) dieser Walze vermeiden.

Walzenfehler entstehen durch *unsachgemäße Behandlung der Druckwalzen*, wobei meist die polierten Teile der Walze Eindrücke erhalten, die sich, da sie von der Rakel nicht erreicht werden, durch meist schütteren Druck auf der Ware außerhalb der Decker zeigen. Oft wird auch die Rakel an den aufgeworfenen Rändern der Beschädigung abgehoben und dadurch der Fehler dort verstärkt sichtbar. Bei derartigen Fehlern hilft nur der Ausbau der Druckwalzen und die Verbesserung durch Polieren, Einsetzen von Stiften und Polieren. In krassen Fällen muß neu geätzt, abgeschliffen und poliert werden, wenn nicht sogar eine Neugravur notwendig wird. Der Fehler tritt regelmäßig nach einem Walzendurchmesser auf.

Rakelstreifen entstehen durch harte Fremdkörper, die sich zwischen die Druckwalze und die Rakel klemmen, die Rakelschneide „anreißen", wodurch durchlaufende Streifen auf der Ware entstehen. Oft fällt der harte Fremdkörper, z. B. ein Sandkorn, auch in die Gravur, wird an einer anderen Stelle wieder eingeklemmt, reißt die Rakel erneut an, und es entsteht ein weiterer Streifen auf der Ware. Die Rakelstreifen zeigen auf Grund der Rakelbewegung eine Schlangenlinie. Bei kleinen Rakelanrissen ist es möglich, durch Auflegen von feinem Schmirgelpapier auf die Druckwalze durch den abgenommenen Schmirgel und die Walzenumdrehung die Rakel wieder planeben zu schleifen. Bei starken Rakelanrissen muß die Rakel ausgebaut und neu geschliffen werden. Ein Säubern der Druckwalze und Entfernen der Fremdkörper aus der Gravur und ein nochmaliges Passieren der Druckpaste ist dann unumgänglich.

Walzenrisse entstehen durch harte Fremdkörper, die zwischen Rakel und Druckwalze meist nur kurz eingeklemmt wurden und auf der Druckwalze einen mehr oder weniger tiefen Riß im Walzenumfang erzeugen. Durch diesen Fehler markiert sich der Riß durch übertragenen Farbstoff auf der Ware. Durch den Aufwurf an den Rändern des Risses wird dieser Fehler verstärkt. Bei kleinen und seichten Anrissen kann mittels Schmirgelpapier oder einer feinen Feile der Riß beseitigt werden. Wenn eine Feile verwendet wird, sollte diese stark abgearbeitet sein oder überhaupt keinen Feilenhieb mehr enthalten und das Glätten nur durch Druck erreicht werden. Meist ist ein Nachschleifen mit einem Stein erforderlich. Bei starken Anrissen muß die ausgebaute Druckwalze zugerieben und poliert werden, bzw. die Risse müssen mit Ätzlack ausgestrichen und so lange geätzt werden, bis wieder eine gleichmäßige Oberfläche erreicht ist. Oft ist jedoch auch eine Neugravierung notwendig.

Zieher und Wischer entstehen durch eingeklemmte Fasern oder Fäden zwischen Druckwalze und Rakel, wodurch die Rakel örtlich abgehoben wird. Es entsteht dort meist ein zweibahniger Streifen, der in der Mitte frei bleibt, da dort die Druckpaste von der Walze genommen wird. An den beiden Seiten wird durch die Anhebung der Rakel verstärkt Farbstoff außerhalb und innerhalb der Decker auf die Ware gebracht. Klebt der Fremdkörper an der Rakel, wird diese nach dem Abheben mit einem Lappen gereinigt, sitzt der Fremdkörper in der Gravur, muß diese mit einer Bürste (evtl. Messingdrahtbürste) gereinigt werden. Ein neuerliches Passieren der Druckpaste ist vorteilhaft.

Schnapper (*Schnepper*) entstehen durch eingeklemmte, weiche Gegenstände (z. B. abgerissene Faserknoten) zwischen Druckwalze und Rakel. Dieser Fehler zeigt sich in waagerechten Streifen, die gegen die Enden spitz zulaufen. Beim Durchgang der Fremdkörper wird die Rakel kurz angehoben, und es wird dadurch Farbstoff außerhalb des Deckers auf die Ware übertragen.

Rakelspringer (*Rakelhupfer*) entstehen durch ungleichmäßige Anstellung der Rakel an die Druckwalze, wodurch Schwingungen entstehen, die sich durch waagerechte Streifen bis zu 20 cm Länge und 15 cm Breite bemerkbar machen und sich meist 3–6mal hintereinander wiederholen. Der Fehler kann durch Neueinstellung der Rakel evtl. während des Druckens behoben werden. Rakelspringer sind länger und breiter als Schnapper und wiederholen sich regelmäßig.

Schütterer Druck (*ungenügender Ausdruck*) entsteht dann, wenn die Haschuren der Gravur abgearbeitet sind, zu wenig Druckpaste in der Gravur gehalten wird und damit auf die Ware kommt. Es kann der Fehler auch durch zu viskose Druckpasten entstehen, die ungenügende Deckkraft im Druck zeigen. Abhilfe bringt entweder eine Neugravur oder Verdünnen der Druckpaste. Bei schütteren Drucken, die aus „letzter Hand" gedruckt werden, kann auch die anschließende Verwendung einer Wasserwalze Besserung durch „Verquetschen" der Decker bringen. Oft hilft auch die Verwendung eines stärkeren Rakelblattes bzw. Ermäßigung des Rakeldruckes. Schütterer Druck entsteht auch durch *Zusetzen der Gravur* und wird durch Säubern der Druckwalze verhindert. Gute Drucköle schränken das Zusetzen ein. Verchromte Walzen setzen weniger zu. Durch Verwendung einer Bürstenwalze für die Druckpastenübertragung wird die Gravur dauernd gereinigt und dadurch das Zusetzen meist ganz vermieden. Zum Zusetzen neigen besonders wasserunlösliche Pigmente und Ätzpasten. Letztere enthalten meist Weißpigmente.

Verschwommene Konturen (*nachgezogene Drucke*) entstehen durch ungenügenden Rakelschliff, wodurch die Druckpaste meist örtlich mangelhaft neben der Walzengravur abgenommen wird, dadurch ziehen auch die Decker nach. Abhilfe schafft nur ein Nachschleifen der Rakel und/oder ein härteres Anstellen der Rakel an die Druckwalze.

Verschiedene Farbstoffe neigen zum **Überziehen der Druckwalzen,** wodurch die Druckpaste meist als feiner Schleier außerhalb der Decker auch auf die Ware übertragen wird. Das ist auch bei Ätzpasten der Fall. Durch Zusatz von Drucköl ist der Fehler oft zu verhindern, auch ein geringer Zusatz von Petroleum hilft teilweise, mit dem ein hydrophober Ölfilm auf der Druckwalze erzeugt wird. Durch Verchromung der Druckwalzen wird ein harter Überzug geschaffen, bei dem ein Überziehen kaum auftritt.

Falten in der Ware werden nicht bedruckt und zeigen sich in Längsrichtung als unbedruckte Streifen nach Fertigstellung der Ware. *Mit-*

läuferfalten werden durch hellere Streifen mit dunkleren Rändern markiert. *Unsachgemäße Mitläufernähte* markieren wie Mitläuferfalten, jedoch nur in Querrichtung. Falten müssen durch wirksame Breithalter vermieden werden. Mitläufernähte lassen sich durch lange Mitläufer einschränken bzw. sollen die Nähte „Stoß an Stoß" hergestellt werden.

Fehler im Filmdruck

Beim *Druck mit Flachschablonen auf Tischen* (Handfilmdruck) ist es möglich, mehrmals zu rakeln und damit schütteren Druck und unscharfe Konturen zu verbessern, was sich im Walzendruck verbietet. Durch „Verdünnen" der Druckpaste läßt sich dabei ein mehrmaliges Rakeln verhindern. Es muß jedoch berücksichtigt werden, daß dann auch eine „Farbstoffverdünnung" eintritt. Die nachstehend beschriebenen Fehler treten meist auch bei *Flachfilmdruckmaschinen* (maschineller Druck mit Flachschablonen) auf. In diesem Abschnitt werden Fehler bei der Schablonenherstellung nicht berücksichtigt. Sie werden bei der Schablonenherstellung angegeben. Im Filmdruck sind Fehler meist aus 2 Gründen möglich:

Schäden an Schablonen,
Fehler während des Druckens.

Schablonenschäden. *Risse* und *Löcher* können meist auf gleiche Art, wie sie bei der Schablonenherstellung beschrieben wurden, ausgebessert werden. Durch *Abspringen des Lackes* außerhalb der Decker, vor allem am Schablonenrand, entstehen Fehldrucke, die durch Nachlackieren schnell zu beseitigen sind. Auch ein Überkleben mit Isolierband, lackierten Gazestreifen usw. ist möglich. Durch *ungenügende Säuberung der Schablonen* nach dem Druck verbleiben Rückstände von Druckfarbe in der Schablone. Beim neuerlichen Drucken entstehen kleinere Decker und unscharfe Konturen, die Schablonen sind „zugesetzt". Auch ein *Zusetzen der Schablone* durch Pigmente (Ätzpasten sind im Handfilmdruck kaum üblich) ist möglich. Es ist dann eine gründliche Säuberung der Schablonen unumgänglich. Ein Zusetzen kann auch durch *abgelöste Lackteile* eintreten, die ebenfalls durch eine gründliche Reinigung zu entfernen sind. Durch längeren Gebrauch der Schablonen unterliegen diese einem Verschleiß, der sich durch unscharfe Konturen und Vergrößerung der Decker bemerkbar macht. Wenn ein Ausbessern von Hand nicht mehr möglich ist, muß die Schablone vom Lack befreit und neu lackiert, belichtet usw., also erneuert werden. Bronzegazen zeigen durch schlechte Auflage auf der Ware oft ein *Erschlaffen der Gaze*, das u.U. auch durch verzogene Holzrahmen verursacht wird. Dabei fließt die Druckpaste unter den Konturen aus, und die Schablonen müssen erneuert werden. Metallrahmen zeigen diesen Übelstand nicht. Oft ist auch ein *Ablösen der Gaze* vom Rahmen Grund für Fehldrucke. Meist bringt ein Nachspannen der Gaze kaum Abhilfe, da dadurch Verzerrungen des Musters auftreten. *Ausbuchtungen von Metallgazen* sind in der Regel irreparabel. Sie entstehen durch mechanische Beschädigungen, wie z.B. durch Überrakeln von harten Gegenständen, die unter der Ware liegen, bzw. durch Eindrücke der Metallgaze mit harten Gegenständen. Auch hier fließt die Druckpaste aus den Konturen.

Fehler während des Druckens. Passerfehler entstehen durch *ungenaues Rapportieren,* dabei treten auch Doppelkonturen und Farbflecken auf. Liegt die *Schablone hohl* auf der Ware, fließt die Druckpaste aus der Kontur, durch *Verrutschen der Schablone* entstehen ebenfalls Doppel- oder unscharfe Konturen. Durch *Hochreißen der Schablone* nach dem Druck wird Druckpaste verspritzt und ergibt Farbflecken. Durch Faserstaub, Fadenenden usw. entstehen auf der Ware *reservierte Stellen*, die, wenn sie mit der Schablone weitergeschleppt werden, auch bei den nachfolgenden Abschlägen erscheinen.

Durch *ungleichmäßigen Rakeldruck* in Längs- oder Querrichtung zeigen sich im Decker unterschiedliche Farbtiefen, ähnliche Fehler treten auch beim *Unterbrechen des Rakelns* auf. *Ungleichmäßige* und *schadhafte Rakelstreichkanten* ergeben fehlerhafte Drucke durch hellere und dunklere Streifen. Derartige Rakeln müssen abgeschliffen oder erneuert werden.

Ungenügend auf dem Drucktisch haftende Ware wird angehoben, verschoben und ergibt bei nachfolgenden Abschlägen ungenaue Passer. Der Fehler tritt meist an den Warenkanten auf. Durch angehobene, an der Schablone klebende Ware läuft die Druckpaste zusätzlich aus. Durch *Durchschlagen des Klebers* durch die Ware ändert sich dort die Kapillarität der Fasern und führt meist zu dunkleren Flecken, der gleiche Fehler entsteht durch feuchte Stellen, die ebenfalls durch größere Klebermengen verursacht werden, wenn vor dem Druck nicht ausreichend getrocknet wurde.

Ein Drucken „naß-in-naß" kommt nur bei Filmdruckmaschinen in Betracht. Dabei wird Druckpaste des vorhergehenden Abschlags an die Unterseite der aus „zweiter Hand" gedruckten Schablone abgegeben. Das führt zu Flecken auf der Ware. Der Fehler kann durch Anhalten der Maschine und Säubern der Schablonenunterseite oder stärkeres Verdicken bzw. verstärktes Einstreichen der Druckpaste aus „erster Hand" beseitigt werden. Oft tragen jedoch die ungenügende Vorbereitung der Druckware (schlechte Saugfähigkeit) und bei dünnen Geweben, z.B. aus synthetischen Fasern, deren hydrophobe Eigenschaften Schuld an diesen Fehlern. Letztere Gewebe sollten deshalb auch auf der Filmdruckmaschine mit Mitläufern gedruckt werden. Falten und Nähte im Gewebe und evtl. in Mitläufern ergeben ähnliche Fehler wie beim Walzendruck.

11. Druck von Textilien aus Zellulosefasern

In den nachfolgenden Abschnitten wird der Druck von Textilien aus nativen und regenerierten Zellulosefasern beschrieben. Zu den nativen Zellulosefasern gehören vor allem Baumwolle und Leinen. Beide Fasern sind auf Grund ihres Aufbaus besonders für Waschartikel im Gebrauch, die vielfach als Weißware, jedoch auch gefärbt und bedruckt verwendet werden. *Baumwolle* stellt den auch heute noch mit etwa 65% aller Textilfasern gebräuchlichsten Rohstoff der Textilindustrie dar, der sich zur Herstellung aller Artikel eignet. *Leinen* wird wegen seines Preises meist nur für hochwertige Textilien, z.B. Bett- und Tischwäsche, Oberbekleidungstextilien usw., teilweise auch mit Baumwolle gemischt verwendet.

Die Vorbehandlung der Baumwollwaren (S. 144), die gefärbt zum Druck kommen, unterscheidet sich nicht von der Vorbehandlung der Weißwaren. Soll der gefärbte Fond geätzt werden, müssen in allen Fällen zum Färben *weiß-*, seltener *buntätzbare Farbstoffe* verwendet werden.

Da heute in der Regel mit Reduktionsmitteln geätzt wird, ist es meist notwendig, die gefärbten Stückwaren mit *organischen Oxydationsmitteln* (m-nitrobenzolsulfosaures Natrium) vorzubehandeln. Die Behandlung wird, wegen der geringen Substantivität der Produkte, vorteilhaft auf vorgetrockneter oder gut entwässerter Ware mit 5–15 g/l auf dem Foulard vorgenommen. Es ist jedoch auch die Präparation der Ware in geringer Flotte im letzten Spülbad auf dem Jigger oder der Haspelkufe möglich. In der Druckerei können die Produkte auch auf dem Rouleaux aus „letzter Hand" mit einer Wasser-, Picot- oder Haschurenwalze auf die mit Reduktionssätze aus „erster Hand" bedruckte Ware aufgebracht werden. Das Oxydationsmittel beeinträchtigt wegen seiner milden Wirkung die Reduktionswirkung der Ätze nicht. Zu den Oxydationsmitteln gehören u.a.:

Albatex BD	*CIBA*	Revatol S	*Sandoz*
Druckreserve W	*Wolfen*	Ronoxydol	*Rohner*
Dypolene AR	*Yorkshire*	Sistol	*Dupont*
Ludigol	*BASF*	Pernigol	*Vondelingenplaat*
Reservesalz G	*Geigy*	Solidol N	*Francolor*
Resistsalz L	*ICI*		

Die Produkte verhindern im Ätzdruck *Aureolen* durch Ausfließen der Reduktionsmittel aus dem Ätzdecker, werden jedoch auch im Druck von Farbstoffen verwendet, die gegen Reduktionsmittel empfindlich sind, die aus der Ware, dem Dampf und Farbstoffen stammen können, die mit Reduktionsmitteln daneben oder auch in Überfällen gedruckt werden.

Zur Verbesserung der Saugfähigkeit ist es auch möglich, die vorbehandelten Waren im Vollbad oder durch Foulardieren mit *Netzmittellösun-*

gen zu präparieren. Es ist jedoch meist schwierig, die Netzmittelkonzentration so einzustellen, daß beim nachfolgenden Druck ein Fließen verhindert wird. Sicherer ist es, den Druckpasten selbst Netzmittel zuzusetzen und durch Vorversuche die Zusatzmengen auf die zu bedruckenden Farbstoffpasten bzw. die Ware abzustimmen.

Leinen kann nur in gebleichtem Zustand bedruckt werden, da seine dunkle Eigenfarbe in nicht vorbehandeltem Zustand keine brillanten Töne zuläßt. Die verschiedenen, meist kombinierten Bleichverfahren ergeben dabei gleichzeitig eine gute Saugfähigkeit. In der Regel werden Leinengarne vorgebleicht und ein Vollweiß durch Nachbleichen der Stückware erzielt. Eine Beuche kann bei Leinengeweben wegen der Gefahr des stärkeren Ablösens der Kittsubstanz zwischen den Faserfibrillen nicht vorgenommen werden. Das Sengen vor der Bleiche ist möglich, doch werden durch die Länge der Bleiche meist die Gewebe wieder stark aufgerauht. Man begnügt sich deshalb meist mit einem gründlichen *Bürsten* der vorbehandelten und trockenen Ware, das auch zur Entfernung von lose haftenden Fasern, Fäden und anderen Verunreinigungen bei allen Materialien, die bedruckt werden sollen, notwendig ist.

Zu den *regenerierten Zellulosefasern*, deren Druck in den nachfolgenden Abschnitten ebenfalls beschrieben wird, gehören *Viskose-* und *Cuproreyon* bzw. die entsprechenden *Zellwollen*. Da sich der Druck von Sekundär- und Triacetatzellulose, die strenggenommen ebenfalls regenerierte Zellulosefasern sind, stark unterscheidet, wird der Druck dieser Fasern an anderer Stelle (S. 264 u. S. 317) beschrieben. Viskose- und Cuprozellulose unterscheiden sich in der Veredlung dadurch, daß die Farbstoffaufnahmefähigkeit der Cuprofasern größer ist als die der Viskosefasern, die ungefähr der der Baumwolle gleicht. Zur Erhöhung der Farbstoffaufnahmefähigkeit von Viskosefasern kann ein *Laugieren* durch Foulardieren mit 5–10 °Bé Natronlauge dienen. Die Ware wird anschließend in mäßig gespanntem Zustand aufgerollt oder abgelegt und anschließend gespült und neutralisiert. Die Saugfähigkeit der laugierten Fasern ist besser als die der Baumwolle, eine Beuche ist deshalb unnötig, außerdem würde sie zu Faserverlusten und Hartwerden der Fasern führen. Da die regenerierten Zellulosefasern zur besseren Verarbeitung meist fett- oder ölhaltige *Präparationen* enthalten, muß gründlich vorgewaschen werden, und um Falten oder Brüche zu vermeiden, möglichst im breitem Zustand vorbehandelt werden. Zellwollgewebe enthalten oft Stärkeschlichten, die durch *Entschlichten* mit Enzymen entfernt werden. Zur Verbesserung des Fonds werden die Textilien meist auch vorgebleicht. Dabei sind in vielen Fällen einfache Bleichverfahren ausreichend. Wegen der Faserschonung wird hauptsächlich die Chloritbleiche eingesetzt. Zur Entfernung von abstehenden Fasern muß vorher gesengt werden. Die Gewebe werden wie Baumwollgewebe faltenfrei und gleichmäßig getrocknet zum Druck gegeben. Die Verwendung von organischen Oxydationsmitteln gleicht den für Baumwolle beschriebenen Verfahren und Zwecken.

Der Druck aller vorgenannten Textilfasern wird hauptsächlich auf *Geweben* und *Gewirken* vorgenommen. Zur Erzeugung von billigen Effektgarnen werden auch *Stranggarne* bedruckt (S. 46). Obwohl es auch möglich ist, Kardenbänder zu bedrucken, kommt dieses Verfahren kaum in Betracht, da Melangen von Zellulosefasern weit weniger üblich sind als in der Wollindustrie, und wenn melangiert wird, werden günstiger Fasern verwendet, die in der Flocke vorgefärbt wurden. Je nach verlangten Effekten ist der *Auf-*, *Ätz-* und *Reservedruck* üblich.

Wie auch in der Färberei, ist die Anzahl der für Zellulosefasern brauchbaren Farbstoffklassen im Druck groß. Die Drucke zeigen sehr unterschiedliche Echtheiten. Da das Ausbluten der Drucke in der Haushaltwäsche weit stärker möglich ist als bei gefärbten Artikeln, werden Drucke mit höheren Echtheiten weit häufiger verlangt, als das bei Färbungen der Fall ist. Die Hausfrau wäscht meist Bunt- und Weißwäsche gesondert, wenn es sich um gefärbte Textilien handelt. Bei bedruckten Zellulosetextilien kann der Weißfond jedoch nicht ausgenommen werden und ein Anbluten ist deshalb dann häufiger, wenn zum Aufdruck weniger echte Farbstoffe verwendet wurden. Für den Druck werden verwendet:

Direkt-,
basische,
Beizen-,
Küpen-,
Leukoküpenester-,
Schwefel-,
Phthalocyanin-,
Oxydations-,
unlösliche Azo-,
Pigment- und
Reaktivfarbstoffe.

Die Vielfarbigkeit der Drucke wird gegenüber der Färberei dadurch wesentlich erhöht, daß die meisten Farbstoffklassen neben- und teilweise miteinander gedruckt werden können und Weiß- und Buntätzen und in gleicher Weise auch Reserven neben der nur durch das Druckverfahren eingeschränkten Vielzahl der Farbtöne im Muster möglich sind. Grundsätzlich werden Textilien aus Zellulosefasern im Rouleaux-, Tisch- und Maschinenfilmdruck bedruckt.

Druck mit Direktfarbstoffen. Diese Farbstoffe, oft auch als *substantive Farbstoffe* bezeichnet, spielen in der Druckerei nur eine untergeordnete Rolle, da ihre Naßechtheiten, auch nach einer Nachbehandlung, nur selten den vom Verbraucher verlangten Standard aufweisen. Da jedoch die Lichtechtheit bei ausgesuchten Produkten sehr hoch ist, werden Direktfarbstoffe, wenn überhaupt, im Aufdruck auf Baumwolle und regenerierte Zellulosetextilien (außer $2^1/_2$- und Triacetat) eingesetzt, die als Dekorationsstoffe verwendet werden. Auch zum Bedrucken von Oberbekleidung aus Zellwolle sind sie gebräuchlich. In allen Fällen ist jedoch eine Nachbehandlung zur Verbesserung der Naßechtheiten vorteilhaft (S. 172).

Direktfarbstoffe werden von den Herstellern meist in besonderen Gruppen zusammengefaßt und unterscheiden sich hauptsächlich in der Lichtechtheit. Zu den *hochlichtechten* Produkten gehören u.a.:

Chlorantinlicht-	*CIBA*	Superlitefast-	*Althouse*
Diaminlicht-	*Cassella*	Saturn-	*Chemapol*
Durazollicht-	*ICI*	Sirius-, -licht-	*Bayer*
Diazollicht-	*Francolor*	Solamin-, -licht-	*Wolfen*
Eliamina-	*ACNA*	Solar-	*Sandoz*
Lurantinlicht-	*BASF*	Solophenylfarbstoffe	*Geigy*
Pontaminecht-	*Dupont*		

Zu den Farbstoffen mit *mittlerer Lichtechtheit* gehören u.a.:

Benzo-	*Bayer*	Diazol-	*Francolor*
Carbid-	*CIBA*	Diphenyl-	*Geigy*
Chlorazol-	*ICI*	Libia-	*ACNA*
Columbia-	*Wolfen*	Pontamin-	*Dupont*
Diamin-	*Cassella*	Rigan-	*CIBA*
Dianil-	*Hoechst*	Tirsulfonfarbstoffe	*Sandoz*

Wegen der besseren Löslichkeit werden für den Direktdruck möglichst nur hochkonzentrierte Direktfarbstoffe verwendet (z.B. die Chlorantinlicht-D-Marken der *CIBA*). Die Löslichkeit der Normaltypen ist meist durch die Stellmittel geringer. In allen Fällen ist es vorteilhaft, die Löslichkeit durch Zusatz von hydrotropen Substanzen und Lösungsvermittlern (S. 135) in der Druckpaste zu verbessern. Die Farbstoffe werden nur in Pulverform geliefert, und es ist deshalb notwendig, die Produkte mit den Zusätzen, welche die Löslichkeit verbessern, zu mischen und vor dem Einrühren in die Verdickung in Wasser zu lösen. Da die Produkte gegen Reduktionsmittel empfindlich sind (z.B. durch Verdämpfen), sind den Druckpasten vorteilhaft organische Oxydationsmittel zuzusetzen. Der Schutz gegen Reduktionsmittel ist auch durch eine Vorpräparation der Ware vor dem Druck möglich, bzw. es können die organischen Oxydationsmittel auch auf dem Rouleaux aus „letzter Hand" mit einer Wasser-, Picot- oder Haschurenwalze aufgedruckt werden. Man foulardiert bzw. druckt dann mit 5–15 g/l eines Benzosulfosäurederivates (S. 167).

Direktfarbstoffe werden meist zum Druck billiger Stapelartikel aus Baumwolle, Reyon oder Zellwolle verwendet und vornehmlich auf dem Rouleaux bedruckt. Die Zusammensetzung der Druckpasten unterscheidet sich jedoch kaum vom Filmdruck. Für beide Materialien, die meist vorgebleicht und evtl. merzerisiert werden, wozu für Zellwolle oft noch das Vorlaugieren kommt, sind die Druckpasten kaum unterschiedlich.

Druckpasten und Copure haben folgende Zusammensetzung:

Vollfarbe:		Copure:
5 – 50 g	Farbstoff werden mit	–
0 – 150 g	Harnstoff und/oder	0 – 150 g
10 – 50 g	Lösungsvermittler und	–
0 – 10 g	Soda kalz. vermischt und in	–
410 – 162 g	heißem bis kochendem Wasser gelöst, in	385 – 227 g
560 – 540 g	Verdickung eingerührt, in der vorher	600 – 600 g
10 – 20 g	Dinatriumphosphat,	10 – 10 g
5 – 15 g	organisches Oxydationsmittel und	5 – 10 g
0 – 3 g	Antischaummittel gelöst wurden.	0 – 3 g
1000 g		1000 g

Als *Verdickungsmittel* werden Stärke/Tragant, Tragant, Stärkeäther, Johannisbrotkernmehle und deren Äther, Alginate, Carragheenate, Zelluloseäther und seltener Emulsionsverdickungen verwendet. Wenig dextriniertes Britischgummi ist ebenfalls brauchbar, doch sollte normales Dextrin wegen der reduzierenden Wirkung nur dann eingesetzt werden, wenn ausreichende Mengen von organischen Oxydationsmitteln in der Druckpaste mitverwendet werden.

Bei der Auswahl der Verdickungsmittel ist neben wirtschaftlichen Momenten zu beachten, daß schwerlösliche Produkte ein Anbluten des Fonds fördern, vor allem gilt das bei Verwendung von Stärke, die durch Malzen abgebaut werden muß und dadurch dem Abflecken und Anbluten Vorschub leistet. Drucke mit Direktfarbstoffen werden in vielen Fällen nicht nachgewaschen und die Verdickung, vor allem bei großen Deckern, als Steifungsmittel in der billigen Ware belassen.

Nach dem Druck wird auf der Hotflue, Mansarde oder Zylindertrockenmaschine getrocknet und die verkühlte Ware 45–60 min mit geringem Überdruck oder drucklos gedämpft. Oftmals kann die Dämpfzeit herabgesetzt werden, wenn mit Hilfsmitteln nachbehandelt wird, welche die Naßechtheiten verbessern. Die gedämpften Drucke werden entweder diskontinuierlich auf Haspelkufen oder Strangwaschmaschinen mit kaltem Wasser gründlich nachgespült und möglichst sofort getrocknet. Breitbehandlungen vermindern jedoch das Abklatschen und Verschmutzen des Weißfonds.

Nachbehandlung von Direktdrucken. Diese Verfahren verbessern vor allem die Naßechtheiten um 1/2–2 Punkte, ohne jedoch Werte zu erreichen, die ein Waschartikel haben muß. Ausgesuchte Farbstoffe lassen sich mit *Metallsalzen* (Kupfersulfat, Chromkali, Fluorchrom, Chromalaun und deren Kombinationen) in essigsaurer Lösung und auch mit Formaldehyd nachbehandeln. Auf Grund der Farbstoffkonstitution eignen sich die Nachbehandlungen nur für ausgesuchte Farbstoffe, die oft durch das Prädikat als „-kupfer- oder -chrom-Farbstoffe“ ausgewiesen sind. In allen Fällen tritt jedoch eine Vertrübung der Nuance ein. Beim diskontinuierlichen Nachbehandeln, z. B. auf der Haspelkufe, werden die Drucke nach dem Spülen mit

1–3 % der Metallsalze bzw. Formaldehyd und
1–2 % Essigsäure 50 %ig oder der halben Menge Ameisensäure 85 %ig

bei 30–40 °C während 10–20 min nachbehandelt und gespült. Bei der Nachbehandlung mit *kationischen Produkten* tritt kaum ein Farbtonumschlag ein, und die Naßechtheiten werden ebenfalls bis zu 2 Punkten verbessert. Man arbeitet diskontinuierlich, wie bei der Verwendung von Metallsalzen beschrieben, mit 0,5–3 % der nachstehend genannten Produkte, wobei meist das vorhergehende Dämpfen auf 10–15 min ermäßigt werden kann. Als kationische Nachbehandlungsmittel werden u.a. verwendet:

Fixanol PN, V, R	*ICI*	Lyofix EW, SB, SBW	*CIBA*
Fixogen T, TN	*Francolor*	Sandofix WE	*Sandoz*
Levogen WW, HW, FWN	*Bayer*	Solidogen FFL, FGA	*Cassella*
		Tinofix A, LW	*Geigy*
Lufixan LF	*BASF*	Wofafix WWS, S, KLW	*Wolfen*

Meist ist ein Nachspülen nach der Behandlung entbehrlich. Einige Produkte sind gegen die Härtebildner des Wassers (Sulfathärte) empfindlich. Gleiches gilt auch für schlecht gespülte Drucke und Rückstände von anionischen Hilfsmitteln in der Ware, mit denen die Produkte ausfallen. Einige Nachbehandlungsmittel verringern die Lichtechtheit der Färbungen. Da es sich bei Drucken mit Direktfarbstoffen meist um Stapelartikel handelt, wird oft kontinuierlich nach dem Spülen in einem Kasten der Breitwaschmaschine mit 2–8 g/l der kationischen Produkte nachbehandelt und die Ware in eine Flotte geführt, die aus Ersparnisgründen nur die unteren Leitwalzen der Waschkästen bedeckt. Auch ein Foulardieren ist möglich, wenn die Produktmengen verdrei- bis verfünffacht werden. Ausgesuchte Direktfarbstoffe (z. B. die Siriogenfarbstoffe/*Bayer*) lassen sich auch mit *Reaktantharzen* nachbehandeln und ergeben dann eine wesentliche Steigerung der Waschechtheit, die ohne Nuanceänderung auch mehrmalige Kochwäschen aushalten. Es wird die gespülte Färbung möglichst vorgetrocknet oder mit hohem Abquetscheffekt mit

90–120 g/l Siriogen WK (*Bayer*),
8– 12 g/l Magnesiumchlorid als Katalysator

foulardiert, getrocknet und 5 – 4 min bei 145–155 °C kondensiert. Eine alkalische Nachwäsche entwickelt die Naßechtheiten. Die Nachbehandlung selbst ist jedoch nur foulardmäßig möglich.

Eine Reihe von Direktfarbstoffen ergibt mit speziellen Kupfersalzen und/oder Kupfersulfat und Essigsäure eine hohe Verbesserung der Naßechtheiten, die jedoch ebenfalls nicht für eine Kochwäsche ausreichen, da sich aber *Farbstoff-Kupferkomplexe* bilden, eine Wäsche bei 60 °C ohne Nuanceänderung und nur geringes Bluten zeigen. Die Drucke werden nach evtl. Dämpfen gründlich gespült und mit 1–5% der Produkte diskontinuierlich bzw. mit 3–15 g/l in der Breitwaschmaschine oder dem Foulard kontinuierlich bei maximal 60 °C nachbehandelt, gründlich gespült und evtl. bei 30–40 °C mild geseift. Arbeitet man in essigsauren Bädern, können ausgesuchte kationische Nachbehandlungsmittel neben Kupfersulfat eingesetzt werden. Die Nachbehandlungen ermäßigen die Dämpfzeit der Drucke auf 8–10 min. Die für die beschriebene Nachbehandlung geeigneten Farbstoffe bzw. Hilfsmittel kommen u. a. als

Farbstoffe:	*Nachbehandlungsmittel:*	
Benzocupren-	Benzocupren B	*Bayer*
Benzocuprol-	Benzocuprol WL	*Bayer*
Coprantin-	Coprantex B	*CIBA*
Cuprofix-	Cuprofix	*Sandoz*
Cuprophenyl-	–	*Wolfen*
Cuproxaminfarbstoffe	–	*Geigy*

in den Handel.

Der Direktdruck dieser Farbstoffe gleicht der für normale Direktfarbstoffe üblichen Arbeitsweise, doch wird die Löslichkeit durch Verwendung von maximal 20 g/kg Natronlauge 38 °Bé verbessert, gleiches gilt auch für die auf 150 g/kg erhöhte Harnstoffmenge. Anstelle von Phosphat werden meist 20 g/kg Natrimacetat in der Druckpaste verwendet.

Neben Direktfarbstoffen können eine Reihe von anderen Farbstoffklassen gedruckt werden, die durch neutrales Dämpfen zu fixieren, wegen der geringen Naßechtheiten der Direktdrucke aber kaum üblich sind. Werden Küpenfarbstoffe daneben gedruckt, sind keine Anstöße oder Überfälle möglich, wenn nach dem Einphasenverfahren (S. 182) gedruckt wird, außerdem muß die Menge des organischen Oxydationsmittels im Direktfarbstoff erhöht werden. Ein Nachseifen muß unterbleiben. Auch der Druck mit Naphthol-Entwicklungsfarbstoffen, die sich durch Neutraldampf (z. B. Rapidogen-N-Farbstoff/*Bayer*) entwickeln lassen, sind möglich. Auch hier ist das notwendige Nachseifen für die gute Reibechtheit des Naphtholdrucks ausgeschlossen. Basische Farbstoffe scheiden ebenfalls aus, da sie noch schlechtere Lichtechtheiten als Direktfarbstoffe haben.

Der *Ätzdruck* auf mit Direktfarbstoffen gefärbtem Fond ist sehr häufig, da sich der überwiegende Teil der Direktfärbungen mit einer neutralen oder alkalischen Reduktionsätze weiß bzw. durch Zusatz von reduktionsbeständigen Farbstoffen in der Ätze bunt ätzen läßt. Das Anfärben des Fonds erfolgt in üblicher, diskontinuierlicher oder kontinuierlicher Weise. Bei der Weißätze wird mit folgender Ätzpaste gedruckt:

80 –	200 g	Natriumformaldehydsulfoxylat als Reduktionsmittel, gelöst in
279 –	225 g	Wasser von maximal 60 °C, kalt eingerührt, in
600 –	450 g	Verdickung (Alginate, Kristallgummi u.a.), die eventuell
0 –	75 g	Zinkoxid und
40 –	40 g	Titandioxid als Pigmentierung und
1 –	10 g	optischen Aufheller enthalten.
	1000 g	

Die Drucke werden getrocknet, 6–12 min gedämpft, gespült und getrocknet. Zur Vermeidung von Aureolen ist ein Präparieren der Farbware mit organischen Oxydationsmitteln (S. 167) oder Foulardieren Pflatschen bzw. Druck aus letzter Hand mit diesen Mitteln unbedingt nötig.

Die vorstehend angegebenen Weißätzen können durch Zusatz von maximal 30 g/kg 30 %igem Anthrachinonteig verstärkt werden. Ein Teil der Direktfärbungen ist jedoch besser weißätzbar durch eine alkalische Ätze, die wie vorstehend angegeben hergestellt wird, jedoch noch 30–80 g/kg Pottasche enthält. Einige Direktfärbungen zeigen mit neutralen Ätzen jedoch bessere Effekte. Alle angegebenen Weißätzen sind für normale, nachbehandelte und Färbungen mit Farbstoffen, die echte Kupferkomplexe durch Nachbehandlungen ergeben, und auch Diazofärbungen verwendbar. Schwerer ätzbar sind vor allem die mit Kupfersalzen nachbehandelten Färbungen, die erhöhte Mengen von Reduktionsmitteln, Anthrachinon und Weißpigmenten in der Ätzpaste erfordern. Einige dieser Färbungen sind oft nur in Farbtiefen bis 1 % weißätzbar. Die Weißätzbarkeit kann jedoch dadurch teilweise verbessert werden, daß die nicht nachbehandelte Direktfärbung geätzt, die Ätzung durch Dämpfen entwickelt, gespült und dann erst nachbehandelt wird. Es ist jedoch zu berücksichtigen, daß dabei die Naßechtheit der nur geätzten Färbungen noch keine Verbesserung erfahren hat und dadurch im Spülbad das Anbluten der Ätzfläche stärker auftritt. Oft ist dadurch eine Weißätze nur auf Färbungen bis zu mittleren Farbtiefen möglich.

Für *Buntätzen* kommen ausschließlich Küpenfarbstoffe in Betracht, die, wie bereits beschrieben, der alkalischen Weißätze zugesetzt, in gleicher Weise wie Weißätzen fixiert werden. Ein Nachseifen kann wegen der mittleren Naßechtheit des Fonds nur in milder Form bei maximal 50 °C erfolgen. Gegen *Ätzaureolen* ist eine Behandlung des Fonds mit 10–15 g/l eines organischen Oxydationsmittels (S. 167) unbedingt erforderlich. Die hygroskopische Pottasche ist oft vorteilhaft durch Soda teilweise zu ersetzen. Zu feuchtes oder zu langes Dämpfen führte benfalls zu Aureolen. Obwohl auch eine Reihe von basischen und Chromierungsfarbstoffen durch Reduktionsmittel nicht zerstörbar und damit für die Buntätze auf neutraler Reduktionsbasis brauchbar sind, sind die Verfahren wegen der geringen Naßechtheiten dieser Farbstoffe heute kaum üblich. Auch das neutrale Ätzen von Direktfärbungen, die sich durch die Reduktionsmittel in eine unterschiedliche Nuance verändern, ist wegen der eingeschränkt möglichen Kolorierung kaum üblich. Obwohl Weiß- und Buntreservierungen möglich sind, werden durch Ätzen billiger und schneller die gleichen Effekte erreicht.

Die vorstehend beschriebenen Druckverfahren sind in gleicher Weise für regenerierte Zellulosefasern möglich, wobei auch hier meist auf dem Rouleaux gedruckt wird. Ausgesuchte *Säurefarbstoffe* können nach gleichen Methoden wie Direktfarbstoffe für den billigen Dekorationsdruck auf Viskosegeweben verwendet werden. Dabei wird der Druckpaste anstelle von Natriumphosphat jedoch -acetat zugesetzt, und die Drucke werden meist länger gedämpft und wie beschrieben mit kationischen Hilfsmitteln oder Metallsalzen nachbehandelt.

Obwohl **basische Farbstoffe** sehr brillante Farbtöne zeigen und sehr ausgiebig sind, kommen sie für den Druck auf Zellulosefasern fast überhaupt nicht zum Einsatz, da ihre Gesamtechtheiten heutigen Ansprüchen nicht mehr genügen. Sie werden unter Zusatz von Essigsäure gedruckt. Die Ware muß entweder mit Tannin vorgebeizt oder Tannin, 1:1 in Essigsäure gelöst, der Druckpaste zugesetzt werden. Nach dem Drucken und 45–60 min Dämpfen werden die Drucke mit Brechweinstein fixiert. Die umständliche Tannin/Brechweinstein-Beize kann auch durch geschwefelte Phenole wie z.B.

Katanol ON	*Cassella*	Tannotex S	*CIBA*
Taninol BMN	*ICI*	Thiotan MS	*Sandoz* u.a.

ersetzt und die Ware mit diesen Produkten diskontinuierlich, bei 70 °C beginnend, im erkaltenden Bad während 1 Std. mit

3–6% Beizmittel,
0,6–0,8% Soda kalzieniert und
15–40% Glaubersalz

vorgebeizt werden. Obwohl basische Farbstoffe zum größten Teil reduktionsbeständig sind, kommt der Buntätzdruck mit ihnen selten auf direktgefärbten Fond und überhaupt nicht mehr auf Küpenfond in Betracht. Gleiches gilt auch für die Reserve unter Anilinschwarz.

Druck mit Beizenfarbstoffen. Diese Farbstoffe werden auch als *Chrom-*, *Chromierungs-*, *Chromentwicklungs-*, *Metallbeizenfarbstoffe* bezeichnet, deren Verwendung in der Färberei und Druckerei auf dem Einsatz von Naturfarbstoffen basiert, heute jedoch ausschließlich mit synthetischen Farbstoffen vorgenommen wird. In der Färberei von Zellulosetextilien werden sie erst neuerdings wieder auf Grund von Arbeiten der Fa. *Durand* kontinuierlich verwendet. Ihr besonderer Vorteil liegt in der Vielzahl der möglichen Nuancen, die mit ihnen erzielt werden, ihren geringen Einsatzmengen zur Erzielung auch sehr dunkler Farbtöne und der Möglichkeit, sie durch Dämpfen und einen Großteil auch durch Thermofixieren entwickeln zu können. Die Drucke mit Beizenfarbstoffen auf Zellulosefasern zeigen teilweise sehr unterschiedliche Echtheiten, doch erreicht ein Großteil der Produkte sehr gute Licht-, Wasch- und Wasserechtheiten, so daß eine universelle Verwendung nicht nur für Dekorationsartikel, sondern auch im Druck von Oberbekleidungstextilien aller Art möglich ist.

Die überwiegende Zahl der Beizenfarbstoffe stammt aus dem Sortiment der Chromierungsfarbstoffe, die in der Färberei und im Druck von Proteinfasern, meist als Nachchromierungsfarbstoffe, verwendet werden. Wie auch beim Wolldruck ist es zur Fixierung und damit Bildung von unlöslichen Chromfarbstofflacken auf der Faser notwendig, daß den Druckpasten besondere Chromsalze – es wird meist Chromacetat verwendet – zuzusetzen. Durch Dämpfen oder Thermofixieren erfolgt die Chromlackbildung und damit Fixierung auf der Faser. Zur Herstellung der Druckpaste werden unbedingt chrombeständige Verdickungsmittel verwendet. Die Farbstoffe lassen sich auch mit W/O-Emulsions-Verdickungen drucken. Eine Standarddruckpaste für Vollfarben aus

20 – 60 g	Farbstoff, wird mit
0 – 30 g	eines Lösungsvermittlers angeteigt und mit
0 – 100 g	Harnstoff in
540 – 130 g	Heißwasser gelöst. Nun wird in
400 – 500 g	Verdickung eingerührt und
40 – 180 g	Chromazetat GR *Durand* 1:4 zugerührt.
1000 g	

Chromsalzbeständige Verdickungsmittel sind Johannisbrotkernmehläther, alkalibeständige Carragheenate (z.B. Gomarine CKM/*CECA*) und Tragant. Andere Verdickungen führen teilweisen zu hartem Warengriff. Einzelne Farbstoffe erfordern noch spezielle Zusätze in der Druckpaste, so z.B. Monoäthylglykol, Thioäthylenglykol oder Sprit als Lösungsvermittler. Einige Farbstoffe werden gegen oxydative Einflüsse mit 20 g/kg Natriumformaldehydsulfoxylat geschützt. Oft ist es vorteilhaft die Druckpasten mit 20–40 g/kg konzentrierter Essig- oder Ameisensäure sauer einzustellen. Als Verschnitt werden nur Harnstoff, Heißwasser, Verdickung und 30 g/kg Chromacetat GR 1:4 (*Durand*) verwendet. Als Drucköl wird von *Durand* 30 g/kg *Euraclin* empfohlen. Die beschriebenen Druckpasten eignen sich vor allem für die *Dampffixierung*, dabei werden die getrockneten Drucke während 6–8 min im Kontinuedämpfer oder 15 min im Stern neutral gedämpft. Obwohl auch mit den angegebenen Druckpasten eine Thermofixierung möglich ist, ergeben Emulsionsverdickungen bessere Resultate. Die O/W-Emulsions-Verdickungen haben dabei folgende Zusammensetzung:

40 g Emulose CH (*Durand*) werden mit
545 g Heißwasser angeteigt, über Nacht ausgequollen,
385 g Schwerbenzin am Schnellrührer einemulgiert und
30 g Euraclin (*Durand*) zugegeben.

1000 g

Oder:

7 g Mulsoprint CH 80 (*Durand*) werden in
93 g Heißwasser gelöst,
435 g Schwerbenzin einemulgiert, in
435 g chrombeständiger Verdickung verrührt und
30 g Euraclin zugesetzt.

1000 g

Die angegebenen Emulsionsverdickungen sind selbstverständlich auch für Drucke geeignet, die durch Dämpfen fixiert werden. Bei der *Thermofixierung* wird die bedruckte und getrocknete Ware entweder 4 min bei 140–150 °C, 2–3 min bei 160 °C oder 1–2 min bei 180 °C in Heißluft behandelt und wie auch nach der Dampffixierung fertiggestellt. Ein Zusatz von 150 g/kg Harnstoff in der Druckpaste beschleunigt die Fixierung. Die bedruckten und fixierten Waren werden zuerst gründlich in kaltem Wasser gespült, mit einem nichtionogenen Waschmittel kochend auf der Breitwaschmaschine oder bei 60 °C auf der Haspelkufe geseift, nachgespült und fertiggestellt. Ein längeres Ablegen der nassen Ware kann zum Abflecken führen. Alle Druckpasten haben ohne Zusatz des Chromacetats eine unbegrenzte Lagerbeständigkeit, nach Zusatz der Beize jedoch nur eine solche von 5–7 Tagen. Das Chromacetat darf nur der Druckpaste bei maximal 30 °C zugesetzt und die Druckpasten anschließend nicht mehr erwärmt werden.

Die Fa. *Durand* hat ein reichhaltiges Sortiment von Chromfarbstoffen für den Druck zur Verfügung, die u.a. als *Chromo-*, *Novochromecht-*, *Chromecht-*, *Brillantchrom-*, *Polytrop-*, *Anthracen-*, *Chromdruck-*, *Neuchrom-*, *Panduranfarbstoffe* in den Handel kommen. Bei einem Teil der blauen Panduranfarbstoffe handelt es sich um Produkte auf Phthalocyaninbasis mit höchsten Echtheiten. Besondere Bedeutung hat das Chromesterschwarz T von *Durand*, welches höchste Echtheiten besitzt, ätzbar ist und, wenn mit 30 g/kg Natriumlaktat gedruckt wurde, sowohl durch Dämpfen als auch Thermofixieren entwickelt werden kann. Wird ohne Laktat gedruckt bzw. unter 160 °C thermofixiert, ist eine Nachbehandlung mit 5 g/l Kupfersulfat + 2 g/l Essigsäure 50%ig während 20 sec bei 80 °C zur vollen Entwicklung der Echtheiten notwendig. Obwohl die Beizenfarbstoffe eine Vielzahl von Nuancen als Selbstfarbstoffe ergeben, können sie untereinander kombiniert und evtl. fehlende Scharlachtöne mit anderen Begleitfarbstoffen hergestellt werden. Die anderen

Farbstoffhersteller entnehmen die für den Druck brauchbaren Beizenfarbstoffe aus der Palette der Chromierungsfarbstoffe für Proteinfasern.

Neben *Beizenfarbstoffen* können *Direktfarbstoffe* unbeschränkt gedruckt werden, da die oft langen Dämpfzeiten zur Fixierung der Direktfarbstoffe für die Beizenfarbstoffe unschädlich sind. Ein Fließen der Drucke wird dann durch Verminderung des Harnstoffzusatzes erreicht. Auf *naphtholiertem Fond* können Beizenfarbstoffe neben Echtbasen und -salzen gedruckt werden, wenn der Druckpaste der Beizenfarbstoffe 10–30 ml/kg Essigsäure 80%ig zugesetzt werden, um das Ätznatron des naphtholierten Fonds zu neutralisieren. Um ein Verschmutzen der Chromdrucke durch eingeschleppte Echtbasen oder -salze zu vermeiden, werden außerdem 4–7 g/kg Zinnchlorür + 7–14 g/kg Natriumacetat zugesetzt. Die Drucke werden durch Dämpfen fixiert. Neben *Naphtholentwicklungsfarbstoffen* (z.B. Rapidogen-/*Bayer*, Ronagen-Farbstoffen/*Rohner* u.a.) sind Beizenfarbstoffe ebenfalls zu drucken. Es sollen jedoch zuerst die Entwicklungsfarbstoffe und erst aus zweiter Hand die Beizenfarbstoffe gedruckt werden. Die Drucke auf dem Rouleaux werden durch eine Wasserwalze getrennt, oder, wenn das nicht möglich ist, wird den Beizenfarbstoffen die bereits angegebene Menge Essigsäure zugesetzt, um eingeschlepptes Alkali zu neutralisieren. Wird durch saures Dämpfen fixiert, müssen die Beizenfarbstoffe durch neutrales Dämpfen nachfixiert werden; wird im Neutraldampf gearbeitet, genügt einmaliges Dämpfen. Neuerdings werden beide Farbstoffklassen verstärkt durch Thermofixieren entwickelt. Neben *Leukoküpenesterfarbstoffen* lassen sich Beizenfarbstoffe nach dem Dämpfverfahren fixieren, gleiches gilt für den Druck neben *Anilinschwarz, voroxydiertem Oxydationsschwarz* (z.B. Indosolschwarz T(F) und RV/*Durand*), wobei besondere Vorschriften nicht einzuhalten sind. Neuerdings werden Beizenfarbstoffe gerne neben *Reaktivfarbstoffen* gedruckt, wobei die brillanten Töne mit Reaktiv- und die großen und dunklen Decker mit den preiswerten Chromfarbstoffen gedruckt werden. In den Druckpasten der Reaktivfarbstoffe muß lediglich der Natriumbikarbonatzusatz um 20 g/kg erhöht werden. Entwickelt werden die Drucke durch Dämpfen oder Thermofixieren, das Zweiphasen- oder Alkalischockverfahren ist nicht verwendbar. Ferner ist es möglich, daneben auch *Küpenfarbstoffe* nach dem Einphasenverfahren zu drucken, es müssen jedoch dann die Chromfarbstoffe durch Zusatz von 20 g/kg eines organischen Oxydationsmittels (S. 167) gegen den schädigenden Einfluß des Reduktionsmittels der Küpenfarbstoffe beim Dämpfen geschützt werden. Das Zweiphasenverfahren ist für den Druck der beiden Farbstoffklassen nebeneinander nicht verwendbar. Durch Thermofixieren lassen sich auch *Pigmentfarbstoffe* neben Beizenfarbstoffen entwickeln, doch auch ein Dämpfen fixiert beide Farbstoffklassen.

Eine Vielzahl von Beizenfarbstoffen lassen sich *weiß ätzen*. Besonders interessant ist die Ätze einer Kontinuefärbung mit Chromesterschwarz T (*Durand*). Dabei wird mit einem Abquetscheffekt von 60–80% mit der nachstehenden Klotzlösung foulardiert:

60 g	Chromesterschwarz T werden mit
50 g	Harnstoff (beim Thermofixieren 200 g) gemischt, in
600 g	Heißwasser gelöst,
5 g	Glaubersalz kalz.,
0–100 g	chrombeständige Verdickung,
5 g	Universol DH 10%ige Lösung (*Durand*),
120 g	Chromazetat GR 1:4 bei 30 °C zugesetzt und
0– 60 g	Naktriumlaktat 60%ig eingerührt,
1000 g	

auf der Hotflue getrocknet und 4–8 min gedämpft, wenn ohne Laktat gedruckt wurde. Wenn mit Laktat geklotzt wurde, genügen 1–2 min. Die Färbungen können auch durch Thermofixieren entwickelt werden. Wurde ohne Laktat geklotzt, muß mit Kupfersulfat/Essigsäure nachbehandelt und wie üblich fertiggestellt werden. Als *Weißätze* auf entwickeltem oder besser noch auf nur getrocknetem Fond werden verwendet:

350 g	Industriegummiverdickung 1:2,
200 g	Natriumformaldehydsulfoxylat,
60 g	Natriumzitrat,
50 g	Thiodiäthylenglykol,
100 g	Zinkoxyd 1:1,
5 g	optischer Aufheller (reduktionsbeständig),
235 g	Ausgleich (Wasser oder Verdickung)
1000 g	

Anschließend wird getrocknet, gedämpft und nachbehandelt. Die Färbungen lassen sich auch mit *Küpenfarbstoffen buntätzen*, wenn zusätzlich in der Druckpaste 100 g/kg Pottasche verwendet werden. Nach dem Drukken und Trocknen wird durch Dämpfen fixiert, die Küpenfarbstoffe werden oxydiert, gespült, mit Kupfersulfat/Essigsäure behandelt, wenn auf laktatfreiem bzw. unfixiertem Fond gedruckt wurde, und wie üblich nachbehandelt. Um Ätzaureolen zu vermeiden, ist es vorteilhaft, den Fond mit 5 g/l eines organischen Oxydationsmittels (S. 167) oder mit Laktat vorzupräparieren. Das Natriumzitrat ergibt mit den Chromsalzen eine wasserunlösliche Verbindung, welche die Fixierung des Beizenfarbstoffes auf den Ätzstellen verhindert. Interessant sind auch Beizenfarbstoffe als *Vordruckreserven unter Anilinschwarz*, wobei besonders die brillanten Panduran-Blau- und -Grünmarken verwendet werden. Man druckt mit

30 g	Panduranfarbstoff (*Durand*), der mit
30 g	Sprit (Äthanol denaturiert) angeteigt und in
150 g	Heißwasser mit
100 g	Harnstoff gelöst wird. Nun wird in
570 g	chrombeständige Verdickung eingerührt und
90 g	Chromazetat GR 1:4 und
30 g	Euraclin zugerührt.
1000 g	

Die Reserven werden getrocknet, die Beizenfarbstoffe durch Dämpfen oder Thermofixieren fixiert, Anilinschwarz foulardiert, getrocknet und durch Dämpfen das Schwarz fixiert, nachoxydiert und durch Spülen und Seifen der Druck fertiggestellt. Auch als *Überdruckreserve* und für voroxydierte Oxydationsschwarzmarken (z. B. Indosolschwarz/*Durand*) ist die Reserve verwendbar. Es muß jedoch die Reserve auf dem Anilinklotz vorsichtig getrocknet werden. Durch einmaliges Dämpfen können beide Farbstoffe entwickelt werden. Als *Buntreserve* können auch *Pigmentfarbstoffe* mit 50 g/kg Zitronensäure, mit O/W-Emulsionsverdickungen und 100 g/kg Reservepaste aus 50 g/kg Zinnchlorür + 50 g/kg Tragant 6%ig vorgedruckt, getrocknet mit Beizenfarbstoffen überklotzt durch Thermofixieren entwickelt und die Beizenfarbstoffe wie üblich nachbehandelt werden.

Da es nicht immer möglich ist, Chromacetat zu verwenden, wurde von *Durand* auch eine Arbeitsweise mit *Chromatlösung* ausgearbeitet, die sowohl für das Dämpf- als auch Thermofixierverfahren einsetzbar ist. Wenn nicht Chromat DH 1:2 (*Durand*) verwendet werden kann, stellt man sich eine gleichstarke Lösung selbst her. Es werden dabei 2760 g Natriumbichromat in 4500 g Kaltwasser gelöst und durch Zugabe von 740 g Ätznatron fest als 30%ige Lösung langsam neutralisiert. Dabei erwärmt sich die Lösung, und es ist vorteilhaft, die Neutralisation langsam vorzunehmen. Ist ein Umschlag nach Gelb erfolgt, muß der Rest der Lauge tropfenweise zufließen. Der pH-Wert der Lösung soll 9–9,5 betragen, ist er höher, werden wenige Gramm Bichromat nachgesetzt. Diese Lösung wird nun auf 10 l eingestellt und ist damit gebrauchsfähig. Anstelle von Ätznatron können auch 1000 g kalzinierte Soda als Lösung zugesetzt werden. Die Druckpasten für den Aufdruck mit neutraler Chromatlösung haben folgende Zusammensetzung:

20 – 60 g	Beizenfarbstoff werden mit
0 – 50 g	Harnstoff vermischt, in
380 – 140 g	Heißwasser gelöst und in
500 – 500 g	chrombeständige Verdickung eingerührt, die 5% Glyzerin enthält,
40 – 120 g	Chromatlösung (oder Chromat DH 1:2/*Durand*),
20 – 60 g	Ammoniumrhodanidlösung 1:1,
0 – 30 g	kristallisiertes Ammoniumthiosulfat,
10 – 10 g	konzentriertes Ammoniak und
30 – 30 g	Drucköl (z. B. Euraclin/*Durand*) zugesetzt.
1000 g	

Die Drucke werden getrocknet und durch Dämpfen fixiert und wie bereits beschrieben nachbehandelt. Will man die Methode für das Thermofixieren benutzen, verwendet man eine O/W-Emulsionsverdickung (S. 128) anstelle der angegebenen Verdickung.

Es ist jedoch auch möglich, eine *Chromacetatlösung* selbst herzustellen, die anstelle von Chromacetat GR 1:4 (*Durand*) eingesetzt werden kann. Es werden dabei in 482 g Kaltwasser 18 g (9,76 ml) konzentrierte Schwefelsäure 96%ig langsam eingerührt, 160 g Natriumbichromat und danach 66 g (61,4 ml) Essigsäure zugerührt. Ist das Bichromat vollständig gelöst, werden 32 g Glukose oder Melasse, in 32 g Wasser gelöst, langsam zugesetzt. Dabei tritt Erwärmung und Kohlendioxidentwicklung (CO_2-Gas) auf. Nun wird weitere 10 min gerührt, auf 95–100 °C erwärmt und bei dieser Temperatur nochmals 32 g Glukose in 110 g Wasser und 66 g Essigsäure 80%ig nachgesetzt. Nun wird $1^1/_2$ Std. nahe Kochtemperatur verweilt und mit Kaltwasser auf 1166 g eingestellt. Die Lösung enthält 7% Chromoxid (Cr_2O_3) und spindelt nach dem Abkühlen auf 20 °C 18 °Bé mit einem pH-Wert von 5,2–5,5 und ist damit gebrauchsfertig.

Als weitere Besonderheit ist zu erwähnen, daß bei einigen Schwarzmarken durch Verwendung von Johannisbrotkernmehlen und deren Äthern gegenüber Tragant, Stärke/Tragant- bzw. Stärkeätherverdickungen eine Braunverschiebung eintritt, so z.B. bei Panduranschwarz GR und Chromesterschwarz T (*Durand*). Diese Verschiebung kann durch Drucken mit 30 g/kg Natriumlaktat 40%ig verhindert werden. Ist das Laktat nicht erhältlich, kann man sich die Lösung durch Neutralisation von 100 g Milchsäure 60%ig mit 82 g Natronlauge 38 °Bé selbst herstellen.

Eine Reihe von speziellen Beizenfarbstoffen ist auch gegen Reduktionsmittel beständig und kann als Illuminationsfarbstoffe im Buntätzdruck eingesetzt werden. Die Verfahren sind jedoch meist nur auf Proteinfasern üblich (S. 270).

Druck mit Küpenfarbstoffen. Diese Farbstoffklasse zeichnet sich, da sie auf und in der Faser wasserunlöslich fixiert wird, durch besonders hohe Naß- und auf Grund ihrer Konstitution sehr hohe Lichtechtheiten aus. Man verwendet deshalb Küpenfarbstoffe in der Druckerei von Zellulosefasern genauso häufig wie in der Färberei. Neben den meist auf anthrachinoider Basis aufgebauten Farbstoffen mit höchsten Echtheiten, die durch den INDANTHREN- und FELISOL-Warenzeichenverband unter Einhaltung bestimmter Bedingungen zur besonderen Auszeichnung zugelassen sind, verwendet man im Druck auch Farbstoffe auf indigoider Grundlage. Die Produkte kommen u.a. als

Algol- (1)[1]	*Cassella*	BASF-Brillant-Indigo (1)	*BASF*
Anthra- (1)	*BASF*		

[1] Die mit (1) bezeichneten Produkte sind meist indigoide Farbstoffe.

Caledon-	*ICI*	Küpen- (1)	*viele Hersteller*
Ciba- (1), Cibanon-	*CIBA*		
Durindon- (1)	*ICI*	Mikethrene-	*Mitsui*
Heliane- (1)	*Francolor*	Ponsol-	*ACNA*
Indanthren-	*Bayer, BASF, Cassella, Hoechst*	Sandothren-	*Sandoz*
		Solanthrene-	*Francolor*
		Tetra- (1)	*Sandoz*
		Tina- (1), Tinonfarbstoffe	*Geigy*
Indigo- (1)	*viele Hersteller*		

in den Handel.

Unterschiedlich zur Färberei werden Küpenfarbstoffe im Druck nicht in reduzierter und wasserlöslicher Form als Natriumleukoverbindung aufgedruckt, sondern als wasserunlösliches Pigment, wie es in der Färberei z.B. beim „Pigmentierverfahren" üblich ist. Es muß deshalb von vornherein eine sehr gute und gleichmäßige Feinverteilung in der Druckpaste und damit in der bedruckten Fläche erstrebt werden. Diese Feinverteilung ist nur durch Verwendung von besonders fein gemahlenen Farbstoffen möglich. Da die Farbstoffe in der Regel in den Stammansatz eingerührt werden, ist eine Feinverteilung am besten durch Einsatz von Pasten-, Teig- oder Flüssigfarbstoffen möglich. Inzwischen haben fast alle Farbstoffhersteller derartige Handelsformen auf dem Markt, die meist als *Teig, doppelter Teig, Suprafix-Teig, mikrodisperse* bzw. *kolloidale Teige* und *flüssige Farbstoffe* verwendet werden.

Teigfarbstoffe zeigen meist den Nachteil, daß sie bei Temperaturen unter -5 °C ausfrieren und dann nur schwer wieder in eine homogene Form gebracht werden können, außerdem trocknen sie aus, wenn die Behälter nicht geschlossen werden, und es muß dann die sich bildende Haut abgehoben werden. Man ist deshalb zur *flüssigen Form* übergegangen, die weniger frostempfindlich ist, durch Lieferung in Kunststoffkanistern mit enger Ausgußöffnung nicht austrocknet und vor allem ohne Verschmieren der Geräte über ihr Volumen und nicht durch Auswiegen dosiert werden kann. Meist sind Teig- und auch Flüssigfarbstoffe schwächer eingestellt als die analogen Farbstoffpulver.

Aufgedruckte Küpenfarbstoffe können nur durch Dämpfen fixiert werden. Dabei werden sie in ihre Alkalileukoverbindung und damit wasserlösliche Form übergeführt, ziehen so in die Faser und werden dort nach der Oxydation als wasserunlöslicher Farbstoff festgehalten. Für den Druck mit Küpenfarbstoffen sind zwei Verfahren üblich. Das

Einphasen- und das
Zweiphasendruckverfahren.

Beim Einphasenverfahren (oft als *Rongalit/Pottasche-Verfahren* bezeichnet) enthält die Druckpaste als **Reduktionsmittel** *Natriumformaldehydsulfoxylat*, das sowohl als Pulver sowie auch in der Druckpaste, beim Druck und beim Trocknen bei mäßigen Temperaturen stabiler ist als das in der Färberei übliche Natriumdithionit (Natriumhydrosulfit, Hydrosulfit). Es entwickelt jedoch erst das zur Reduktion der meisten Küpenfarbstoffe notwendige Leukopotential langsam und erst bei höheren Temperaturen, wie sie beim Dämpfen von Küpendrucken üblich sind. Reduktionsmittel für das Reduktions/Pottasche-Verfahren kommen u. a. als

Brueggolit C	*Brüggemann*	Rongalit C	*BASF*
Hydrosulfit FD	*Geigy*	Rongeol C	*Francolor*
Hydrosulfit R	*CIBA*	Sulfoxit C	*Dupont*
Hydrosulfit RF	*Sandoz*		

in den Handel. Trotz der Stabilität der Produkte sollten Küpendrucke nach dem Einphasenverfahren nach dem Trocknen möglichst sofort gedämpft und fertiggestellt werden, um schädigende Einflüsse, welche die Reduktionskraft abschwächen, zu vermeiden. Dadurch entstehen farbschwächere Drucke oder solche, die sehr stark abflecken, da wegen des teilweise oder völlig zerstörten Reduktionsmittels der Farbstoff nicht mehr an die Faser gebunden werden kann. Säuredämpfe setzen die Reduktionskraft stark herab, und es müssen deshalb Druckpasten und auch Drucke davor geschützt werden. Durch zu hohe Luftfeuchtigkeit beim Druck, wie sie z. B. beim Filmdruck auf Tischen möglich ist, kann es zur örtlichen Kristallisation des Reduktionsmittels und damit unegalen, wolkigen Drucken kommen. Um beim *Filmdruck auf Tischen* die vorstehend beschriebenen Nachteile des Rongalit C auszuschalten, wurde von der *BASF* als *Rongalit FD* ein Reduktionsmittel auf Basis von aminomethansulfinsaurem Natrium geschaffen, das weit stabiler als Rongalit C und dadurch weit weniger anfällig gegen äußere Zersetzungseinflüsse ist, was sich vor allem in der besseren Haltbarkeit der Drucke vor dem Dämpfen, auch bei ungünstigen klimatischen Einflüssen, auswirkt. Wegen der größeren Stabilität ist jedoch eine verlängerte Dämpfzeit von 15–20 min notwendig. Da jedoch im Filmdruck auf Tischen zum Dämpfen in der Regel diskontinuierliche Dämpfer (Stern- oder Kesseldämpfer) eingesetzt werden, bedeutet die verlängerte Dämpfzeit keine Abwertung der Wirksamkeit des Rongalit FD, da es ansonsten in gleicher Menge wie Rongalit C verwendet wird. Wenn Kontinuedämpfer eingesetzt werden müssen, kann durch Zusatz von 0,1–0,2 g/kg Fixierbeschleuniger 4099 (*BASF*) in der Druckpaste ohne Beeinträchtigung der Stabilität der Drucke vor dem Dämpfen die Dämpfzeit auf die von Rangalit C von 10–12 min ermäßigt werden. Auch die kombinierte Verwendung von Rongalit C + FD führt zu ähnlichen Vorteilen. Als weiterer Vorteil der Verwendung von Rongalit FD ist zu bemerken, daß im Gegensatz zu Rongalit C im Dämpfer kein Formaldehyd entsteht, welches bei ungenügender Entfernung das Leukopotential des Reduktionsmittels herabsetzt und damit zu farbschwächeren Drucken führt. Ein Zusatz von 20–40 g/kg Formaldehyd 40%ig in der Druckpaste führt ebenfalls bei Verwendung von Rongalit C zur Verbesserung der Küpendrucke vor dem Dämpfen, es muß jedoch beim Dämpfen für ausreichende Formaldehydabfuhr gesorgt werden. Zusätze von Borax dienen gleichen Zwecken, doch dürfen keine koagulierenden Verdickungsmittel wie Johannisbrotkernmehläther vorhanden sein. Ebenfalls können 20–30 g/kg Natriumzitrat, Trinatriumphosphat oder 20–50 g/kg Zinkstaub für den gleichen Zweck verwendet werden. Von *Cassella* werden zur Verbesserung der Küpendrucke vor dem Dämpfen 60 g/kg Maprinten-L-Lösung 1:1 empfohlen.

Zur Herstellung der Alkalileukoverbindung bei der Entwicklung der Küpendrucke während des Dämpfens ist **Alkali** notwendig. Es kommt dafür vor allem *Pottasche* in Betracht. Das Kaliumkarbonat ist hygroskopisch und fördert dadurch die Wasseraufnahme beim Dämpfen. Die Alkalität der durch Hydrolyse entstehenden Kalilauge ist ausreichend zur Bildung der Kaliumleukoverbindung der Farbstoffe. Natronlauge ist für den Druck nicht brauchbar, da durch das Trocknen die Zellulose örtlich laugiert und dadurch Cloqué-(Krepp-)Effekte auftreten würden. Neben Pottasche ist auch die Verwendung von Soda üblich, die weniger hygroskopisch ist und dadurch beim Dämpfen mit sehr feuchtem Dampf weniger zum *Fließen der Drucke* führt. Soda neigt jedoch zur Kristallisation, und es kann bei empfindlichen Waren, z.B. Reyongeweben, zum Zerschneiden der Ware kommen. Oft werden deshalb Pottasche und Soda gemeinsam verwendet. Zur besseren Verteilung des Farbstoffes sind neben 40–100 g/l Glyzerin auch spezielle organische Lösungsmittel wie Thiodiglykol, Triäthanolamin, Harnstoff u.a. Produkte üblich. Um ein *Nachdicken* der Druckpasten zu vermeiden, werden spezielle Dispergiermittel (z.B. Setamol WS/*BASF*, Solegal A/*Hoechst* u.a.) zugesetzt. Das Schäumen der Druckpasten wird durch Zusatz von *Antischaummittel* (S. 137) verhindert, teilweise wird auch Terpentinöl dazu verwendet. Um das „Laufen der Drucke" auf dem Rouleaux zu verbessern, sind allgemein Drucköle zur Erhöhung der Geschmeidigkeit der Druckpasten üblich. *Anthrachinoide Blaumarken* neigen zur Überreduktion, die man durch Zusatz von 4–5 g/l Natriumnitrit oder -chlorat verhindern kann.

Der Zusatz von *Netzmitteln* dient vornehmlich der Verbesserung des Durchdrucks, der allerdings nicht immer erwünscht ist, da verstärkter Durchdruck immer einen erhöhten Farbstoffverbrauch bedingt, der gerade beim Küpendruck kostspielig ist.

Als **Verdickungsmittel** werden eine große Zahl von Produkten verwendet, die meist mit Weizenstärke gemeinsam verwendet werden. *Weizenstärke* wird allein nur dort eingesetzt, wo kein Durchdruck notwendig ist und große Flächen gedruckt werden. Die gebräuchlichste Verdickung ist *Stärke/Tragant*, die sowohl im Rouleaux- als auch Filmdruck eingesetzt wird. Beim Druck von Zellwolle oder Reyonwaren soll der Anteil von Tragant erhöht werden. Verdickungen aus *Stärke/Tragant/Britischgummi* ergeben weniger volle, jedoch egalere und scharfe Drucke im Filmdruck auch auf Geweben aus regeneriertem Zellulosematerial. *Kristallgummi* oder *Britischgummi* werden meist mit Stärke verwendet, ergeben aber sehr hart trocknende Drucke, die zum „Absplittern" neigen, wenn sie allein verwendet werden. Gleiches gilt von *Naturgummiverdickungen*. Besonders bewährt haben sich *Carboxylmethylzellulose* und *Stärkeäther*, die, für sich allein und auch mit Stärke gemeinsam verwendet, elastische und scharfstehende Drucke ergeben. Diese Druckpasten dicken außerdem nicht nach. Stärkeäther können auch zur Verbesserung der Konsistenz der Druckpasten dann verwendet werden, wenn diese zu dünn ausgefallen sind, da sie in die fertige Paste kalt eingerührt werden können. *Kernmehläther* eignen sich ebenfalls als Verbindungsmittel, koagulieren jedoch mit Borax. Von den *Alginaten* sind nur solche verwendbar, die alkalibeständig sind, man verwendet sie meist mit Stärke gemeinsam. Auch *Emulsionsverdickungen* vom Typ O/W und W/O werden verwendet.

Beim **Ansetzen der Druckpasten** wird meist die *Stammansatzmethode* verwendet. Dabei werden die Teigmarken der Küpenfarbstoffe in den Stammansatz eingerührt. Der Stammansatz besteht dabei aus:

140 – 180 g	Pottasche, die heiß in
725 – 685 g	Verdickung gelöst wird und
135 – 135 g	Reduktionsmittel, das nach Abkühlen auf 40–50 °C zugesetzt wird.
1000 g	

Die Druckpaste für die Vollfarbe wird dabei durch Anteigen von

50 – 250 g	Teigfarbstoff mit
100 – 50 g	Wasser und Einrühren in
600 – 600 g	Stammverdickung, der
80 – 40 g	Glyzerin oder andere Lösungsvermittler zugesetzt wurden und mit
170 – 60 g	Wasser oder Verdickung ausgeglichen wurde,
1000 g	

hergestellt. Als Verschnitte werden nach gleicher Methode wie beim Stammansatz

50 – 60 g	Pottasche in
905 – 895 g	Verdickung eingerührt, abgekühlt und
45 – 45 g	Reduktionsmittel zugefügt.
1000 g	

Die angegebenen Druckpasten sind für den Rouleauxdruck und den Druck auf Filmdruckmaschinen verwendbar. Für den Filmdruck auf Tischen muß die Reduktionsmittelmenge um 20–30 % erhöht werden um den durch die Dauer des Drucks möglichen Zerfall des Reduktionsmittels auszugleichen. Diese Erhöhung kann durch Verwendung von Rongalit

FD/*BASF* bzw. durch Zusatz der auf S. 192 angegebenen Chemikalien vermieden werden.

In Betrieben, die nur geringe Warenmengen mit Küpenfarbstoffen drucken, wird der *Einzelansatz* der Druckpasten verwendet. Dabei werden die Küpenfarbstoffe mit Wasser angeteigt in die Verdickung eingerührt und Pottasche, Reduktionsmittel und die anderen Zusätze in die Paste nachgerührt. Werden, was selten ist, Pulverfarbstoffe verwendet, ist es vorteilhaft, die Produkte vorher mit einer Netzmittellösung gut anzuteigen und dann entweder in den Stammansatz einzurühren oder im Einzelansatz zu verwenden. Für wenige, meist schwer reduzierbare Farbstoffpulver oder solche, die sich nicht stippenfrei in der Druckpaste verteilen lassen, verwendet man auch die *Vorreduktionsmethode*. Der mit Netzmittellösung angeteigte Küpenfarbstoff wird dabei weiter verdünnt, in die Verdickung eingerührt, Pottasche zugegeben und anschließend nach Zusatz von Natriumdithionit (15–40 g/kg Hydrosulfit) auf 40 bis 50 °C erwärmt, auf 40 °C abgekühlt und anschließend das Sulfoxylat mit 60–80 g/kg und die weiteren Zusätze zugerührt. Schwer reduzierbare Küpenfarbstoffe werden zum Teil auch mit Hydrosulfit und Natronlauge nach gleichem Schema vorreduziert. Zur Pufferung wird den Pasten meist die gleiche Menge Natriumbikarbonat wie Lauge zugesetzt, das die Lauge in Soda umwandelt.

Die *Haltbarkeit der Druckpasten* beträgt unter Einhaltung bestimmter Bedingungen meist mehrere Wochen und kann mit Konservierungsmitteln, wie auf S. 111 angegeben, verbessert werden. Die Pasten müssen jedoch möglichst kühl und in geschlossenen Gefäßen aufbewahrt werden, welche aus Holz, Steingut oder Edelstahl bestehen. Messing-, Kupfer- oder Eisengefäße setzen die Haltbarkeit der Pasten durch Katalyse herab. Selbstverständlich müssen die Druckpasten vor Säuredämpfen unbedingt geschützt werden. Trotz aller Vorsichtsmaßregeln werden vor allem Küpenfarbstoffe mit niedrigem Leukopotential in der Druckpaste anreduziert, und es müssen diese Pasten durch Nachsatz von Reduktionsmitteln und Alkali vor der Wiederverwendung verbessert werden. Fehldrucke, die durch teilweise oder vollkommene Zersetzung des Reduktionsmittels entstanden sind und dadurch den Küpenfarbstoff nur lose haftend auf der getrockneten Ware enthalten, können durch den *Chemikalienklotz* des *Zweiphasenverfahrens* (S. 189) meist wieder repariert werden.

Zum **Trocknen** wird die *Warmluftmansarde* verwendet und bei Temperaturen von maximal 60 °C gearbeitet. Kürzere Trockenzeiten sind bei Temperaturen von 100–140 °C auf der *Düsenhotflue* notwendig, um den Zerfall des Reduktionsmittels zu verhindern. Werden ausnahmsweise *Zylindertrockenmaschinen* eingesetzt, darf nur rückseitig und bei mäßiger Temperatur getrocknet werden. Die Trockung soll möglichst vollständig sein, um die vorzeitige Reaktion von Reduktionsmittel mit dem Alkali zu vermeiden. Die Ware muß nach dem Trocknen unbedingt abgekühlt werden, da heiß gelagerte Ware den Zerfall des Reduktionsmittels beschleunigt.

Beim **Dämpfen** sind verschiedene Bedingungen einzuhalten, wenn volle und scharfe Drucke erreicht werden sollen. Wie auch beim Dämpfen anderer Drucke muß die Ware im Dämpfer zuerst auf möglichst hohe Temperatur erwärmt und die Reaktion durch Kondensation des Wassers im Decker eingeleitet werden. Hygroskopische Produkte fördern die Feuchtigkeitsaufnahme in der Druckfläche und können, in zu hohen Mengen eingesetzt, zum *Fließen der Drucke* führen, gleiches gilt auch für zu feuchtes Dämpfen. Die Feuchtigkeit hat weiter die Aufgabe, die Verdickungen aufzuweichen und damit die Abgabe des Farbstoffes an die Faser zu fördern. Meist sind diese Vorgänge in 15–30 sec möglich, wobei die Ware bis auf 60 °C aufgeheizt wurde. Die Reduktionswirkung setzt jedoch erst bei Temperaturen über 80 °C ein, steigt dann jedoch rapid an, und die Reaktion wird exotherm. Das bedeutet, daß bei ungenügender Feuchtigkeitszufuhr die Ware wieder Wasser abgibt und dadurch und auch durch die Erwärmung die Umwandlung des Küpenfarbstoffs in seine wasserlösliche Alkalileukoverbindung nur teilweise möglich ist. Es dient dann der Dampf nicht mehr zur Erwärmung der Ware, sondern zu deren Kühlung und benötigt dann die Zufuhr ausreichender Feuchtigkeitsmengen. Beim Einphasenverfahren wird in Kontinuedämpfern 5 bis 8 min, in diskontinuierlicher Weise 10–15 min gedämpft. In besonders ungünstigen Fällen, d.h. in „schlechtem Dampf“, hat sich auch ein zweimaliges Dämpfen von jeweils 5–6 min bewährt.

Die verschiedenen Funktionen des Dämpfens machen vor allem eine gute Überwachung der Feuchtigkeit, Temperatur und Zirkulation des Dampfes notwendig. Neben den angegebenen Notwendigkeiten muß der Dämpfer die größte *Luftfreiheit* aufweisen, um Reduktionsmittelverluste zu vermeiden. Durch „schlechten Dampf“, der durch die angegebenen Umstände entstehen kann, resultieren örtlich oder auch über den gesamten Druck auftretende, abgeschwächte und fehlerhafte Drucke.

Die Drucke sollten nach dem Dämpfen umgehend durch eine gründliche **Nachbehandlung** fertiggestellt werden. Ein Ablegen der Ware sollte nur nach gründlichem Verkühlen der Ware erfolgen, da durch heiß abgelegte Waren vor allem bei Geweben aus regenerierter Zellulose Faserschädigungen durch Reduktionsmittelrückstände auftreten können. Beim Lagern ungedämpfter Drucke müssen direktes Licht, Feuchtigkeit und Säuredämpfe vermieden werden. Obwohl die Oxydation der Farbstoffe sofort nach Verlassen des Dämpfers einsetzt, reicht sie in den meisten Fällen nicht für eine vollständige Durchoxydation der gesamten Decker, vor allem dann nicht, wenn ein stärkerer Durchdruck verlangt wurde. Wie bei der Nachbehandlung aller bedruckten Stückwaren, ist die Nachbehandlung in voller Breite am günstigsten. Es werden dabei die gedämpften und verkühlten Gewebe in den ersten Kästen einer *Breitwaschmaschine* mit viel Kaltwasser und unter starker Flottenbewegung evtl. über Spritzrohre gespült und durch die mitgeführte Luft gründlich oxydiert. Viele Farbstoffe benötigen jedoch eine besondere Oxydation mit 2–3 ml/l Wasserstoffperoxid oder Natriumperborat unter Zusatz von 2–3 ml/l Essigsäure 40%ig bei 40–50 °C, bei schwer oxydierbaren Farbstoffen bei 70–80 °C. Durch die saure Oxydation wird zusätzlich das Alkali neutralisiert, der Farbstoff wird wasserunlöslich und neigt dadurch weniger zum Ausbluten auf den weißen Fond. Es muß jedoch für ausreichenden Gehalt an Säure gesorgt werden. Schwer oxydierbare Küpendrucke sollten zuerst oxydiert und anschließend gespült werden. Ähnliches gilt auch für Farbstoffe, deren Leukoverbindungen sehr leicht löslich sind und beim Spülen stark zum Abbluten auf den Fond neigen. Dazu gehören einige Gelbmarken und Farbstoffe auf indigoider Basis. Das Abbluten kann durch Zusatz von 2–3 ml/l Albigen A (*BASF*) oder andere spezielle Dispergiermittel, welche den Farbstoff am Aufziehen in den Fond hindern, eingeschränkt werden. Eine Behandlung bei 30 bis 40 °C mit

10 g/l	Magnesiumsulfat,
4 ml/l	Natronlauge 38 °Bé,
5 ml/l	Wasserstoffperoxid 30%ig

führt zu gleichen Erfolgen. Zur Erreichung der besten Reibechtheiten und brillanter Farbtöne werden die Drucke *nachgeseift*. Meist ist ein kochendes Seifen auf einfachen Breitwaschanlagen nicht ausreichend, und die Drucke bluten in den ersten Haushaltswäschen aus. Man verwendet deshalb entweder Waschmaschinen, die durch mechanische Waschhilfen eine Intensivwäsche erlauben, oder man seift die Drucke diskontinuierlich auf Haspelkufen nach. Oft ist es notwendig, die Drucke auch auf der Haspelkufe selbst nachzubehandeln. Es sollte jedoch dann die Ware möglichst in breitem Zustand oxydiert und mit viel Wasser vorgespült werden. Das Seifen auf der Haspelkufe hat den Vorteil, daß man die Seifzeit so lange ausdehnen kann, wie es für die Erreichung der Nuance und guter Reibechtheit notwendig ist. Zu langes Seifen verschlechtert allerdings die Reibechtheit wiederum durch stärkere Agglomeration der Farbstoffe auf der Faser. Zur Entfernung der evtl. verwendeten Stärke in der Druckverdickung ist ein *Malzen* notwendig, das nach dem Seifen und Spülen vorgenommen wird.

Um die Nachteile des Druckens nach dem Einphasenverfahren, die vor allem durch ungünstige Dampfverhältnisse, das möglichst umgehende Entwickeln der getrockneten Drucke und Unstabilität der angesetzten

Druckpasten usw. auftreten, zu vermeiden, wurde das **Zweiphasendruckverfahren**, seit es in den 20er Jahren zuerst propagiert wurde, schnell im Küpendruck eingeführt. Im Prinzip wird der Küpenfarbstoff in der *ersten Phase* ohne Reduktionsmittel und Alkali auf die Ware aufgedruckt. Die bedruckte und getrocknete Ware kann in trockener Atmosphäre unbeschränkt gelagert werden, sie ist nicht empfindlich, Tropfflecken führen allerdings zu Fehldrucken und Flecken. Dieser Vorteil macht sich vor allem im Filmdruck bemerkbar, da beim Drucken auf Tischen die Produktion meist zum Dauerbetrieb kontinuierlicher Dämpfer nicht ausreicht. Doch hat das Verfahren auch im Rouleaux- und maschinellen Filmdruck seine Vorzüge, da auch dort Kontinuedämpfer mit großer Kapazität arbeiten und deshalb oft nur wenige Stunden täglich oder auch nur einige Tage in der Woche betrieben werden. In der *zweiten Phase* werden die Drucke mit einer Lösung von Reduktionsmitteln und Alkali foulardiert oder gepflatscht und nach bzw. ohne Zwischentrocknen gedämpft und wie bereits beschrieben fertiggestellt.

Das Verfahren hat außer den bereits beschriebenen Vorteilen auch noch den Vorzug, daß gegenüber den Einphasenverfahren *kürzere Dämpfzeiten* von 15–45 sec bei Verwendung spezieller Reduktionsmittel und höherer Dämpftemperaturen für die Entwicklung ausreichend sind (*Kurzdämpfmethode*). Anstelle der teuren Pottasche wird billigere Natronlauge im *Chemikalienklotz* benutzt und, wenn spezielle Dämpfer (S. 154) verwendet werden, das teure Reduktionsmittel durch Hydrosulfit ersetzt. Um ein Ausbluten der getrockneten und abgekühlten Drucke im Chemikalienklotz zu vermeiden, müssen jedoch Mischungen von Verdickungsmitteln verwendet werden, die in der alkalischen Foulardierflotte *koagulieren* und damit den Farbstoff im Decker festhalten. Die Druckpasten haben meist folgende Standardzusammensetzung:

2 – 200 g	Küpenfarbstoff werden mit
200 – 50 g	Wasser angeteigt und z.B. in eine Mischung von
450 – 150 g	hochviskoser Alginat- (3–4%ig),
100 – 200 g	Kernmehläther- (5%ig) und
150 – 350 g	Stärkeverdickung 10%ig eingerührt und mit
98 – 50 g	ausgeglichen.
1000 g	

Als **koagulierende Verdickungen** können 3–4%ige *Johannisbrotkernmehle* verwendet werden, die durch Zusatz von 5–15 g/l *Borax* im Chemikalienklotz und auch mit Alkalien koagulieren. Sie werden im Rouleaux- und auch Filmdruck meist gemeinsam mit nichtkoagulierenden Stärke- oder Stärkeätherverdickungen verwendet. Da Kernmehle auch mit Alkali koagulieren, ist es vorteilhaft, die Druckpasten mit 5–15 ml/l Essigsäure schwach anzusäuern und auch beim Nachwaschen bei maximal pH 6 zu arbeiten. Ähnliches gilt auch von *Kernmehläthern*. Neuerdings werden *hochviskose Alginate* verwendet, die in der Druckverdickung möglichst mit einem Zusatz von organischen oder anorganischen Komplexbildnern zum Schutz gegen die Wasserhärte angesetzt und ebenfalls mit Stärke oder Stärkeäthern gemeinsam verwendet werden. Man verwendet meist Verdickungen mit einem Gehalt von 2,5–3 % dieser Alginate, die kalt angesetzt werden können. Alginate koagulieren durch 5–15 g/l *Aluminiumsalz*, das, meist als Sulfat dem Klotzbad zugesetzt, mit Alkali als *Aluminat* wirksam wird.

Als **nichtkoagulierende Verdickungsmittel** werden Weizenstärke und Stärkeäther verwendet, die je nach Druckverfahren unterschiedlich gemischt werden. In der Regel werden nachfolgende Anteile zur Stammverdickung vereinigt:

	Verdickungsanteile	
	koagulierend	nichtkoagulierend
Roleauxdruck	1	2–3
Filmdruck auf Tischen	1	0,7–1
Filmdruckmaschinen	1	0,3–0,7

Obwohl die alleinige Verwendung von koagulierenden Verdickungsmitteln die Gefahr des Ausblutens im anschließenden Chemikalienklotz fast vollkommen ausschließt, werden Mischungen verwendet, da koagulierende Verdickungen *sehr hart trocknen* und dadurch beim anschließenden Dämpfen den Farbstoff nur ungenügend an die Ware abgeben. Außerdem behindern sie die ausreichende Benetzung der Ware beim Chemikalienklotz. Bei sehr hellen Drucken ist es jedoch auch möglich, ohne koagulierende Verdickungen auszukommen. Da die Druckpasten für den Zweiphasendruck kein Reduktionsmittel und Alkali enthalten, sind sie unbeschränkt haltbar, müssen jedoch, da Alginate und Stärke zur Schimmelbildung neigen, entsprechend konserviert werden. Zusätze von 10 bis 30 g/kg Drucköl verbessern den Druck. Es kann jedoch auch ein Emulgator (z.B. 5 g/kg Peregal O/*BASF*) mit 10 g/kg Schwerbenzin für den gleichen Zweck verwendet werden. Zum Schutz von überreduktionsempfindlichen Küpenblaumarken ist ein Zusatz von 15 g/kg Traubenzucker oder 40–50 g/kg Glukosesirup vorteilhaft. Die bedruckte Ware wird normal getrocknet, d.h., es können höhere Temperaturen als beim Einphasenverfahren verwendet werden, da die Drucke kein empfindliches Reduktionsmittel enthalten. Nach dem Trocknen kann die Ware unbeschränkt gelagert werden. Vor dem Chemikalienklotz muß sie jedoch kalt sein.

Die zweite Phase des Verfahrens unterscheidet sich in der Zusammensetzung der Klotzflotte, die wiederum vom verwendeten Verdickungsmittel und auch dem verwendeten Dämpfer abhängt. Die ältere Art des Verfahrens wird als **Langdämpfmethode** bezeichnet. Dabei werden die getrockneten Drucke kalt mit

60–100 g/l Reduktionsmittel (z.B. Rongalit C/*BASF*),
20– 40 g/l Natronlauge 38 °Bé oder Pottasche,
60– 40 g/l Soda kalz.,
5– 15 g/l Borax oder Aluminiumsulfat (je nach Verdickungsmittel),
1– 3 g/l Laugier- oder Merzerisiernetzer

und einem Abquetscheffekt von 70–80% geklotzt und je nach Dämpfertyp 4–15 min bei 108–112 °C gedämpft und anschließend wie beim Einphasenverfahren nachbehandelt. Das Verfahren hat den Vorteil, daß auch ältere Dämpfertypen verwendet werden können. Die Methode, bei der anstelle von Lauge Pottasche verwendet wird, ist teuer, erlaubt jedoch ein Zwischentrocknen der foulardierten Ware vor dem Dämpfen. Die billigste, schnellste und heute hauptsächlich verwendete Arbeitsweise ist als **Kurzdämpfmethode (Flash-Ageing)** bekannt, für die allerdings besondere Schnelldämpfer (Flash-Ager), wie z.B. Bogen-, Kanal- u.a. Dämpfer (S. 155) eingesetzt werden müssen. Geklotzt wird mit:

65 g/l eines speziellen Reduktionsmittels oder 75 g/l Hydrosulfit,
100–130 g/l Natronlauge 38 °Bé,
5– 15 g/l Borax oder Aluminiumsulfat,
1– 3 g/l Netzer.

Der Abquetscheffekt liegt bei 50–85% Restfeuchtigkeit, bei regenerierter Zellulose bei 80–100%. Geklotzt wird bei 30 °C. Dem Chemikalienklotz muß sich, vor allem wenn mit Hydrosulfit gearbeitet wird, das Dämpfen sofort anschließen. Gedämpft wird bei 110–130 °C 45 – 15 sec. Nach dem Dämpfen wird wie üblich nachbehandelt. Der Klotzflotte kann zur Verbesserung der Konturenschärfe 50–100 g/l Glaubersalz oder Kochsalz bzw. auch Stärkeäther zur Viskositätserhöhung der Klotzflotte bei beiden Methoden zugesetzt werden. Auch kann 1/3 der Laugenmenge durch Soda ersetzt werden, da sich Soda leichter aus der bedruckten Ware ausspülen läßt. Soda setzt auch das Fließen der Drucke im Dämpfer herab.

Für die Kurzdämpfmethode ist die Verwendung eines speziellen Reduktionsmittels notwendig, das beim Klotzen so stabil wie das Natriumformaldehydsulfoxylat (z.B. Rongalit C/*BASF*) ist, beim Dämpfen jedoch schnell wie Hydrosulfit zerfällt und damit den Farbstoff reduziert. Ein derartiges Reduktionsmittel ist das Rongal A (*BASF*), das ein mit Acetaldehyd und Ammoniak stabilisiertes Formaldehydsulfoxylat darstellt.

Die billigste Methode des Zweiphasendrucks stellt die *Arbeitsweise mit Hydrosulfit* dar, die jedoch unbedingt spezielle Dämpfer benötigt, in welche die geklotzten Waren innerhalb von 0,5–1 sec einlaufen müssen, was nicht immer möglich ist. Die Charakteristika der Verwendung unterschiedlicher Reduktionsmittel der *BASF* zeigt die nachstehende Tabelle:

	Rongalit C 90–100 g/l	Rongal A 50–65 g/l	Hydrosulfit 80–90 g/l
Haltbarkeit der Klotzlösung	8–10 Tage	2– 4 Tage	2– 5 Std.
Zeit zwischen Chemikalienklotz und Dämpfer	20–40 sec	5–10 sec	0,5– 1 sec
Dämpfzeiten	3– 7 min	25–30 sec	20–30 sec
Luftoxydation wirkt vorrangig auf	Farbstoff	Farbstoff	Reduktionsmittel

Aus der Tabelle sind die Vorteile der Kurzdämpfmethode ersichtlich, die vor allem bei der Verwendung von Rongal A durch gute Beständigkeit der Klotzflotten, ausreichende Zeit zwischen Foulard und Dämpfer, kurze Dämpfzeit und vor allem durch die Möglichkeit ausgezeichnet ist, daß nach dem Dämpfen durch Luftoxydation zuerst der Farbstoff oxydiert und damit beim anschließenden Spülen ein Ausbluten des Drucks kaum auftritt.

Besondere Vorteile bieten die Zweiphasendruckverfahren vor allem beim Dämpfen gegenüber dem Einphasenverfahren. Da die Ware bereits mit ausreichender Feuchtigkeit in den Dämpfer kommt, hat der Dampf lediglich die Aufgabe, die Ware auf Reaktionstemperatur aufzuheizen. Es muß deshalb bei höheren Temperaturen gedämpft und wegen des hohen Feuchtigkeitsgehalts der Ware auch im Dämpfer gering überhitzter Dampf verwendet werden. Diese Tatsache erlaubt das sog. *Blitzdämpfen* mit Dampf, der keine so genaue Überwachung erfordert, wie es beim Einphasenverfahren notwendig ist, wenn gute Drucke erzielt werden sollen. Die hohe Feuchtigkeit und hohe Dämpftemperatur führen außerdem dazu, daß auch Natriumsulfoxylat (Rongalit C), vor allem aber Rongal A und Hydrosulfit, vollständig aufgebraucht wird und damit in den meisten Fällen eine Oxydation nach dem Dämpfen in einem Luftgang, der zum Kühlen der Ware sowieso notwendig ist, ausreicht und die Nachoxydation mit Peroxiden entbehrlich macht. Dadurch ist es weit leichter möglich, die Nachbehandlung in Strangform vorzunehmen, wenn auch zur Entfernung des Alkalis eine kurze Breitbehandlung günstiger ist. Ein weiterer Vorteil besteht ferner darin, daß eine Reihe von anderen Farbstoffklassen ebenfalls für das Zweiphasenverfahren eingerichtet wurde. Das hat dazu geführt, daß das Verfahren heute weit häufiger eingesetzt wird als das Einphasenverfahren. Nach dem Zweiphasenverfahren ist es weiterhin möglich, *Küpenfehldrucke* des Einphasenverfahrens *zu verbessern*. Dabei werden die noch nicht nachbehandelten, trockenen Drucke nach dem Dämpfen mit dem Chemikalienklotz foulardiert und nochmals gedämpft. Es werden dadurch Fehler durch zu geringe Reduktionsmittelmengen in der Druckpaste, ungenügende Luftentfernung im Dämpfer oder auch Fehler beim Ansetzen der Klotzflotte beim Zweiphasenverfahren bzw. auch bei Verwendung von zu lange gelagerten Druckpasten beim Einphasendruck verbessert. Der nicht auf der Faser fixierte Farbstoff darf jedoch keineswegs vorher durch eine Naßbehandlung von der Ware entfernt bzw. in den Fond ausgeblutet sein. Durch Verwendung von Formaldehydsulfoxylat (z.B. Rongalit C/*BASF*) oder Rongal A (*BASF*) im Chemikalienklotz ist es außerdem möglich, den *Fond durch Zusatz von Küpenfarbstoffen* nach dem Küpenpigmentverfahren zusätzlich hell anzufärben, was nach dem Einphasenverfahren und auch bei Verwendung von Hydrosulfit im Zweiphasendruck nicht möglich ist. Durch das anschließende Dämpfen wird sowohl der Küpendruck als auch die Färbung fixiert.

Neben Küpenfarbstoffen können eine Vielzahl von anderen Farbstoffklassen gedruckt werden, die jedoch vorteilhaft durch Zugabe eines organischen Oxydationsmittels in der Druckpaste vor eingeschlepptem Reduktionsmittel geschützt werden müssen. Nach dem Einphasenverfahren können daneben *Direktfarbstoffe* ohne Anstöße oder Überfälle gedruckt werden, wenn organische Oxydationsmittel (S. 167) in der Druckpaste der Direktfarbstoffe mitverwendet werden. Der Druck ist selten, da die Naßechtheit der Direktfarbstoffe beschränkt ist und dadurch der Druck an Qualität verliert und auch ein ausreichendes Nachseifen unmöglich ist. Im Zweiphasenverfahren ist diese Kombination nicht möglich. *Schwefelfarbstoffe*, vor allem die hochechten Schwarzmarken, können nach beiden Verfahren mitverwendet werden. Küpenfarbstoffe können auf *naphtholiertem Fond* neben Echtsalzen nach dem Einphasenverfahren gedruckt werden, Überfälle sind jedoch nicht möglich. Durch das Dämpfen, bei dem aus den Reduktionsmitteln größere Mengen Formaldehyd frei werden, kann es jedoch zur stärkeren Fixierung des Naphtholats kommen und dadurch dessen Auswaschbarkeit beeinträchtigt werden. Auch der Druck neben *Naphtholentwicklungsfarbstoffen* (S. 221) ist, jedoch ohne Überfälle, möglich, wenn nur neutrale Dämpfverfahren eingesetzt werden. Nach dem Einphasenverfahren für Küpenfarbstoffe kann es jedoch beim Dämpfen zum Abtrüben der Naphtholdrucke kommen, dem man durch Zusatz von Chromatlösung oder Zusatz eines organischen Oxydationsmittels zu den Entwicklungsfarbstoffen begegnen kann. Das Zweiphasendruckverfahren ist nicht verwendbar. *Phthalocyaninfarbstoffe* (S. 206) können neben und auch in Mischung mit Küpenfarbstoffen gedruckt werden. Das ist z.B. mit fast allen Phthalogenfarbstoffen (*Bayer*) nach dem Einphasenverfahren möglich. Nach dem Zweiphasenverfahren können daneben Phthalogen-M- und -K-Farbstoffe (*Bayer*) gedruckt werden. Die M-Marken werden durch Kondensieren vorfixiert, die K-Marken können auch mit Küpenfarbstoffen gemischt und nach dem Chemikalienklotz fixiert werden. Rapidamintürkis B (*Hoechst*) (S. 210) eignet sich besonders neben und in Mischung mit Küpenfarbstoffen zur Erzeugung von brillanten Grüntönen. Dabei kann nach beiden Verfahren gearbeitet werden. Gleiches gilt auch vom Bafixan-Türkis BL (*BASF*) (S. 211). Durch Schutz der *Pigmentfarbstoffe* mit organischen Oxydationsmitteln ist auch ein Druck neben diesen Farbstoffen nach dem Einphasenverfahren möglich. Der Druck von *Leukoküpenestern* (S. 197) neben Küpenfarbstoffen hat keinerlei Vorteile, da praktisch die gleichen Farbtöne mit beiden Farbstoffklassen zu erreichen sind. *Anilinschwarz* (S. 215) kann ebenfalls daneben gedruckt werden, doch sollte, wenn nach dem Einphasenverfahren gearbeitet wird, das Schwarz aus erster Hand gedruckt werden, um ein Einschleppen von Reduktionsmitteln in das Anilinschwarz zu vermeiden. Nach dem Zweiphasenverfahren können nur spezielle, voroxydierte Schwarzmarken (S. 219) verwendet werden, die neben Küpenfarbstoffen gedruckt und durch Dämpfen fixiert werden und dann wie nach dem Zweiphasenverfahren den Küpenfarbstoff sich entwickeln lassen. *Reaktivfarbstoffe* (S. 247) lassen sich neben Küpenfarbstoffen nach beiden Verfahren drucken. Die Reaktivfarbstoffe müssen jedoch durch einen erhöhten Zusatz von organischen Oxydationsmitteln geschützt werden.

Der **Ätzdruck** küpengefärbter Zellulosefasern ist möglich, wird jedoch nur vereinzelt eingesetzt, da vor allem die meisten hochechten, anthrachinoiden Küpenfarbstoffe nicht weiß ätzbar sind. Die normalen Reduktionsätze mit Formaldehydsulfoxylaten allein sind unbrauchbar, da die reduzierten Farbstoffe sofort wieder oxydieren. Durch Zusatz von *Benzylierungsmitteln* werden die durch das Reduktionsmittel entstandenen Leukoverbindungen der Küpenfarbstoffe benzyliert, bleiben wasserlöslich und können nicht mehr oxydiert werden. Zu diesen Produkten gehören u. a.

Addol W	*Geigy*	Leukofixe NB	*Francolor*
Ätzsalz CIBA W	*CIBA*	Metabol W	*ICI*
Leukotrop W	*BASF*	Reduzin S	*Sandoz*

Die Produkte werden für reduktive Weißätzen auf mit Küpen- oder Leukoküpenesterfarbstoff vorgefärbtem Grund verwendet. Da die Produkte die Leukoküpenesterfarbstoffe nicht benzylieren, ist mit diesen auch eine Buntätze auf küpengefärbtem Fond möglich. Die Benzylierungsprodukte kommen auch in Mischungen mit Formaldehydsulfoxylaten auf den Markt, doch reicht meist die zugemischte Menge für das Ätzen dunkler Töne nicht aus. Diese Mischungen sind u. a. als Arostit RFL (*Sandoz*), Rongalit CL (*BASF*), Rongeol NCL (*Francolor*) im Handel. Weißätzen haben folgende Zusammensetzung:

200 g		Britischgummi 1:1 werden mit
100	– 200 g	Natronlauge 38 °Bé und
100	– 150 g	Zinkweiß 1:1 verrührt,
100	– 300 g	Rongalit CL,
0	– 100 g	Leukotrop W und
30	– 30 g	eines spez. Lösungsvermittlers zugesetzt und mit
470	– 20 g	Verdickung oder Wasser ausgeglichen.
1000 g		

Die Ätzdrucke werden in der Mansarde bei 60 °C oder in der Hotflue in kürzeren Zeit bei höheren Temperaturen getrocknet, verkühlt und 5 bis 10 min im Schnelldämpfer gedämpft und zuerst in einem kochenden Bad mit 10 g/l Wasserglas 38 °Bé behandelt, gespült und wie üblich fertiggestellt. Durch Zusatz von *Leukoküpenestern* in die angegebene Weißätze, wobei die Lauge durch Soda ersetzt wird, lassen sich die Ätzen bunt illuminieren. Nach dem Dämpfen müssen die Leukoküpenester durch eine Behandlung mit 20 g/l Bichromat und 30 ml konzentrierte Schwefelsäure während 8 sec bei 70 °C entwickelt und wie für diese Farbstoffe üblich fertiggestellt werden. Mit ätzbeständigen basischen Farbstoffen ist zwar eine Buntätze möglich, kommt aber wegen der geringen Echtheiten der basischen Farbstoffe heute nicht mehr zur Anwendung. Als *Illuminationsfarbstoffe* werden Küpenfarbstoffe vor allem in der Reduktionsätze auf Direkt-, Naphthol- und Pigmentfärbungen verwendet.

Der **Reservedruck** unter Küpenfarbstoffen ist selten, da es durch Verwendung anderer Farbstoffklassen leichter möglich ist, echte Drucke zu erhalten. Außerdem brechen Vordruckreserven beim nachträglichen Färben stark ein und ergeben keine guten Konturen. Eine Vordruckreserve ist z. B. mit organischen Oxydationsmitteln (S. 167) möglich. Man druckt mit

150 g	organischem Oxydationsmittel,
250 g	Kaolin 1:1,
600 g	Britischgummi 1:1,
1000 g	

trocknet und überfärbt mit Küpenfarbstoffen. Das Oxydationsmittel verhindert die Reduktion der Farbstoffe, das Kaolin schützt zusätzlich die Faser als *Pappreserve* vor dem Eindringen des Farbstoffes. Beim anschließenden Waschen der überfärbten Drucke wird der Küpenfarbstoff an den reservierten Stellen „abgeworfen". Das Verfahren kann auch als Überdruckreserve auf mit Küpenfarbstoffen pigmentierten Geweben verwendet werden. Dabei wird das Gewebe nach dem Pigmentieren getrocknet, mit der Reserve bedruckt, getrocknet und der Küpenfarbstoff mit Reduktionsmittel/Alkali-Lösung, wie beim Zweiphasenverfahren üblich, foulardiert oder gepflatscht und durch Dämpfen entwickelt und wie bekannt fertiggestellt. Die Reserve wird auch für den *Gründeldruck* verwendet, und die Küpenfarbstoffe werden mit der Gründelwalze nach dem Einphasenverfahren überdruckt. Zur *Illumination von Vor- und/oder Überdruckreserven* werden Küpenfarbstoffe nach dem Einphasenverfahren auf *naphtholiertem Fond* und auf mit *Anilinschwarz* foulardierten Geweben verwendet. In allen Fällen müssen die Reservierungen durch Dämpfen vor oder mit den aufgeklotzten anderen Farbstoffen entwickelt werden.

Im Filmdruck können *Halbtonreserven* durch Vordruck von verdickten Retardiermitteln, wie sie in der Färberei üblich sind, erreicht werden. Es wird z.B. in

600 g	Stärke/Tragant-Verdickung,
100 g	Kaolin 1:1,
60 g	Albatex PO (*CIBA*), gelöst in
240 g	Wasser,
1000 g	

vorgedruckt, getrocknet, und die Küpenfarbstoffe werden nach dem Ein- oder Zweiphasendruckverfahren überdruckt. Da sich die Küpenfarbstoffe jedoch sehr unterschiedlich durch die Retardiermittel reservieren lassen, sind Vorversuche notwendig. Neben den angegebenen Retardiermitteln lassen sich auch kationische Weichmacher für die Reservierung verwenden. Im Rouleauxdruck ist die Arbeitsweise selten. Wird sie angewendet, muß die Reserve aus „erster Hand" gedruckt werden, die Küpenfarbstoffe sollen erst aus „letzter Hand" überfallen.

Der Indigodruck hat heute nur wenig Bedeutung, da es mit anderen Küpenfarbstoffen möglich ist, brillantere und vor allem echtere Drucke auf Zellulosefasern zu erzielen. Beim *Aufdruck* wird Indigo wie für andere Küpenfarbstoffe üblich verwendet. Wegen der leichten *Ätzbarkeit* von Indigofärbungen können auch ausgesuchte Küpenfarbstoffe, die gegen die Wirkung der in der Ätze notwendigen Benzylierungsmittel oder Anthrachinon beständig sind, eingesetzt werden. Bessere Effekte lassen sich jedoch durch Verwendung von Leukoküpenesterfarbstoffen in der Ätzpaste, wie sie auch für andere Küpenfarbstoffe üblich sind, erreichen. Die Illumination wird gedämpft und mit Bichromat/Schwefelsäure entwickelt und fertiggestellt.

Größere Bedeutung haben *Reserven unter Indigofärbungen.* Als Weißreserven sind sog. Pappreserven üblich, welche das Anfärben des Fonds unter der Reserve durch mechanisches Abdecken schützen. Zu diesen Reserven gehören auch die Harzreserven, die in der *Batik* verwendet werden (S. 106). Indigo eignet sich für den Artikel besonders, da er kalt gefärbt werden kann. Als *Pappreserve* wird z.B. mit Dextrin verdicktes Kaolin verwendet. Um die mechanische Reservierung auch chemisch zu unterstützen, werden Oxydationsmittel wie z.B. Kupfersalze verwendet, die durch das sich bildende Kupferoxid in der Indigoküpe das Eindringen des Leukoindigos in die reservierten Warenteile verhindern.

Die Küpenfarbstoffe nehmen ein weites Gebiet in der Druckerei für sich in Anspruch, da die Brillanz und Echtheiten der Drucke die höchsten Ansprüche erfüllen. Die Möglichkeit, fast alle Farbtöne erzeugen zu können, verstärkt ebenfalls ihre Anwendung. In neuerer Zeit haben jedoch die Reaktivfarbstoffe die Verwendung der Küpenfarbstoffe auch im Druck eingeschränkt, da es auch mit diesen Produkten möglich ist, teilweise noch brillantere Nuancen zu erzeugen, die ebenfalls meist höchsten Echtheitsansprüchen gerecht werden und mit einfacheren Entwicklungsmethoden fixiert werden können.

Druck mit Leukoküpenesterfarbstoffen. Diese Farbstoffe sind meist *Schwefelsäureester* der entsprechenden anthrachinoiden oder indigoiden Küpenfarbstoffe, die wasserlöslich auf die Faser gebracht, durch *Spaltung* (*Verseifung*) des Esters in die Leukoverbindung und durch *Oxydation* zum ursprünglichen Küpenfarbstoff auf und in der Faser zurückgebildet werden. Zur Entwicklung sind deshalb Säure und Oxydationsmittel notwendig. In der Färberei wird in der Regel nur nach dem Nitrit-, in der Druckerei daneben jedoch noch nach einer Reihe anderer Verfahren gearbeitet, die *Chrom*- oder *Chlorsäure* als Oxydationsmittel, einen *Säurespalter* und u.U. auch *Sauerstoffüberträger* (*Katalysatoren*) notwendig machen. Die Auswahl der einzelnen Druckverfahren hängen weniger vom Farbstoff als vielmehr von den mit den Leukoküpenestern gedruckten oder neben ihnen verwendeten Farbstoffen ab.

Die Farbstoffe sind wasserlöslich, ergeben deshalb einen besseren Durchdruck, vermeiden eine Alkaliquellung der Zellulosefasern, was sich besonders beim Druck auf regenerierter Zellulose vorteilhaft auswirkt. Sie besitzen jedoch keine so große Substantivität (Affinität) zur Faser und können deshalb in der Färberei nicht in den Tiefen wie die Küpenfarbstoffe verwendet werden. In der Druckerei sind jedoch auch tiefere Farbtöne herstellbar, doch sind mittlere und tiefe Töne bei der Nachbehandlung besonders empfindlich gegen *Abflecken* (*Abklatschen*) auf den Weißfond. Es ist daher bei der Nachbehandlung der Drucke möglichst die Breitform zu wählen und ein Ablegen der nassen Ware zu vermeiden.

Da es sich bei den entwickelten Färbungen und Drucken um Küpenfärbungen und -drucke handelt, können die hauptsächlich aus anthrachinoiden Küpenfarbstoffen hergestellten Leukoküpenester unter Einhaltung bestimmter Mindesttiefen und der von den Verbänden des INDANTHREN bzw. FELISOL-Warenzeichens vorgeschriebenen Bedingungen ausgezeichnet werden. Die Farbstoffe werden meist mit entsprechenden Zusatzbezeichnungen versehen, die anzeigen, daß die angegebenen Drucke auszeichenbar sind. Zum Beispiel Anthrasolblau IBC (*Hoechst*) (*I* = INDANTHREN-auszeichenbar), Indigosolgrün FB (*Durand*), (FELISOL-auszeichenbar). In der Druckerei werden jedoch weit mehr Farbstoffe dieser Klasse als in der Färberei verwendet und auch die nicht auszeichenbaren Produkte gedruckt.

Für alle nachstehend beschriebenen Verfahren sind eine große Zahl von *Verdickungsmitteln* brauchbar, die jedoch neutral bzw. schwach alkalisch reagieren müssen, da saure Verdickungen zum schnellen Zerfall der Druckpasten führen und die Drucke dadurch viel farbschwächer ausfallen oder für den Druck unbrauchbar werden. Vom pH-Wert der Druckpasten hängt auch die Lagerbeständigkeit der Pasten ab, die, abgesehen von der Säureempfindlichkeit, auch gegen Säuredämpfe und Belichtung empfindlich sind. Meist werden die nachstehenden Verdickungsmittel mit Weizenstärke gemeinsam verwendet, um die Haftung des Farbstoffes auf der Ware zu erhöhen, obwohl Stärke oft zu etwas weniger ausgiebigen Drucken führt. Meist wird Stärke mit Tragant, Industriegummi, Alginaten, Johannisbrotkernmehlen und deren Äthern, Stärke oder Zelluloseäther gemischt, auch werden letztere allein verwendet.

Für die nachstehend angegebenen Verfahren wird ein Standarddruckrezept angegeben. Da jedoch eine Vielzahl der Leukoküpenester besondere Eigenschaften bezüglich ihrer Löslichkeit, Oxydationsempfindlichkeit usw. aufweist, müssen beim Ansatz der Druckpasten die Angaben der Farbstoffhersteller berücksichtigt werden. Die meisten Direktdrucke mit Leukoküpenestern sind farblos oder nur sehr schwach angefärbt, und es empfiehlt sich deshalb, stark sauerziehende Säurefarbstoffe als *Blendfarbstoffe* zuzusetzen, um dem Drucker die Überwachung des Drucks zu erleichtern. Die Druckpasten können ohne Lichteinwirkung meist tagelang aufbewahrt werden, unbrauchbar gewordene Pasten lassen sich jedoch nicht regenerieren. Als Leukoküpenesterfarbstoffe kommen u.a. die folgenden Produkte, meist als Pulverfarbstoffe, in den Handel:

Anthrasol	*Hoechst*	Solasol-	*Francolot*
Indigosol-	*Durand*	Soledon-	*ICI*
Pontasol-	*Dupont*	Solindolo-	*ACNA*
Sandozol-	*Sandoz*	Tinosolfarbstoffe	*Geigy*

Nitritverfahren. Dieses Verfahren, nach dem die meisten Farbstoffe entwickelt werden können, hat den Vorteil, daß ein Dämpfen nicht unbedingt notwendig ist. Einige Produkte ergeben jedoch durch 5–10 min Dämpfen der getrockneten Direktdrucke tiefere Farbtöne, die anschließend normal entwickelt werden. Das Dämpfen liefert auch die brillantesten Drucke. Zellwolle sollte in allen Fällen mindestens 15, besser 20 bis 30 min zwischengedämpft werden. Der Druckansatz für Vollfarbe und Copure hat folgende Zusammensetzung:

Vollfarbe:		Copure:
30 – 80 g	Farbstoff werden mit	–
20 – 150 g	eines Lösungsmittels und/oder	–
20 – 100 g	Harnstoff vermischt, mit	–
290 – 110 g	Heißwasser gelöst, in	360 g
600 – 420 g	Verdickung eingerührt, der man vorher	600 g
30 – 120 g	Natriumnitritlösung 30%ig und	20 g
10 – 20 g	Sodalösung 10%ig zugesetzt hat.	20 g
1000 g		1000 g

Die Drucke werden getrocknet und können unter Lichtabschluß einige Stunden aufbewahrt, müssen aber vor Säuredämpfen geschützt werden. Günstiger ist die sofortige Weiterverarbeitung, die durch eine Passage der Ware in breitem Zustand durch ein Bad mit 20 ml/l konzentrierter Schwefelsäure bei 70–75 °C während mindestens 10 sec erfolgen soll. Anschließend wird, ebenfalls möglichst in breitem Zustand, neutralisiert, gespült, heiß alkalisch geseift und nachgespült. Einige Farbstoffe sind gegen Überoxydation empfindlich, diese werden durch Zusatz von z.B. 3 g/kg Cellex Plv. (*CIBA*), Anthrasolsalz NO (*Hoechst*) in der Druckpaste geschützt. Diese Farbstoffe können auch ohne Nitrit gedruckt, getrocknet, durch Pflatschen mit

40 g Natriumnitrit,
350 g Tragant (6%ig),
610 g Wasser

genetzt und anschließend mit 20 ml/l Schwefelsäure bei 75 °C entwickelt werden. Die Entwicklung von unangenehmen, nitrosen Gasen ist jedoch stärker als bei Verwendung von Schwefelsäure allein. Das gilt auch für Entwicklungsbäder, die neben der Schwefelsäure 4 g/l Natriumnitrit enthalten und durch Zusatz von 5 g/l Oxalsäure oder 3 g/l Harnstoff abgepuffert werden sollten. Bei großen Deckern ist ein Zusatz von 50 g/l Glaubersalz günstig, um ein stärkeres Ausbluten der Farbstoffe im Säurebad zu verhindern.

Beim *Direktdruck neben Leukoküpenestern* ist vor allem die Auswahl der Farbstoffe so zu treffen, daß die hohen Echtheiten des Gesamtdrucks erhalten bleiben. Obwohl die Palette der Leukoküpenester kleiner als die der *Küpenfarbstoffe* ist, werden letztere daneben kaum verwendet, da sie keine besonders brillanten Farbtöne zusätzlich ergeben, die nicht auch mit Leukoküpenestern zu erreichen wären. Häufiger werden jedoch *Reaktivfarbstoffe* neben Leukoküpenestern gedruckt, dabei wird meist der Reaktivfarbstoff mit Alkali gedruckt, durch Vordämpfen und anschließend der Leukoküpenester durch eine Säurepassage entwickelt, und beide Farbstoffklassen werden gemeinsam nachbehandelt. Reaktivfarbstoffe sind deshalb sehr häufig, da ein Großteil der Drucke auch höchsten Echtheitsansprüchen genügt und vor allem brillante Blau-, Türkis-,

Grün-, vor allem aber Rottöne ergibt, die mit Leukoküpenestern nicht erreicht werden.

Nach dem Nitritverfahren können Leukoküpenester auch neben *Phtalogenfarbstoffen* (M- und K-Marken/*Bayer*, S. 206) gedruckt werden, wobei durch Vorkondensieren oder durch Dämpfen die Phtalogene vorfixiert werden. Auch Bafixan-Türkis BL (*BASF*, S. 211) ist ohne Veränderung der Rezeptur verwendbar, wobei ebenfalls vorkondensiert oder vorgedämpft wird. Gleiches gilt auch von den Inthionfarbstoffen (*Hoechst*, S. 229). Auch *Pigmentfarbstoffe* sind ohne Änderung der Rezepturen neben Leukoküpenestern druckbar, durch Vorfixieren (Kondensieren) zu entwickeln und anschließend die Säurepassage vorzunehmen. Für die Verwendung von Anilinschwarz eignen sich die weiteren Verfahren besser als das Nitritverfahren, da durch die Säurepassage das Anilinschwarz verbräunt. Besonders interessant ist der Druck neben Naphthol-Entwicklungs-Farbstoffen (S. 229), die man sauer vordämpft, und bei dem die Leukoküpenester anschließend mit Nitrit/Schwefelsäure entwickelt werden. Bei Naphthol-Entwicklungs-Farbstoffen (S. 229) ist die gleiche Arbeitsweise brauchbar, doch kann durch Zusatz von speziellen Säurespendern auch neutral vorgedämpft werden, bzw. es wird bei Produkten, die nur neutral gedämpft werden müssen, nach dem neutralen Dämpfen normal nachbehandelt. Zur Erzeugung von Rottönen neben Leukoküpenestern ist auch der Direktdruck von vielen Leukoküpenestern neben *Echtsalzen* oder *-basen* auf naphtholiertem Grund möglich. Die Drucke werden nach dem Trocknen – ohne Dämpfen – 70 sec im Breitzustand durch ein Bad von 20 ml/l Schwefel- und 10 ml/l Ameisensäure 85%ig passiert, anschließend wird das nicht gekuppelte Naphtholat alkalisch ausgewaschen und wie üblich fertiggestellt. Spezielle Blaubasen und -salze druckt man vorteilhaft unter Zusatz von 5 g/l Harnstoff und 3 g/l Zinnsalz, bzw. man beschleunigt die Kupplung durch Zwischendämpfen.

Der *Ätzdruck* von Leukoküpenesternfärbung, die nach dem Nitritverfahren hergestellt wurde, unterscheidet sich nicht von dem, der durch andere Entwicklungsverfahren hergestellt wurde. Wegen der meist beschwerlichen Ätzbarkeit der dann notwendigen Küpenfarbstoffätze ist er selten. Angaben werden am Schluß dieses Abschnittes gemacht. Weit häufiger sind Vor- und Überdruckreserven von Leukoküpenesterklotzungen bzw. Buntreserven, die zur Illumination der Reserve Leukoküpenesterfarbstoffe enthalten.

Vordruckreserven unter Leukoküpenesterklotzungen, die nach dem Nitritverfahren erzeugt wurden, können als Weiß- und Buntreserven ausgeführt werden. Im Prinzip wird dabei durch Reduktionsmittel bzw. Alkali die Entwicklung verhindert. Der Effekt wird durch spezielle Reservierungsmittel, die auch allein mit Alkalien verwendet werden können, erzielt bzw. verbessert. Zu diesen Produkten gehören u.a.:

Anthrasolreserve A	*Hoechst*
Reserve X	*Durand*
Soledonreserve A	*ICI*

Als Weißreserven werden verwendet:

a) 50 – 250 g Natriumthiosulfat oder kristallisiertes Natriumazetat werden in
300 – 250 g Heißwasser gelöst und in
600 – 450 g Arabischgummiverdickung 1:1 eingerührt, der vorher
50 – 50 g Zinkeiweiß 1:1 zugeführt wurde.
1000 g

b) 700 g Stammverdickung,
150 g Imperonbinder FA (*Hoechst*),
150 g Ausgleich.
1000 g

Die Stammverdickung, die auch für Buntreserven mit *Küpenfarbstoffen* verwendet wird, hat folgende Zusammensetzung:

80 – 85 g Natronlauge 38 °Bé werden in
600 – 600 g Kristallgummi- oder Stärke/Tragant-Verdickung eingerührt und
50 – 100 g Anthrasolreserve A (*Hoechst*),
0 – 90 g Rongalit C (*BASF*) zugegeben und mit
270 – 125 g Wasser oder Verdickung ausgeglichen.
1000 g

Die aufgedruckten und getrockneten Weißreserven werden geklotzt oder gepflatscht mit:

1–50 g Leukoküpenesterfarbstoff, gelöst in
300 g Heißwasser, das
1 g eines Dispergators (z.B. Leonil DB/*Hoechst*) und
3 g kalzinierte Soda enthält, langsam eingetragen in
100 g Tragantverdickung 60/1000, verrührt und mit
500 g Kaltwasser verdünnt und
7–20 g Natriumnitrit fest zugegeben und auf
1000 g

eingestellt. Nach dem Klotzen wird getrocknet und in einem heißen Schwefelsäurebad entwickelt und wie üblich fertiggestellt. Wird die Reserve b) verwendet, ist bei den meisten Leukoküpenestern ein Vordämpfen vor der Entwicklung für die Reservierung vorteilhaft. Als *Vordruckbuntreserven* können auch *Küpenfarbstoffe* mitverwendet werden, die normal angesetzt sind, jedoch die Stammverdickung, die für die Weißreserve b) angegeben ist und Reduktionsmittel enthalten. Nach dem Trocknen der Klotzung wird 5–10 min gedämpft und wie üblich entwickelt. Als Vordruckbuntreserven können auch *Naphtholentwicklungsfarbstoffe* (S. 229) verwendet werden. Dabei enthalten die Reserven zusätzlich 10 g/kg Natronlauge 36 °Bé, 65 g/kg Natriumthiosulfat und evtl. 50 g/kg Zinkweiß 1:1. Man entwickelt die reservierten, getrockneten Klotzungen bei 90–95 °C während 3–5 sec in

15 g/l Oxalsäure krist.,
20 ml/l Ameisensäure 85%ig,
20 g/l Glaubersalz

und stellt wie üblich fertig. Die beschriebenen Reserven sind auch als *Überdruck-Weiß- und -Buntreserven* verwendbar. Auch ist ein neutrales Zwischendämpfen für die meisten Leukoküpenesterfarbstoffe wegen der größeren Farbtiefe und der besseren Reservierbarkeit vorteilhaft.

Dämpfverfahren. Bei diesen Verfahren ist ein Dämpfen zur Entwicklung der Leukoküpenesterdrucke unumgänglich. Es ist eine Reihe von Verfahren bekannt, die sich hauptsächlich durch den Einsatz verschiedener Oxydationsmittel unterscheiden. Es wird dafür Natrium-, Ammonium- und seltener Aluminiumchlorat verwendet. Als Säurespalter werden Rhodanammonium, Ammonnitrat, Ammonsulfat, Diäthyltartrat und meist ein Katalysator (Sauerstoffüberträger), wie Ammonvanadat und Ferrocyankalium, eingesetzt.

Beim *Natriumchlorat-(Rhodanammon-)Dämpfverfahren* wird mit nachstehenden Druckpasten bedruckt:

Vollfarbe:		Copure:
20 – 80 g	Farbstoff werden mit	–
0 – 100 g	Lösungsmittel oder/und	–
100 – 0 g	Harnstoff vermischt, in	–
250 – 150 g	Heißwasser gelöst und in	260 – 240 g
600 – 500 g	Verdickung eingerührt,	700 – 700 g
15 – 80 g	Natriumchloratlösung 1:3,	20 – 40 g
10 – 60 g	Rhodanammonlösung 1:1,	10 – 10 g
5 – 20 g	Ammonvanadatlösung 1%ig und	10 – 10 g
0 – 10 g	konzentriertes Ammoniak zugesetzt.	–
1000 g		1000 g

Die Drucke werden getrocknet, mindestens 8 min neutral gedämpft und ohne Säurepassage, wie nach dem Nitritverfahren beschrieben, fertiggestellt. Anstelle von Natriumchlorat können auch 35–170 g/kg Ammonchlorat 15 °Bé verwendet werden. Bei diesen Verfahren ist Rhodanammon entbehrlich, jedoch muß dann der Zusatz von Ammonvanadat verdoppelt werden. Das Verfahren benötigt nur eine Dämpfzeit von 3 bis 5 min, was u.U. von Vorteil ist. Die angegebene Ammonchloratlösung kann auch durch Lösen von

250 g Natriumchlorat krist. und
120 g Ammonsulfat krist. in
630 g Wasser

hergestellt werden. Durch Zusatz von 50 g/kg Diäthyltartrat oder Solentwickler D *(Hoechst)* bzw. Soledonentwickler T *(ICI)* können einige Farbstoffe schneller entwickelt werden. Das Verfahren ergibt die ausgiebigsten Leukoküpenesterdrucke und hat den Vorteil, daß nach diesem

Verfahren eine Vielzahl von anderen Farbstoffklassen daneben gedruckt werden kann, die durch Dämpfen entwickelt werden müssen. Es kann auch länger als 8 min gedämpft werden, wenn das für die Begleitfarbstoffe notwendig ist. Für diese Drucke sind daneben *Naphtholentwicklungsfarbstoffe*, *Küpenfarbstoffe* nach dem Einphasenverfahren, *Reaktiv-*, *Phthalocyaninfarbstoffe* verwendbar. Dabei werden die für das Nitritverfahren angegebenen Bedingungen eingehalten, jedoch die Säureentwicklung vermieden. Auch der Druck von *Direkt-* und *Chromfarbstoffen* ist daneben möglich. Direktfarbstoffe können auch zur Verbesserung der Naßechtheiten (S. 172) nachbehandelt werden. Wird *Anilinschwarz* daneben gedruckt, wird mit Bichromat/Essigsäure entwickelt.

Das Verfahren ist auch für eine *Vor-*, *Überdruck-Weiß-* und *-Buntreserve* verwendbar. Dabei werden die bereits beim Nitritverfahren angegebenen Reserven verwendet, und es wird mit

4 – 25 g	Leukoküpenfarbstoff gelöst in
960 – 890 g	Heißwasser und
0 – 15 g	Ammonoxalat, dem
8 – 25 g	Natriumchloratlösung 1:3,
8 – 25 g	Rhodanammonlösung 1:1,
10 – 10 g	Ammonvanadatlösung 1:100,
10 – 10 g	konzentriertes Ammoniak zugefügt wurde.
1000 g	

foulardiert, getrocknet und, wenn nicht bereits vorgedruckt wurde, werden die Reserven überdruckt und getrocknet, wie üblich gedämpft und fertiggestellt.

Leukoküpenesterfarbstoffe können im Prinzip wie beim Nitritverfahren zur Illumination von Weiß- und Buntreserven verwendet werden. Unter *Naphtholfarbstoffen* werden den Druckpasten 100–150 g/kg Aluminiumsulfat 1:1 zugesetzt, welche das Naphtholat an den reservierten Stellen neutralisiert und eine Kupplung mit Echtsalzen und -basen verhindert, die anschließend gepflatscht oder foulardiert werden. Ähnliches gilt auch für Überdruckbuntreserven bei *Anilinschwarzklotzungen*. Den Reservepasten werden jedoch je nach verwendetem Leukoküpenesterfarbstoff 20–150 g/kg Natriumzitrat, -formiat oder -acetat zugesetzt, um an den buntreservierten Stellen die Anilinschwarzbildung zu verhindern. Als Oxydationsmittel für die als Reserve verwendeten Leukoküpenester werden 10–120 g/l Aluminiumchloratlösung 25 °Bé verwendet, die durch Mischung von 1056 g Aluminiumsulfat 1:1 mit einer Lösung von 790 g kristallisiertem Barriumchlorat in 800 g Heißwasser hergestellt wird.

Im **Ätzdruck** verhalten sich die Leukoküpenesterfarbstoffe wie Küpenfarbstoffe. Interessant ist jedoch das *Buntätzen von schwerätzbaren Küpenfärbungen*, die unter Zuhilfenahme von quaternären Ammoniumverbindungen, z.B. Ätzsalz CIBA W, geätzt werden müssen. Dabei werden die Leukoverbindungen der Küpenfarbstoffe benzyliert, eine Oxydation ist damit ausgeschlossen, und es können an den geätzten Stellen die Küpenfarbstoffe ausgewaschen werden. Bei Leukoküpenesterfarbstoffen ist jedoch das Ätzsalz W durch die Veresterung unwirksam, und die Farbstoffe können nach dem Trocknen durch 5–10 min Dämpfen – durch das der Küpenfond geätzt wird – anschließend in einem Bad von 30 ml/l konzentrierter Schwefelsäure bei 70 °C während 8 sec entwickelt und wie üblich fertiggestellt werden. Die Buntpasten haben folgende Zusammensetzung:

30 – 60 g	Leukoküpenesterfarbstoff werden mit
10 – 30 g	Lösungsvermittler und/oder Harnstoff vermischt, in
270 – 160 g	Heißwasser gelöst, in
405 – 270 g	Tragant 6%ig oder eine andere Verdickung eingerührt, die
75 – 100 g	kalzinierte Soda
75 – 130 g	Natriumformaldehydsulfoxylat,
75 – 150 g	Ätzsalz CIBA W und
60 – 100 g	Zinkweiß 1:1 enthält.
1000 g	

Die Leukoküpenester erlauben eine Reihe von Druckapplikationen, die ziemlich einfach anwendbar sind. Sie haben jedoch etwas an Bedeutung verloren, da tiefe und brillante Töne meist besser mit Küpen- und neuerdings Reaktivfarbstoffen gedruckt werden können. Wegen der geringen Substantivität, die zwar beim Foulardieren angenehm ist, jedoch nur helle und mittlere Farbtöne erlaubt, sind im Druck Flecken durch Abschmieren oder Abklatschen auf den Weißfond leichter möglich als mit anderen Farbstoffklassen. Vorsicht ist auch bei unentwickelten Drucken geboten, da sich diese durch Säuredämpfe und Belichtung abschwächen bzw. bis zur Unbrauchbarkeit der Druckpasten und Drucke fortsetzen können. Die möglichen Farbtöne sind nicht so zahlreich wie im Küpendruck, doch reichen sie meist aus. Zur Ergänzung – vor allem bei Blau- und Rotnuancen – steht eine Reihe von Farbstoffen anderer Klassen zur Verfügung.

Druck mit Schwefelfarbstoffen. Diese Farbstoffe haben in der Druckerei nur eingeschränkte Bedeutung, da die zu erreichenden Farbtöne trüb sind, wenn mit Schwefelnatrium gedruckt wird. Im Rouleauxdruck werden die Kupferwalzen durch sich bildendes Kupfersulfid zerstört. Obwohl heute im Maschinendruck verchromte und damit gegen Schwefelnatrium unempfindliche Walzen verwendet werden, sind trotzdem normale Schwefelfarbstoffe im Druck kaum anzutreffen. Besonderes Interesse haben jedoch *spezielle Schwefelschwarzmarken*, die ähnlich wie Küpenfarbstoffe verwendet werden, jedoch als Reduktionsmittel *Glukose* brauchen, um eine Überreduktion, wie sie bei Verwendung von Reduktionsmittel für Küpenfarbstoffen üblich ist, zu vermeiden. Zu den besonderen

Schwefelschwarzmarken, die keinen freien Schwefel oder Sulfide enthalten und damit Kupferwalzen nicht angreifen, gehören u. a.:

Immedialdruckschwarz-	*Cassella*	Neosoldruckschwarz-Marken	*CIBA*

die vor allem als Konturenschwarz, jedoch auch für Decker und in Verschnitten für neutrale Grautöne eingesetzt werden können. Als Verdickungsmittel hat sich Tragant 60/1000 bewährt, doch sind, wie auch bei Küpenfarbstoffen, eine Reihe weiterer Verdickungen brauchbar. Der Druckansatz hat folgende Zusammensetzung:

Rouleauxdruck	Filmdruck	
100	60 – 80 g	Schwefeldruckschwarz werden mit
60	50 – 60 g	Thioharnstoff oder Harnstoff und
50	50 – 50 g	Diäthylglykol (z. B. Glyezin A/*BASF*) vermischt und in
200	240 – 160 g	kochendem Wasser gelöst, in
430	450 – 500 g	Verdickung eingerührt,
60	50 – 50 g	Soda oder doppelte Menge Pottasche und
100	100 – 100 g	Glukose in Stücken zugesetzt.
	1000 g	

Zum gleichen Zweck werden jedoch in weit größerem Maßstab *Schwefelschwarzmarken mit höchsten Echtheiten* (auch Chlorechtheit) eingesetzt. Die Produkte werden als Pulver bzw. in Teigform verwendet. Dazu gehören u. a.:

Carbindone-	*ICI*	Sulfogencarbon-	*Dupont*
Indocarbon-	*Cassella*	Thionalcarbon-	*Sandoz*
Solaneschwarz-	*Francolor*	Thiotionenmarken	*Geigy*

Der Druckpastenansatz gleicht weitgehend dem der speziellen Schwefelschwarzmarken. Die Drucke werden, wie auch die vorstehenden, nach dem Trocknen durch 5–10 min Dämpfen entwickelt, gespült, wie Küpenfarbstoffe oxydiert, geseift und nachgespült. Die beiden Schwefelschwarzprodukte lassen sich neben einer Reihe von anderen Farbstoffen drucken. Als Konturenschwarz sind sie auch im Vor- oder Überdruck verwendbar. Neben und mit *Küpenfarbstoffen* können sie auch im *Zweiphasendruck* verwendet werden. Der Zusatz von Alkali und Glukose kann dann unterbleiben. Die Zusammensetzung der Druckpaste gleicht dann der von Küpenfarbstoffen für dieses Verfahren (S. 189), wobei, wie dort angegeben, teilweise auch koagulierende Verdickungsmittel einzusetzen sind. Letztere Arbeitsweise hat besonders mit den hochechten Schwarzmarken Bedeutung, da die Schwarzdrucke (nicht Grau) mit dem INDANTHREN- bzw. FELISOL-Warenzeichen ausgezeichnet werden können.

Neben den Schwarzmarken und auch als Vor- und Überdruck sind *Naphtholentwicklungs-*, *Leukoküpenester-* und *Direktfarbstoffe* verwendbar. Durch Überfälle über die Schwarztöne bleibt die blumige Schwarznuance unverändert. Werden *Reaktivfarbstoffe* in Überfällen gedruckt, muß jedoch der Reaktivdruck durch erhöhte Mengen von organischen Oxydationsmitteln (S. 167) geschützt werden.

Druck mit Phthalocyaninfarbstoffen. Diese Farbstoffe erfreuen sich in der Färberei und Druckerei von Textilien einer großen Beliebtheit, da mit den Produkten brillante und hochechte Blau-, Türkis- und Grüntöne erhältlich sind. Die Nuancen werden durch Polykondensation zu Phthalocyaninkomplexen um ein zentrales Metallatom (Cu, Ni, Co) hergestellt. Diese Komplexe sind wasserunlöslich und erfüllen die Echtheitsansprüche, welche vom INDANTHREN- und FELISOL-Verband gefordert werden. Da die Komplexbildung auf der Faser in der Färberei und auch Druckerei etwas komplizierte Verfahren benötig, wurden die Komplexe modifiziert und haben so als Direkt-, Küpen-, Beizen-, Reaktiv- und als wasserunlösliche Pigmentfarbstoffe Verwendung gefunden. Sie werden nach den dort beschriebenen Verfahren gedruckt. Höchste Brillanz und höchste Echtheiten zeigen jedoch Drucke, bei denen der Phthalocyaninkomplex auf der Faser selbst erzeugt wird.

In der Druckerei werden monomere, wasserunlösliche Vorprodukte mit entsprechenden Metallsalzlösungen gemeinsam gedruckt (Phtalogenfarbstoffe/*Bayer*). Ferner werden monomere, metallsalzhaltige (Phtalogen-M-Farbstoffe/*Bayer*) und gering wasserlösliche, polymere, zyklische Metallkomplex-(Phtalogen-K-Farbstoffe/*Bayer*) verwendet. Daneben sind hauptsächlich in der Druckerei wasserlösliche Phthalocyaninfarbstoffe üblich, wie z.B. Bafixan-Türkis BL (*BASF*), Rapidamintürkis B (*Hoechst*), Alcian-X-Farbstoffe (*ICI*) und Inthion-Farbstoffe (*Hoechst*).

Da die *Phtalogen-* und *Phtalogen-M-Farbstoffe* als Einzelindividuen unterschiedliche Druckpastenansätze erfordern, können die nachfolgenden Angaben nur als Richtlinien gewertet werden. Druckpasten und Copure haben folgende Zusammensetzung:

Vollfarbe:		Copure:
70 – 15 g	Phtalogen- oder M-Farbstoff wird mit	–
170 – 115 g	Levasol PO oder O angeteigt, mit	50 – 75 g
170 – 60 g	Phtalogen K oder NI-Lösung verrührt, in	–
500 – 500 g	Verdickung eingerührt und mit	500 – 500 g
90 – 310 g	Wasser oder Verdickung ausgeglichen.	450 – 425 g
1000 g		1000 g

Einzelne Farbstoffe erfordern als weitere Zusätze noch Ammoniak, Ammonlaktat, Ammonacetat, bzw. es können die Speziallöser durch billiges Levasol F (*Bayer*) ersetzt werden. Phtalogen-M-Farbstoffe können auch in Levasol F allein oder Eisessig/Glyezin A (*BASF*) gelöst werden. Die M-Farbstoffe enthalten bereits Metalle komplex gebunden und werden ohne Phtalogen-K- oder NI-Lösung gedruckt. Diese Metallsalzlösungen werden jeweils aus 100 g der entsprechenden Pulverprodukte mit Wasser hergestellt, 125 g Ammoniak zugesetzt und auf 1000 g mit Wasser eingestellt. Es können jedoch auch 10%ige Lösungen von Kupferchlorid, -acetat bzw. Nickelchlorid verwendet werden. Als Verdickung haben sich vor allem Stärke/Tragant, Stärkeäther/Tragant bewährt. Daneben eignen sich auch Kernmehläther, Alginate, Carragheenate und Zelluloseätherkarbonsäuren, wenn sie mit Stärke kombiniert werden. Allein verwendet, sind sie nicht so gut brauchbar. Die Drucke sind farblos und werden mit basischen (z.B. Astrazonblau G/*Bayer*) oder Säurefarbstoffen (z.B. Patentblau V/*Hoechst*) in Mengen von 0,2–0,5 g/kg Druckpaste als *Blendfarbstoffe* markiert. Neben den angegebenen Verdickungen ist auch eine Emulsionsverdickung brauchbar, die nachfolgende Zusammensetzung hat:

50 – 50 g	Emulgator EVD (*Bayer*) werden in
250 – 300 g	Stärke/Tragant-Verdickung und
300 – 250 g	Wasser eingerührt. Am Schnellrührer werden
400 – 400 g	Schwerbenzin einemulgiert.
1000 g	

Die Drucke werden bei möglichst hoher Temperatur, gleichmäßig und rasch getrocknet, wovon der Ausfall wesentlich abhängt. Die Polykondensation ist durch

a) neutrales oder saures Dämpfen während 5–10 min,
b) Kondensieren bei 130–140 °C während 8–6 min auf entsprechenden Maschinen oder Zylindertrocknern

möglich. Die Nachbehandlung kann im Strang oder in Breitform erfolgen. Dabei werden die Zersetzungsprodukte mit

15–30 ml/l konzentrierter Schwefelsäure oder
10–15 ml/l konzentrierter Salzsäure

nahe Kochtemperatur während 30–50 sec kontinuierlich oder auf der Haspelkufe mit

3–5 g/ml kristallisierter Oxalsäure,
3–5 ml/l Ameisensäure 85%ig

diskontinuierlich 4–6 min kochend entfernt, anschließend wird gründlich gespült, alkalisch kochend geseift und nachgespült. Wenn ein Absäuern nicht möglich ist, ist es zur Entfernung der überschüssigen Metallrückstände notwendig, beim Seifen Komplexbildner einzusetzen.

Die kupferhaltigen Phtalogen-K-Farbstoffe (*Bayer*) werden wie folgt aufgesetzt.

30 – 5 g	Farbstoff in
280 – 270 g	Levasol ND gelöst und in
500 – 500 g	Verdickung,
20 – 20 g	Zinkoxid und
170 – 205 g	Kaltwasser eingerührt.
1000 g	

Der Zusatz von Zinkoxid kann unterbleiben, anstelle von Levasol ND kann auch Äthyl- oder Methylalkohol verwendet werden. Es ist auch möglich, den Druckpasten Milch- oder Ameisensäure, Harnstoff, Hydrochinon und für den Filmdruck Emulgator W (*Bayer*) zuzusetzen. Die Zusätze sind oft beim Druck einzelner Farbstoffe für den Druck ungünstig. Die Entwicklung erfolgt in der gleichen Weise, wie für die monomeren Farbstoffe beschrieben. Phtalogen-K-Marken können jedoch auch reduktiv mit 20–30 g/l Natriumbisulfit während 30–45 sec bei 80–90 °C nach dem Trocknen entwickelt werden. Phtalogen IB kann auch durch eine reduktive Naßentwicklung mit 2–5 g/l Hydrosulfit oder Blankit IN (*BASF*) anstelle des Dämpfens oder Kondensierens entwickelt werden. Spülen und Seifen wird in der üblichen Weise angeschlossen. Die Druckpasten sind nur wenige Stunden haltbar, die von Phtalogen-K-Farbstoffen jedoch mehrere Tage. Für K-Farbstoffe können als Verdickungsmittel auch Alginate eingesetzt werden.

Da mit Phtalogenfarbstoffen nur Blau-, Grün- und Türkistöne erzeugt werden können, werden sie meist neben einer Vielzahl anderer Farbstoffe gedruckt und, da sie nicht ätzbar sind, reserviert. Dabei sind Phtalogen-M- und -K-Farbstoffe untereinander mischbar. Es lassen sich nebeneinander ohne Änderung der Rezepturen *Naphtholentwicklungsfarbstoffe* drucken und je nach Produkt sauer oder neutral dämpfen. Gleiches gilt für *Pigmentfarbstoffe*, die durch gleichzeitiges Kondensieren fixiert werden. *Leukoküpenester* werden nach dem Nitritverfahren daneben und auch in Überfällen gedruckt. *Anilinschwarz* kann nur neben Phtalogen-K-Farbstoffen verwendet werden. Fast alle Phtalogenfarbstoffe können neben Küpenfarbstoffen nach dem Einphasenverfahren gedruckt werden. Nach dem Zweiphasenverfahren sind nur M- und K-Marken verwendbar. Die M-Marken werden dann durch Kondensieren vorfixiert, die K-Marken können auch in Mischungen mit Küpenfarbstoffen ohne Vorfixierung durch Dämpfen nach dem Alkaliklotz fixiert werden. Auf *naphtholiertem Fond* lassen sich neben Echtsalzen die monomeren M-Phtalogenmarken unter Zusatz von 20 g/kg Ammonacetat drucken und anschließend beim Trocknen auf der Zylindertrockenmaschine vorfixieren. Drucke mit Farbstoffen neben Echtsalzen werden nach dem Trocknen zuerst bei 80–100 °C mit 30–60 g/l Natriumbisulfat entwickelt, und anschließend wird durch alkalisches Seifen das überschüssige Naphtholat entfernt.

Ebenso häufig wie der Druck neben anderen Farbstoffklassen sind die *Phthalocyaninreserven*. Da sich das Entwickeln der Phtalogen- und M-Farbstoffe durch Zusatz von Zinksalzen bzw. aliphatischen Aminen verhindern läßt, sind mit diesen Produkten sowohl Weiß- als auch Buntreserven im Vordruck möglich. Als Weißreserve wird mit nachfolgenden Reserven vorgedruckt:

a)	300 g	Zinksulfat 1:1 und
	100 g	Zinkoxid 1:1 werden in
	330 g	Gummiverdickung 1:2 eingerührt,
	150 g	Weizenstärkemilch 1:1 (nicht Verdickung) und
	120 g	Kaltwasser zugegeben.
	1000 g	

b)	800 g	Stärke/Tragant- und Britischgummi (1:1) werden 2:1 gemischt und
	120 g	Wasser mit
	80 g	Phtalotrop B vermischt verrührt.
	1000 g	

Der Zusatz von Zinksalzen a) richtet sich nach der nach dem Reservieren foulardierten Farbstoffmenge und beträgt bei Zinkacetat mindestens 30, bei Zinksulfat mindestens 40 g/kg. Der Phtalotropzusatz in der Reserve b) errechnet sich nach folgender Formel:

$$\text{g/kg Phtalotrop B} = x + x/3.$$

x ist die Phtalogenfarbstoffmenge in g/l des anschließenden Klotzbades. Die getrockneten Weißreserven können ohne Fixierung foulardiert, getrocknet und durch Dämpfen oder Kondensieren entwickelt und normal nachbehandelt werden. Als Buntreserven sind *Naphtholentwicklungsfarbstoffe* (S. 229) üblich, die mit $2x/3$ g/kg Phtalotrop B vorgedruckt und nach dem Klotzen wie bei Weißreserven sauer oder neutral gedämpft und entwickelt werden. Wird für die Reserve Zinkoxid verwendet, wird vor dem Phtalogenklotz durch saures Dämpfen vorfixiert. *Pigmentfarbstoffe* werden mit 80 g/kg Zinkacetat und 40 g/kg Zinkoxid vorgedruckt, wobei das Zinkacetat als Katalysator dient. Buntreserven mit Pigmentfarbstoffen werden vorkondensiert, es kann jedoch nicht mit Emulsionsverdickungen gearbeitet werden. Die Stärkemilch dient zum Schutz gegen mechanische Beschädigung der Reserven beim nachfolgenden Klotzen.

Die getrockneten und evtl. fixierten Vordruckreserven werden nun z.B. mit:

70 –	20 g	Phtalogenbrillantblau IF3GM in
160 –	125 g	Levasol PO und
50 –	35 g	Levasol F gelöst,
200 –	200 g	Kaltwasser und
10 –	10 g	konzentriertem Ammoniak mit
50 –	50 g	Tragant (6%ig) verrührt, mit
400 –	535 g	Kaltwasser verdünnt, zugesetzt und
60 –	25 g	Essigsäure nachgegeben,
	1000 g	

geklotzt und auf einem Zweiwalzenfoulard auf 75–100% Restfeuchtigkeit entwässert. Bei stärkerem Abquetschen wird die Reserve beschädigt. Die weitere Behandlung gleicht dem beim Direktdruck beschriebenen Verfahren. Werden Phtalogenfarbstoffe ohne Metallgehalt verwendet, müssen der Klotzflotte 100–150 g/kg Phtalogen K oder NI-Lösung 10%ig zugesetzt werden.

Phtalogenfarbstoffe (*Bayer*) können selbst zum *Kolorieren von Vor- und Überdruckreserven* verwendet werden. Dabei werden die K-Marken auf naphtholiertem Fond mit 60 g/kg Natrium- oder Kaliumsulfit oder -metabisulfit zur Neutralisation des Naphthols verwendet, getrocknet, z.B. mit Variaminblau überklotzt und die Phtalogene wie üblich entwickelt. Die Nachbehandlung wird zuerst bei 80–90 °C mit 40–60 g/l Natriumbisulfit vorgenommen und erst anschließend gespült, geseift und fertiggestellt. Auf dem naphtholierten Grund können auch Echtsalze und Pigmentfarbstoffe neben Phthalocyanin-K-Farbstoffe gedruckt werden. Die Farbstoffe können auch als Überdruckreserven auf foulardiertem Anilinschwarzklotz verwendet werden, enthalten jedoch zusätzlich 130g/kg Triäthanolamin und 120 g/kg Zinkoxid 1:1. Als Vordruckreserve sind auch die M-Marken unter Anilinschwarz möglich. Auch dann muß die Entwicklung des Anilinschwarz durch Zusatz von 90–130 g/kg Zinkoxid 1:1 in der Reserve verhindert werden. Phtalogenreserven werden jedoch vorfixiert, und anschließend wird das Anilinschwarz geklotzt, gedämpft, nachoxydiert, gespült und geseift.

Alcian-X-Farbstoffe (*ICI*) sind wasserlösliche, basisch modifizierte Phthalocyaninfarbstoffe, die nicht ganz die hohen Echtheiten der bereits beschriebenen Phtalogendrucke erreichen. Als Richtrezept soll nachfolgende Arbeitsweise dienen, die auch für den Druck neben Küpen-, Pigment-, Naphtholentwicklungsfarbstoffen, Anilinschwarz und Echtsalzen auf naphtholiertem Grund eingesetzt wird.

5 –	20 g	Alcian-X-Farbstoff werden mit
50 –	50 g	Eisessig in
40 –	40 g	Kaltwasser angerührt und in
155 –	140 g	Wasser von 60 °C gelöst, danach in
650 –	650 g	Verdickung, die
100 –	100 g	Natriumacetat 1:1 enthält, eingerührt.
	1000 g	

Als Verdickungen werden Stärke/Tragant, Johannisbrotkernmehle oder deren Äther und auch Emulsionsverdickungen empfohlen. Die Drucke werden getrocknet, 5–10 min gedämpft oder ohne Trocknen auf der Zylindertrockenmaschine bzw. durch Kondensieren in 3 min bei 120 °C entwickelt, gespült, kochend geseift und nachgespült. Durch ein kaltes Fixierbad mit 1–4 g/l Natriumbichromat + 2–5 g/l Essigsäure oder 7,5–15 g/l Azoguard 35%ig (*ICI*) während 15–30 sec können, wenn mit Alcianentwickler anstelle von Eisessig und Acetat gedruckt wurde, nach dem Dämpfen die Farbstoffe entwickelt werden.

Als *Rapidamintürkis B* wird von *Hoechst* ein wasserlöslicher Phthalocyaninfarbstoff geliefert, der hauptsächlich neben und mit *Küpenfarb-*

stoffen gedruckt werden kann. Mit Küpengelbmarken lassen sich dadurch sehr brillante Grüntöne neben brillanten Türkistönen erzeugen, die auch in Überfällen möglich sind. Beim Einphasenverfahren werden

1	– 120 g	Rapidamintürkis B in
199	– 80 g	Kaltwasser gelöst, in
500	– 500 g	Verdickung, die
150	– 150 g	Pottasche 1:2,
10	– 10 g	Glukose fest und
140	– 140 g	Ausgleich enthält, eingerührt,
1000 g		

damit wird gedruckt, getrocknet, durch Dämpfen entwickelt und, wie für Küpenfarbstoffe vorgeschrieben, fertiggestellt (Seifen). Wird nach dem Zweiphasenverfahren gearbeitet, enthält die Druckpaste nur Farbstoff und Verdickung. Wird mit Küpenfarbstoffen gemeinsam gedruckt, ist als Verdickung 4%iger Zellulosecarbonäther (Tylose MH 300/*Hoechst*) und Weizenstärke 10%ig vorteilhaft. Für den Druck können auch Johannisbrotkernmehle, deren Äther und Alginate eingesetzt werden.

Als kationischer, wasserlöslicher Phthalocyaninfarbstoff wird von der *BASF* das *Bafixan-Türkis BL Teig* in den Handel gebracht, das sich besonders für den Druck auf Baumwolle und Leinen eignet. Das Produkt wird wie folgt gedruckt:

50	– 150 g	Bafixan-Türkis BL werden mit
30	– 60 g	Glyzerin,
50	– 100 g	Harnstoff und
50	– 50 g	Wasser angerührt, in
500	– 500 g	Stärke/Britischgummi-Verdickung, 1:1 gemischt, eingerührt, die
40	– 60 g	Pottasche und
280	– 80 g	Ausgleich enthält.
1000 g		

Die angegebene Verdickung eignet sich besonders, es können jedoch auch Weizenstärke, Stärkeäther, Kristallgummi und alkalibeständige Alginate verwendet werden. Nach dem Drucken wird getrocknet, durch 4–8 min Dämpfen mit Sattdampf bei 101–103 °C oder 5 min Kondensieren bei 140 °C fixiert, wenn die Druckpasten zusätzlich 200 g/kg Harnstoff enthalten. Die gespülten Drucke werden kochend geseift und wie üblich fertiggestellt.

Bafixan-Türkis BL kann neben *Leukoküpenestern* (Nitritverfahren), *Pigmentfarbstoffen*, *Anilinschwarz* und *Naphtholentwicklungsfarbstoffen* verwendet werden. Das Produkt ist weiter neben und mit *Küpenfarbstoffen* nach dem Einphasen- und Zweiphasen-Glukoseverfahren verwendbar. Ein Zusatz von 40 g/kg Glukose dient dabei als Puffer bei letzterem Verfahren. Werden Überfälle nach ersterem Verfahren gedruckt, muß Bafixan-Türkis BL aus erster Hand gedruckt werden. *Reaktivfarbstoffe* können daneben, als Überfälle und gemischt gedruckt werden. Zur Fixierung kann gedämpft oder kondensiert werden. Auch zum *Buntreservieren unter Anilinschwarz* ist Bafixan-Türkis verwendbar. Dabei wird mit

150 g	Bafixan-Türkis BL, gelöst in
90 g	Wasser, in
400 g	Stärkeäther 10%ig und
200 g	Britischgummi (1:1) eingerührt, die
70 g	kalzinierte Soda,
75 g	Zinkoxid 1:1 und
15 g	Natronlauge enthalten,
1000 g	

als Vordruckreserve gedruckt, durch 4 min Dämpfen fixiert und anschließend wie üblich mit Anilinschwarz geklotzt und entwickelt (S. 215).

Auf Phthalocyaninbasis sind auch die wasserlöslichen Polykondensationsfarbstoffe von *Hoechst* aufgebaut, die als *Inthionfarbstoffe* in den Handel kommen und deren Palette neben brillanten Blau-, Grün- und Türkistönen auch einen Gelbfarbstoff enthält. Sie unterscheiden sich von den vorstehend beschriebenen Farbstoffen dadurch, daß die Drucke durch eine kalte Nachbehandlung mit Schwefelnatrium allein oder auch durch Dämpfen entwickelt werden können, wenn sie Thioharnstoff in der Druckpaste enthalten. Die Drucke genügen den Echtheitsvorschriften des INDANTHREN-Warenzeichenverbandes, gleiches gilt auch für Drucke mit Rapidamintürkis B (*Hoechst*) und Bafixan-Türkis BL (*BASF*). Druckpaste bzw. Copure bestehen aus:

Vollfarbe:		Copure:
1 – 50 g	Inthionfarbstoff mit	–
50 – 50 g	Harnstoff in	30 g
300 – 300 g	Heißwasser gelöst, in	300 g
400 – 400 g	neutrale Alginatverdickung und	400 g
249 – 200 g	Ausgleich eingerührt.	270 g
1000 g		1000 g

Nach dem Trocknen der Drucke wird bei 20 °C mit

20 g/l	konzentriertem Schwefelnatrium 60%ig oder
10 g/l	Sulfhydrat F (*Cassella*),
10 ml/l	Formaldehyd 33%ig,
200 g/l	Kochsalz

foulardiert, durch einen 30-sec-Luftgang genommen, kalt und warm gespült, bei 60 °C sodaalkalisch mit 1 g/l Hostapon T (*Hoechst*) geseift, auf frischem Bad kochend nachgeseift und gespült.

Für den Direktdruck auf Zellwolle ist das Dämpfverfahren günstiger. Dabei werden auf Kosten des Ausgleichs in der Druckpaste zusätzlich

20–50 g/kg	Thioharnstoff,
10–20 g/kg	Natriumbicarbonat

eingesetzt, es wird getrocknet, 5–10 min gedämpft und ohne Schwefelnatrium nachbehandelt. In der Verschnittverdickung werden je 10 g/kg Thioharnstoff und Natriumbikarbonat eingesetzt. Inthionfarbstoffe können mit und neben *Leukoküpenestern* gedruckt werden. Die Leukoküpenester werden entweder nach dem Chlorat-Dämpf- oder Nitritverfahren gedruckt und die Entwicklung der Inthione den Verfahren angepaßt. Die Erzeugung von Grüntönen nach der Mischungsmethode hat, da neuerdings auch ein gelber Inthionfarbstoff auf dem Markt ist, an Bedeutung verloren. Gleiches gilt auch für Mischungen mit Echtsalzen auf *naphtholiertem Fond. Küpenfarbstoffe* können nur nach dem Einphasenverfahren neben Inthionen gedruckt werden. Man arbeitet dann mit Thioharnstoff und 10–20 g/kg organischem Oxydationsmittel (S. 167) zum Schutz gegen eingeschleppte Reduktionsmittel beim Dämpfen, das, wie für Küpenfarbstoffe üblich, vorgenommen wird. Auch die Nachbehandlung gleicht der für Küpenfarbstoffe üblichen Arbeitsweise. Das Zweiphasenverfahren ist nicht verwendbar, auch Überfälle müssen vermieden werden. *Reaktivfarbstoffe* werden neben und mit Inthionen nach der Thioharnstoff-Dämpf-Methode eingesetzt. Zur Ergänzung der Palette, die mit *Aufdruck von Echtsalzen* auf naphtholiertem Grund erhalten wird, sind Inthione als Grüntöne sehr günstig. Es werden dabei Inthione mit 60 g/kg Ludigol (*BASF* u.a.) als Oxydationsmittel und 80–100 g/kg Natronlauge 38 °Bé gedruckt. Die Lauge darf jedoch erst kurz vor dem Druck zugesetzt werden, fördert die Brillanz der Inthiondrucke, setzt jedoch die ansonsten unbeschränkte Haltbarkeit der Druckpasten stark herab. Nach dem Drucken und Trocknen werden durch eine Schwefelnatrium- und Luftgangpassage die Inthione fixiert, und anschließend wird wie für Naphtholdrucke üblich fertiggestellt. Obwohl Inthionfärbungen ätzbar sind, ergeben *Weißreserven* bessere Effekte. Es wird dabei als Überdruckreserve mit

100 g	Zinkoxid 1:1,
20 g	Emulgator EL (*Hoechst*),
75 g	Mineralöl 2–5 °Engler,
500 g	Stärke/Tragant-Verdickung,
305 g	Ausgleich,
1000 g	

gedruckt, getrocknet und mit

5–30 g/l Inthionfarbstoffen und
50–40 g/l Harnstoff

bei 70–80 °C foulardiert, getrocknet und durch eine Schwefelnatrium-Luftgang-Passage entwickelt und wie bekannt fertiggestellt. Als Überdruckreserve sind Inthione auch auf *Anilinschwarzklotzungen* verwendbar. Es wird dabei mit

40 g	Inthionfarbstoff, mit
50 g	Harnstoff in
300 g	Heißwasser gelöst, in
320 g	neutrale Alginatverdickung gerührt, die
50 g	Thioharnstoff,
50 g	Natriumbikarbonat,
100 g	Zinkoxid 1:1 und
90 g	Ausgleich enthält,
1000 g	

gedruckt, 5 min werden im Schnelldämpfer beide Farbstoffe entwickelt, das Anilinschwarz wird alkalisch mit Bichromat oder Peroxid nachoxydiert und durch Spülen, Seifen und Nachspülen fertiggestellt. Besonders interessant ist auch das gemeinsame Foulardieren von Inthionen mit *Naphtol AS* (*Hoechst*) und Aufdruck von ausgesuchten Echtsalzen. Dabei wird das aufgeklotzte Naphtol nur dort entwickelt, wo Echtsalze aufgedruckt wurden und dort, wo das Naphtol AS ungekuppelt bleibt, ausgewaschen und dadurch der inthiongefärbte Fond freigelegt. Es wird dabei mit

5–30 g/l	Inthionfarbstoff,
50–50 g/l	Harnstoff,
10–15 g/l	Naphtol AS,
50–50 g/l	Spiritus,
10–10 g/l	Natronlauge 38 °Bé

bei 70–80 °C foulardiert, getrocknet und anschließend mit Echtsalzen gedruckt. Ein Zusatz von 20 g/kg Emulgator EL (*Hoechst*), 100 g/kg Zinkoxid 1:1 und 75 g/kg Mineralöl fördert den Druck. Nach dem Trocknen des Drucks wird der Inthionfarbstoff über eine Schwefelnatrium/Luftgang-Passage fixiert und wie für Naphtolfarbstoffe üblich nachbehandelt.

Durch Aufdruck einer reduktiven Weißätze lassen sich ansprechende Weißeffekte erzielen, die evtl. durch Zusatz von Küpenfarbstoffen bunt koloriert werden können. Man arbeitet dabei nach dem Thioharnstoff-Dämpf-Verfahren beim Klotzen der Inthione und druckt auf dem getrockneten Inthionklotz

500 – 400 g	Britischgummi 1:1, in das
200 – 200 g	Formaldehydsulfoxylat,
100 – 150 g	Zinkoxid 1:1,
10 – 50 g	Leukotrop W (*BASF*),
190 – 200 g	Ausgleich eingerührt wurden,
1000 g	

trocknet, entwickelt Inthion- und evtl. Küpenfarbstoffe bzw. die Weißätze durch 5 min Dämpfen bei 102 °C und spült, seift und stellt wie für Inthion- bzw. Küpenfarbstoffe üblich fertig.

Druck mit Oxydationsfarbstoffen. Von den früher üblichen Oxydationsfarbstoffen hat sich heute nur noch das *Anilinschwarz* behaupten können, da es die billigste Art der Erzeugung von vollem, blumigem Schwarz darstellt, die auf Zellulosefasern möglich ist. Wegen der meist nicht vollkommen auszuschaltenden Faserschädigung wird Anilinschwarz in der Färberei nur selten, in der Druckerei jedoch weit häufiger verwendet. Die Faserschädigung verbietet den Druck auf regenerierten Zellulosefasern, wenn nicht besondere Anilinderivate (S. 216) verwendet werden. Obwohl auch der Direktdruck mit Anilinschwarz üblich ist, ist die Vor- oder Überdruckreserve zur Anfärbung des Druckfonds häufiger, da die entwickelten Drucke oder Färbungen nicht geätzt werden können. Anilinschwarz zeigt so hohe Echtheiten, daß Färbungen und Drucke mit den geschützten INDANTHREN- bzw. FELISOL-Etiketten ausgezeichnet werden können.

Anilinschwarz wird aus Anilin auf der Faser erzeugt. Die Farbstoffbildung erfolgt durch *oxydative Polymerisation in Gegenwart von Mineralsäuren* über das tiefgrüne Emeraldin durch weitere Oxydation zum wasserunlöslichen, schwarzen Pernigranilin in der Faser. Als Oxydationsmittel wird heute meist Natriumchlorat verwendet, seltener sind Chromate, die, durch Salzsäure zur Chlor- oder Chromsäure umgesetzt, oxydierend wirken. Die Oxydation wird durch *Katalysatoren* (Eisen-, Kupfer- oder Vanadinsalze) gefördert. Als Mineralsäure wird hauptsächlich Salzsäure verwendet, die entweder direkt oder besser als *Anilinsalz* – einem kristallisierten Anlagerungsprodukt von Anilin und Salzsäure – beim Dämpfen wirksam wird. Die entstehende oder in der Druckpaste befindliche Mineralsäure führt fast immer zur Faserschädigung (Hydrozellulose), die sich durch mindestens 10 % Reißfestigkeitsabfall bemerkbar macht.

Direktdruck. Obwohl das *Hänge-* oder *Oxydationsschwarz* sehr umständlich und langwierig zu erzeugen ist, soll kurz auf diesen Druck eingegangen werden. Die Ware wird dabei mit Anilinsalz, Natriumchlorat (Oxydationsmittel) und Schwefelkupfer oder Vanadinchlorür bedruckt, wozu, wenn nur Anilin verwendet wird zusätzlich Salzsäure notwendig ist, bei mäßiger Temperatur getrocknet und bei 34–40 °C und hoher Luftfeuchtigkeit (sonst erhöhte Faserschädigung bzw. Selbstentzündung) 1–2 Tage in Oxydationskammern verhängt. Die restliche Oxydation wird mit Bichromat wie beim Dampfschwarz vorgenommen, und die Drucke werden, wie dort beschrieben, nachbehandelt.

Beim **Dampf-, Prussiat- oder Prud'homme-Schwarz** wird als Katalysator gelbes Blutlaugensalz (Ferrocyankalium) und als Oxydationsmittel Natriumchlorat verwendet. Man bedruckt die möglichst vorgebeuchte und getrocknete Baumwollstückware mit

550 g	Verdickung, in die
90 g	Anilinsalz und
5 g	Anilinöl (Anilin) eingerührt,
25 g	Natriumchlorat in
130 g	Wasser gelöst und
50 g	Ferrocyankalium, in
150 g	Wasser gelöst, nachgesetzt werden.
1000 g	

Nun wird der Druck nicht zu scharf getrocknet (Faserschädigung durch HCl!). Es tritt dabei meist eine resedagrüne Färbung auf. Gedämpft wird möglichst nicht über 100 °C während 2–3 min und anschließend während 1–$1^1/_2$ min bei 50 °C mit

2–3 g/l	Natriumbichromat und
1–2 g/l	Soda kalz.

oxydiert, gründlich gespült, kochend geseift und nachgespült. Erst die Nachoxydation ergibt das unvergrünliche, hochechte Anilinschwarz. Die zu bedruckende Ware muß vor dem Druck absolut alkalifrei sein und sollte nach der Beuche oder Merzerisation mit Salzsäure gründlich behandelt werden, sonst ergeben sich grünere „Alkaliflecken", die nicht mehr entfernbar sind.

Obwohl der vorstehend beschriebene Direktdruck weniger faserschädigend ist, ist ein Reißfestigkeitsabfall von 10% meist nicht zu vermeiden. Man hat deshalb versucht, das Anilin durch Amine des Anilins zu ersetzen. Dazu gehören *p-Amidodiphenylamin*, *p-Phenylendiamin* bzw. andere Produkte. Die Zwischenprodukte ergeben ebenfalls echteste Drucke. Zur Oxydation werden jedoch nur organische Säuren, Natriumchlorat und als Katalysatoren Aluminiumchlorid, Kupferchlorid oder Vanadinchlorür verwendet und durch kurzes (5 min) Dämpfen allein entwickelt. Eine Nachoxydation entfällt, die Nachbehandlung durch Spülen und alkalisches Seifen gleicht dem Dampfschwarz. Zu letzteren Produkten gehören Diphenylderivate wie *Solanil*-(*Francolor*), *Soloxan*-(*ICI*) und *Aminosolschwarz A, M* (*Bayer*). Die Produkte ergeben kaum eine Faserschädigung und können deshalb auch zum Direktdruck auf Zellwollen eingesetzt werden. Man druckt jeweils auf Baumwolle oder Zellwolle mit den folgenden Ansätzen (Tab. S. 217).

Die Drucke werden nach schonendem Trocknen auf der Hotflue oder der Mansarde 5–10 min neutral oder sauer gedämpft, gründlich gespült und wenn mit Stärke verdickt wurde, gemalzt, kochend geseift und nachgespült. Als Verdickungsmittel kommen alle nichtreduzierend wirkenden Verdicker, wie Tragant, Weizenstärke, Stärke/Tragant, Stärkeäther, Stärke/Britischgummi und Johannisbrotkernmehläther, in Betracht.

Von *Hoechst* wird als *Diphenylschwarzbase I gran.* ein Vorprodukt für die Herstellung von Anilinschwarz hergestellt, welches sich gleichfalls

Rouleauxdruck auf		Filmdruck auf		
Baumwolle	Zellwolle	Baumwolle	Zellwolle	
80	80	40	40 g	Aminosolschwarz A oder M (*Bayer*) werden mit
30	30	20	20 g	Glyezin A (*BASF*) angeteigt und in
310	270	380	365 g	Heißwasser gelöst und abgekühlt,
10	10	10	10 g	Ammoniak konz. zugesetzt und in
500	500	500	500 g	Verdickung eingerührt,
15	–	10	–	Ammonsulfat, -oxalat oder -chlorid eingerührt,
35	–	20	–	Natriumchlorat oder
–	90	–	45	Ammonchlorat 13 °Bé iund Ammon-
20	20	20	20 g	vanadatlösung 1%ig zugesetzt.
1000 g	1000 g	1000 g	1000 g	

allein durch Dämpfen entwickeln läßt, keine Nachoxydation benötigt, höchste Echtheiten und keine Faserschädigung zeigt. Das Produkt wird besonders für den Direktdruck und neben Küpenfarbstoffen für das Zweiphasenverfahren empfohlen.

35 g	Diphenylschwarzbase I gran. werden in
100 g	Milchsäure 50%ig durch Erwärmen gelöst, in
500 g	Stärke/Tragant verrührt und anschließend
90 g	Natriumchlorat 1:2,
20 g	Aluminiumchlorid 30 °Bé,
10 g	Schwefelkupferteig, in
245 g	Wasser gelöst, eingerührt.
1000 g	

Schwefelkupferteig wird durch Eingießen der folgenden Lösungen in 20 l Wasser erzeugt:

a) 375 g Kupfersulfat in
1500 ml Wasser gelöst.

b) 390 g Schwefelnatrium krist. in
1000 ml Wasser gelöst.

Der entstandene Niederschlag wird mehrmals dekantiert, filtriert und auf 500 g abgepreßt und so verwendet. Die hergestellten Drucke werden nach dem Trocknen, $1^1/_2$ min gedämpft und wie üblich fertiggestellt. Um die Herstellung von Schwefelkupferteig zu umgehen, können weit haltbarere Druckpasten hergestellt werden, die, nebeneinander aufbewahrt, unbegrenzt haltbar sind, wogegen die oben beschriebenen Pasten nur beschränkte Haltbarkeit haben. Man arbeitet dann mit folgenden Ansätzen:

A. 35 g Diphenylschwarzbase I gran. werden in
130 g Essigsäure 30%ig und
45 g Milchsäure 50%ig durch Erwärmen gelöst und vor Gebrauch in B eingerührt.

B. 500 g Weizenstärke/Tragant-Verdickung werden mit
15 g Schwefelnatrium krist. 40%ige Lösung,
45 g Kupfersulfat, 20%ige Lösung,
100 g Essigsäure, 30%ig,
30 g Natriumchlorat Plv.,
20 g Aluminiumchlorid 30 °Bé,
50 g Dimethylformamid,
30 g Wasser versetzt.

Dimethylformamid verbessert die Haltbarkeit, kann jedoch erspart werden.

Im Direktdruck, für den heute überwiegend das Dampfschwarz bzw. die speziellen Diphenylaminderivate verwendet werden, kann daneben eine Vielzahl anderer Farbstoffklassen gedruckt werden, die entweder durch das Dämpfen selbst, vorher oder nachher zu entwickeln sind. Meist werden mit den Anilinschwarzpasten Konturen oder freistehende Drucke angefertigt, welche die daneben gedruckten Decker nicht beeinflussen. Neben Dampfschwarz können deshalb *Küpenfarbstoffe* nach dem Einphasenverfahren gedruckt werden. Diphenylaminderivate ermöglichen auch den Zweiphasendruck, wenn das Schwarz vorher durch Dämpfen entwickelt wurde. Es ist allerdings dann ein nochmaliges Dämpfen notwendig. *Leukoküpenester* werden normal nach dem Chloratverfahren gedruckt. Das Nitritverfahren ergibt keine Vorteile, außerdem wird durch die Behandlung mit Nitrit/Schwefelsäure das Anilinschwarz braunstichig. Naphtholentwicklungsfarbstoffe können sauer und neutral neben Anilinschwarz entwickelt werden. Auf *naphtholiertem Fond* kann Anilinschwarz direkt neben Echtsalzen gedruckt werden, wenn zur Neutralisation der Lauge im Fond 20 g/kg konzentrierte Salzsäure der Anilindruckpaste zugesetzt werden. *Pigmentfarbstoffe* werden normal aufgedruckt und vor dem Dämpfen des Anilinschwarz kondensiert. Von den *Phthalocyaninfarbstoffen* können die Cu-haltigen (Phtalogen-K-Farbstoffe/*Bayer*) bzw. alle weiteren modifizierten Produkte normal verwendet werden.

Weit häufiger als der Direktdruck von Anilinschwarz allein oder neben anderen Farbstoffen ist die Verwendung der Anilinschwarzprodukte für den *Reserveartikel*, da eine Ätze des entwickelten Schwarz unmöglich ist. Dabei wird entweder mit Vordruck- oder Überdruckreserven gearbeitet. Vordruckreserven zeigen meist eine bessere Reservierung als solche, die auf dem getrockneten Anilinklotz verwendet werden. Wegen der vorher aufgebrachten Reserven ist jedoch ein Foulardieren wegen des „Einbrechens“ der Reserven ungünstig, und man pflatscht besser auf einem Zweiwalzenfoulard mit bombierter Unterwalze, welche als Überträgerwalze dient. Klotz- bzw. Pflatschflotten haben folgende Zusammensetzung:

Lösung I:	80 g Anilinsalz werden mit	5 g Anilinöl, gelöst in
	40 g Tragant (6%ig) und	250 g Heißwasser, verrührt.

Lösung II: 50 g Ferrocyankalium, werden gelöst in
200 g kochendem Wasser.
Lösung III: 30 g Natriumchlorat, werden gelöst in
200 g Warmwasser.

Die Lösungen I, II und III werden kurz vor der Verwendung zusammengegossen, auf 1000 ml mit Wasser ergänzt, auf einem Zweiwalzenfoulard geklotzt oder gepflatscht, die Ware wird mäßig warm auf der Hotflue getrocknet, 2–3 min gedämpft, und wie bereits angegeben mit Bichromat und Soda nachoxydiert, gespült, kochend geseift und nachgespült.

Zur Reservierung – wobei es gleichgültig ist, ob über eine Vor- oder Überdruckreserve nach dem Anilinklotz gearbeitet wird – sind mehrere Produkte verwendbar, die jedoch immer die Oxydation des Anilinschwarz an der zu reservierenden Stelle verhindern. Dazu gehören

a) Reduktionsmittel, wie Thiosulfat, Kaliumsulfit, Hydrosulfit, Formaldehydsulfoxylate.
b) Alkalien, wie Laugen, Alkalikarbonate, evtl. mit Kreide, welche die Entwicklung von Salzsäure verhindern.
c) Natriumazetat, Zinkoxid-, -karbonat und -azetat.

Oft werden mehrere Möglichkeiten kombiniert. Als Beispiele von *Überdruck-Weißreserven* auf vorgeklotztem und getrocknetem Dampfschwarz dienen folgende Möglichkeiten:

1. 100 g Zinkoxid,
100 g Titandioxid werden in
400 g Tragant (6%ig) eingerührt,
150 g Natriumazetat in
150 g Heißwasser gelöst und
100 g Eialbumin 1:1 zugegeben.
1000 g

2. 100 g Zinkoxid werden mit
150 g Wasser angeschlämmt in
700 g Stärke/Tragant verrührt und
50 g Formaldehydsulfoxylat zugesetzt.
1000 g

Werden die Druckpasten als Vordruckreserven verwendet, ist es notwendig, die Reserven möglichst scharf zu trocknen, um ein Einfließen der Klotzflotte in die Reserve zu vermeiden. Zur Schonung der Reserven wird gepflatscht und die Klotzflotte über eine bombierte Walze, die in das Klotzbad taucht, auf die Ware gebracht. Dabei läuft die reservierte Warenseite oben. Um ein vorzeitiges Oxydieren des Anilinklotzes zu vermeiden, werden der Pflatschflotte meist 1–2 g/kg Formaldehydsulfoxylat zur Stabilisierung zugesetzt. Trotzdem müssen Klotzungen sofort weiterverarbeitet, d. h. oxydiert werden.

Bei Verwendung von voroxydierten Produkten bzw. speziellen Anilin-Schwarzmarken sind die Druckpasten für den Direktdruck und auch die getrockneten Klotzungen weit stabiler und müssen nicht umgehend oxydiert werden. Daneben sind sie auch weniger empfindlich gegen ungleiche Dämpfverhältnisse. Für das Vor- oder Nachklotzen bei Reserven werden folgende Lösungen verwendet:

Baumwolle	Zellwolle	
80	80 g	Aminosolschwarz A oder M werden mit
30	30 g	Glyezin A (*BASF*) angerührt, in
710	670 g	Heißwasser gelöst,
10	10 g	Ammoniak konz. zugerührt, in
100	100 g	Tragant (6%ig) eingerührt und
15	–	Ammonoxalat, -sulfat, -chlorid,
35	–	Natriumchlorat oder
–	90 g	Ammonchlorat, 13 °Bé und
20	20 g	Ammonvanadat 1:100 zugesetzt.
1000 g		

Nach dem Klotzen oder Pflatschen wird getrocknet, wie beim Aufdruck gedämpft, gespült, geseift und nachgespült. Wegen der bereits voroxydierten Form der speziellen Schwarzmarken sind als Weiß- und Buntreserven nur Vordruckreserven möglich zum Unterschied zum Dampfschwarz, wo beide Möglichkeiten einsetzbar sind.

Als *Buntreserven* sind neben basischen Küpen-, Leukoküpenester-, Naphtholentwicklungs-, Phthalocyanin-, Reaktiv- und Pigmentfarbstoffe verwendbar. Dabei unterscheiden sich die Verfahren wenig von den normalen Aufdruckverfahren. Oft ist jedoch auch beim Dampfschwarz eine Vorfixierung vor dem Anilinklotz notwendig. Nachstehend sollen deshalb nur die besonderen Bedingungen der einzelnen Farbstoffklassen aufgeführt werden, wenn sie als Buntreserve unter Anilinschwarz eingesetzt werden. Wegen der geringen Echtheiten können basische Farbstoffe jedoch unberücksichtigt bleiben.

Küpenfarbstoffe werden als Vordruckreserve normal nach dem Einphasenverfahren gedruckt und dabei zusätzlich 40–50 g/kg kalzinierte Soda, 150–200 g/kg Schlämmkreide 1:1 oder auch Zinkoxid verwendet, man dämpft kurz vor, trocknet und klotzt wie bereits angegeben, trocknet, dämpft den Klotz, oxydiert essigsauer (nicht alkalisch wie normal), seift kochend und spült. Die Vordruckreserve hat den Vorteil, daß die Küpenfarbstoffe eine bessere Ausbeute zeigen und weniger Ätzaureolen auftreten als bei der Überdruckreserve, die jedoch nur einmaliges Dämpfen erfordert. Besondere Zusätze wie in der Vordruckreserve sind beim Einphasenverfahren nicht nötig, da das zugesetzte Reduktionsmittel die Oxydation des Anilinklotzes ausreichend verhindert.

Leukoküpenesterfarbstoffe können sowohl als Vor- wie auch als Überdruckreserve gedruckt werden. Dabei werden Leukoküpenesterreserven nach dem Chloratverfahren gedruckt und der Druckpaste 100–120 g/kg Natriumzitrat oder -formiat, letzteres meist in Verbindung mit 20–50 g/kg Natriumacetat, zugesetzt, das Anilinschwarz und der Küpenester durch 3 min Dämpfen entwickelt und mit

3 g/l Kaliumbichromat,
20 g/l Schwefelsäure konz.

nachoxydiert, gespült, geseift und nachgespült. Leicht oxydierbare Leukoküpenester können auch ohne jeden Zusatz für die Farbstoffe, jedoch mit Natriumacetat und Soda bzw. 250 g/kg Zinkacetat oder 80 bis 100 g/kg Natriumformiat gedruckt und das Anilinschwarz durch Dämpfen, die Leukoküpenester kalt mit Nitrit und Schwefelsäure entwickelt oder Bichromat mit Schwefelsäure zur Nachoxydation verwendet und die Drucke wie üblich fertiggestellt werden.

Naphtholentwicklungsfarbstoffe lassen sich mit Säuredampf und Produkten, die auch neutral gedämpft werden können, als Vor- und Überdruckreserve verwenden. Zur Reservierung des Anilinklotzes dient der Zusatz von 20–50 g/kg NaOH 38 °Bé und 50–150 g/kg Zinkoxyd 1:1. Dabei wird im Säure- und dort, wo nur neutral gedämpft wird, im Neutraldampf auch das Anilindampfschwarz wie üblich entwickelt und fertiggestellt.

Mit *Phthalocyaninfarbstoffen* (Phtalogenfarbstoffen/*Bayer*) sind sowohl Vor- als auch Überdruckreserven möglich. In allen Fällen ist in der Druckpaste mit 90–120 g/kg Zinkoxid 1:1 zu arbeiten. Gleiches gilt auch, wenn mit speziellen, wasserlöslichen Phthalocyaninen wie Bafixan-Türkis BL (*BASF*) reserviert wird, wobei durch einen Zusatz von 20 g/kg Natronlauge 38 °Be die reservierende Wirkung gegenüber dem Anilinschwarz verstärkt wird. Nach der gleichen Methode – Reservieren mit Zinkoxid – können auch Inthionfarbstoffe (*Hoechst*/S. 212) als Überdruckreserven eingesetzt werden.

Reaktivfarbstoffe eignen sich sowohl als Vor- wie auch als Überdruckreserve. Den Druckpasten werden entweder 75 g/kg Zinkkarbonat, 150 g/kg Natriumthiosulfat oder 100 ml/l Formaldehyd zugesetzt und wie üblich entwickelt und fertiggestellt.

Pigmentfarbstoffe werden als Vor- und Überdruckreserve verwendet. Dabei wird bei der Reservierung mit Zinkoxid gearbeitet, das in die Emulsionsverdickung eingearbeitet wird. Zur Entwicklung des Anilinschwarz wird meist essigsauer chromiert.

Die Vielzahl der neben und reservierend zu druckenden Begleitfarbstoffe beweist, daß in der Druckerei das Anilinschwarz seine Stellung weiterhin behaupten kann. Durch Zusatz von 30 g/kg bzw. der gleichen Menge/Liter der Klotzflotte spezieller Faserschutzmittel wie Kollamin A (*Fesago*) bzw. Collaprint (*Quehl*) wird die Faserschwächung eingedämmt. Im Direktdruck dient Anilinschwarz auch für sehr echte Konturenschwarzdrucke.

Erzeugung unlöslicher Azokörper im Druck (Naphtholdruck). Diese Art des Drucks ermöglicht vor allem die Herstellung von echten bis hervorragend echten Rottönen, die durch eine Reihe von Gelb-, Bordo-, Braun- und Blautönen bzw. Schwarz ergänzt werden. Lediglich bei Grüntönen ist es erst in den letzten Jahren möglich, durch *Mettallierung* eine größere Zahl von Nuancen zu erreichen. Im Prinzip werden bei diesem Druck aus 2 Komponenten – dem *Naphthol* und *Echtbasen* oder *-salzen* – unlösliche Azofarbstoffe aus Nichtfarbstoffen auf der Faser erzeugt. Im zweiten Teil dieses Abschnittes werden Druckarten behandelt, bei denen Mischungen von Naphtholen mit speziellen Diazoverbindungen – als *Naphtholentwicklungsfarbstoffe* bezeichnet – aufgedruckt und erst auf der Faser zum unlöslichen Azokörper vereinigt (gekuppelt) werden.

Die erste Art der Farbstofferzeugung wird meist als **Echtsalz-** bzw. **-basenaufdruck** bezeichnet. Dabei werden in der Praxis auf die mit Naphtholat vorpräparierte (grundierte) Ware diazotierte Echtbasen bzw. -salze aufgedruckt. Es ist auch der umgekehrte Weg möglich; dann werden die Echtbasen oder -salze foulardiert und die Naphtholate aufgedruckt, doch ist das Verfahren selten, da meist auf der Faser kaum entfernbare Rückstände aus den Echtverbindungen verbleiben, die vom nichtbedruckten Fond, wenn überhaupt, nur sehr schwer zu entfernen sind.

Nachstehend wird deshalb nur der Aufdruck mit Echtsalzen bzw. -basen beschrieben. Dabei ist zu berücksichtigen, daß beim Drucken von kleinen Deckern das Naphthol verlorengeht, welches durch den Aufdruck der Kupplungskomponente nicht zum Farbstoff umgewandelt wurde und zur Säuberung des Fonds ausgewaschen werden muß. Der zu beschreibende Aufdruck von Salzen oder Basen sollte deshalb Decker aufweisen, die mindestens 30 % des Fonds bedecken, weit günstiger ist es, wenn weit mehr des naphtolierten Fonds bedeckt wird, wobei eine 100 %ige Nutzung des Naphtholats durch Aufdruck von beliebigen Mengen von Echtsalzen oder -basen erreicht wird und das dann nicht ausgekuppelte Naphtholat durch nachträgliches Foulardieren oder Pflatschen mit andern Echtbasen- und -salzlösungen vollkommen aufgebraucht wird. Als Grundkomponente kommen Naphthole in Betracht, die u.a. als

ACNA-Naphtol	*ACNA*	Naphtanil	*Rohner*
Celcot	*Sandoz*	Naphtanilid	*Dupont*
Brenthol	*ICI*	Naphtazol	*Francolor*
Cibanaphtol	*CIBA*	Naphtol	*Bayer, Hoechst*
Irganaphtol	*Geigy*		

im Handel sind. Die Produkte haben Zusatzbezeichnungen, wie z.B. Naphtol AS, AS–OL (*Hoechst*) usw., die jedoch keinerlei Aufschlüsse über die mit den einzelnen Echtbasen oder -salzen erreichbaren Farbtöne geben, obwohl man öfter von z.B. Gelb-, Rot-, Braunnaphtholen spricht, da mit ihnen vorwiegend die angegebenen Nuancen zu erreichen sind. Bei der Schreibweise „Naphthol" handelt es sich um diejenigen der Produkte, die an keinen Hersteller gebunden ist, wogegen die Bezeichnung „Naphtol" meist als Bezeichnung für die dem Hersteller geschützte Markennamen verwendet wird.

Die Echtbasen bzw. -salze kommen in den Handel u.a. als

ACNA --- Base/Salz	*ACNA*	Echt---Base/Salz	*Bayer, Francolor, Hoechst, Rohner* (nur Basen)
--- Base/Salz-Ciba	*CIBA*		
--- Base/Salz-Irga	*Geigy*		
Brentamin --- Base/Salz	*ICI*	Naphtanil --- Base/Salz	*Dupont*
Devol --- Base/Salz	*Sandoz*	Variaminblau --- Base/Salz	*Hoechst*
		Variogen --- Base/Salz	*Hoechst*

(An die Stelle --- treten besondere Farbton- und Typenbezeichnungen, wie z.B. Echtrot TR Base usw. Sie bezeichnen zwar die mit diesen Kupplungskomponenten hauptsächlich zu erreichenden Farbtöne, doch sind meist weitere, unterschiedliche Nuancen mit ihnen herstellbar.)

Grundierung der Stückwaren. Für den Druck kommen, wie auch für die kontinuierliche Färbung, hauptsächlich die Naphthole in Betracht, die nur *geringe Substantivität* zeigen und dadurch keine Nachsatzverstärkung bzw. Vorverdünnung der Klotzbäder erfordern, um auch endengleiche Drucke zu erzielen. Um auch die geringe Substantivität der ausgesuchten Naphthole auszuschalten, wird bei möglichst hoher Temperatur (80–95 °C) foulardiert. Als gering substantive Produkte sind Naphtol AS, AS–OL, AS-D (*Hoechst*) bzw. identischen Produkte anderer Hersteller besonders günstig, da sie auch eine große Palette der Nuancenmöglichkeiten bieten. Daneben kommen auch Naphtol AS-BG, AS-BO, AS-BS, AS-RL, AS-VL, AS-TR, und seltener die Gelbnaphtole AS-G, AS-AG, AS-IRG (alle *Hoechst*) in Betracht. Die hochsubstantiven Naphthole sind ungünstig, da sie zum Foulardieren Nachsatzverstärkungen benötigen und vor allem beim Auswaschen des nicht mit Echtsalzen bedruckten Fonds meist nur unvollständig zu entfernen sind. Beim Ansatz der Klotzbäder und der Druckpasten sollten in allen Fällen die „Ratgeber" und „Anwendungsvorschriften" der Produkthersteller benützt werden. Nachstehend werden deshalb nur für einige, jedoch die wichtigsten Grundierungen Rezepturen angegeben.

Genau wie beim kontinuierlichen Grundieren für Färbezwecke werden die Naphthole nach dem *Heißlöseverfahren* angesetzt, doch ist auch das *Kaltlöseverfahren* brauchbar, doch bietet es keine Vorteile, da in den Foulardansatzbehältern die gesamte Klotzflotte erwärmt werden muß. Nach dieser Vorschrift werden z.B. Naphtol AS, AS-D, AS-OL und AS-BS (*Hoechst*) wie folgt gelöst:

10–15 g	der Naphtole werden mit
10–20 ml	Ofna-pon AS 1:1 oder eines brauchbaren, anderen Schutzkolloids und
12–18 ml	Natronlauge 38 °Bé gut angeteigt und evtl. erwärmt,
300 ml	kochendes Wasser zugesetzt und klar gelöst und

der Ansatz mit heißem Wasser auf 1000 ml ergänzt. Zur Verbesserung der Luftbeständigkeit der Flotten bzw. der geklotzten Ware sind Formaldehydzusätze unnötig, da bei 80–90 °C foulardiert und die Ware sofort bei 60–90 °C auf der Hotflue getrocknet wird. Zum Trocknen können auch Zylindertrockenmaschinen und Nadelspannrahmen verwendet werden. Es ist jedoch darauf zu achten, daß die stark alkalische Ware durch Berührung mit Metallteilen an der anschließenden Kupplung gehindert wird bzw. auch die Auswaschbarkeit leidet. Die getrocknete Ware soll möglichst nach dem Abkühlen sofort bedruckt werden und, wenn sie gelagert werden muß, sollte sie vor direktem Sonnenlicht, Säuredämpfen, Feuchtigkeit und Wassertropfen geschützt werden, wenn die Kupplungsfähigkeit und Auswaschbarkeit des ungenutzten Naphtols nicht herabgesetzt werden soll. Man arbeitet beim Foulardieren meist mit einem Abquetscheffekt (AE) von 100%.

Aufdruck von Echtfärbesalzen. Je nach Menge (g/kg) der foulardierten Naphthole richtet sich auch die Menge der aufzudruckenden Echtsalze. Dabei sind die von den Herstellern zur Verfügung stehenden Angaben der Anwendungsvorschriften (Verhältniszahlen) zu benützen. Meist werden jedoch nur mittlere und tiefere Töne gedruckt, da diese den Echtheitsansprüchen der Warenzeichenverbände in bezug auf die vorgeschriebene Mindesttiefe gerecht werden. Grundsätzlich ist der Aufdruck von Echtbasen möglich, doch das Diazotieren der Basen umständlich, vor allem aber ist es meist unmöglich, beim Aufdrucken die niedrige Kupplungstemperatur von 10–15 °C einzuhalten. Deshalb werden heute fast ausschließlich Echtsalze aufgedruckt, die mit nachstehender Standardvorschrift angesetzt werden:

10 – 70 g	Echtsalz werden mit
1 – 2 g	Remol AS (*Hoechst*) oder eines anderen Dispergiermittels und
170 – 300 g	kaltem Wasser angeteigt und gelöst,
10 – 20 g	Essigsäure 50%ig zugesetzt und in
500 – 500 g	Tragant (6%ig) eingetragen und mit
309 – 108 g	Wasser oder Verdickung ausgeglichen.
1000 g	

Die Druckpasten sind sofort gebrauchsfertig. Die Haltbarkeit hängt vom verwendeten Echtsalz ab und kann von einem bis zu mehreren Tagen betragen. Einige Echtsalze erfordern zur besseren Haltbarkeit Zusätze von 10–30 g/kg Padurol (*Hoechst*), andere 4–8 g/kg Pinksalz (Diammoniumhexachlorstannat). Als *Verdickungsmittel* haben sich Tragant, Johannisbrotkernmehl, evtl. mit Weizenstärke oder Zelluloseäthern gemischt, bewährt. Dextrin, Britischgummi, Kristall- und andere Naturgummi koagulieren meist mit den Stellmitteln der Echtsalze. Die möglichst körperarmen Verdickungen sollen das Echtsalz schnell an das Naphtol abgeben und sich leicht auswaschen lassen. Da die Wassermenge in der Druckverdickung nicht immer zum Lösen der Echtsalze ausreicht, kann man nach dem *Harnstofflöseverfahren* arbeiten. Dabei wird anstelle des Lösungswassers eine Lösung von 1:3 Harnstoff in Wasser verwendet. Der Harnstoff verbessert als Lösungsvermittler auch das Kuppeln, und damit erhält man bessere Weißböden nach dem Auswaschen, außerdem sind die Drucke voller, und es können auch schwerlösliche Echtsalze eingesetzt werden. Der Zusatz von Essigsäure kann unbedenklich erhöht werden, wodurch die Löslichkeit der Echtsalze, der Durchdruck und die Egalität der Drucke gefördert werden. Bei der Berechnung der Echtsalzmenge in g/kg foulardierten Naphtols muß zusätzlich auf die Gravurtiefe der Druckwalze Rücksicht genommen werden. Im Filmdruck kann das Echtsalz auf die halbe oder 2/3-Menge ermäßigt werden. Hohe Überschüsse an Echtsalzen verschmutzen die Nachbehandlungsbäder stark und führen zum Anschmutzen des unbedruckten Fonds.

Nachbehandlung. Durch *alkalisches Seifen* unter Zusatz von 10 g/l kalzinierter Soda, 4–10 ml/l Natronlauge 38 °Bé oder 10–15 ml/l Wasserglas 40 °Bé und eines alkalibeständigen Waschmittels lassen sich meist in einem Waschgang die Naphtolate vom unbedruckten Fond entfernen. Dabei ist möglichst in Breitwaschmaschinen zu arbeiten, wodurch ein Abklatschen (Abflecken) nichtausgekuppelter Echtsalze auf dem naphtolierten Fond vermieden wird, wie es bei der Strangbehandlung die Regel ist. Zur Reinigung des Fonds ist es öfter notwendig, die alkalische Kochbehandlung zu wiederholen. Wurden größere Überschußmengen von Echtsalzen verwendet, die zur verstärkten Anschmutzung des Fonds führen, was vor allem bei Strangbehandlung eintritt, ist es zweckmäßig, die Ware zuerst bei 80–90 °C breit mit 10–20 ml/l *Natriumbisulfit* 38 °Bé von den überschüssigen Echtsalz zu befreien und erst dann die alkalische Behandlung anzuschließen. Auch ein Zusatz von Bisulfit im alkalischen Seifbad ist möglich. Die Auswaschbarkeit der Naphtolate wird durch Zusatz von Reserve H (*Hoechst*), Neovadin AN (*CIBA*) im Seifbad gefördert.

Wie bereits erwähnt, hat der Echtsalzaufdruck nur dort seine Berechtigung, wo größere Flächen des Naphtolats durch Aufdruck von Echtsalzen oder Nachfoulardieren von Echtbasen bzw. -salzen ausgenützt werden. Der Echtsalzaufdruck erlaubt die Herstellung fast aller Nuancen, doch fehlte es bisher in der Palette an Grüntönen, die nur durch Druck mit anderen Farbstoffklassen, evtl. durch Buntätzen oder Reservieren, zu erzielen waren. Von *Hoechst* wurden zur Erzeugung von Grün- und Grautönen besondere Echtsalze und -basen eingeführt, die durch eine nachträgliche *Metallierung* eine Reihe von Grüntönen ermöglichen. Es handelt sich bei den *Variogenbasen* oder *-salzen* um Produkte, die durch komplexe Metallbindung die angegebenen Grün- und Grautöne ergeben, wenn Kobalt- oder Kupfersalze verwendet werden. Mit nachstehend beschriebener Druckart werden hochechte Drucke erhalten, die den Ansprüchen des INDANTHREN- und FELISOL-Warenzeichenverbandes genügen.

Für den Druck gibt es mehrere Möglichkeiten. Beim *Echtbasenaufdruck* werden die Gewebe mit 12–15 g/kg Naphthol foulardiert, wobei der Klotzansatz die üblichen Zusätze enthält, getrocknet und die Variogenbasen diazotiert und verdickt aufgedruckt. Die jeweils notwendige Echtbasenmenge muß aus den Verhältniszahlen, die in den Anwendungsvorschriften (*Hoechst*) enthalten sind, entnommen werden. Die Druckpasten enthalten auf 1 Teil Variogen Base I 2/3 Teile Kobaltchlorid und 1/2 Teile Natriumacetat und die notwendige Menge Essigsäure zur pH-Einstellung für die Kupplung. Durch anschließendes Dämpfen während 5–7 min werden die Farbtöne entwickelt. Oft treten die Töne bereits beim Trocknen der Drucke auf, vor allem wenn anstelle von Essigsäure 20 g/kg Ammonchlorid verwendet wurde. Nach dem Dämpfen wird der endgültige Farbton durch eine kochende Behandlung mit

1 g/l	Trilon B Plv. (*BASF*),
2 g/l	Soda kalz.,
2–3 g/l	Hostapal CV (*Hoechst*)

entwickelt und das unverbrauchte Naphtol ausgewaschen. Nach dieser Arbeitsweise sind nur Grüntöne mit Kobaltchlorid und Grautöne mit Kupfersalzen erhältlich. Es ist außerdem möglich, verdickte Naphtolatlösungen aufzudrucken, mit Variogen Base I den Druck zu entwickeln und in langer Flotte zu metallieren. Metallierte Färbungen können, wie auch unmetallierte, mit reduktiven Ätzpasten weiß und mit Küpenfarbstoffen bunt geätzt werden. Durch Verwendung von Reserve H oder Zinn(II)chlorid als Vordruckreserven können die Klotzungen vor dem Variogenbasenklotz reserviert werden. Naphtholfärbungen lassen sich sowohl *weiß* als auch *bunt ätzen*. Es müssen jedoch zu den Färbungen besondere Kombinationen ausgewählt werden, die weißätzbar sind, was bei einer Reihe von Färbungen nicht möglich ist. Die ätzbaren Färbungen brauchen dabei nicht geseift, sondern nur gründlich gespült zu werden, da das Nachseifen auch zur Entfernung der Ätze notwendig ist. Als **Weißätze** wird mit

500 – 450 g	Britischgummi 1:1, in das
100 – 200 g	Zink- oder Titanweiß 1:1 und
150 – 200 g	Formaldehydsulfoxylat-Reduktionsmittel, in
140 – 0 g	Wasser gelöst, eingerührt wird und
60 – 80 g	eines Lösungsvermittlers (z.B. Lyoprint SE/*CIBA*),
20 – 20 g	Pottasche und
30 – 50 g	Anthrachinon Teig 30% zugesetzt werden
1000 g	

gedruckt, getrocknet, 8–10 min gedämpft und wie für den Echtsalzaufdruck üblich nachbehandelt. Als Buntätzen können die gleichen Ansätze ohne Anthrachinon verwendet werden. Anstelle von Zinkweiß werden dann Küpenfarbstoffe eingesetzt.

Wegen der teilweise ungenügenden Ätzbarkeit von Naphtholfärbungen ist die *Überdruckreserve* auf naphtoliertem Grund interessanter und läßt weit mehr Nuancen der Ausfärbung des Fonds zu, als es bei Einsatz ätzbarer Färbungen möglich ist. Im Prinzip müssen das auf der Ware foulardierte Naphtholat durch Säure am Kuppeln gehindert oder die nach dem Naphtholieren gepflatschten oder foulardierten Echtsalze oder -basen reduktiv an den reservierten Stellen zerstört werden. Oft werden in einer Reserve beide Prinzipien vereinigt. Als Weißreserven sind die folgenden Druckpasten verwendbar:

440 g	Britischgummi 1:1,	360 g	Stärke/Britischgummi-Verdünnung,
440 g	Zinnsalz (Zinn-II-chlorid),	560 g	Kaliumsulfit 45 °Bé,
120 g	Weinsäure krist.	80 g	Zinkoxid.
1000 g		1000 g	

Anstelle von Zinnsalz und Weinsäure können auch 40 g/kg Phenylhydrazin-*p*-sulfosäure (z. B. Reserve H/*Hoechst*) verwendet werden. Auch die Verwendung von

300 g	Aluminiumsulfat 1:1 (teilweise mit Soda neutralisiert),
100 g	Wasser in
600 g	Stärke/Tragant-Verdickung
1000 g	

als Überdruckweißreserve ist möglich, da durch das in der Naphtolierung entstehende Aluminat eine Kupplung der foulardierten Echtbase oder des -salzes verhindert wird. Ein scharfes Trocknen der bedruckten Ware führt jedoch zur Faserschädigung durch die entstehende Schwefelsäure vor allem auf den Mitläufern, und man verwendet das Verfahren meist nur im Blaudruckartikel. Auch die Verwendung der für das Einphasenverfahren notwendigen Druckpasten für Küpenfarbstoffe führt zu Weißätzen, diese Art wird jedoch hauptsächlich für *Überdruckreserven mit Küpenfarbstoffen* eingesetzt, denen man zusätzlich etwas Kaliumsulfit und Zinkweiß (Zinkoxid) zusetzt.

Als *Blaudruckartikel* ist seit dem Mittelalter ein Druck bekannt, der mit Indigo hergestellt wurde. Da jedoch Indigo nicht die hohen Echtheiten aufweist, wie sie heute im Schürzen- oder Oberbekleidungsdruck verlangt werden, wird der Artikel heute fast ausschließlich durch Weiß- oder Buntreservierung von naphtoliertem Grund und Aufdruck von Echtsalzen mit Aluminiumsulfat und anschließendem Pflatschen oder Foulardieren mit speziellen Basen oder Echtsalzen (z. B. Variaminblausalzen/*Hoechst*, Blausalz CIBA V u. a.) hergestellt. Der Blaudruckartikel benötigt kein Dämpfen und erlaubt neben dem Einsatz der Aluminiumsulfat-Weißreserve eine Vielzahl von Gelb-, Rot-, Orange-, Violett- und auch brillanten Blautönen, die alle mit Naphtol AS (*Hoechst*), Cibanaphtol RF (*CIBA*) u.a. erreicht werden können. Der naphtolierte und getrocknete Grund wird mit

10 –	70 g	Echtsalz, gemischt mit
2 –	2 g	eines Dispergiermittels (z.B. Remol AS/*Hoechst*), in
290 –	221 g	Kaltwasser gelöst,
60 –	120 g	Aluminiumsulfat 1:1 zugesetzt und in
500 –	500 g	Verdickung (z.B. Tylose H 300, 6%ig) (*Hoechst*) eingerüht und mit
138 –	87 g	Wasser oder Verdickung ausgeglichen,
1000 g		

bedruckt, nicht zu scharf getrocknet und auf einem Zweiwalzenfoulard mit

48 g/l Variaminblausalz BN (*Hoechst*),
1 g/l Remol AS

gepflatscht oder foulardiert, 30–60 min durch einen Luftgang genommen, das überschüssige Echtsalz bei 60–70 °C breit mit 15 ml/l Natriumbisulfit 38 °Bé entfernt, gespült und durch alkalisch-kochendes Seifen und Spülen fertiggestellt.

Der Aufdruck von Echtsalzen auf naphtholiertem Grund hat, wie bereits erwähnt, nur dort seine Berechtigung, wo möglichst das gesamte Naphtholat zur Kupplung verwendet wird. Das gilt vor allem für Artikel, welche möglichst keinen Weißfond aufweisen. Dabei bleibt auch das Naphtolat dort ungenutzt, wo es durch Überdruck weiß oder bunt reserviert wird. Besondere Bedeutung hat der Druck für billige Damenkleiderstoffe aus Baumwolle, seltener Zellwolle, Schürzen- und Dekorationsstoffe usw., die vornehmlich auf dem Rouleaux gedruckt werden. Besonders für sog. *Afrikadrucke* (Afrika-Prints, IMI-WAX) wird der Druck angewendet. Der Echtsalzaufdruck ergibt zwar eine Vielzahl von Farbtönen, die durch Metallieren mit entsprechenden Variogenprodukten (*Hoechst*) und den entsprechenden Metallsalzen im Grünbereich ergänzt werden, doch lassen sich nicht alle erwünschten Nuancen erzeugen. Es wird deshalb sehr oft mit anderen Farbstoffklassen danebengedruckt, die Färbungen werden weiß- oder buntgeätzt bzw. weiß oder bunt reserviert. Von *Hoechst* wurde deshalb auch die Verwendung von *Reaktivfarbstoffen* neben oder mit Echtsalzen ausgearbeitet.

Neben *Echtsalzen auf naphtoliertem Grund* werden Küpen-, Leukoküpenester-, Pigment-, nachkupferbare Direktfarbstoffe und Anilinschwarz gedruckt. Bei Verwendung von *Küpenfarbstoffen* sind Überfälle nicht möglich, und es kann nur nach dem Einphasenverfahren gedruckt werden. Dabei werden die Küpenfarbstoffe neben den Echtsalzen gedruckt, getrocknet und die Küpenfarbstoffe kurz durch 5–6 min Dämpfen fixiert. Es ist allerdings durch schlechte Dampfzirkulation möglich, daß das Formaldehyd aus dem Reduktionsmittel das nicht ausgekuppelte Naphtolat stärker an die Faser bindet und dadurch das Auswaschen erschwert. Die Nachbehandlung gleicht der von normalen Echtsalzaufdrucken. *Leukoküpenesterfarbstoffe* können nach dem Nitritverfahren ohne Dämpfen oder dem Chlorat-Dämpf-Verfahren gedruckt werden. Beim Dämpfverfahren muß allerdings mit höheren Säurespaltermengen (Rhodanammon) gedruckt werden, um die Natronlauge der Naphtholierung zu neutralisieren. Die weiteren Bedingungen bleiben unverändert, die Nachbehandlung muß zur Entfernung des Naphtolats alkalisch vorgenommen werden, wie es beim Echtsalzaufdruck üblich ist. Auch beim Druck von *Pigmentfarbstoffen* ist es notwendig, die Menge des Härters (Säurespenders, Katalysators) zu verdoppeln, um die alkalische, grundierte Ware an den bedruckten Stellen zu neutralisieren und zusätzlich die zum Härten der Pigmentfarbstoffe notwendige Säuremenge zu erhalten. Die Pigmentdrucke werden durch Kondensieren oder auch Dämpfen vor der normalen alkalischen Nachbehandlung fixiert. *Direktfarbstoffe* haben wegen der mittleren Naßechtheiten nur geringe Bedeutung, doch lassen sich nachkupferbare Farbstoffe verwenden, die durch Nachkupferung oder eine andere Nachbehandlung höhere Echtheiten erhalten. Die Nachbehandlung kann jedoch nur bei 60 °C vorgenommen werden. Beim Druck von *Anilinschwarz* muß die Druckpaste zusätzlich mit 20 g/kg konzentrierter Salzsäure angesetzt werden, um die Natronlauge des Fonds zu neutralisieren. Die weitere Farbstoffentwicklung ist normal. Zur Erzeugung von brillanten Blau-, Türkis- und Grüntönen können auch die verschiedenen *Phthalocyaninfarbstoffe* gedruckt werden.

Druck mit Naphthol-Entwicklungsfarbstoffen. Diese Produkte sind Mischungen von Naphtholen oder Naphtholaten mit verschiedenen Formen von Diazoverbindungen, die erst durch Dämpfen, Thermofixieren oder durch eine Naßentwicklung zum wasserunlöslichen Naphtholfarbstoff gekuppelt werden. Es entstehen also die gleichen Farbtöne wie beim Echtsalz- oder Basenaufdruck. Der Druck ist jedoch einfacher, da ein Naphtholieren, Zwischentrocknen und Aufdrucken der Echtbasen- oder -salze wegfällt und damit auch kleine Decker ohne Verlust von Naphthol im Fond hergestellt werden können. Bei der allgemeinen Bezeichnung dieser Farbstoffe wurde der Name Naphthol-Entwicklungsfarbstoffe gewählt, um nicht an die den Herstellern geschützten Handelsnamen gebunden zu sein bzw. um die chemische Bezeichnung der Mischungskomponenten zu vermeiden. Die allgemeine Bezeichnung charakterisiert allerdings diese Farbstoffklasse nicht korrekt, wird jedoch von einer Reihe von Fachleuten verwendet. Die Produkte werden auf Grund der Art der Mischungskomponenten in 4 Gruppen eingeteilt.

1. Mischungen von **Naphtholaten mit Nitrosaminen** (*Antidiazotaten*) sind u.a. als

Cibagen-	*CIBA*	Brentaminecht-	*ICI*
Naphtazoldirect-	*Francolor*	Rapidechtfarbstoffe	*Hoechst*

im Handel. Da sich nicht alle möglichen Mischungen der Kupplungskomponenten als lagerbeständig erwiesen haben, ist die Palette der mit diesen Farbstoffen zu erreichenden Farbtöne eingeschränkt. Es fehlen vor allem Blautöne. Die Produkte können jedoch auf vielerlei Arten entwickelt und zur Ergänzung können Küpen-, Leukoküpenester-, Direkt-, Pigment- und spezielle Schwefelfarbstoffe daneben gedruckt werden. Sie haben jedoch gegenüber den anderen Gruppen an Bedeutung eingebüßt, da diese (abgesehen von der nächsten Gruppe) ebenfalls kombiniert und wie diese als Reserven unter Anilinschwarz verwendet werden können. Die Druckpasten bestehen aus

50 – 100 g	Farbstoff, die mit
20 – 20 g	Sprit und
30 – 40 g	Türkischrotöl angeteigt, mit
270 – 220 g	Wasser und
20 – 20 g	Natronlauge 38 °Bé gelöst, in
600 – 590 g	neutrale Stärke/Tragant-Verdickung eingerührt wird.
10 – 10 g	Antischaummittel werden nachgegeben.
1000 g	

Einige Produkte benötigen zur Lösung zusätzlich 50 g/kg Harnstoff und 20 g/kg neutrale Chromatlösung, um sie vor reduktiven Einflüssen aus der Verdickung usw. zu schützen. Die Produkte kuppeln in den alkalischen Pasten nicht, sobald jedoch Säure auftritt – es genügt bereits Kohlensäure (CO_2 aus der Luft) –, tritt Kupplung ein. Die Druckpasten sind ohne Luftzutritt, Säuredämpfe und reduzierende Substanzen bis zu mehreren Wochen haltbar. Als Verdickung sind wegen ihrer Reduktionswirkung jedoch Dextrin, Britischgummi ungeeignet und auch Gummiarabicum, Kristallgummi beschleunigen die Zersetzung. Die bei einigen Produkten notwendige neutrale Chromatlösung wird aus

150 g Natriumchromat,
720 g Wasser und
130 g Natronlauge 38 °Bé

hergestellt. Wenn die fertigen Pasten 12 Std. stehen, resultieren vollere Drucke. Die getrockneten Drucke können in gleicher Art wie die Produkte der Gruppe 3 bzw. 4 (S. 231 und 232) entwickelt werden. Die entwickelten Drucke werden kalt nachgespült, kochend geseift, gespült und fertiggestellt. Mischungen mehrerer Farbstoffe ergeben oft *Kreuzkupplungen* und dadurch andere als die erwarteten Nuancen. Als Ergänzungen können die bereits angegebenen Farbstoffklassen und auch Entwicklungsfarbstoffe der 3. und 4. Gruppe daneben gedruckt werden. Da jedoch diese Gruppen eine weit größere Palette aufweisen, kommt die kombinierte Arbeitsweise kaum in Betracht.

2. Mischungen von **Diazolsulfosäuren der p-Aminodiphenylaminreihe mit Naphtholen.** Diese Farbstoffe, von denen vor allem die *Rapidazole* (*Hoechst*) bekannt sind, enthalten nur Blau- und Schwarznuancen. Die Druckpasten müssen kalt angesetzt werden und enthalten neutrale Chromatlösung. Die Drucke müssen durch 5–10 min neutrales Dämpfen entwickelt und wie die Farbstoffe der 1. Gruppe nachbehandelt werden. Saures Dämpfen oder die anderen Möglichkeiten führen zu Fehldrucken.

3. Mischungen von **Naphtholen mit Diazoaminoverbindungen der Echtbasen.** Diese Mischungen zeigen die meisten Farbtöne, und auch Grüntöne sind in ziemlich brillanten Nuancen erhältlich. Die Farbstoffe kommen u.a. als:

Brentogen-	*ICI*	Naphtazogen-	*Francolor*
Cibanogen-	*CIBA*	Rapidogen-	*Bayer*
Citazolo-	*ACNA*	Ronagen-	*Rohner*
Diagen-	*Dupont*	Sandogen-Farbstoffe	*Sandoz*

in den Handel. Die Produkte zeigen beim Aufdruck kaum eine Eigenfarbe und werden zur besseren Kontrolle des Drucks *mit Säurefarbstoffen markiert.* Um ein Verschmutzen der Gelbdrucke durch Säurefarbstoffe zu vermeiden, werden z.B. von *Bayer* 5 g/kg Fluoreszenzsalz GD oder RD empfohlen, wenn die Druckfläche, wie es im Rouleauxdruck oft üblich ist, mit UV-Strahlern beleuchtet wird. Viele Farbstoffe reflektieren auch ohne diese Salze UV-Licht. Die Druckpasten haben meist folgende Standardzusammensetzung:

Vollfarbe:		Copure:
40 – 70 g	Farbstoff werden mit	–
30 – 30 g	Natronlauge 38 °Bé und	30 g
50 – 50 g	Spiritus oder spezielle Lösungsmittel angeteigt, mit	20 g
200 – 200 g	Heißwasser gelöst, in	450 g
500 – 500 g	Verdickung eingerührt und mit	500 g
180 – 150 g	Wasser oder Verdickung ausgeglichen	–
1000 g		1000 g

Einige Produkte erfordern zur besseren Lösung einen Zusatz von 50 g je kg Harnstoff bzw. 50 g/kg neutrale Chromatlösung, um sie vor reduktiven Einflüssen zu schützen. Als *Verdickungsmittel* sind Stärke, Stärkeäther, Kernmehle und deren Äther, Tragant, Gummiarabicum, Kristallgummi, Carragheenate, Triäthanolamin- und Ammoniumalginate verwendbar. Wegen der schwierigen Auswaschbarkeit haben Stärkeverdickungen und deren Mischungen an Bedeutung verloren, obwohl sie scharf stehende Drucke ergeben. Einige Farbstoffe sind jedoch mit Alginaten wegen der zugesetzten Stellmittel in den Farbstoffen nicht zu verdicken. Auch Emulsionsverdickungen, wie sie bei der Gruppe 4 der Farbstoffe beschrieben werden, sind verwendbar. Die Farbstoffmischungen sind auch in den Tropen unbeschränkt lagerbeständig. Die Haltbarkeit der Druckpasten hängt von den verwendeten Verdickungen ab, die die Haltbarkeit dann verringern, wenn sie beim Stehen säuern und dadurch zur evtl. Kupplung der Produkte in der Paste selbst Anlaß geben.

Die Entwicklung der Farbstoffe gleicht den in der Gruppe 4 beschriebenen Methoden. Bei der *Neutraldampfentwicklung* ist es jedoch notwendig, der Druckpaste anstelle von Natronlauge flüchtige organische Basen zuzugeben, welche die Naphtholatbildung ermöglichen und durch Neutraldampf ausgetrieben werden und das Auskuppeln der beiden Mischungskomponenten während des Dämpfens zulassen. Diese Basen werden mit 80–150 g/kg der Druckpaste zugesetzt. Sie zeigen jedoch auch beim Aufdruck bereits eine gewisse Flüchtigkeit und unangenehm stechenden Geruch, so daß deren Verwendung für den Filmdruck nicht zu empfehlen ist. Sie kommen u.a. als Rapidogen-Entwickler N (*Bayer*), Ronagenentwickler N, NN (*Rohner*), Naphtazogenentwickler N (*Francolor*) in den Handel. Beim Dämpfen ist für eine ausreichende Frischdampfzufuhr zu sorgen, um eine Anreicherung der Base im Dämpfer und damit unvollständige Entwicklung der Drucke zu verhindern. In die Drucke eingeschlepptes Alkali, z.B. aus daneben gedruckten Küpendruckpasten, verhindert ebenfalls die Entwicklung. Durch Zusatz von Calciumformiat ist diese Erscheinung zu verhindern. Die Farbstoffe können in gleicher Weise wie die der 1. und 4. Gruppe kombiniert werden.

4. Mischungen von **Naphtholen und Diazoaminoverbindungen der Echtbasen.** Zur Stabilisierung der Produkte werden von den Herstellern besondere Amine verwendet, die zur Entwicklung ein neutrales Dämpfen ohne besondere Zusätze erlauben und dadurch weit angenehmer im Gebrauch und in der Fixierung sind. Die Palette der zu erzeugenden Drucktöne ist noch größer als die der 3. Gruppe, bzw. es sind alle Produkte der 3. Gruppe der Naphthol-Entwicklungsfarbstoffe auch in dieser Gruppe anzutreffen. Die Druckpasten haben folgende Standardzusammensetzung:

30 – 60 g	Farbstoff werden mit
50 – 80 g	Sprit oder einem speziellen Lösungsmittel und
8 – 20 g	Natronlauge 38 °Bé angeteigt, in
462 – 390 g	Wasser gelöst und in
450 – 450 g	Weizenstärke/Tragant-Verdickung eingerührt.
1000 g	

Die Farbstoffe kommen u.a. als

Cibaneutren-	*CIBA*	Rapidogen N-	*Bayer*
Neutrogene-	*Francolor*	Sinagen-Farbstoffe	*Rohner*
Neutroprint-	*Sandoz*		

in den Handel. Einige Farbstoffhersteller bringen ihre Produkte auch in Lösungen auf den Markt, die meist 50 %ig eingestellt verwendet, keine Natronlauge oder andere Lösungsvermittler in den Druckpasten benötigen und leichter zu handhaben sind. Dazu gehören z. B. Sinagen-Farbstoff-Lösung 50 %ig (*Rohner*), Neutrogene-Lösung (*Francolor*). Die Drucke sind in der Mehrzahl mit den INDANTHREN- bzw. FELISOL-Warenzeichen auszeichenbar und enthalten meist in der Typenbezeichnung bereits diese Zeichen. Zum Beispiel: Rapidogenrot N-IFG (*Bayer*), Neutrogene-Lichtorange F-IRV (*Francolor*). Zur *Markierung der Drucke* werden ebenfalls Säure- oder Fluoreszenzfarbstoffe der Druckpaste zugesetzt. Gegen schädliche Reduktionseinwirkung benötigen einige Produkte den Zusatz von 30 g/kg neutrale Chromatlösung bzw. ein organisches Oxydationsmittel (S. 167) in gleicher Höhe. Wegen der leichten Auswaschbarkeit und des schnellen Trocknens der Drucke können zum Druck auch Emulsionsverdickungen beider Typen Öl/Wasser (O/W) und Wasser/Öl (W/O) neben den auch für die Gruppe 3 empfohlenen Verdickungen verwendet werden. O/W-Emulsionen können teilweise auch für die Produkte der 3. Gruppe verwendet werden. Bei der *Öl/Wasser-Emulsionsverdickung* werden z. B.

20 g	Emulgator EVD (*Bayer*) mit
380 g	Wasser vermischt und
200 g	Verdickung zugesetzt und mit dem Schnellrührer
400 g	Schwerbenzin einemulgiert.
1000 g	

Der Zusatz von Verdickungsmitteln zur Emulsion stabilisiert die Emulsion (*Halbemulsion*). Die oben angegebene Stammemulsion wird anstelle der wässerigen Verdickung mit 600 g/kg verwendet. Die *Wasser/Öl-Emulsionsverdickung* besteht in der *Wasserphase* aus:

200 g	Verdickung,
565 g	Wasser,

die mit dem Schnellrührer in die Ölphase mit ca. 3000 U/min eingerührt wird.

Die *Ölphase* enthält:

30 g	Emulgator OLD (*Bayer*),
5 g	Emulgator EVD (*Bayer*) und
200 g	Schwerbenzin,
1000 g	insgesamt (Wasser- + Ölphase).

Zur *Entwicklung der Drucke* sind eine Reihe von Dämpf- und Naßentwicklungsverfahren üblich. Bei der **Neutraldampfentwicklung** werden die getrockneten Drucke während 5–8 min bei 102–103 °C gedämpft. Ein längeres Dämpfen, wie es u. U. für Begleitfarbstoffe notwendig ist, beeinflußt die Fixierung der Farbstoffe nicht. Bei der **Säuredämpfmethode** wird zwar in 2–3 min die schnellste Entwicklung erreicht, doch sind dafür säurefeste Dämpfer aus Edelstahl notwendig. Es werden bei dieser Methode mit Düsen am Eingang der Ware folgende Gemische mit dem Dampf eingeblasen:

1 Teil Essigsäure 50%ig 1 Teil Ameisensäure 85%ig, 1 Teil Wasser,	oder	5 Teile Essigsäure 50%ig, 1 Teil Ameisensäure 85%ig.

Es kann die Säure auch über den Sumpf des Dämpfers an die Ware gebracht werden bzw. ist es auch möglich, durch Aufstellen von Säureschalen im Dämpfer die Säureatmosphäre zu erzeugen. Beim diskontinuierlichen Dämpfen sind die Zeiten entsprechend zu verlängern.

Für die *Naßentwicklung* kommt vor allem das **Säurebadverfahren** in Betracht, das dann vorteilhaft ist, wenn kein Dämpfer verfügbar ist. Die Ware wird dabei in breitem Zustand nach dem Trocknen in

20 ml/l	Essigsäure 50%ig,		10 g/l	Schwefelsäure konz.,
5 ml/l	Ameisensäure 85%ig,	oder	25 g/l	Glaubersalz kalz.
25 g/l	Glaubersalz kalz.			

in möglichst kochenden Bädern während 20–30 sec passiert. Es eignen sich dafür die ersten Kästen der Breitwaschmaschine, die man, wenn man mit organischen Säuren arbeitet, abdeckt. Meist ist es nur nötig, die unteren Leitwalzen der Kufen mit der Behandlungsflotte zu bedecken. Beim Druck mehrerer Farbstoffe dieser Gruppe nebeneinander kann es im Entwicklungsbad zu *Kreuzkupplungen* kommen, da überschüssige Diazoverbindungen im Bad mit Naphtholaten anderer Decker kuppeln können. Durch eine Vorbehandlung in einem Bad von 20 ml/l Natriumbisulfit 30 °Bé bei 50–60 °C vor der Säureentwicklung kann dieser Übelstand eingeschränkt werden, da dadurch überschüssige Diazoverbindungen abgelöst werden. Bei der **Trockenzylinderentwicklung** werden die getrockneten Drucke in einem Bad von 20–30 °C mit

30 ml/l	Essigsäure, 50%ig,
10–30 ml/l	Ameisensäure, 85%ig,
20 g/l	Glaubersalz kalz.

gepflatscht und anschließend beidseitig über mäßig erhitzte Trockenzylinder aus Edelstahl geführt. Kupferzylinder sind nicht verwendbar, doch können teflonisierte Zylinder verwendet werden. Eine beidseitig gleichmäßige Erwärmung ist wichtig für die fehlerfreie Entwicklung. Die Ware soll nicht an den Zylindern kleben. Ein Trocknen der Ware ist nicht nötig, da zur Entwicklung nur die Erwärmung der Ware notwendig ist.

Zur Warenerwärmung kann auch ein gedeckter Rollenkasten verwendet werden, in dem die Ware durch Einblasen von überhitztem Dampf aus den perforierten Dampfrohren (ohne Wasser) erhitzt wird.

In letzter Zeit wurde auch die **Heißluftfixierung** (Thermofixierung) eingeführt, bei der die getrockneten Drucke während 5 min bis 40 sec in entsprechenden Maschinen (Spannrahmentrockner oder Kondensiermaschinen) bei 130–210 °C fixiert werden. Die Druckpasten enthalten dann zusätzlich 100–150 g/kg Harnstoff, 20–30 g/kg Kaliumsulfit 45 °Bé. *Bayer* empfiehlt anstelle von Sulfit 5–30 g/kg Produkt 3182. Die angegebenen Zusätze verbessern die Brillanz und Ausgiebigkeit der Drucke. Das Verfahren hat dort Bedeutung, wo Begleitfarbstoffe in gleicher Art fixiert werden können bzw. Beimischungen von Synthesefasern eine Thermofixierung erfordern. Die *Nachbehandlung* der entwickelten Drucke ist bei allen Gruppen die gleiche. Man spült die Ware intensiv mit Kaltwasser, seift gründlich kochend und spült nach.

Die Farbstoffe der 3. und 4. Gruppe haben die weiteste Verbreitung in der Druckerei gefunden, da sie die umfangreichste Nuancenauswahl und Möglichkeit der Entwicklungsverfahren bieten. Letzteres macht sich vor allem bei Kombination mit anderen Farbstoffklassen bemerkbar. Der Zellwolldruck unterscheidet sich nur wenig von dem auf Baumwolle, doch ist meist eine längere Dauer der Entwicklung zur vollen Farbstoffausbeute notwendig. Beim Heißluftentwicklungsverfahren resultieren auf regenerierten Zellulosefasern meist schwächere Drucke als auf Baumwolle.

Die Farbstoffe der 3. und 4. Gruppe eignen sich zum Druck neben und teilweise auch mit Leukoküpenester-, Pigment-, Küpen-, Phthalocyanin-, Reaktivfarbstoffen und Anilinschwarz. Beim Druck von *Leukoküpenesterfarbstoffen* (S. 197) neben und mit Naphthol-Entwicklungsfarbstoffen kann das Säuredampf-, Neutraldampf- und für eine große Zahl auch das Nitritverfahren eingesetzt werden. Beim Säuredampf-Entwicklungsverfahren wird der Naphtholdruck im Säuredampf entwickelt und der Druck mit Leukoküpenestern anschließend durch Pflatschen mit Nitrit und eine Säurepassage fixiert. Beim Neutraldampfverfahren wird der Naphtholfarbstoff neutral gedämpft und der mit Nitrit aufgedruckte Leukoküpenester im heißen Schwefelsäurebad fixiert. Da sich für diese Methode nicht alle Naphthol-Entwicklungsfarbstoffe eignen, werden diese nach dem Aufdrucken mit den Leukoküpenestern, die mit Nitrit gedruckt wurden, gemeinsam nach dem Säurebadverfahren mit Schwefelsäure (S. 199) entwickelt. Die Nachbehandlung der Drucke erfolgt wie üblich durch Spülen, Seifen usw. Die vorstehend beschriebenen Verfahren erlauben den Druck der Leukoküpenester- neben und mit Naphthol-Entwicklungsfarbstoffen. Nach dem Neutraldampfverfahren ist ein Druck nur neben den Naphthol-Entwicklungsfarbstoffen möglich, und auch Überfälle sind ausgeschlossen, da der Säurespender in der Druckpaste der Leukoküpenester die Fixierung der Naphthole behindert.

Küpenfarbstoffe lassen sich nur neben Naphthol-Entwicklungsfarbstoffen drucken, und auch Überfälle bzw. Anstöße sollen wegen des der Druckpaste zugesetzten Reduktionsmittels vermieden werden. Einige Farbstoffe werden durch das im Dämpfer entwickelte Formaldehyd aus dem Küpenreduktionsmittel geschwächt oder getrübt. Eingeschlepptes Reduktionsmittel in den Druck der Naphtholfarbstoffe wird durch Zusatz von Chromat- oder Lösung von organischen Oxydationsmitteln verhindert. Gegen eingeschleppte Pottasche wird Calciumformiat zugesetzt. Das Zweiphasendruckverfahren ist nur dann möglich, wenn die Naphthol-Entwicklungsfarbstoffe vorher durch Dämpfen oder Thermofixieren entwickelt wurden. Auch sind organische Oxydationsmittel in der Naphtholdruckpaste zweckmäßig. Die Naphthol-Entwicklungsfarbstoffe sollen möglichst aus erster Hand, vor allem beim Einphasenverfahren, gedruckt und erstere möglichst schnell im Neutraldampf entwickelt werden. Saures Dämpfen oder Naßentwickeln ist nicht möglich.

Pigmentfarbstoffe (S. 240) werden meist wegen ihrer Preiswürdigkeit neben und in Überfällen mit Naphthol-Entwicklungsfarbstoffen gedruckt. Es kommt dafür hauptsächlich die Heißluftfixierung in Betracht, die Drucke müssen jedoch nachgespült und geseift werden. *Phthalocyaninfarbstoffe* werden daneben gedruckt und wie beschrieben (S. 206), durch neutrales oder saures Dämpfen bzw. Heißluft fixiert und wie für beide Farbstoffklassen üblich nachbehandelt. *Reaktivfarbstoffe* (S. 247) werden neben und, wenn laugebeständige Reaktivfarbstoffe verwendet werden, auch mit den Naphthol-Entwicklungsfarbstoffen gedruckt. Bei Überfällen und auch Mitverwendung sollten die entstehenden Drucke durch Vorversuche abgeklärt werden. Für die Entwicklung der Drucke kommt nur das Neutraldampfverfahren bzw. die Hitzefixierung in Betracht. Die Nachbehandlung wird für beide Farbstoffklassen in üblicher Weise durchgeführt. Wenn neben *Anilin-* (S. 215) oder *speziellem Oxydationsschwarz* (S. 216) gedruckt wird, sind Zusätze in den Druckpasten der Naphthol-Entwicklungsfarbstoffe von 100 g/kg Zinkoxid 1:1 oder Magnesiumoxid 1:3 zur Vermeidung von oxydativen Aureolen aus dem in Anstößen oder Konturen gedruckten Oxydationsschwarz vorteilhaft. Die beste Entwicklung wird durch die Säuredämpfung erreicht. Beim Neutraldämpfen werden einige Naphtholfarbstoffe abgetrübt.

Besondere Vorteile bieten Naphthol-Entwicklungsfarbstoffe im *Reservedruck*. Dabei werden sie als Vor- und Überdruckreserven unter Anilinschwarz, Leukoküpenester- und Phtalocyaninfarbstoffen eingesetzt. Bei der *Vordruckreserve* vor dem *Anilinschwarzklotz* (S. 215) wird mit Druckpasten normaler Zusammensetzung, jedoch unter Zusatz von 150 g/kg Zinkoxid 1:1 (evtl. Magnesiumoxid 1:3) gedruckt, getrocknet, mit Anilinschwarz überklotzt, getrocknet, gedämpft, nachoxydiert und wie üblich nachbehandelt. Der Zusatz von Faserschutzmitteln im Anilinklotz muß unterbleiben. Bei *Überdruckreserven* auf mit *Anilinschwarzlösung* vorgeklotzter Ware muß das Vergrünen durch Zugabe von 1–2 g/l Formaldehydsulfoxylat eingeschränkt werden. Als Reservierungsmittel in dem mit Naphthol-Entwicklungsfarbstoffen überdruckten Klotz dienen Zinkoxid und Natronlauge. Die geklotzten und reservierten Waren müssen jedoch sofort weiterverarbeitet werden und können nicht, wie bei nur vorreservierten Waren, liegengelassen werden. Zur Entwicklung ist ein saures Dämpfen günstiger als das Neutraldampfverfahren, bei dem einige Naphthol-Entwicklungsfarbstoffe in der Brillanz leiden. Die Nachbehandlung erfolgt wie für Anilinschwarz üblich.

Bei *bunten Vordruckreserven unter Leukoküpenestern* werden den Naphthol-Entwicklungsfarbstoffreserven 50–100 g/kg Zinkoxid 1:1 und 50 g/kg Natriumthiosulfat zugegeben und dadurch an den reservierten Stellen die überdruckten Leukoküpenester an der oxydativen Entwicklung beim anschließenden Dämpfen, das beim Chloratverfahren notwendig ist, gehindert. Nach dieser Methode ist auch eine gemeinsame Entwicklung nach dem Trockenzylinderverfahren möglich. Nach der gleichen Methode ist auch ein Überpflatschen mit leicht verdickter Leukoküpenesterlösung möglich, die nach dem Chloratverfahren bereitet und nach dem neutralen oder sauren Dämpfverfahren entwickelt und wie bekannt nachbehandelt wird. *Überdruckreserven* auf Leukoküpenesterklotzungen sind häufiger. Die Zusammensetzungen der Reserven gleichen denen der Vordruckreserven. Die Entwicklung der beiden Farbstoffklassen erfolgt am günstigsten im Säuredampf, nach dem Chloratverfahren ist jedoch auch eine Neutraldampfentwicklung möglich.

Naphthol-Entwicklungsfarbstoffe sind zur Erzeugung von lebhaften Rottönen neben brillanten Grün-, Blau- und Türkistönen als *Vordruckreserven unter Phthalocyaninfarbstoffen* gebräuchlich. Dabei werden z.B. Phtalogen- und Phtalogen-M-Farbstoffe (*Bayer*) verwendet. Die Rapidogen-Farbstoff-Druckpasten (*Bayer*) enthalten zur Reservierung entweder als Reservierungsmittel 50 g/kg Phtalotrop B (*Bayer*) oder 100 g/kg Zinkoxid 1:1 und zum Schutz der Reserve eine Anschlämmung (nicht Verkleisterung) von 100 g/kg Stärke 1:1 als Milch. Die Reserven werden durch Dämpfen vorfixiert und die Phtalogenfarbstoffe überklotzt, durch Dämpfen oder Thermofixieren entwickelt und wie üblich nachbehandelt.

Neuerdings haben Naphthol-Entwicklungsfarbstoffe auch zum Färben von Baumwollgeweben nach kontinuierlicher Foulard-Heißluft-, Neutral- oder Säuredampf-Entwicklung Bedeutung erlangt. Beim *Entwickeln der Färbungen durch Heißluft* werden die gut vorbereiteten Gewebe mit

50 g	Farbstoff mit
50 g	Sprit,
20 g	Natronlauge 38 °Bé,
50 g	Türkischrotöl oder spezielle Lösungsmittel angeteigt und in
150 g	Wasser kalt gelöst,
15 g	Produkt 3182 (*Bayer*),
100 g	Harnstoff in der Restmenge von
565 g	Kaltwasser gelöst und zugesetzt
1000 g	

kalt geklotzt und möglichst schnell auf Hotflues getrocknet. Anschließend wird wie bereits angegeben (S. 158) durch Heißluft fixiert und wie üblich nachgespült, geseift und fertiggestellt. Bei der *Neutral-* oder *Säuredampfentwicklung der Klotzungen* werden vornehmlich die Naphthol-Entwicklungsfarbstoffe der Gruppe 3 und 4 verwendet, die die bei der Heißluftfixierung beschriebenen Klotzlösungen erfordern. Einige Farbstoffe benötigen jedoch 50 g/kg neutrale Chromatlösung und nur 50 g/kg Harnstoff. Beim Neutraldampfentwickeln ist auch bei den ansonsten im Druck neutral zu entwickelnden Farbstoff der Zusatz von speziellen Entwicklern (S. 224) in Mengen von 80 g/kg vorteilhaft. Die Klotzungen werden getrocknet und durch 5 min neutrales oder saures Dämpfen entwickelt und wie üblich nachbehandelt.

Die vorstehend beschriebene Färbeweise hat den Vorteil, daß ein Grundieren, Entwässern und Kuppeln, wie es bei Verwendung von Naphtholen und Echtbasen oder -salzen notwendig ist, vermieden wird. Die Färbungen sind wie auch die Naphtholfärbungen zum großen Teil *weiß-* bzw. unter Zusatz von Küpenfarbstoffen (S. 193) *buntätzbar*. Als *Weiß-* und *Buntreserven* können im Überdruck auf nichtentwickelte Naphthol-Entwicklungsfarbstoff-Klotzungen entweder nachstehende Reduktionspasten für die Weißreserve oder Pigmentfarbstoffe überdruckt und durch scharfes Trocknen die Pigmente vorfixiert und die Naphtolklotzungen anschließend im Säuredampf entwickelt werden.

Weißreserven:

150 – 200 g	Zinkformaldehydsulfoxylat und
100 – 100 g	Titandioxid 1:1 werden in
275 – 225 g	Wasser eingerührt und mit
5 – 5 g	optischem Aufheller,
20 – 20 g	Drucköl in
450 – 450 g	Verdickung eingetragen.
1000 g	

Anstelle von Zinkformaldehydsulfoxylat können auch 50–100 g/kg Zinnchlorür eingesetzt werden, das jedoch bei Maschinenstillständen und längerem Lagern der bedruckten Ware zur Faserschädigung führen kann. Die bedruckten Waren werden getrocknet, überklotzt und durch saures Dämpfen entwickelt und wie bekannt fertiggestellt. Die Klotzungen mit

Naphthol-Entwicklungsfarbstoffen sollten zum Schutz gegen Ätzaureolen 10–20 g/l eines organischen Oxydationsmittels enthalten. Beim *Buntreservieren mit Pigmentfarbstoffen* werden die Waren im Vordruck mit

5 – 100 g/kg	Pigmentfarbstoff (z. B. Acramin-Farbstoff/*Bayer*),
100 – 150 g	Acramin SLN/*Bayer*,
150 g	Reservepaste,
600 g	Emulsionsverdickung (z. B. Acrapon A)
1000 g	

bedruckt und der Naphthol-Entwicklungsfarbstoff ohne Zwischentrocknung, also direkt aus letzter Hand, mit der Picot-, Gründel- oder Haschurenwalze auf dem Rouleaux aus einer Wasser/Öl-Emulsion auf die Ware gedruckt. Wegen der Unverträglichkeit von W/O- und O/W-Emulsionen wird die feuchte Vordruckreserve nicht angefärbt. Anschließend wird der Pigmentdruck durch scharfes Trocknen fixiert und der Überdruck mit Naphthol-Entwicklungsfarbstoffen durch saures oder neutrales Dämpfen bzw. Heißluft fixiert, gespült und wie üblich nachbehandelt. Die Reservepaste des Vordrucks besteht aus:

50 g Zinnchlorür,
20 g Weinsäure,
80 g Verdickung (z. B. Stärkeäther).

Der über die Picotwalze aufgedruckte Naphthol-Entwicklungsfarbstoff wird wie folgt bereitet:

25 – 25 g	Emulgator OLD (*Bayer*) und
125 – 125 g	Schwerbenzin werden mit
30 – 60 g	Farbstoff in
50 – 50 g	Sprit,
10 – 30 g	Natronlauge 38 °Bé und
38 – 608 g	Kaltwasser gelöst, in
10 – 80 g	Stärkeäther, 10%ig,
10 – 20 g	Rapidogensalz A (*Bayer*) und
2 – 2 g	Ammoniak gelöst, eingerührt.
1000 g	

Die Druckpaste wird vorteilhaft auf einem hochtourigen Schnellrührer hergestellt.

Naphthol-Entwicklungsfarbstoffe haben wegen der Möglichkeit, vor allem brillante und hochechte Rottöne erzeugen zu können, in der Druckerei weite Verbreitung gefunden. Eventuell fehlende Farbtöne können durch Kombination mit anderen Farbstoffklassen leicht erreicht werden. Der Druck mit Reaktivfarbstoffen hat ihre Anwendung eingeschränkt. Gegenüber dem Aufdruck von Echtsalzen oder -basen auf naphtholiertem Fond ist bei Verwendung von Naphthol-Entwicklungsfarbstoffen die Ersparnis des Naphtholierens und die Unempfindlichkeit der Drucke gegenüber dem naphtholierten Artikel wichtig.

Druck mit Pigmentfarbstoffen. Beim Druck mit diesen Farbstoffen handelt es sich um das Befestigen von *wasserunlöslichen*, *weißen* oder *farbigen Pigmenten* an der Faser. Als Pigmente sind anorganische, meist jedoch organische Produkte brauchbar, wie z.B. ausgekuppelte Naphthole, Küpenfarbstoffe, Ruß und anorganische Metalloxide, die sich durch hervorragende Lichtechtheit auszeichnen. Die Naßechtheiten sind jedoch vom *Bindemittel* (*Binder*) abhängig. Die Vorläufer des heutigen Pigmentdrucks waren anorganische Pigmente, die mit Albumin an die Faser geklebt und durch Verhornen des Albumins beim Dämpfen mehr oder weniger fest an der Faser gehalten wurden. Albumine werden heute nur sehr vereinzelt im Textildruck verwendet, meist dann, wenn Zinkweiß (ZnO) oder Titanweiß (TiO_2) z.B. in Ätzen an die Faser geklebt werden sollen und Pigmentweißfarbstoffe nicht verwendet werden können.

Zur Befestigung der Pigmente an der Faser werden heute ausschließlich *vernetzende, monomere oder oligomere Kunststoffe* verwendet, die unter bestimmten Wärmebedingungen (Kondensieren) zu wasserunlöslichen Produkten umgewandelt werden, die Pigmente einschließen und diese in und auf der Faser verankern. Prinzipiell lassen sich Pigmentfarbstoffe auf alle Fasern drucken, doch werden von den Herstellern vor allem für die synthetischen Fasern besondere Binder empfohlen, um eine möglichst hohe *Reib-* und *Bürstenwaschechtheit* zu erzielen, da die Verankerung der Pigmente in hydrophoben Fasern besonders schwierig ist. Die durch Polymerisation, Polykondensation oder Polyaddition gebildeten Kunststofffilme zeigen in allen Fällen eine gewisse Versteifung der Faser, die sich bei hohen Pigmentmengen (dunklen Farbtönen) entsprechend verstärkt und daneben auch zur Herabsetzung der Reib- und Naßechtheiten führt. Die Versteifung der Textilien läßt sich zwar durch Zusatz von Weichmachern in gewissem Rahmen herabsetzen, vollkommen aufzuheben ist sie jedoch nicht. Das hat in der Färberei mit Pigmentfarbstoffen dazu geführt, daß nur sehr helle Töne gefärbt bzw. dunkle Töne nur dann erzeugt werden, wenn die gefärbten Waren nicht gewaschen werden, wie z.B. Dekorationstextilien. In gewissem Sinne trifft das auch für die Druckerei zu, man bemüht sich deshalb, in Waschartikeln die mit Pigmenten gedruckten Decker klein zu halten und große Decker daneben mit anderen Farbstoffklassen zu erzeugen.

Die Versteifung der mit Pigmentfarbstoffen bedruckten Flächen wird durch Verdickungsmittel der Druckpasten weiter verstärkt und diese durch die Hitzefixierung außerdem weitgehend auf der Faser wasch- und wasserfest fixiert. Das hat dazu geführt, daß als Verdickung ausschließlich *Emulsionsverdickungen* (S. 128) verwendet werden, deren Schwerbenzine beim Trocknen restlos aus der Ware entfernt werden. Alle Pigmente erzeugen an den bedruckten Stellen immer eine gewisse Mattierung, die oft unerwünscht, jedoch auch für besondere Effekte erwünscht sein kann.

Als unbestreitbarer Vorteil des Pigmentdrucks muß jedoch gesagt werden, daß die so bedruckten Waren *keiner Nachwäsche* unterzogen werden müssen, die getrockneten Drucke bereits die endgültige Nuance zeigen, vorausgesetzt, es werden keine weiteren Farbstoffklassen daneben verwendet. Die Farbstoffpalette ist sehr umfangreich, und auf Grund der verwendeten Pigmente sind auch die brillantesten Töne erreichbar. Weiterhin enthält die Palette, was keine andere Farbstoffklasse hat, auch Weiß, das, für sich allein gedruckt, zur Herstellung von besonderen Effekten verwendet wird. Daneben erlaubt die hohe Deckkraft dieses Pigmentweiß, auf dunklen oder weißen Textilien im Überdruck Weiß- und, wenn mit bunten Pigmenten vermischt wird, Buntdrucke (*Mattdrucke*) zu erzielen. Zur Herstellung von *Halbtönen* (Peinture-Druck) ist vor allem Pigmentweiß geeignet, das meist auch in normalen Verdickungen verwendet werden kann. Durch Zusatz von farbigen Pigmentfarbstoffen oder auch z. B. Küpenfarbstoffen in unverküpter Form lassen sich Weißdrucke auch illuminieren. Halbtöne lassen sich jedoch auch durch Vor- oder Überdruckreserven bzw. Weißpigmentzusatz zu Buntätzen erreichen. Der größte Vorteil aller Pigmentfarbstoffe ist jedoch die Möglichkeit, daß man unter Verwendung ausgesuchter Binder *alle Textilien bedrucken* kann. Das gilt auch für Wolle, wo die Drucke nicht kondensiert, sondern vorteilhafter durch Dämpfen fixiert werden. Besondere Binder eignen sich für den Flock- (S. 97) und Aufdruck von *Bronzepulvern*. Pigmentfarbstoffe kommen u.a. als

Acramin-	*Bayer*	Mikrofix-	*CIBA*
Aridye-	*Interchemical*	Neopralac-	*Francolor*
Bedafin-	*Dupont*	Pigmenton-	*Protex*
Helizarin-	*BASF*	Printofix-	*Sandoz*
Hiltone-	*Hilton*	Seabond-	*Hilton*
Imperon-	*Hoechst*	Tinolit-Farbstoffe	*Geigy*
Impralac-	*Francolor*		

in den Handel.

Die Prinzipien des Aufdrucks gleichen einander stark, so daß aus Raumgründen hier nur der Aufdruck von *Imperon-K-Farbstoffen* (*Hoechst*) beschrieben werden soll. Als Druckweiß sollen die Rezeptbeispiele von *Pigmentweiß CN* (*Cassella*) dienen. Imperon-K-Farbstoffe (*Hoechst*) werden dabei nach folgenden Verfahren gedruckt:

Nach dem *Imperon-FA-Verfahren* wird dann gedruckt, wenn eine Fixierung durch 5–10 min im Schnell- oder 15 min im Sterndämpfer notwendig ist. Diese Fixierung kann jedoch auch durch eine Kondensation von 1/2–5 min bei 190–150 °C ersetzt werden, die vor allem beim Druck auf Sekundäracetat- und synthetischen Fasern vorteilhaft ist.

Maschinendruck:	Baumwolle	Zellwolle	Synthetiks
Imperon-Verdickung U 100	700	700	850 g
Imperon-Binder FA	200	200	50 g
Imperon-K-Farbstoff	50	50	50 g
Imperon P	25	30	15 g
Ausgleich	25	20	35 g
		1000 g	

Die Produkte werden in der vorstehenden Reihenfolge auf dem Schnellrührer gut vermischt. Als Emulsionsverdickung dient U 100, zu Verschnitten wird nachfolgende Verdickung eingesetzt:

Imperon-Verdickung U 100:
100 g Imperon-Binder FA werden mit
200 g Wasser vermischt und
700 g Schwerbenzin emulgiert.
1000 g

Verschnittverdickung:
885 g Imperonverdickung U 100 werden mit
15 g Imperon P und
100 g Wasser vermischt.
1000 g

Die zuletzt genannten Produktmischungen werden ebenfalls auf dem Schnellrührer homogenisiert. Das beschriebene Verfahren eignet sich besonders für den Druck auf Synthese- und Zellulosefasern, wenn Farbstoffe daneben gedruckt werden, die durch Dämpfen fixiert werden müssen. Bei Begleitfarbstoffen ergibt sich keine Änderung der Normalrezepturen. Wird nach dem Imperon-FA-Verfahren im *Filmdruck* gearbeitet, wird die Imperon-Binder-FA- und Farbstoffmenge zugunsten der Verdickung erhöht.

Das *Imperon-TC-Verfahren* wird für besonders brillante, konturenscharfe Drucke mit hervorragender Echtheit gegen die chemische Reinigung und für Gewebe, die hochveredelt, geprägt oder gechintzt werden, eingesetzt:

Maschinendruck:	Baumwolle	Zellwolle
Verdickung TC 80	600	600 g
Imperonbinder TC 1:2	150	50 g
Imperon-K-Farbstoffe	x	x g
Imperon-Fixierer T	50	50 g
Diammoniumphosphat 1:2	30	30 g
	1000 g	

Verdickung TC 80:
80 g Imperonbinder TC 1:2,
40 g Imperonfixierer T und
180 g Wasser werden in
700 g Schwerbenzin einemulgiert.
1000 g

Verschnitt:
850 g Verdickung TC 80,
20 g Diammoniumphosphat 1:2,
130 g Ausgleich.
1000 g

Die Herstellung der Druckpaste gleicht der Arbeitsweise des Imperon-FA-Verfahrens. Zur Fixierung ist ein Kondensieren während 5 min bei 150 °C notwendig. Temperaturen unter 130 °C und ungenügende Entlüftung in der Kondensiermaschine führt zu unvollständiger Fixierung, da das Bindersystem wasserlöslich bleibt. Aus letzterem Grund ist auch die Reinigung der Mitläufer sehr einfach, da keine Verhärtung des durchgedruckten Farbstoffes auf dem Mitläufer eintritt. Im *Filmdruck* wird die Bindermenge auf 40 g/kg ermäßigt und die Verdickung TC 80 auf 800 g/kg erhöht. Für den Druck sind dann nur die halben Farbstoff- und Fixierermengen notwendig. Das Verfahren ist auch für Metallpulverdruck gebräuchlich. Die Druckpaste hat dabei z. B. folgende Zusammensetzung:

150 g	Lunasol-Reichbleichgold hell Email, Schopflocher & Co., Frankfurt a. M.
500 g	Verdickung TC 80,
150 g	Imperonbinder TC 1:2,
50 g	Imperonfixierer T,
30 g	Diammoniumphosphat 1:2,
120 g	Ausgleich.
1000 g	

Das *Imperon-TF-Verfahren* eignet sich besonders für den Druck auf Filmdruckmaschinen, es liefert sehr billige und sehr gute echte Drucke.

Maschinendruck:	Baumwolle oder Zellwolle	Verschnitt
Imperon-Binder TF	100	–
Imperon-Verdickung TF 50	800	900 g
Tylose MGC 2000, 3%ig (*Hoechst*)	–	50 g
Imperon-K-Farbstoff	50	–
Imperonfixierer H	15	7,5 g
Diammoniumphosphat 1:2 (pH 7,5)	20	15 g
Ausgleich	15	27,5 g
	1000 g	

Die Imperon-Verdickung TF 50 enthält:

50 g	Imperon-Binder TF,
7,5 g	Solegal A (*Hoechst*) und
192,5 g	Wasser, einemulgiert in
750 g	Schwerbenzin.
1000 g	

Im Filmdruck werden die Binder- und Farbstoffmenge halbiert und die der Verdickung erhöht. Die Fixierung der Drucke gleicht dem TC-Verfahren. Die meisten Pigmentfarbstoffe enthalten in der Emulsionsverdickung Schwerbenzin mit einem Flammpunkt von etwa 38 °C, der zwar in der Druckpaste keine direkte Explosionsgefahr mit sich bringt, es müssen jedoch die gewerbepolizeilichen Vorschriften, wie z. B. das Rauchverbot in Farbküche und Druckerei, eingehalten bzw. für ausreichende Abfuhr des Benzins beim Trocknen gesorgt werden. Die Drucke sollten in allen

Fällen benzinfrei kondensiert werden. In den Abwasserkanälen kann es durch unsachgemäße Handhabung zu Explosionen kommen, wenn größere Mengen Druckpasten abgeführt werden. Ein großer Teil der Pigmentfarbstoffe enthält bereits monomere oder oligomere Kunststoffe, die sich bei zu warmer Lagerung kondensieren und dadurch zu reibunechten Drucken führen, was besonders in den Tropen möglich ist. Für diese Länder werden möglichst kunststofffreie Farbstoffe geliefert bzw. müssen die Angaben der Lagerbeständigkeit beachtet werden, die meist auf 1 Jahr begrenzt ist. Die Druckpasten enthalten Härter (Säurespender, Katalysatoren), die zur Beschleunigung der Kondensation führen und deshalb die Haltbarkeit der Druckpasten vor allem in der Wärme einschränken.

Schwierigkeiten ergeben sich durch Pigmentfarbstoffe, die schnell und vor allem bei niedriger Temperatur kondensieren und dadurch Mitläufer und Drucktücher versteifen, die dann nur unter beträchtlicher Beanspruchung gesäubert werden können. Im Filmdruck gilt ähnliches, außerdem werden die Schablonen rascher „zugesetzt". Auch die Gravur der Druckwalzen im Maschinendruck bedarf einer öfteren Reinigung als bei Verwendung anderer, nicht pigmentierter Farbstoffklassen. Da anstelle von Wasser Schwerbenzin verwendet wird, ist die Druckpaste teurer. Dieser Nachteil wird aber meist durch die einfachere Fixierung und den Wegfall der Nachbehandlung aufgewogen. Durch Verwendung von Wasser-in-Öl-Emulsionen (S. 131) kann die Verdickung weiter verbilligt werden.

Bunte Pigmentfarbstoffe sind zum Teil *weißätzbar*, eine Ätze kommt jedoch wenig in Betracht, da aus den bereits geschilderten Gründen eine Foulardfärbung nur in sehr hellen Tönen sinnvoll ist. Eine reduktive Weiß- bzw. Buntätze unter Zusatz von Küpenfarbstoffen ist jedoch möglich und da und dort gebräuchlich. Weit häufiger sind jedoch *Weiß-* oder *Buntreserven* als Vor- oder Überdruckreserven. Häufig sind Vordruckreserven unter *Reaktivfarbstoffen*, die entweder nach dem Kondensier-/Dämpf-, Klotz-/Trocknungs- oder dem Thermofixierverfahren entwickelt werden. Beim Kondensier-/Dämpf-Verfahren werden die Pigmente aufgedruckt, durch Kondensieren fixiert und die Reaktivfarbstoffe überklotzt, durch Dämpfen fixiert und wie üblich naß nachbehandelt. Beim Klotz-/Trocknungs-Verfahren werden die Pigmentfarbstoffe aufgedruckt, getrocknet, die Reaktivfarbstoffe geklotzt und auf Trockenzylindern beide Drucke gemeinsam entwickelt. In gleicher Weise wird auch beim Thermofixierverfahren gearbeitet, die Drucke werden jedoch nach dem Foulardieren getrocknet, kondensiert und naß nachbehandelt. Die Buntreserven werden wie für Pigmentfarbstoffe üblich angesetzt, jedoch zur Verhinderung der Fixierung der darüber geklotzten Reaktivfarbstoffe den Pigmentfarbstoffpasten 80–150 g/kg Weinsäure 1:1 zugesetzt. Für Weißreserven muß die Höchstmenge Weinsäure verwendet werden. Als Verdickung werden 500 g/kg Britischgummi 1:1 verwendet. Reaktivfarbstoffe werden mit Alkali geklotzt und nach den üblichen Vorschriften entwickelt.

Pigmentfarbstoffe sind auch als Vordruckreserven unter *Anilinschwarz* brauchbar. Die Vordruckpasten enthalten zur Reservierung des Schwarz 120–150 g/kg Zinkoxid 1:1 in der Emulsionsverdickung. Zusätze von stabilisierten Reduktionsmitteln (z. B. 20–40 g/kg Rongal H/*BASF*) verbessern die Reservierung. Die Weißreserve ist auch mit Pigmentweißfarbstoffen üblich. Das Anilinschwarz wird wie üblich nach dem Kondensieren durch Klotzen oder Pflatschen, Dämpfen, Oxydieren und Nachbehandeln erzeugt. Als Überdruckreserve auf *naphtoliertem Fond* können Pigmentfarbstoffe neben Echtsalzen bzw. -basen gedruckt werden, doch ist auch ein nachträgliches Klotzen der Salze oder Basen möglich, wenn der nicht reservierte Fond gänzlich angefärbt werden soll. Die Pigmentdruckpasten enthalten dann 150 g/kg Reservepaste aus

40 g Aluminiumsulfat,
30 g Weinsäure, gelöst in
80 g Tragantverdickung (6%ig).

Die aufgedruckten Reserven werden durch scharfes Trocknen fixiert und evtl. mit Echtbasen oder -salzen überpflatscht und wie üblich fertiggestellt.

Zur *Reservierung von Pigmentfarbstoffklotzungen* wird nur im Vordruckverfahren gearbeitet. Dabei wird eine alkalische Reduktionsätze aufgedruckt, die u. U. auch Küpenfarbstoff enthalten kann, der Pigmentfarbstoff kann auf dem Rouleaux entweder durch eine Uni-, Picot-, Gründel- oder Haschurenwalze aus letzter Hand direkt aufgebracht werden. Anschließend wird getrocknet, gedämpft und wie üblich fertiggestellt.

Für **Weißdrucke** werden die bereits beschriebenen Emulsionsverdickungen, z. B. mit 150 g/kg Titandioxid 1:1 pigmentiert, oder auch spezielle Weißpigmentfarbstoffe verwendet. Stellvertretend für diese Verfahren soll nachstehend die Arbeitsweise mit *Pigmentweiß* (*Cassella*) beschrieben werden. Bei dem Produkt handelt es sich um ein Produkt auf Basis von speziellem Titandioxid, das bereits organische Kohlenwasserstoffe und Binder enthält. Das Produkt kann durch Zusatz von Titanweiß stärker pigmentiert, mit wässerigen und auch Emulsionsverdickungen aufgedruckt und durch Dämpfen oder Kondensieren fixiert werden. Zur Illuminierung der Weißdrucke können Küpenfarbstoffe unverküpt oder gegen Reduktionsmittel beständige Direkt- und Säurefarbstoffe verwendet werden. Verküpte Küpenfarbstoffe sind jedoch nicht verwendbar. Als Beispiele von direkten Mattweißdrucken sollen nachstehende Verdickungen beschrieben werden. Es wird dabei das höher pigmentierte Pigmentweiß CN extra (*Cassella*) eingesetzt.

Zellulosefasern	2½ Acetatfasern	Wolle	Seide	Synthetische Fasern	
300	400	400	400	550 g	Pigmentweiß CN ex. werden mit
–	20	20	20	20 g	Peregal-O-Lösung 1:1 angerührt und
–	75	–	75	75 g	Helizarinbinder MD (*BASF*) spez. (*BASF*) oder
–	–	60	–	– g	Acronal 500 (*BASF*) zugerührt, mit
450	–	–	–	– g	Johannisbrotkernmehläther verdickt,
250	–	–	–	– g	Wasser,
–	5	–	5	5 g	Condensol 1:1 Lösung (*BASF*) oder
–	10	20	10	10 g	Rhodanammon-Lösung 1:1 zugesetzt und
–	490	500	490	340 g	Schwerbenzin einemulgiert.
1000 g	1000 g	1000 g	1000 g	1000 g	

Die Drucke auf meist stark glänzendem und gebleichtem Material können u.U. mit entsprechenden optischen Aufhellern oder Bläumitteln geschönt werden. Nach dem Trocknen wird bei Zellulosefasern 10 min gedämpft, gespült und 5 min heiß geseift. Drucke auf Wolle und Seide werden ebenfalls gedämpft, jedoch nur gründlich nachgespült. Die anderen Drucke werden nach dem Trocknen 5 min bei 130–150 °C kondensiert. Da es sich um Emulsionsdrucke handelt, ist ein Nachbehandeln entbehrlich.

Mattweißdrucke können auch auf gefärbtem Fond zur Erzeugung von z.B. Jacquardmustern wie auch auf weißem Material verwendet werden. Je nach Echtheit der Vorfärbung wird entweder aus wässerigen Verdickungen oder Emulsionsverdickungen und Kondensieren gearbeitet. Letzteres ist dann vorteilhaft, wenn der Fond zum Ausbluten neigt. Ähnliche Möglichkeiten ergeben sich auch bei Verwendung von Küpenpigmenten in der Druckpaste bzw. Halbtonvor- oder -überdruckreserven. Pigmentweiß kann auch mit stabilisiertem Reduktionsmitteln (z.B. Rongalit C/*BASF*) zur Mattierung von Weißätzen verwendet werden.

Alle Farbstoffhersteller haben in ihren Pigmentfarbstoffsortimenten (S. 241) entsprechende Weißfarbstoffe, doch werden von anderen Lieferanten auch besondere Weißprodukte auf den Markt gebracht, z.B. Desatinol DH, KBL (*Durand*), die auch mit O/W-Emulsionsverdickungen aufgedruckt werden können.

Als *Rauhreservedruck* können Pigmentweiß- und/oder -farbstoffe aufgedruckt werden. Nach dem Drucken und Trocknen werden die Gewebe friktioniert, kondensiert und gerauht. Dabei entsteht an den nichtbedruckten Stellen ein Rauhflor, wogegen die bedruckten Stellen ungerauht bleiben. Eine derartige Druckpaste für Baumwollflanell hat folgende Zusammensetzung:

10 – 60 g	Pigmentweiß oder -farbstoff werden mit
150 – 100 g	Fixappret CP (*BASF*) verrührt, mit
600 g	Vinarol ST 25%ig verdickt,
20 g	Condensol Z und
220 g	Wasser zugesetzt.
1000 g	

Als *Transparentdruck* können auf Baumwollgeweben

160 g	Methylglykolacetat,
400 g	Acrafloc LK(*Bayer*),
300 g	Acrafloc LKS(*Bayer*),
140 g	Imprafix TH(*Bayer*)
1000 g	

aufgedruckt werden. Die Baumwolle wird an den bedruckten Stellen durchscheinend (pergamentiert).

Pigmentfarbstoffe haben in den ersten Jahren nach ihrem Erscheinen vor allem in den USA einen Großteil der anderen Druckfarbstoffe wegen ihrer einfachen Anwendung verdrängen können. Diese Entwicklung hat sich jedoch nicht behauptet, da Emulsionsverdickungen teurer und nur unter Einsatz von Schnellrührern herstellbar sind. Vor allem aber genügen die Reib- und Waschreibechtheiten nicht ganz den Ansprüchen, die man an Waschartikel stellt. Für Dekoartikeldruck haben sie jedoch ihren Platz ausweiten können. Ähnliches gilt auch für Textilien, die nur mild gewaschen werden bzw. dann, wenn spezielle Matt- und andere Effekte verlangt werden, zu denen nur Pigmentfarbstoffe verwendbar sind. Ihr Einsatzgebiet ist im Druck jedoch weit größer als in der Färberei.

Druck mit Reaktivfarbstoffen. Beim Druck dieser Farbstoffklasse auf Zellulose-, Protein- und Polyamidfasern nutzt man die recht beständige, kovalente, homöopolare Bindung der Farbstoffe an selektive Gruppen der Fasern, wobei sich Ester- oder Ätherbindungen ausbilden. Seit die ersten Produkte dieser Farbstoffklasse (Procionfarbstoffe der ICI) 1956 auf den Markt kamen, hat ihre Verwendung in der Färberei und Druckerei sehr stark zugenommen. Inzwischen haben die meisten Farbstoffhersteller eigene Produkte auf dem Markt, die sich durch ihre reaktiven Gruppen unterscheiden. Im Prinzip handelt es sich um brillante Azo- oder Phthalocyaninkörper, die über den Träger der reaktiven Gruppe die Bindung an die primären, alkoholischen Gruppen der Zellulose im alkalischen Medium eingehen. Ein Nachteil dieser Farbstoffgruppe ist, daß sie auch mit den OH-Gruppen des Wassers Bindungen eingehen und daher ein gewisser Anteil verlorengeht bzw. ein sehr gründliches Nachwaschen der Drucke zur Erzielung der optimalen Echtheiten notwendig ist. Auf Grund der Reaktion mit Wasser ist es auch nicht möglich, die Reaktivfarbstoffe in Teig- oder flüssiger Form zu liefern. Man hat deshalb in der Einstreumethode die günstigste Form der Bereitung der Druckpasten entwickelt.

In den Echtheiten erreichen die Reaktivdrucke teilweise einen so hohen Standard, daß ein Teil mit dem INDANTHREN- bzw. FELISOL-Warenzeichen ausgezeichnet werden kann. Neben den hohen Echtheiten haben vor allem die vielen Möglichkeiten der Farbstoffixierung und die Kombinierbarkeit zur weiten Verbreitung dieser Farbstoffklasse beigetragen. Die Farbstoffe kommen u.a. als

Basazol-	*BASF*	Primazin-	*BASF*
Cavalite-	*Dupont*	Procion M-, H-	*ICI*
Cibacron-	*CIBA*	Reacna-	*ACNA*
Drimaren-Z-	*Sandoz*	Reacton-	*Geigy*
Elisiane-	*Francolor*	Solidazol-	*Cassella*
Levafix-, E-, P-	*Bayer*	Xiron-Farbstoffe	*Wolfen*

für den Druck auf den Markt. Die vorgenannten Produkte werden auch zum Drucken von Protein- und synthetischen Fasern eingesetzt. Es haben jedoch einige Firmen aus ihren Sortimenten die Farbstoffe ausgewählt bzw. neue Produkte geschaffen, die sich besonders für Proteinfasern eignen, und diese unter besonderen Sortimentnamen in den Handel gebracht (S. 277). Da die Applikationsmethoden der Farbstoffe meist nur geringe Abweichungen aufweisen, werden an dieser Stelle aus Raumgründen die Methoden des Druckes mit Cibacron-Farbstoffen (*CIBA*) ausführlicher beschrieben. Das bedeutet jedoch keineswegs, daß diese Farbstoffe eine Ausnahmestellung einnehmen. Abweichende Verfahren der anderen Farbstoffe werden anschließend erläutert. Allen Farbstoffen ist gemeinsam, daß Verdickungsmittel, welche wie die Zellulose selektive OH-Gruppen enthalten, für den Druck ungeeignet sind. Dazu gehören alle Stärkesorten, Dextrin und Britischgummi. In Ausnahmefällen wird jedoch Stärke in Kombination mit ansonsten verwendeten Verdickungsmitteln eingesetzt, wenn feine, scharfstehende Konturen gedruckt werden, z.B. Schwarz, da dann eine örtliche Verhärtung der Ware kaum störend ist. Für flächige Decker ist jedoch Stärke unbrauchbar. Reaktivfarbstoffe werden im Rouleauxdruck in der Regel mit *hochviskosen Alginaten* und im Filmdruck auch mit *Emulsionsverdickungen* gedruckt. Daneben sind jedoch auch Johannisbrotkernmehläther, Industriegummi (Kristallgummi), Stärkeäther, Tragant und Zelluloseäther brauchbar. Bei den Produkten empfehlen sich jedoch Vorversuche, da aus den Reaktivfarbstoffsortimenten einige Produkte mit einzelnen dieser Verdickungsmittel reagieren und dann, wie bei Stärke, zu hartem Warengriff führen, da durch die Reaktion die Verdickungsmittel wasserunlöslich werden. Teilweise ergeben diese Verdickungsmittel schwächere und seltener farbstärkere Drucke als Alginate.

Beim Aufdruck von Cibacron-Farbstoffen wurde eine besondere Auswahl vom Hersteller getroffen und alle P-(Printing/Padding-), D-(Druck-) und ausgesuchte A-(Allround-)Marken empfohlen. Die für das Ausziehverfahren besonders geeigneten Produkte (E-Marken) werden für den Aufdruck nicht eingesetzt, können jedoch für die Färbung des Fonds verwendet werden.

Beim **Aufdruck von Cibacron-Farbstoffen** (*CIBA*) nach der konventionellen Methode werden aufgedruckt:

Vollfarbe:		Copure:
30 – 100 g	Farbstoff mit	
50 – 100 g	Harnstoff vermischt, in	200 – 300 g
415 – 288 g	Heißwasser gelöst, in	255 – 205 g
400 – 500 g	Alginatverdickung, 5%ig eingerührt.	500 – 450 g
30 – 60 g	Pottasche 1:2 und	45 – 45 g
1 – 2 g	Natronlauge 38 °Bé	–
	oder anstelle von Pottasche und Lauge	
15 – 15 g	Natriumbikarbonat,	–
10 – 10 g	Albatex BD (*CIBA*) zugerührt.	–
x – x g	Ausgleich.	
1000 g		1000 g

Beim Druck von regenerierter Zellulose wird der Harnstoffzusatz in der Druckpaste auf 200 g/kg erhöht. Um die Härteempfindlichkeit der Alginate zu kompensieren, werden im Lösungswasser für die Alginate 10 g/l eines kondensierten Phosphates (z.B. Calgon T/*Benckiser*) vorgelöst. Bei Verwendung einer O/W-Emulsionsverdickung werden

50 g	Diphasol EV (*CIBA*), 12,5%ige Lösung mit
130 g	Wasser auf dem Schnellrührer mit
20 g	Albatex BD (*CIBA*) gemischt und
400 g	Schwerbenzin einemulgiert und
400 g	Alginatverdickung 5% zugerührt.
1000 g	

Zur Herstellung der Diphasol-EV-Lösung wird 1 Teil Diphasol EV, ein wachsartiges Produkt, auf dem Wasserbad mit 7 Teilen Wasser geschmolzen. Von der vorstehend angegebenen Stammemulsion werden 500–450 g in der Vollfarbe oder Copure anstelle von reiner Alginatverdickung eingesetzt. Die Haltbarkeit der Druckpasten ist je nach Reaktionsfähigkeit der Farbstoffe unterschiedlich und beträgt bei den meisten Produkten 2–4 Wochen, einige Farbstoffe können durch erhöhte Harnstoffzusätze in der Haltbarkeit verbessert werden.

Bei der *Einstreumethode* werden die Pulverfarbstoffe, meist unter Verwendung eines Schnellrührers, in die fertige Druckpaste eingestreut, dabei enthält die Druckpaste bereits alle Zusätze. Zur Farbstoffixierung sind eine Vielzahl von Möglichkeiten vorhanden, wobei immer der oben beschriebene Druckpastenansatz verwendet werden kann. Beim *Langdämpf-*

verfahren werden die getrockneten Baumwolldrucke 8 min auf dem Kontinuedämpfer (Zellwolle 12 min) bei 102–103 °C gedämpft. Durch *Hochtemperaturdämpfen* wird während 45–60 sec bei 140 °C fixiert. Wird nach der *Kurzdämpfmethode* gearbeitet, wird 30 sec gedämpft, es ist jedoch dann ein Zusatz eines Fixierbeschleunigers (z.B. 20 g/kg Cibacronkatalysator CCI/*CIBA*) in der Druckpaste nötig, und es wird nur unter Zusatz von Natriumbikarbonat gedruckt. Beim *Alkalischockverfahren* kann mit und ohne den Fixierbeschleuniger, aber immer ohne Alkali gedruckt werden. Die getrockneten Drucke werden mindestens 20 sec bei 90–100 °C in einem Bad (Foulard oder 1. Kasten der Breitwaschmaschine) mit

60 g/l Natronlauge 38 °Bé,
100 g/l Kochsalz,
150 g/l Soda kalz.,
40 g/l Pottasche,
20 g/l Wasserglas 40 °Bé

behandelt. Wird ohne Fixierbeschleuniger gearbeitet, wird vorteilhaft anstelle von Kochsalz Glaubersalz eingesetzt, ohne Wasserglas, aber mit 200 g/l Soda und 75 g/l Pottasche fixiert. Für das Alkalischockverfahren wird von *Hoechst* eine Einrichtung vorgeschlagen, die in Abb. 116 gezeigt wird und vorteilhaft vor dem ersten Waschkasten einer Breitwaschmaschine arbeitet. Die getrocknete Ware durchläuft dabei einen stehenden *Fixiertrog* aus Edelstahl und wird durch 6 Leitwalzen geleitet und zwischen den beiden Auslaufwalzen abgequetscht, um möglichst wenig Alkaliflotte in die Waschmaschine zu übertragen. Die Einrichtung ist so konstruiert, daß die Ware mit etwa 40 m/min den Fixiertrog durchläuft und dabei etwa 20 sec mit der heißen Flotte in Berührung bleibt. Der Trog wird indirekt über die Doppelwandungen beidseitig beheizt und die Fixierflotte aus einem Vorratsbehälter der Einrichtung zugeführt. Um die Flotte nicht an die laufende Ware zu spritzen, wird sie hinter einer Trennwand im Gleichstrom mit der Ware dem Trog zugeleitet. Durch diese Einrichtung ist gewährleistet, daß mit der geringsten Flottenmenge und ausreichender Fixierzeit gearbeitet wird, was bei Verwendung eines Foulards oder eines Troges der Breitwaschmaschine nicht möglich ist.

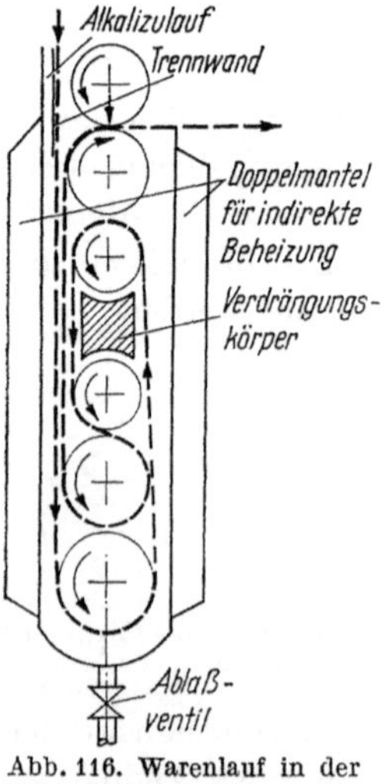

Abb. 116. Warenlauf in der Behandlungseinrichtung für das Alkalischockverfahren (nach *Hoechst*).

Beim *Thermofixier-(Thermosolier-)Verfahren* wird mit normalem Druckansatz, aber in allen Fällen mit 200 g/kg Harnstoff gedruckt, getrocknet, die Drucke werden durch Kondensieren bei 140–150 °C während 4–3$^1/_2$ min fixiert. Bei höheren Temperaturen kann die Kondensierzeit herabgesetzt werden. Teilweise werden neben Reaktivfarbstoffen auch

Küpenfarbstoffe gedruckt und beide bzw. auch die Reaktivfarbstoffe allein nach dem *Zweiphasenverfahren* fixiert. Das Verfahren hat wie auch das Alkalischockverfahren den Vorteil, daß die Druckpasten, da sie kein Alkali enthalten, unbeschränkt lange gelagert werden können, ohne einen Farbtiefenabfall befürchten zu müssen. Die Druckpaste wird durch Einstreuen des Farbstoffes in

980 g	Alginatverdickung, 2,5% (hochviskos),
10 g	Diphasol EV, 12,5%ige Lösung,
10 g	Albatex BD
1000 g	

hergestellt, die Drucke werden getrocknet und kalt mit

180 g/l	Kochsalz,	90 g/l	Natronlauge 38 °Bé,
130 g/l	Pottasche,	220 g/l	Wasserglas 40 °Bé

foulardiert oder gepflatscht und 30 sec bei 120–130 °C im Zweiphasendämpfer gedämpft. Anstelle von Wasserglas kann die Klotzflotte mit Tragantverdickung 6% verdickt werden. Durch die hohen Alkalimengen tritt ein Koagulieren der Alginate in der Verdickung ein. In letzter Zeit hat auch das *Kaltverweilverfahren* in Firmen Bedeutung erlangt, wo ein Dämpfer nicht zur Verfügung steht. Die Druckpasten bestehen aus

50 g	Cibacronfarbstoff,
10 g	Albatex BD (*CIBA*),
450 g	Alginatverdickung,
20 g	Cibacronkatalysator CCI,
470 g	Wasser oder Verdickung als Ausgleich.
1000 g	

Nach dem Drucken wird getrocknet mit 75 g/l Natronlauge 38 °Bé und 0,5 g/l Invadin MET (Merzerisiernetzer/*CIBA*) bei einem 100%igen Abquetscheffekt foulardiert, wenigstens 30 sec über einen Luftgang genommen und mindestens 3 Std. aufgedockt oder abgelegt. Ein evtl. Harnstoffzusatz soll maximal 30 g/kg betragen und nur bei sehr schwer löslichen Farbstoffen und hohen Farbstoffmengen erhöht werden. Höhere Mengen verursachen ein Fließen bzw. Abflecken der Drucke. Ein ausreichend langer Luftgang schränkt ebenfalls die angegebenen Nachteile ein. Das Kaltverweilverfahren sollte nur auf merzerisierter oder mindestens laugierter Baumwolle und nicht auf Zellwolle bzw. unmerzerisierter Baumwolle verwendet werden. Obwohl auch die Thermofixierung mittels *Infrarotstrahlern* möglich ist, hat das Verfahren nur wenig Verbreitung gefunden. Durch Verwendung des Elektrofixierers (S. 157) eröffnen sich jedoch vielfache Möglichkeiten der Heißfixierung. Es lassen sich auf dieser Einrichtung die Reaktivdrucke durch Dämpfen mit beträchtlichen Dampfmengen, durch Kondensieren ohne Zusatzdampf, nach dem Zweiphasenverfahren durch IR-Strahler und Zusatzdampf und schließlich während 40–60 sec durch einen *Thermoschock* mit Zusatzdampf ohne Druck bei 140–150 °C fixieren. Normalerweise sind alle Reaktivfarbstoffe durch Dämpfen fixierbar, wogegen die Heißluft- und anderen Fixierungsarten hauptsächlich auf Zellwolle eine gewisse Einschränkung von der Farbstoffseite her erfahren.

Für die *Nachbehandlung von fixierten Reaktivdrucken* eignet sich besonders die Breitbehandlung mit möglichst 8 Waschkästen bzw. zusätzlicher mechanischer Waschhilfen in kürzeren Breitwaschmaschinen. Zum Ablösen des nicht fixierten oder mit Wasser reagierenden Farbstoffs und Entfernen der Verdickung ist es vorteilhaft, nichtionogene Waschmittel in den Waschkästen einzusetzen. Auch Seife hat sich bewährt. Es soll möglichst weiches Wasser verwendet werden. Kondensierte Phosphate (z.B. Calgon T/*Benckiser*) verbessern ebenfalls den Waschprozeß in hartem und auch weichem Wasser. Normalerweise arbeitet man im

1. Waschkasten mit viel Kaltwasser im Überlauf und schließt einen möglichst langen Luftgang an, um die Verdickung gründlich auszuquellen. Im
2. und 3. Kasten wird eine kochende Wäsche angeschlossen, die ebenfalls mit ausreichender Wassererneuerung ausgestattet sein sollte.
4., 5. und 6. Waschkasten dienen der Kochwäsche mit Waschmittel. Im
7. Kasten wird nochmals mit nichtionogenem Waschmittel nachgewaschen und im
8. Kasten gründlich kalt nachgespült.

Durch anionische Waschmittel wird das Anbluten des Weißfonds begünstigt. Eine gründliche Nachwäsche ist für die ausreichende Erzielung der Naß- und Reibechtheit der Drucke notwendig. Bei kürzeren Waschmaschinen ist es notwendig, die Ware zweimal hintereinander zu waschen. Es ist aber dann beim Zwischenablegen ein Abflecken zu befürchten. Von der *CIBA* wurde Waschmittel 6892 herausgebracht, das sich besonders für die Wäsche von Reaktivfärbungen und -drucken eignet und je nach Wasserhärte mit 1–8 g/l verwendet wird.

Die überwiegende Zahl aller Reaktivfarbstoffe läßt sich nach den vorstehend beschriebenen Verfahren im Direktdruck verwenden, nach den gleichfalls beschriebenen Verfahren fixieren und auswaschen. Nachstehend sollen nun der Aufdruck weiterer Reaktivfarbstoffe anderer Hersteller beschrieben und vor allem die Behandlungsarten angegeben werden, welche von den beschriebenen Arbeitsweisen abweichen.

Beim Aufdruck von *Drimaren-* (*Sandoz*) und *Reacton-Farbstoffen* (*Geigy*) wird als Alkali neben Natriumbikarbonat auch 60–100 g/kg Sodalösung 1:3 bzw. 45 g/kg Pottaschelösung 1:2 empfohlen, wobei Pottasche nicht für alle Farbstoffe gleich gut wie Bikarbonat oder Soda geeignet ist. Um auch Zellwolle einwandfrei und mit guter Farbstoffausbeute bedrukken zu können, werden Vorbehandlungen der Stückwaren auf dem Foulard mit 100–200 g/l Harnstoff oder ein Laugieren mit 7 °Bé Natronlauge empfohlen. Die *Remazol-Farbstoffe* (*Hoechst*) werden wie beschrieben aufgedruckt. Als Fixierbeschleuniger (Alkalispender) empfiehlt *Hoechst* die Verwendung von Remazolsalz-FD-Lösung 1:1 in doppelter Menge des Farbstoffeinsatzes, jedoch nicht weniger als 50 g/kg und nicht mehr als 120 g/kg in der Druckpaste, wobei weitere Alkalizusätze, wie Natriumbikarbonat, erspart werden. Für das Kaltverweilverfahren wird eine spezielle Behandlung empfohlen, mit der ein Abflecken der Drucke weitgehend vermieden wird. Es wird dabei die ohne Alkali bedruckte Ware nach dem Trocknen mit Wasserglas von 47–48 °Bé geklotzt und ohne Luftgang aufgedockt. Allerdings muß mindestens 4 Std. kaltverweilt und anschließend sehr gründlich ausgewaschen werden. Das Verfahren erspart zwar den besonderen Ansatz von Fixierbädern, es treten jedoch auf dem Foulard Verkrustungen durch wasserunlösliche Kieselsäure auf, die sehr schwer zu entfernen sind. Ein Antrocknen der geklotzten Ware ist hier besonders schädlich, da sich dort ebenfalls Verkrustungen einstellen und zur Schädigung der Ware führen. Beim Zweiphasenverfahren empfiehlt *Hoechst* zur besseren Koagulation der Alginatverdickung, im Alkaliklotz 50 g/l Aluminiumsulfat zusätzlich zu verwenden und damit ebenfalls ein Abflecken im Dämpfer auszuschließen. Wegen der guten Löslichkeit der Remazol-Farbstoffe können die Harnstoffzusätze in den Druckpasten auf 50 g/kg ermäßigt werden und beim Alkalischock-, Zweiphasen- und Kaltverweilverfahren vollständig wegfallen.

Von der *ICI* werden die *Procion-M-* und die *Procion-H-Farbstoffe* auf den Markt gebracht, die sich auf Grund ihrer Konstitution vor allem durch die Schnelligkeit der Fixierung voneinander unterscheiden. Die M-Marken werden auch als Kaltfärber bezeichnet und reagieren schneller mit der Zellulose als die H-(Heißfärber-)Marken, die weitgehend den Cibacron-Farbstoffen (*CIBA*) gleichen. Daraus ergibt sich, daß die M-Marken bereits durch 20 sec Dämpfen entwickelt werden können. Von der *ICI* wird für die leichtfixierbaren Procion-M-Drucke eine *Fixierung über Trockenzylinder* empfohlen. Dabei werden die mit Alkali aufgedruckten Farbstoffe ohne Zwischentrocknung und, wenn ohne 30 g/kg Natriumbikarbonat oder Soda gedruckt wurde, die Drucke getrocknet mit den angegebenen Alkalimengen gepflatscht und sofort auf Trockenzylindern fixiert. Für die M-Farbstoffe wird als Fixierungsmöglichkeit auch das *Verhängen* empfohlen. Dabei werden die mit Alkali gedruckten Farbstoffe ohne Zwischentrocknen in feuchtwarmen Kammern bis zur Fixierung während 3–4 Std. verhängt. Das Verfahren ist auch durch Vorklotzen der Ware mit 20 g/l Natriumbikarbonat, Trocknen und Aufdrucken und anschließendem Verhängen der feuchten Drucke verwendbar. Die anderen Fixierungsverfahren, wie Alkalischock, HT-Dämpf- und Zweiphasenverfahren, werden hauptsächlich für die Fixierung der Procion-H-Farbstoffe eingesetzt. Beim Thermofixieren können die Procion-M-Farbstoffe in kürzerer Zeit und ermäßigter Heißlufttemperatur fixiert werden. Um ein

Abflecken der gewaschenen Drucke, wenn diese feucht abgelegt werden müssen, einzuschränken, empfiehlt die *ICI* die Verwendung von 2–5 g/l Fixanol PN im letzten Spülbad.

Von *Bayer* sind 3 Gruppen von Reaktivfarbstoffen auf dem Markt, die sich auf Grund ihrer Konstitution in ihrer Reaktionsfähigkeit mit der Zellulose unterscheiden. Die Levafix-Farbstoffe benötigen im Aufdruck zur Fixierung 200 g/kg Sodalösung 1:4 in der Druckpaste, mit 25 g/kg Natriumbikarbonat sind nur etwa die Hälfte der Farbstoffe fixierbar. 40 g/kg Natronlauge zeigen unterschiedliche Fixierung bei den einzelnen Farbstoffen. Zur Entwicklung der Levafix-Farbstoffe wird das Dämpf- und Thermofixierverfahren empfohlen und bei letzterem mit 200 g/kg Harnstoff gedruckt. Die schneller fixierbaren Levafix-E- und die besonders für den Druck empfohlenen Levafix-P-Farbstoffe werden nach den bereits eingangs beschriebenen Verfahren mit 10 g/kg Soda oder Bikarbonat (E-Marken) bzw. 20 g/kg Bikarbonat (P-Marken) aufgedruckt und wie beschrieben fixiert. Die Levafix-P-Drucke können in 30 sec nach dem Zweiphasenverfahren bzw. in der gleichen Zeit bereits bei 140–150 °C thermofixiert werden. Für das Zweiphasenverfahren wird ein Klotzen oder Pflatschen mit

10 – 30 g/l Natronlauge 38 °Bé,
150 g/l Soda kalz.,
50 g/l Pottasche,
100 g/l Koch- oder Glaubersalz,
1 g/l Rongal A

vor dem Dämpfen empfohlen. Für das Alkalischockverfahren wird als Zusatz im Fixierungsbad die Natronlauge auf 50 g/l erhöht und ohne Zusatz von Rongal A (*BASF*) gearbeitet. Bei Verwendung der Levafix-P-Farbstoffe hat sich besonders das Kaltverweilverfahren eingeführt, bei dem die Drucke mit 350 g/l Soda + 30 g/l Natronlauge 38 °Bé foulardiert oder kalt gepflatscht, über einen Luftgang geführt und 3 Std. abgelegt oder aufgedockt fixiert werden. Für die P-Marken wird auch das Vorpräparierverfahren eingesetzt. Dabei wird die Ware mit 200 g/l Harnstoff und 30 g/l Natronlauge geklotzt, vorsichtig getrocknet, ohne Alkali gedruckt und durch Dämpfen bei 100–120 °C während 8–2 min fixiert. Auch die Entwicklung über Trockenzylinder ist möglich, wobei die feuchten Drucke während 60 sec bei Temperaturen von 120–150 °C der Zylinder fixiert werden. Levafix-Farbstoffe haben sich vor allem dort bewährt, wo schnell auswaschbare Produkte wegen geringer Waschkapazitäten verwendet werden müssen.

Von der *BASF* sind mit unterschiedlicher Reaktionsfähigkeit die *Primazin-* und *Basazol-Farbstoffe* auf dem Markt. Die *Primazin-Farbstoffe* werden nach dem bereits beschriebenen Verfahren fixiert, wobei ein Zusatz von 50 g/kg Fixierer P eine Abkürzung der Fixierzeiten ermöglicht.

Die *Basazol-Farbstoffe* erfordern unbedingt einen Zusatz von Fixierer P, der zusätzlich reaktive Gruppen einführt und dadurch oft eine quantitative Farbstoffixierung ermöglicht. Dadurch werden sehr farbstarke Drucke erreicht, welche sich leichter auswaschen lassen als die Drucke mit konventionellen Reaktivfarbstoffen, außerdem können die Fixierzeiten herabgesetzt werden. Die quantitative Fixierung setzt auch die Gefahr des Abfleckens wesentlich herab. Basazol-Farbstoffe werden im Einzelansatz und auch durch Verwendung von Stammansätzen im Aufdruck verwendet. Beim Einzelansatz arbeitet man vorteilhaft über eine Lösung von Fixierer P. Dabei werden

100 g	Fixierer P mit
1000 ml	Wasser von 85–90 °C übergossen,
5 ml	Ammonaik konz. zugesetzt und der Lösung
150 g	Harnstoff zugegeben.

Im Regelfall erfordern Basazol-Farbstoffe die halbe Menge Fixierer P bzw. entsprechende Menge an Fixierer-P-Lösung. Die Druckpaste besteht z.B. aus:

40 g	Basazolfarbstoff werden mit
100 g	Harnstoff vermischt und in
200 g	Fixierer-P-Lösung und
100 g	Heißwasser gelöst,
10 g	organisches Oxydationsmittel zugesetzt und in
450 g	Alginatverdickung eingerührt. Nun werden
20 g	Natriumbikarbonat, Pottasche oder Soda zugesetzt und mit
80 g	Wasser oder Verdickung ausgeglichen.
1000 g	

Bei der Stammansatzmethode werden als Stammverdickung bzw. Copure verwendet:

	Stammverdickung:		Copure:
I.	50 – 50 g	Fixierer P mit	20 – 20 g
	500 – 500 g	Wasser von 90 °C übergossen	200 – 200 g
II.	2,5 – 2,5 g	Ammoniak konz.	1 – 1 g
	120 – 120 g	Harnstoff	50 – 50 g
III.	30 – 30 g	Natriumbikarbonat und	15 – 15 g
	15 – 15 g	Ludigol (*BASF*) werden in	10 – 10 g
	222,5 – 262,5 g	Warmwasser gelöst und	644 – 684 g
	60 – 20 g	Alginat-Pulver eingestreut und homogenisiert	60 – 20 g
	1000 g		1000 g

Die angegebenen 3 Mischungen werden vereinigt. Dabei werden in die Lösung I die Produkte von II zugesetzt und in III eingerührt. Die gleiche Methode wird auch bei der Copure verwendet. Beim Ansatz der Druckpasten werden die Farbstoffe mit der 4–7fachen Heißwassermenge gelöst und in 600 g Stammverdickung eingerührt. Wenn über eine Emulsionsstammverdickung gearbeitet wird, setzt sich diese wie folgt zusammen:

30 g	Fixierer P werden mit
300 g	Wasser von 90 °C übergossen,
1,5 g	Ammoniak konz.,
150 g	Harnstoff und bei 50 °C
25 g	Peregal O zugesetzt,
25 g	hochviskoses Alginat-Pulver am Schnellrührer eingerührt. Nun werden
15 g	Ludigol in
40 g	Heißwasser gelöst eingerührt und
300 g	Schwerbenzin am Schnellrührer einemulgiert und
24 g	Natriumbikarbonat, in
89,5 g	Wasser von 50 °C gelöst, nachgesetzt.
1000 g	

Die Basazol-Farbstoffe werden am Schnellrührer mit 100 g Harnstoff vermischt und in 700 g Emulsionsstammverdickung eingerührt und mit Wasser ausgeglichen.

Die Basazol-Farbstoffe lassen sich auch mit Primazin-Farbstoffen gemeinsam aufdrucken. Dabei wirkt Fixierer P allein mit den Basazol-Farbstoffen und wird mengenmäßig nur auf diese Produkte verwendet. Die Haltbarkeit der Druckpasten mit Basazol-Farbstoffen beträgt bei Verwendung von Natriumbikarbonat 4 Wochen und verringert sich bei Verwendung von Soda und Pottasche auf 2 Wochen. Besonders interessant ist diese Farbstoffgruppe wegen ihrer leichten Fixierbarkeit. Beim Dämpfverfahren genügen Dämpfzeiten von 1–1$^1/_2$ min bei 110–120 °C, beim Kurzdämpfverfahren 30 sec bei 130–140 °C. Zum Thermofixieren benötigt man 3–5 min bei 150 °C oder 1 min bei 190 °C, wobei Zusätze von 200 g/kg Harnstoff und Pottasche anstelle von Bikarbonat eine etwas bessere Ausbeute erreichen lassen. Beim Zweiphasenverfahren wird mit Fixierer P und nur 25–50 g/kg Harnstoff, aber ohne Alkali gedruckt und in 30 sec bei 110 °C durch Dämpfen fixiert. Beim Alkalischockverfahren genügen Behandlungszeiten von 20–30 sec bei 90° C in einer Flotte von

50 g/l Natronlauge, 38 °Bé,
150 g/l Soda kalz.,
50 g/l Pottasche,
100 g/l Kochsalz.

Die vorstehende Lösung wird auch kalt als Klotzflotte für das Zweiphasenverfahren verwendet. Beim Kaltverweilverfahren auf merzerisierter Baumwolle flecken die Drucke kaum ab, doch kann durch Einsatz von

90 g/l Kochsalz,
150 g/l Pottasche,
100 g/l Natronlauge, 38 °Bé

im Klotzbad das Abflecken weiter herabgesetzt bzw. ganz vermieden werden.

Eine ausreichende Reihe von Primazin- und Basazol-Farbstoffen (*BASF*) werden neuerdings auch für das *Fixierer-P-Vorklotzverfahren* eingesetzt. Im Prinzip wird dabei die Ware mit

30 g	Fixierer P 100 in
818 g	Heißwasser gelöst,
2 g	Ammoniak konz. und
150 g	Harnstoff zugesetzt,
1000 g	

vor dem Druck foulardiert, bei 80 °C getrocknet und mit einer Kombination einer niedrigviskosen Alginat- und Emulsionsverdickung gedruckt. Die Emulsionsverdickung wird auf dem Schnellrührer aus

30 g	Uniperol O 1:1,
100 g	Wasser,
100 g	niedrigvisköser Alginatverdickung und
770 g	Schwerbenzin
1000 g	

bereitet, mit 300 g mit 700 g der separat angesetzten Alginatverdickung zur Stammverdickung vereinigt. Die Druckverdickung enthält neben dem Farbstoff die üblichen Mengen Harnstoff, die beim Druck auf regenerierte Zellulosefasern auf 200 g/kg erhöht wird, als Alkali 30 g/kg Soda oder Pottasche und 10 g/kg eines organischen Oxydationsmittels. Es können auch geringe Mengen Natronlauge verwendet werden. Das Verfahren wird vor allem im Filmdruck eingesetzt. Es hat den Vorteil, daß die Druckpasten unbeschränkt haltbar sind und zur Fixierung der Drucke nur ein Trocknen bei 110–115 °C während 5–3 min notwendig ist und damit ein Dämpfer oder eine andere, besondere Fixiereinrichtung erspart wird.

Die *Solidazol-Farbstoffe* (*Cassella*) werden nach den bereits eingangs beschriebenen Verfahren gedruckt, benötigen jedoch beim Kaltverweilen eine Verweilzeit von 24 Std. Der Druck mit den weiteren, am Anfang dieses Abschnittes aufgeführten Reaktivfarbstoffen unterscheidet sich nur unwesentlich von den ebenfalls beschriebenen Verfahren.

Beim Druck von **Reaktivfarbstoffen neben anderen Farbstoffklassen** sind einige Besonderheiten zu beachten. Da jedoch fast alle Nuancen mit Reaktivfarbstoffen erreichbar sind, sind Drucke neben anderen Farbstoffen weniger üblich. Neben *Küpenfarbstoffen* werden Reaktivfarbstoffe im Einphasenverfahren normal gedruckt, es empfiehlt sich jedoch, zum Schutz der Reaktivdrucke die Oxydationsmittelmenge (S. 167) zu erhöhen, um evtl. eingeschlepptes Reduktionsmittel im Reaktivdecker zu zerstören. Daneben sollten die Reaktivfarbstoffe unbedingt aus erster Hand, d. h. vor den Küpenfarbstoffen, gedruckt werden. Auch beim Zweiphasenverfahren muß die organische Oxydationsmittelmenge mindestens verdoppelt werden. In beiden Fällen sind Überfälle der beiden Farbstoffklassen nicht möglich. Neben *Leukoküpenester-Farbstoffen* lassen sich Reaktivfarbstoffe ebenfalls drucken und sowohl nach dem Dämpf- als auch Nitritverfahren verwenden. Beim Nitritverfahren dürfen jedoch nur solche Reaktivfarbstoffe gedruckt werden, die durch die Behandlung in der Schwefelsäure und dem aufgedruckten Nitrit keine Veränderung erfahren. Ein Vorfixieren der Reaktivfarbstoffe durch Dämpfen oder Thermofixieren vor der Säurebehandlung für das Nitritverfahren ist jedoch notwendig. Neben *Pigmentfarbstoffen,* jedoch ohne Überfälle, lassen sich beide Farbstoffklassen durch einmaliges Thermofixieren oder Dämpfen fixieren. Von *Hoechst* wurden spezielle Verfahren ausgearbeitet bei denen neben Reaktivfarbstoffen (Remazol-Farbstoffe) Echtsalze auf *naphtoliertem Grund* und auch ausgesuchte Echtsalze in Kombination mit den Reaktivfarbstoffen gedruckt werden können. Dabei ist es möglich, eine Reihe von z.B. Grüntönen, welche mit Echtsalzen allein nicht erhältlich sind, mit diesen Kombinationen herzustellen und ohne Dämpfen durch eine Alkalischockbehandlung die Drucke zu fixieren. Dabei ist jedoch zu beachten, daß als Verdickungsmittel keine Alginate verwendet werden, da diese mit den Stellmitteln der Echtsalze koagulieren können. Man verwendet entweder Carragheenate (S. 127), Stärkeäther oder Tragant. Da die Echtsalze durch Kupplung fixieren, können die Reaktivfarbstoffe nach dem bereits angegebenen Alkalischockverfahren oder auch durch Dämpfen oder Thermofixieren fixiert werden. Als besondere Variante wird von *Bayer* auch die Verwendung von Levafix- (nicht Levafix-E- oder -P-Farbstoffe) zur Klotzung mit Naphtol-AS-Grundierungsflotten empfohlen. Dabei werden die beiden Produkte nebeneinander oder gemeinsam gelöst. Bei gemeinsamen Lösungen sind die Klotzflotten nur wenige Tage haltbar. Es werden dabei z.B.

10–15 g/l Naphtol AS,
1–10 g/l Levafix-Farbstoff,
10 g/l Harnstoff,
20 g/l Natronlauge

als Klotzlösung verwendet, die Klotzungen getrocknet, Echtsalze aufgedruckt, die Levafix-Farbstoffe durch Dämpfen fixiert und aus dem Fond das nichtausgekuppelte Naphtol ausgewaschen, wobei im Fond der Levafix-Farbstoff erhalten bleibt. Neben *Naphtol-Entwicklungsfarbstoffen* lassen sich Reaktivfarbstoffe ohne Änderung der Verfahren drukken, vorausgesetzt, daß zur Entwicklung beider Farbstoffklassen nur ein neutrales Dämpfen eingesetzt wird. Saures Dämpfen ist nicht möglich, ebenfalls scheidet eine saure Naßentwicklung aus, wenn die Reaktivfarbstoffe nicht durch neutrales Dämpfen oder Thermofixieren vorfixiert wurden. Da heute Naphthol-Entwicklungsfarbstoffe auch durch Thermofixieren fixiert werden, kann diese Methode für beide Farbstoffklassen eingesetzt werden. Beim Druck von Reaktivfarbstoffen neben *Phthalocyanin-Farbstoffen* können beide Farbstoffklassen durch Dämpfen oder Thermofixieren fixiert werden. Auch der Druck neben *Anilinschwarz* (jedoch keine Überfälle) ist möglich, dabei müssen die Reaktivfarbstoffe durch verdoppelte Alkaligaben vor der im Dämpfer entstehenden Säure geschützt werden. Gleiches gilt auch für die voroxydierten Anilinschwarzprodukte. Auch der Druck neben *Beizenfarbstoffen* ist üblich.

Beim *Ätzdruck von Reaktivfärbungen* werden in allen Fällen Reduktionsätzen verwendet. Dabei müssen die Angaben der Farbstoffhersteller berücksichtigt werden, da nicht alle Produkte auch in tiefen Tönen weiß ätzbar sind. Als Weißätzen werden verwendet:

a) neutrale Weißätze:

100 – 200 g	Natriumformaldehydsulfoxylat,
550 – 450 g	Verdickung,
40 – 40 g	Glycerin,
410 – 310 g	Ausgleich.
1000 g	

b) verstärkte Weißätze:

400 g	Verdickung,
170 g	Natronlauge, 38 °Bé,
50 g	Zinkoxid,
80 g	Wasser,
200 g	Natriumformaldehydsulfoxylat,
70 g	Leukotrop W (*BASF*),
30 g	Ausgleich.
1000 g	

Als Verdickungsmittel wird Kristallgummi, Britischgummi, Arabischgummi, seltener Tragant eingesetzt. Zur Verbesserung des geätzten Fonds kann den Ätzen auch reduktionsbeständiger, optischer Aufheller bzw. Titandioxid als Weißpigment zugesetzt werden. Zum Schutz der Färbung gegen Ätzaureolen wird der Fond mit 10 g/l eines organischen Oxydationsmittels (S. 167) und evtl. der gleichen Menge Milchsäure 50%ig oder Glykolsäure vorpräpariert. Nach der Vorschrift für verstärkte Weißätzen können auch Küpenfarbstoffe als Buntätze eingesetzt werden. Nach dem Drucken wird vorsichtig getrocknet, 5–10 min gedämpft, gründlich kalt und heiß gespült. Bei der Buntätze wird vor der Nachbehandlung oxydiert und anschließend gründlich gespült und geseift.

Reserven unter Reaktivfarbstoffen werden häufiger verwendet, da nicht alle Reaktivfärbungen, vor allem solche in dunklen Tönen, ausreichend ätzbar sind. Es sind Weiß- und Buntreserven als Vor- oder Überdruckreserven üblich. Dabei wird im Prinzip die Reaktion zwischen Reaktivfarbstoffen und Zellulose durch organische Säuren, sauer aufgedruckte Weißpigmente oder Reduktionsmittel verhindert. Zur Herstellung von *Weißreserven unter Reaktivklotzungen* werden

10 – 100 g	Wein-, Zitronen-, Milch-, Glykol- oder Oxalsäure in
540 – 450 g	Heißwasser gelöst mit
100 – 100 g	Titandioxid 1:1 pigmentiert und in
350 – 350 g	Tragant-, Britisch- oder Kristallgummi, Johannisbrotkernmehl- oder Zelluloseäther- bzw. Stärke/Tragant-Verdickung eingerührt.
1000 g	

Nach dem Drucken werden die Reserven getrocknet, mit schwach verdickten Reaktivfarbstoffen und Alkali gepflatscht – Klotzen ist ungünstig –, getrocknet, durch Dämpfen entwickelt und wie für den Aufdruck beschrieben nachbehandelt. Als *Reservemittel PR* wird von der *ICI* ein Natriumsalz einer organischen Säure herausgebracht, welches mit 150 bis 300 g/kg anstelle organischer Säuren zur Reservierung eingesetzt wird. Da die Reserven farblos sind, ist es vorteilhaft, die Reserven mit 0,5 g/kg Rhodamin B oder einem anderen, leicht auswaschbaren Säurefarbstoff zu markieren. Mit etwas weniger gutem Erfolg lassen sich die angegebenen Reserven auch als Überdruckreserven verwenden. Anstelle des Reaktivfarbstoffklotzens ist es auch möglich, diese Farbstoffe aus letzter Hand mit einer Gründelwalze auf die Ware zu bringen und damit den Fond weitgehend „anzufärben". Als besondere Variante empfiehlt *Hoechst* eine *Überdruckreserve* mit 200 g/kg Zitronensäure auf mit 2 g/l Milchsäure 50%ig foulardierten Remazol-Farbstoffen, und nach dem Trocknen im Zweiphasenverfahren mit

40 g/l Natronlauge, 38 °Bé,
150 g/l Glaubersalz, kalz.,
50 g/l Pottasche

zu pflatschen und durch 20 sec Dämpfen die Remazol-Farbstoffe zu fixieren. Auf diese Weise wird an den sauer reservierten Stellen auch durch den Alkaliklotz der Reaktivfarbstoffe nicht fixiert und anschließend ausgewaschen, ferner lassen sich neben der Reserve auch dunkle Töne – z. B. Konturenschwarz – mit Remazol-Farbstoffen drucken und fixieren. Als *Halbtonreserven* werden von *Bayer* mit Alginaten verdickte 10–20 g/kg Glukose empfohlen, die wegen der auftretenden, gegenüber Formaldehydsulfoxylaten milderen Reduktionswirkung nur einen Teil der foulardierten Levafix- und Levafix-E-Farbstoffe fixieren lassen. Die Drucke werden nach dem Trocknen während 7–8 min gedämpft und dabei der alkalisch überklotzte Farbstoff entwickelt, wobei an den reservierten Stellen nur teilweise Fixierung des Reaktivfarbstoffes möglich ist. Ähnliche Effekte lassen sich auch als Halbtöne mit geringeren Mengen von Pigmentweiß erreichen, das mit etwa 30 g/kg Weinsäure aufgedruckt wird. Derartige Halbton- oder vollkommene Weißreserven haben den Vorteil, daß die vorgedruckten Reserven und der überklotzte Reaktivfarbstoff durch Dämpfen oder auch Thermofixieren entwickelt werden können. Die Nachbehandlung von Ätzen und Reserven gleicht der von reinen Reaktivaufdrucken.

Wegen der oft ungenügenden Ätzbarkeit von Reaktivfärbungen wurde eine Reihe von *Buntreserveverfahren* unter Reaktivfarbstoffen entwickelt, die teils als Vor- und teils als Überdruckreserven verwendet werden. Es ist dabei oft möglich, mit Weiß- und Buntreserven nebeneinander zu arbeiten. Mit *Küpenfarbstoffen* lassen sich nach dem Einphasenverfahren Vordruckreserven erreichen, da an den mit Reduktionsmittel aufgedruckten Küpenfarbstoffen der gepflatschte Reaktivfarbstoff beim Dämpfen abgeworfen und beim Nachbehandeln entfernt wird. Reaktivfarbstoffe können im Walzendruck auch über eine Gründelwalze aus letzter Hand aufgebracht werden. Analog wie eine Weißreserve können *Pigmentfarbstoffe* als Buntreserve verwendet und beide Farbstoffe durch Dämpfen oder Thermofixieren entwickelt werden. Es ist jedoch notwendig, den Pigmentfarbstoffen, die meist als Emulsionsdrucke ausgeführt werden, 80–150 g/kg Weinsäure 1:1 zuzufügen. Als Überdruckreserve wird von *Hoechst* nachfolgende Arbeitsweise empfohlen, wobei als Buntreserve *Leukoküpenesterfarbstoffe* eingesetzt werden. Die Remazol-Farbstoffe (*Hoechst*) werden schwach sauer vorgeklotzt,

12 – 20 g	Remazol-Farbstoffe werden mit
2 – 2 g	Milchsäure, 50%ig, in
300 – 300 g	Heißwasser gelöst,
10 – 10 g	Natriumchlorat zugesetzt, mit
50 – 50 g	Tragant, 6%ig, verdickt und mit
626 – 618 g	Heißwasser ausgeglichen,
1000 g	

getrocknet,

40 – 120 g	Anthrasol-(Leukoküpenester-/*Hoechst*)Farbstoff,
30 – 30 g	Glyzerin,
50 – 50 g	Harnstoff in
245 – 165 g	Heißwasser gelöst, mit
500 – 500 g	Stärke/Tragant verdickt,
100 – 100 g	Zitronensäure 1:1,
20 – 20 g	Alaun und
15 – 15 g	Ammonvanadat 1%ig zugefügt,
1000 g	

aufgedruckt und die Leukoküpenester durch scharfes Trocknen oder Dämpfen fixiert. Nun wird mit 30 g/l Natronlauge 38 °Bé + 250 g/l Kochsalz gepflatscht und wie beim Zweiphasenverfahren durch 20 sec Dämpfen die Remazol-Farbstoffe fixiert und wie üblich nachbehandelt. Das Verfahren ist auch als Vordruckreserve verwendbar, wobei durch anschließendes Dämpfen der mit Alkali überklotzte Reaktivfarbstoff und die vorgedruckte Reserve entwickelt werden.

Reaktivfarbstoffe können selbst als Reserven verwendet werden. So ist es oft vorteilhaft, *Reaktivfarbstoffe unter Anilinschwarz* zu verwenden. Dabei können Reaktivreserven sowohl als Vor- wie auch als Überdruckreserven eingesetzt werden. Dabei wird durch Zusatz von 50–100 g/kg Zinkoxid 1:1 + 30 g/kg kalzinierte Soda; 100 g/kg Soda allein; 70 g/kg Zinkkarbonat + 70 g/kg Soda; 125 g/kg Natriumacetat + 125 g/kg Zinkoxid 1:1 + 10 g/kg Natriumthiosulfat in der Reaktivfarbstoff-Vor- oder

Überdruckreserve die Entwicklung des Anilinschwarz durch Dämpfen an den reservierten Stellen verhindert, und auch das nachfolgende Oxydieren mit Bichromat und Soda ergibt keine Anfärbung der Reserve. Werden voroxydierte Anilinschwarzmarken (S. 216) verwendet, erübrigt sich eine Oxydation mit Bichromat. Für den Afrikadruck können Reaktivfarbstoffe auch auf *naphtoliertem Fond als Reserve* eingesetzt werden. Dabei werden den Reaktivfarbstoffreserven 60–80 g/kg Zinnchlorür 1:1 oder 100 g/kg Reserve H (*Hoechst*) + 10 g/kg Ammonrhodanid zugesetzt, getrocknet, die Echtsalze oder -basen gepflatscht oder im Zwickelfoulard geklotzt, im 1. Kasten einer Breitwaschmaschine oder einer Spezialvorrichtung (S. 159) die Reaktivfarbstoffe durch einen Alkalischock fixiert und die Drucke wie üblich nachbehandelt.

Als *Procion-Kunstharz-Reserveverfahren* wird von der *ICI* folgendes Arbeitsverfahren empfohlen, mit dem es möglich ist, Procionfärbungen durch Procionfarbstoffe zu reservieren. Im Prinzip werden Procionfarbstoffe mit Reaktanharzen aufgedruckt, die sowohl mit den Reaktivfarbstoffen als auch den OH-Gruppen der Zellulose reagieren und dadurch ein Anfärben mit nachfolgenden Reaktivfarbstoffen an den durch Druck vorreservierten Stellen verhindern. Man bedruckt hauptsächlich Baumwolle mit

5 – 30 g	Procion M- oder -H-Farbstoff in
445 – 420 g	Heißwasser gelöst, in
400 – 400 g	Verdickung, eingerührt,
100 – 100 g	Reaktantharz und
20 – 20 g	Procion-Kunstharz-Katalysator (*ICI*),
20 – 20 g	Velan NW 1:1 (*ICI*-Weichmacher) und
10 – 10 g	Resistsalz L (*ICI*/organisches Oxydationsmittel) zugesetzt.
1000 g	

Nun wird auf 8–10% Restfeuchtigkeit getrocknet, 3–5 min bei 160 bis 150 °C thermofixiert, die Ware gekühlt und mit

10 – 50 g	Procionfarbstoff mit
100 – 100 g	Harnstoff gemischt, in
760 – 720 g	Heißwasser gelöst, mit
100 – 100 g	Alginat 4%ig verdickt,
10 – 10 g	Resistsalz L und
20 – 20 g	Natriumbikarbonat zugesetzt,
1000 g	

gepflatscht, getrocknet, die Procion-M-Farbstoffe werden durch Zylindertrocknen und Procion-H-Farbstoffe durch Thermofixieren fixiert, und wie üblich wird nachbehandelt. Das Verfahren ist auch zur Herstellung von Weißvordruckreserven mit Reaktantharzen allein verwendbar.

Häufig ist auch der **Stranggarndruck** von Zellulosefasern, wobei sowohl Baumwoll- als auch Leinen-, Zellwoll- und Reyongarne mit allen für sie brauchbaren Farbstoffen bedruckt werden. Der Ätzdruck ist selten und ein Reservedruck nicht üblich. Wie auch bei Geweben aus diesen Fasern müssen Garne möglichst saugfähig sein, um ausreichend Farbstoff mit den Druckpasten aufnehmen zu können. Baumwollgarne werden deshalb in der Regel gebeucht und gebleicht. Da die Konturenschärfe der Decker nicht die Bedeutung hat wie beim Druck von Stückwaren, ist ein Gasieren (Sengen) der Garne meist entbehrlich. Auf den Garnen aufliegende Fasern verunreinigen allerdings die Druckwalzen, und es werden diese Garne vor dem Bedrucken beim Umhaspeln über Fadenreiniger von diesen Fasern befreit, wenn ein Gasieren entfällt. Zur *Vorbehandlung* gehört auch das *Ausschlagen der Garnstränge*, um die Einzelfäden möglichst nebeneinander zu legen, damit sie von den Druckwalzen erreicht werden. Teilweise werden die Stränge von Hand ausgeschlagen, doch sind auch maschinelle Einrichtungen für diesen Zweck im Gebrauch. Sehr günstig sind für den Stranggarndruck Parallelhaspelungen der Garne, wie sie auch für das Merzerisieren empfohlen werden. Kreuzhaspelungen sind jedoch häufiger. Zur Vorbehandlung von Baumwollsträngen gehört auch das Merzerisieren bzw. Laugieren. Letztere Vorbehandlung ist auch zur Verbesserung der Farbstoffaufnahmefähigkeit bei Zellwollgarnen üblich. Leinengarne werden in der Regel nur in vorgebleichtem Zustand und Reyongarne mindestens ohne Präparation, also gewaschen, bedruckt.

Zum Drucken werden *Stranggarndruckmaschinen* (S. 46), für die Farbstoffixierung *Dämpfer* eingesetzt (S. 148). Im Prinzip unterscheidet sich die Druckpaste von den für Gewebe üblichen Pasten dadurch, daß man *körperreiche Verdickungsmittel* verwendet und die Druckpasten, wie auch beim Vigoureuxdruck, wesentlich zügiger (geringer-viskos) mit etwa 300 g Verdickung einstellt. Diese Forderung muß erfüllt werden, da die Garnkörper unter allen Umständen durchgedruckt werden müssen und ein Oberflächendruck für Stranggarne unbrauchbar ist. Wegen des unbedingt notwendigen Durchdrucks ist der Druckpastenverbrauch weit höher als im Rouleauxdruck. Stranggarnbedruckte Materialien werden sowohl in der Weberei und Wirkerei wie auch in der Kabelindustrie zur Kenntlichmachung von Drähten, die mit diesen Garnen „umsponnen" werden, verwendet.

Für den **Kettdruck**, der heute meist auf Reliefdruckmaschinen (S. 9) vorgenommen wird, gelten die gleichen Bedingungen wie beim Stranggarndruck bezüglich der Druckpastenherstellung bzw. der Warenvorbereitung usw. Neben den körperreichen Verdickungsmitteln sind auch mittelviskose, körperärmere Produkte im Gebrauch, wenn es sich um feine Baumwoll- bzw. Reyongarne handelt, die einen weniger harten Druckfilm ergeben und dadurch eine mechanische Beschädigung der Garne beim „Brechen" der Garne an Führungseinrichtungen verhindern.

Selten ist das Bedrucken von Kammzügen (Kardenband) aus Baumwolle oder Zellwolle im **Vigoureuxdruck**, da Melangen dieser Materialien in der Regel als Flockefärbung hergestellt und anschließend gemischt (melangiert) werden. Obwohl im Prinzip für den Druck sämtliche Farbstoffe brauchbar sind, werden dafür in stärkerem Maße Schwefelfarbstoffe bzw. deren wasserlösliche Vertreter (z.B. Hydrosolfarbstoffe/*Cassella*) eingesetzt. Es dürfen jedoch dann keine Kupferdruckwalzen, sondern verchromte Druckwalzen eingesetzt werden. Als Beispiel einer Druckpaste gilt nachfolgende Zusammensetzung:

40 g	Hydrosolfarbstoff werden mit
20 g	Drucköl verrührt und
50 g	Suldhydrat (*Cassella*) zugesetzt und in
300 g	Heißwasser gelöst,
50 g	Soda kalz.,
40 g	Dextrinpulver, in
500 g	Wasser gelöst, nachgesetzt.
1000 g	

Nach dem Drucken wird ohne Zwischentrocknen 30 min bei 104 °C gedämpft, auf Bobinen umgewickelt und im Färbeapparat mit Säure das Alkali neutralisiert, bei 80 °C nachgeseift und gründlich gespült. Besonders echte Schwarztöne, die im Vigoureuxdruck hauptsächlich üblich sind, lassen sich auch mit speziellen, voroxydierten Anilinschwarzmarken erzielen. So wird z.B. mit folgender Druckpaste gedruckt:

40 g	Solanilschwarz F (*Francolor*) und
50 g	Harnstoff werden in
475 g	kochendem Wasser gelöst, in
350 g	Alginatverdickung eingerührt und
30 g	Natriumchlorat,
30 g	Ammonsulfat,
20 g	Ammonvanadatlösung 1%ig und
5 g	Ammoniak zugesetzt.
1000 g	

Wird anstelle von Harnstoff Thiodiglykol verwendet, resultieren blauere Schwarztöne. Durch Zusatz von 2–3 g/kg Paraphenylendiamin kann das Dämpfen verkürzt werden. Nach dem Drucken wird gedämpft, möglichst bei 80 °C geseift und gespült. Vielfach werden Kammzüge aus Viskosezellwolle mit Wollkammzug melangiert, da der Druck von Mischkammzügen nur sehr beschränkt echte Drucke ergibt.

12. Druck von Textilien aus Sekundäracetat

Obwohl das *Sekundär-*, $2^1/_2$- oder *Zelluloseacetat* als Faden oder Faser in der Textilindustrie viel an Bedeutung durch die Einführung synthetischen Fasern verloren hat, werden diese Fasern hauptsächlich als endloses

Reyon noch für Oberbekleidungstextilien (Abendkleider) und teilweise in der Krawattenindustrie eingesetzt. Es handelt sich um regenerierte Zellulosefasern, die durch teilweises Acetylieren sehr unterschiedliche Eigenschaften gegenüber dem Zelluloserohstoff (Baumwollinters) aufweisen und die sich vor allem in der Anfärbbarkeit zeigen. Die Fasern lassen sich nur mit Dispersionsfarbstoffen anfärben. Für den Druck werden daneben auch Küpen-, Säure-, 1:2-Metallkomplex-basische und Leukoküpenesterfarbstoffe verwendet, die zum Färben nicht üblich sind. Für Schwarz werden noch Oxydationsschwarzmarken und in seltenen Fällen auch Pigmentfarbstoffe verwendet, die jedoch nur in sehr hellen Tönen zu drucken sind, die Ware versteifen und deshalb kaum Verwendung finden.

Obwohl Textilien aus Sekundäracetat meist in sehr weißem Zustand zum Druck kommen, ist es oft notwendig, mit Natriumchlorit oder saurem Hypochlorit vorzubleichen bzw. durch eine milde Reduktionsbleiche nachzubleichen. Zur Entfernung der Präparation ist eine Vorwäsche bei maximal 75 °C notwendig, die jedoch als Alkali, wenn überhaupt, nur 2–3 ml/l konzentriertes Ammoniak enthalten darf. Temperaturen über 80 °C sollten bei der Behandlung in wässerigem Medium in allen Fällen vermieden werden, da dann eine teilweise Verseifung auftritt, die zur Mattierung führt, und dadurch auch die typischen Eigenschaften der Faser verändert werden. Dieses Verseifen tritt durch stärkere Alkalien wie Soda oder Laugen auch bei tieferen Temperaturen ein und wird teilweise absichtlich bzw. im Druck zur Herstellung von partiellen Matteffekten eingesetzt.

Dispersionsfarbstoffe sind wasserunlösliche Produkte, die als Dispersion aufgedruckt werden und sich beim Dämpfen im Fasersubstrat lösen. Die Produkte kommen meist als einfache, feindisperse Pulver, Granulate und in flüssiger bzw. flüssig-teigiger Form in den Handel. Die feindispersen (mikrodispersen, mildispersen usw.) Pulver haben den Vorteil der leichten, stippenfreien Verarbeitung, noch günstiger sind in dieser Beziehung die flüssigen Marken. Alle Pulvermarken müssen vor dem Zusatz zur Druckpaste mit Wasser von maximal 50 °C gründlich dispergiert werden, um Klumpenbildung zu vermeiden. Die flüssigen Farbstoffe können meist ohne besondere Vorbereitung in die fertigen Druckpasten eingerührt werden. Zu den für das Färben und Drucken verwendeten Dispersionsfarbstoffen gehören u.a.:

Acele-	*Dupont*	Dispersol-	*ICI*
Acetoquinone-	*Francolor*	Duranol-	*ICI*
Artisil-	*Sandoz*	Setacyl-	*Geigy*
Celanthrene-	*Dupont*	Setil-	*ACNA*
Celliton-	*BASF*	Solacet-	*ICI*
Cibacet-	*BASF*	Vonteryl-Farbstoffe	*Vondelingenplaat*

Die Farbstoffe werden auch zum Bedrucken von Triacetat, einige auch für Polyamid-, Polyester- und Polyacrylfasern verwendet, bzw. es sind auch Dispersionsfarbstoffe für Sekundäracetat verwendbar, die im Druck auf den genannten Synthesefasern üblich sind. Die Lichtechtheiten der Drucke mit Dispersionsfarbstoffen sind unterschiedlich und ergeben meist nur mittlere Noten, ausgesuchte Produkte zeigen auch sehr gute Lichtechtheit. Die Naßechtheiten sind durchschnittlich und für den Druck von ausgesprochenen Waschartikeln nicht ausreichend. Allerdings werden Textilien aus Sekundäracetat kaum zu Waschartikeln verwendet. Die Druckpasten haben meist folgende Zusammensetzung:

10 –	100 g	Dispersionsfarbstoffpulver werden in
368 –	270 g	Warmwasser möglichst am Schnellrührer dispergiert, in
600 –	600 g	Verdickung eingerührt, der vorher
2 –	10 g	eines organischen Oxydationsmittels und
20 –	20 g	Drucköl zugesetzt wurden.
	1000 g	

Als Verdickungsmittel kommen, wie auch beim Drucken von synthetischen Fasern, körperreiche Produkte, wie Kristall- oder Arabischgummi Johannisbrotkernmehl- und Stärkeäther, niedrigviskose Alginate, zur Anwendung. Als Verdickungsmittel werden oft Kombinationen der angegebenen Produkte verwendet. Daneben ist es auch möglich, mit W/O-Emulsionen zu arbeiten, die in der Regel schärfere Drucke mit größerer Brillanz ergeben. Zur besseren Farbstoffverteilung in der Druckpaste werden auch spezielle Lösungsmittel und Harnstoff zugesetzt. Um evtl. alkalische Bedingungen auszuschließen, werden bis zu 30 g/kg Essigsäure und gegen die Einflüsse von Abgasen Inhibitoren zugesetzt. Wird mit Emulsionsverdickungen gedruckt, ist als Antischaummittel ein Silikonölpräparat günstiger als höhermolekulare Alkohole.

Nach dem Drucken und Trocknen wird 30–45 min ohne Überdruck gedämpft, gespült, bei 40–45 °C leicht geseift und nachgespült. Arbeitet man mit 200 g/kg Harnstoff ist auch ein Druckdämpfen während 2 min bei 130 °C zur Fixierung möglich. Ein Thermofixieren während 60 sec bei 205 °C ist zwar möglich, führt aber oft zu harter Ware. Um die Dämpfzeit ohne Druck abzukürzen, wird von der *BASF* ein Zusatz von 40 bis 95 g/kg Luprintan ATP und von *Sandoz* Sandotherm ACS in Mengen von 30–100 g/kg in der Druckpaste empfohlen. Es ist dann möglich, die Dämpfzeit auf 10–15 min abzukürzen, die Drucke werden dadurch meist brillanter, egaler, teilweise farbtiefer und in den Naßechtheiten höher. Die Produkte werden zum gleichen Zweck auch beim Druck von Triacetat eingesetzt. Zur Herstellung von sehr gut licht- und naßechten Drucken empfiehlt die *ICI* die Verwendung *reaktiver Dispersionsfarbstoffe* (Procinylfarbstoffe), welche mit 100 g/kg Harnstoff gedruckt und wie Dispersionsfarbstoffe fixiert werden.

Obwohl der Druck mit Dispersionsfarbstoffen hauptsächlich eingesetzt wird, haben andere Farbstoffklassen eine gewisse Bedeutung im Druck von Sekundäracetat erlangt, die in der Färberei nicht verwendet werden. Dazu gehören *Säure*- und ausgesuchte *1:2-Metallkomplex-Farbstoffe*, die nach neu entwickelten Verfahren *ohne Dämpfen* fixiert werden können. Nach älteren Verfahren war eine Vorbehandlung mit speziellen Quellmitteln und nachträgliches Dämpfen notwendig. Die *CIBA* empfiehlt den Druck von ausgesuchten Kiton-, Benzyl-, Alizarin-, Tectilon-, Avilonlicht- und Cibalan-Farbstoffen, mit denen gut bis sehr gut licht- und naßechte Drucke zu erreichen sind. Die Druckpasten haben folgende Zusammensetzung:

Vollfarbe:		Verschnitt:	
15 – 30 g	Farbstoff werden mit	–	
80 – 80 g	Lösungsmittelgemisch und	40 g	
40 – 40 g	Thioharnstoff in	40 g	
215 – 180 g	Kochwasser gelöst und in	220 – 200 g	Kaltwasser
500 – 500 g	Verdickung eingerührt, die	550 g	
80 – 80 g	Rhodanammonium krist.,	80 g	
20 – 20 g	Essigsäure, 40%ig, und	20 g	
50 – 70 g	Dowanol EP (*DOW*) enthalten.	50 – 70 g	
1000 g		1000 g	

Das Lösungsmittelgemisch besteht aus

500 g	Lyoprint G (*CIBA*),
100 g	Dowanol EP (*DOW*),
400 g	Cyclohexanol.
1000 g	

Beim Ansatz der Druckpaste werden vorteilhaft Schnellrührer verwendet. Als Verdickungsmittel werden niedrigviskose Johannisbrotkernmehläther eingesetzt. Nach dem Drucken und Trocknen sind die Drucke fixiert und werden lediglich kalt und warm gespült, mit 1 g/l eines nichtionogenen Waschmittels bei 70 °C geseift und nachgespült. Ein Dämpfen ist zu vermeiden, da dadurch immer Reißfestigkeitsverluste auftreten. Das Verfahren ist nur für den Filmdruck möglich. Ein Durchdruck ist auch im Filmdruck nicht möglich. Große Decker egalisieren weniger gut, und die zugesetzten Quellmittel können Schablonengaze bzw. -lacke angreifen.

Die weiteren Druckverfahren haben nur untergeordnete Bedeutung. So ist es z.B. möglich, *Küpenfarbstoffe* nach dem Einphasenverfahren bzw. als Küpensäuren aufzudrucken. Die Verfahren werden auch für den Ätzdruck eingesetzt und deshalb anschließend beschrieben. Drucke mit hoher Brillanz können auch mit *basischen Farbstoffen* erreicht werden, die minderen Echtheiten beeinträchtigen jedoch die Verwendung dieser Farbstoffklasse, die mit Essigsäure, körperreicher Verdickung aufgedruckt und durch 30 min Dämpfen fixiert werden. Zur Verbesserung der Naßechtheiten kann mit 3 g/l eines Reservierungsmittels (z. B. Mesitol WL, WLS/*Bayer*) vor dem Seifen bei 40 °C nachbehandelt werden. Auch die Verwendung von *speziellem Oxydationsschwarz* (z. B. Indosolschwarz T/*Durand*) ist z. B. für Konturen möglich. Die Druckpaste hat dabei folgende Zusammensetzung:

80	–	100 g	Farbstoff werden mit
70	–	70 g	Harnstoff und
30	–	30 g	Dehapan GB (*Durand*) vermischt, in
91	–	91 g	Heißwasser gelöst. In
570	–	550 g	Industriegummiverdickung eingerührt und
15	–	15 g	Natriumchlorat,
80	–	80 g	Rhodanammonlösung 1:1,
54	–	54 g	Anilinöl und
10	–	10 g	Ammonvanadatlösung 1%ig nachgesetzt.
		1000 g	

Nach dem Drucken und Trocknen wird 20 min ohne Druck gedämpft, gespült, bei 50 °C geseift und nachgespült. Auch der Druck mit *Leukoküpenesterfarbstoffen* ist möglich, die nach dem Nitrit- oder dem Bichromatverfahren eingesetzt werden können. 15–20 min muß jedoch immer gedämpft werden, um ausreichende Farbstoffausbeuten zu erhalten, bevor die Drucke mit 20 ml/l konzentrierter Schwefelsäure oder beim Bichromatverfahren ebenfalls bei 75 °C mit 10 ml/l konzentrierter Schwefelsäure + 3 g/l Natriumbichromat fixiert werden. *Pigmentfarbstoffe* ergeben nur helle Farbtöne mit schlechter Reibechtheit und versteifen die Ware. Für leuchtende Rottöne können auch *Naphthol-Entwicklungsfarbstoffe* eingesetzt werden, die durch Neutraldämpfen entwickelt werden.

Auch der **Ätzdruck** wird häufig ausgeführt, da ausgesuchte Dispersionsfarbstoffe mit speziellen Reduktionsmitteln (Calciumformaldehydsulfoxylat, wie z. B. Rongalit H/*BASF*, Zinkformaldehydsulfoxylat, z. B. Decrolin löslich konzentriert/*BASF*, und Formamidinsulfosäure, z. B. Manofast/*Hardman*) weiß- und unter Zusatz von ätzbeständigen Dispersions- bzw. Küpenfarbstoffen im Einphasenverfahren bzw. als Küpensäuren buntätzbar sind. Als *Weißätzen* sind üblich:

100	–	300 g	Reduktionsmittel werden in
365	–	130 g	Warmwasser gelöst, in
500	–	500 g	Kristallgummiverdickung eingerührt,
30	–	60 g	Produkt P4 oder Luprintan ATP (beide *BASF*) und
5	–	5 g	Entschäumer zugesetzt.
1000 g			

Die Weißätzpasten können auch mit Titandioxid, Pigment- oder Zinkweiß pigmentiert werden. Nach dem Drucken und Trocknen wird 8 bis 12 min gedämpft, gespült, geseift und nachgespült. Schwer ätzbare Färbungen können auch unter Druck von 0,2 atü gedämpft werden. Die *Bunt-*

ätzen mit ätzbeständigen Küpenfarbstoffen sind ähnlich aufgebaut, enthalten jedoch beim Einphasenverfahren noch 50–60 g/kg Pottasche und Natriumformaldehydsulfoxylat als Reduktionsmittel. Nach dem Dämpfen wird mit Wasserstoffperoxid und Essigsäure reoxydiert und wie beschrieben nachbehandelt. Wird mit Küpensäuren bunt geätzt, sind nur 50–75 g/kg Manofast (*Hardman*) als Reduktionsmittel notwendig, die Pottasche entfällt. Nach dem luftfreien Dämpfen wird mit 10 ml/l konzentrierter Schwefelsäure + 2 g/l Natriumnitrit 5–10 min bei 45 °C reoxydiert, gespült, geseift und nachgespült. Ähnlich wird auch mit Rongalit H (*BASF*) gearbeitet, und neben Produkt P 4 werden 80 g/kg Triäthanolamin zugesetzt. Zur Reoxydation der Küpensäuren wird dann ammoniakalisch mit Wasserstoffperoxid gearbeitet.

Neben den vorstehend beschriebenen Druckverfahren sind noch einige spezielle Arbeiten für Sekundäracetat in der Druckerei interessant. Dazu gehört u.a. das *Mattieren* und anschließende Erzeugen von örtlichen *Glanzeffekten* durch Aufdruck. Mattiert werden Gewebe aus Sekundäracetat am besten auf dem Färbestern während 1 Std. kochend mit 5 bis 15 g/l Marseillerseife + 2 g/l Phenol oder 3–5 g/l Pine-Öl anstelle von Phenol. Eine Mattierung ist auch durch Foulardieren mit 250 g/l Harnstoff und anschließendes Dämpfen während 5–8 min möglich. Auf die so mattierte Ware kann man durch Aufdruck von

150 – 250 g	Triazetin, Aceton, Tinosollöser A (*Geigy*),
50 – 100 g	Glyzerin,
200 – 50 g	Wasser,
600 – 600 g	Verdickung
1000 g	

örtlich Glanzeffekte erzeugen. Nach dem Drucken wird 10–20 min gedämpft und gespült. Die Drucke sollen vor dem Dämpfen möglichst feucht gehalten werden. Die angegebenen Glanzdrucke können durch Zusatz von Dispersionsfarbstoffen auch bunt illuminiert werden. Auch der umgekehrte Vorgang ist möglich, wenn man Industrie- oder Arabischgummi aufdruckt, mit Harnstoff überklotzt und durch Dämpfen mattiert. Es handelt sich dabei um eine Glanzreserve. Dabei ist es vorteilhaft, den Harnstoffklotz mit etwas Tragant zu verdicken. Um *örtliche Matteffekte* zu erzielen, ist es möglich, die nachfolgende Druckpaste zu verwenden. In

500 – 450 g	Tragant- oder Johannisbrotkernmehlätherverdickung werden
200 – 250 g	Harnstoff,
20 – 20 g	Milchsäure, 80%ig,
30 – 40 g	Zinnsalz krist.,
100 – 100 g	Titandioxid oder Kaolin 1:1 eingerührt und mit
150 – 140 g	Wasser oder Verdickung ausgeglichen.
1000 g	

Auch hier sollen die Drucke vor dem Dämpfen gleichmäßig feucht sein und können mit Dispersionsfarbstoffen illuminiert werden.

13. Druck von Textilien aus Proteinfasern

In die Klasse der Proteinfasern gehören vor allem die *Wolle* (Schafwolle) und andere *tierische Haare*, letztere haben jedoch im Druck nur eine untergeordnete Rolle, die *Seide* (Naturseide) und wenige regenerierte Proteinfasern aus Milch-, Erdnuß- oder Maiseiweiß, die nur in Mischung mit Wolle oder Zellulosefasern verwendet und dann evtl. bedruckt werden.

Wolldruck

Die Schafwolle wird mengenmäßig erst in den letzten Jahren in größerem Umfang bedruckt, da sie gegen die Bedingungen der Farbstoffixierung sehr empfindlich ist und wegen ihres hydrophoben Charakters eine besondere Vorbehandlung benötigt, um ausreichende Mengen Farbstoff im Druck aufnehmen zu können. Es handelt sich dabei um ein *Chlorieren* (*Chloren*) mit Aktivchlor aus Natriumhypochlorit bzw. eine Behandlung mit chlorabspaltenden Produkten. Diese Behandlung ist nur für Wollstückwaren üblich, für den Kammzug-(Vigoureux-)Druck kommt sie nicht in Betracht. Stranggarne werden teils ohne, teils nach einer Chlorierung bedruckt.

Der Druck von Wollstückwaren wird vor allem aus modischen Gründen vorgenommen. Es werden neben Webwaren für Damenoberbekleidung auch Wirkwaren (Jersey) und Schals bedruckt. Der Vigoureuxdruck hat immer seine Bedeutung behalten können. Der Wolldruck hat jedoch keineswegs die Bedeutung wie der Druck auf Zellulosefasern. Da die zu bedruckenden Gewebemengen verhältnismäßig klein sind, werden Wollstückwaren in der Regel nicht auf dem Rouleaux, sondern hauptsächlich im Filmdruck auf Tischen und ausnahmsweise auf Filmdruckmaschinen bedruckt. Der Verbraucher zieht, abgesehen von den angegebenen Ausnahmen, buntgewebte den bedruckten Wollwaren vor.

Die **Vorbehandlung** *von Wollwaren für den Druck* besteht in einer gründlichen Vorwäsche, die möglichst auf einer Breitwaschmaschine vorgenommen wird, um Brüche und Falten, die bei der Stückwäsche im Strang häufig auftreten, zu vermeiden. Meist werden nur leichte, dünn eingestellte Wollgewebe, z.B. Musseline für Tücher, bedruckt, die unbedingt in breitem Zustand vorbehandelt werden sollten. Wie auch bei allen anderen Geweben ist es notwendig, Wollwaren vor dem Druck von abstehenden Fasern zu befreien, was durch Sengen oder Scheren möglich ist, oft werden beide Arbeiten ausgeführt. Das Sengen wird meist vor dem Waschen und das Scheren evtl. nach dem Druck auf der Fertigware vorgenommen. Zur Glättung und Entspannung der Fadensysteme werden fast alle Wollgewebe eingebrannt, d.h. in breitem Zustand einer Heißwasserbehandlung auf dem *Brennbock* (Krabbmaschine) unterzogen und entweder auf dieser Einrichtung langsam oder auch auf Kaulen gewickelt abgekühlt. Diese Arbeit wird auch als Fixieren bezeichnet und damit eine stabile (krumpffreie) Ware erreicht, die eine glatte Oberfläche zeigt.

Nach den beschriebenen Vorarbeiten wird nach verschiedenen Verfahren die **Chlorierung** vorgenommen. Diese Behandlung ermöglicht eine verstärkte Farbstoffaufnahme beim Bedrucken. Daneben werden weitere Effekte erzielt, die in der Druckerei zwar nur eine Nebenrolle spielen, für Träger der Textilien jedoch wichtig sind. Dazu gehört die Filzfreiheit und der erhöhte Glanz (Seidenglanz) der chlorierten Wollwaren. Durch die Oxydationswirkung des Chlors im sauren Medium werden die Cystin-Disulfid-Brücken des Keratins angegriffen. Dieser Angriff muß auf die dünne und widerstandsfähige Außenschicht – die Epikutikula – beschränkt bleiben, wenn nicht eine akute Wollschädigung eintreten soll. Die einfache Naßchlorierung ist jedoch nicht in dem Maße zu steuern, daß diese Forderung erfüllt werden kann, und deshalb muß eine gewisse Wollschädigung in Kauf genommen werden, die sich in oft örtlich unterschiedlicher Farbstoffaufnahme, Vergilbung und Abfall anderer technologischer Eigenschaften der Wolle bemerkbar macht.

Bei der *Naßchlorierung* werden die Wollstücke auf der Haspelkufe in möglichst hohem Flottenverhältnis (mindestens 1:40) während 45 bis 90 min mit 1,5–2% Aktivchlor aus Natronbleichlauge kalt behandelt. Der pH-Wert der Behandlungsbäder liegt bei 2 und wird durch Zusatz von Salz- oder Schwefelsäure eingestellt. Man arbeitet meist so, daß die einwandfrei vorgewaschene Wollware in der Säurelösung von 2–4 g/l Schwefel- oder 3–8 g/l konzentrierter Salzsäure gut und gleichmäßig vorgenetzt und die erforderliche Menge Hypochlorit in Verdünnung innerhalb von 30 min langsam dem Behandlungsbad zugesetzt wird. Dabei arbeitet man meist durch portionsweises Zusetzen und muß vermeiden, daß die konzentrierten Lösungen direkt an die Ware kommen. Zur besseren Benetzung ist der Zusatz eines chlor- und säurebeständigen Netzmittels vorteilhaft bzw. die Ware in vorgenetztem Zustand zu chlorieren. Die Haspelkufen sollen unbedingt abgedeckt sein, um eine Belästigung der Bedienung durch das entstehende Chlorgas zu vermeiden, das zweckmäßig abgesaugt wird. Nach dem Chlorieren wird kalt gespült und auf frischem Bad mit 0,5 g/l Natriumthiosulfat (Antichlor) entchlort und kalt nachgespült. Neben diesen einfachen Verfahren sind auch spezielle Arbeitsweisen üblich, die jedoch hauptsächlich für die Filzfreiausrüstung eingesetzt werden.

Bei der beschriebenen Naßchlorierung wird das Chlor begierig von der Wolle aufgenommen und führt zu örtlicher Schädigung oder Schädigung des gesamten Materials. Durch Einsatz von speziellen *Chlorpuffern* ist es möglich, das freiwerdende Chlor zu binden und die Abgabe an die Wolle so zu steuern, daß keine Schädigung, keine Chlorgasentwicklung und trotzdem der gewünschte Effekt eintritt. Bei den Chlorpuffern oder -überträgern handelt es sich in der Regel um *wasserlösliche Kunstharzvorkondensate,* wie sie auch in der Hochveredlung von Zellulosefasern verwendet werden und eine starke *Chlorretention* aufweisen, wie z.B. die *Carbamidharze.*

Von der *CIBA* wird für den angegebenen Zweck vor allem das *Melafix DM* empfohlen. Man beschickt das kalte Behandlungsbad auf der Haspelkufe bei einem Flottenverhältnis von 1:40 mit

10 g/l Kochsalz,
4% + 1,2 g/l = 2,2 g/l Schwefelsäure konz., 98%ig,
0,5 g/l Ultravon JF,
2,2% Melafix DM (in Wasser vorgelöst),
2% Aktivchlor aus Natriumhypochloritlauge.

Das Behandlungsbad hat einen pH-Wert von 1,8–2. Um diesen pH-Wert zu erreichen, ist es notwendig, daß die Ware vorher neutral oder schwach sauer reagiert und, wenn alkalisch vorgewaschen wurde, entsprechend nachgespült oder abgesäuert wird. Nun wird 15 min bei 20 °C behandelt, in 15 min auf 35 °C getrieben und weitere 60 min chloriert. Nach dieser Zeit ist nur mehr 10–15% der ursprünglichen Aktivchlormenge vorhanden, die im gleichen Bad durch Zusatz von 0,5 g/l Natriumthiosulfat oder der gleichen Menge Natriumbisulfitlösung 40%ig entfernt wird. Obwohl durch die beschriebene Chlorierung kaum eine Vergilbung eintritt, werden die Druckfonds meist vorgebleicht. Man bleicht nach dem Spülen auf frischem Bad bei 40 °C meist über Nacht mit

20 ml/l Wasserstoffperoxid, 35%ig,
1,5 g/l Tetranatriumpyrophosphat,
1 – 1,5 ml/l Ammoniak konz.

Anschließend wird gründlich gespült und evtl. mit wenig Essigsäure abgesäuert. Für ein Vollweiß kann eine reduktive Nachbleiche mit

3 g/l Hydrosulfit BLI CIBA,
1% Uvitex CF/*CIBA* (optischer Aufheller)

angeschlossen werden. Wird oxydativ und evtl. reduktiv nachgebleicht, ist ein Entchloren der chlorierten Ware entbehrlich und auch ein Absäuern zwischen den beiden Bleichverfahren unnötig. Oft genügt auch die reduktive Nachbleiche während 1 Std. bei 50 °C zu einem ansprechenden Weiß, das durch Verlängerung der Bleichzeit und Erhöhung des Reduktionsmittelzusatzes verbessert werden kann. Nach der Bleiche wird gründlich gespült und evtl. abgesäuert.

Als *kationischer Chlorcarrier* wird von *Cassella* das *Nikrulan CLF* auf Basis hochmelekularer Amine empfohlen, das mit dem Chlor im Behandlungsbad ein kolloidgelöstes Reaktionsprodukt ergibt, aus dem während der Chlorierung das Aktivchlor langsam an die Ware frei wird. Das kalte Behandlungsbad wird mit

1,4–2% Nekanil O-Lösung/*BASF*,
2,8–4% Nikrulan CLF,
10% Kochsalz,
4 –5% Schwefelsäure konz.,
0,7–1% Aktivchlor

beschickt und die Ware schnell in den Flottenraum der Haspelkufe eingeführt, auf den Haspel genäht und 20 min behandelt. Zur guten Chlorierung ist es zweckmäßig, die Aktivchlormenge in 2 Portionen zuzusetzen und zuerst nur mit der Hälfte zu arbeiten. Die 2. Hälfte wird nach 20 min nachgesetzt und weitere 20 min behandelt. Der pH-Wert darf nicht über 2 ansteigen. Nun wird weitere 60–80 min behandelt oder während 20 min auf 45 °C erwärmt und nur 45 min bei dieser Temperatur chloriert. Beim Chlorieren auf der Haspelkufe ist eine langsam laufende Haspelkufe vorteilhaft, bei der der Haspel möglichst knapp über dem Flottenspiegel angebracht ist. Zur Vermeidung der Faltenbildung ist es zweckmäßig, die Ware öfter auszubreiten. Nach der Nikrulan-Behandlung wird, wie bereits beschrieben, entchlort oder nachgebleicht.

Von *Geigy* wird als Chlorpuffer das *Chloregal D,* ein Triazinylderivat empfohlen. Dabei wird die Ware mit

1–2% Chloregal D,
3–4% Schwefelsäure konz.

auf der Haspelkufe gut vorgenetzt und innerhalb von 30–60 min 1–3% Aktivchlor als verdünnte Hypochloritlauge zugesetzt und so lange chloriert, bis ein Restchlorgehalt von 8–15% der ursprünglichen Menge erreicht ist. Der Anfangs-pH-Wert soll 2 und nach dem Chlorzusatz maximal 3 betragen. Nach der Behandlung wird wie bekannt entchlort bzw. nachgebleicht.

Von der *BASF* wird als *Basolan DC* eine *organische Chlorverbindung* auf den Markt gebracht, die sowohl zur Filzfreiausrüstung wie auch zum Chlorieren von Wollstückwaren für den Druck eingesetzt wird. Das Produkt selbst bringt das Aktivchlor mit, und es ist deshalb eine Titration der bei den vorstehend beschriebenen Verfahren der Naßchlorierung notwendigen Hypochloritlauge unnötig. Man arbeitet nach folgendem Richtrezept auf der Haspelkufe:

Vorwäsche: Es wird 30 min bei 20 °C mit 0,2 g/l Nekanil LN vorgewaschen und ohne zu spülen, jedoch auf frischem Bad, weiterbehandelt.

Chlorieren: Ist die Ware vorgewaschen, kann die Vorwäsche erspart werden, es ist jedoch günstig, 0,2% Nekanil LN zuzusetzen und 5 min vorzunetzen. Anschließend werden 10% Glauber- oder Kochsalz zugesetzt, und mit Ameisen- oder Schwefelsäure wird das Bad auf pH 3–3,5 eingestellt und weitere 5 min vorlaufen gelassen. Nun wird durch Zusatz einer Lösung von 2,5% Tetranatriumpyrophosphat wasserfrei und 3–4% Basolan DC chloriert. Dabei wird das Basolan DC in der kalten Pyrophosphatlösung vorgelöst und, wenn mit hartem Wasser gearbeitet werden muß, anstelle von Pyrophosphat eine Lösung von 50% Borax und Polyphosphat verwendet. Der pH-Wert soll bei 4 liegen. Die Chlorierung wird während 60 min bei 20 °C vorgenommen und nur bei dichtgeschlagenen Geweben die letzten 20 min der Behandlung auf 30 °C erwärmt.

Entchloren: Im erschöpften Chlorierungsbad wird durch eine Behandlung bei 20 °C während 15 min mit 2% Natriumbisulfit entchlort und gespült.

Meist ist eine Reduktionsbleiche notwendig, die von der *BASF* durch eine Behandlung mit

3% Ammoniak konz.,
2 – 4 g/l Blankit IN,
0,5% Cyclanon O konz. Pulver

bei 45 °C während 1–3 Std. und einem pH-Wert von mindestens 6,5 vorgeschlagen wird. Anschließend wird warm gespült und mit 1% Ameisensäure 85%ig 10 min kalt abgesäuert. Ist eine Vollbleiche notwendig, wird vor der Reduktionsbleiche mit Wasserstoffperoxid gebleicht. Es ist dann vorteilhaft, die Chlorierung bei pH 4,5–5,5 vorzunehmen und mit Essigsäure zu arbeiten, um eine größere Wollschonung zu erreichen. Durch das Chlorieren werden die Drucke meist brillanter, die Wolle büßt an Elastizität ein und verliert an Reißfestigkeit. Wird nicht nachgebleicht, tritt ein gewisser Gelbstich und härterer Griff ein. Bei großen Deckern ist ein Chlorieren unbedingt notwendig. Unchlorierte Wollgewebe ergeben meist unscharfe Konturen und nur die halbe Farbtiefe wie beim Druck auf chlorierter Ware.

Zum Bedrucken von Wolltextilien werden, wie auch zum Färben, Säure-, Chromierungs-(Beizen-), Metallkomplex-, Reaktiv- und Leukoküpenesterfarbstoffe verwendet. Der Druck mit Küpenfarbstoffen ist nicht üblich.

Beim **Druck mit Säurefarbstoffen** ergeben sich sehr brillante Töne, die meist nur mittlere Licht- und Naßechtheiten zeigen. Sie werden jedoch trotzdem heute noch sehr häufig eingesetzt. Man druckt in der Regel nach folgender Rezeptur:

Vollfarbe:		Copure:
5 – 30 g	Farbstoff werden mit	–
60 – 100 g	Harnstoff gemischt, mit	80 g
50 – 100 g	eines Lösungsmittels vermischt und in	50 g
415 – 280 g	Heißwasser gelöst und in	350 g
450 – 450 g	Verdickung eingerührt, die mit	500 g
20 – 40 g	Ammonsulfat-, -tartrat oder Essigsäure 40%ig versetzt wurde.	20 g
1000 g		1000 g

Nach dem Drucken und Trocknen wird 30–40 min im Stern mit ausreichend feuchtem Dampf gedämpft, kalt gespült, 30 min leicht gewaschen und nachgespült. Als Verdickung kommen *körperreiche Verdickungsmittel*, wie Britischgummi, Johannisbrotkernmehläther, Kristallgummi, niedrigviskose Alginate und Arabischgummi, in Betracht, die evtl. mit Tragant verschnitten werden können. Gegen reduktives Verdämpfen werden oft organische Oxydationsmittel (S. 167) oder Natriumchlorat zugesetzt. Zur Fixierung der Farbstoffe ist eine ausreichende Menge Feuchtigkeit im Dampf notwendig, die durch gesättigten Dampf erreicht und durch Zusätze von 50 g/kg Glyzerin und Harnstoff in der Druckpaste unterstützt wird. Im Druck sollten, wie auch bei Direktfarbstoffen, möglichst konzentrierte Farbstoffe verwendet werden, da Verschnittmittel die Löslichkeit einschränken. Die Farbstoffhersteller empfehlen daneben für einzelne Produkte besondere Lösungsmittel bzw. auch Zusätze von 50 g/kg Resorzin anstelle von Harnstoff oder mit diesem. Die Dämpfzeiten sind sehr lang und können bei ungünstigen Dampfverhältnissen zu starker Vergilbung der Wolle führen. Von der *CIBA* wurde zuerst die Mitverwendung von Rhodanammon in Mengen bis 150 g/kg empfohlen, das eine Wollquellung bewirkt, so daß dann mit 10–15 min Dämpfzeit eine ausreichende Farbstoffixierung erreicht wird. Es eignen sich jedoch nicht alle Säurefarbstoffe für das Verfahren. Zur Erzielung ausreichender Dampffeuchtigkeit ist es möglich, gemeinsam mit einem mit Wasser eingesprengten Mitläufer zu dämpfen. Säurefarbstoffe kommen u. a. als

Acilan-	*Bayer*	Erio-	*Geigy*
Alphanolecht-	*Cassella*	Kiton-, echt-	*CIBA*
Alizarin-	*CIBA, Hoechst, Bayer, Francolor, Geigy, ICI, ACNA, BASF*	Polar-	*Geigy*
		Neopolar-	*Geigy*
		Solway-	*ICI*
Anthralan-	*Hoechst*	Supramin-, Supranol-, Supracen-	*Bayer*
Basolanecht-	*BASF*		
Benzyl-, -echt-	*CIBA*	Walk-, Wollecht-	*Hoechst*
Carbolan-	*ICI*	Xylen-, -echt- Farbstoffe	*Sandoz*
Coomassie-	*ICI*		

in den Handel.

Beim **Druck mit Chromierungsfarbstoffen** (*Beizenfarbstoffen*) lassen sich die echtesten Drucke erreichen, doch sind die Farbtöne wesentlich trüber als die mit Säurefarbstoffen. Zur Fixierung der Farbstoffe ist jedoch die Verwendung von Kalium- oder Natriumbichromat, die in der Färberei als Nachchromierungsmittel verwendet werden, nicht möglich. Man verwendet dafür Chromacetatlösung 20 °Bé, die fertig bezogen oder, wie auf S. 181 angegeben, selbst hergestellt werden kann. Es ist auch die Verwendung von Chromacetat GR als Lösung (*Durand*) zu empfehlen. Die Druckpasten haben folgende Zusammensetzung:

Vollfarbe:		Copure:
10 – 60 g	Farbstoff werden mit	–
100 – 100 g	Harnstoff gemischt und in	100 g
290 – 240 g	Heißwasser gelöst, in	200 g
500 – 500 g	Verdickung eingerührt und nach dem Erkalten	650 g
100 – 100 g	Chromacetat 20 °Bé eingerührt.	50 g
1000 g		1000 g

Nach dem Drucken und Trocknen wird 1 Std. wie beim Druck mit Säurefarbstoffen gedämpft, gespült, bei 50 °C geseift und nachgespült. Als Verdickung kommen körperreiche Produkte in Betracht, wie sie auch für Säurefarbstoffe üblich sind. Arabischgummi ist unbrauchbar, da es mit Chromsalzen wasserunlöslich wird und nicht mehr ausgewaschen werden kann. Sehr gut hat sich eine Mischung aus Britischgummi mit Tragant bewährt. Da die Chromfarbstoffe oft schwer löslich sind, ist es notwendig, neben dem Harnstoff besondere Lösungsmittel zu verwenden. Durch Zusatz von 150 g/kg Rhodanammon ist auch hier ein Schnelldämpfen während 10–15 min möglich. Das Kurzdämpfverfahren ist auch unter Verwendung von Harnstoff und 120 g/kg Lyoprint G (*CIBA*) in der Druckpaste wie auch bei Säurefarbstoffen möglich. Die Chromfarbstoffe kommen u.a. als

Alizarin-	*ACNA, BASF, Bayer, CIBA, Francolor, Geigy, ICI*	Diamant-	*Bayer*
Anthracen-	*Cassella, Geigy, ICI, Sandoz*	Diacromo-	*ACNA*
Basolanchrom-	*BASF*	Eriochrom-	*Geigy*
Chrom-, echt	*CIBA*	Naphtochrom-	*CIBA*
Chromogen-	*Bayer*	Omegachrom-	*Sandoz*
Chromoxan-	*Bayer*	Pontachrom-	*Dupont*
		Pottingchrom-	*CIBA*
		Salicinchrom-	*Hoechst*
		Farbstoffe	

in den Handel. Von *Durand* sind in der Regel auch die auf S. 175 angegebenen Chromfarbstoffe für den Wolldruck geeignet. Von der *Francolor* werden als *Francolan-Farbstoffe* Chromierungsfarbstoffe herausgebracht, die für den Druck nur kalt dispergiert und nicht wie die konventionellen Chromierungsfarbstoffe gelöst werden müssen. Das erleichtert den Druckfarbenansatz wesentlich. Die Farbstoffe werden beim Dämpfen wasserlöslich und reagieren dann mit den 60–100 g/kg Chromfluoridlösung, die anstelle von Chromacetat in der Druckpaste verwendet wird, und werden so auf der Faser fixiert. Besonders vorteilhaft werden die Produkte im Vigoureuxdruck (S. 41) verwendet.

Auch der **Druck mit 1:1-Metallkomplexfarbstoffen** ist möglich und gleicht im Prinzip dem Druck mit Chromierungsfarbstoffen. Es werden in der Druckpaste bis auf wenige Ausnahmen ebenfalls 60 g/kg Chromacetat 20 °Bé zugesetzt. Zur besseren Fixierung ist ein Zusatz von

50 g/kg Ameisensäure 85%ig in der Druckpaste zu empfehlen. Nach der Kurzdämpfmethode können die Produkte in 10–15 min fixiert werden, wenn, wie bei den Chromierungsfarbstoffen, Rhodanammon oder neben Harnstoff Lyoprint G (*CIBA*) verwendet wird. Die Farbstoffe ergeben ebenfalls nur wenig brillante Drucke mit guten bis sehr guten Licht- und mittleren bis guten Naßechtheiten.

Der **Druck mit 1:2-Metallkomplexfarbstoffen** hat den Vorteil, daß man nach der für Säurefarbstoffe üblichen Methode arbeiten kann und wegen der leichten Fixierbarkeit der Farbstoffe nur 10–15 min dämpfen muß. Das Kurzdämpfverfahren bringt keine Vorteile. Die Drucke zeichnen sich durch sehr gute Licht- und Naßechtheiten aus. Letztere erreichen jedoch nicht ganz die der Chromierungsfarbstoffe. Die Farbstoffe ergeben allerdings ebenfalls nicht besonders brillante Töne. Die Brillanz kann jedoch durch Mitverwendung von ausgesuchten Säurefarbstoffen verbessert werden. Zu dieser Farbstoffklasse gehören u.a.:

Amichrome-	*Francolor*	Levalan-	*Bayer*
Capracyl-	*Dupont*	Neutrichrom-	*Francolor*
Cibalan-	*CIBA*	Ortolan-	*BASF*
Irgalan-, Irgaren-	*Geigy*	Sandolan-	*Sandoz*
Isolan-	*Bayer*	Stenolana-	*ACNA*
Lanasyn-	*Sandoz*	Wofalan-Farbstoffe	*Wolfen*
Lanacron-	*CIBA*		

Zur Herstellung von brillanten Drucken auf Wolle werden in letzter Zeit häufig ausgesuchte **Reaktivfarbstoffe** eingesetzt, die gute bis sehr gute Echtheiten zeigen. Zu diesen Farbstoffen gehören u.a.:

Cibacrolan-	*CIBA*	Lanasol-	*CIBA*
Drimalan-	*Sandoz*	Remazolan-Farbstoffe	*Hoechst.*

Daneben werden auch ausgesuchte Produkte der Reaktivfarbstoffklasse für den Wolldruck eingesetzt, die normal nur für Zellulosefasern verwendet werden (S. 248). Die Druckpasten haben meist folgende Zusammensetzung:

Vollfarbe:		Copure:
20 – 60 g	Farbstoff werden mit	–
100 – 150 g	Harnstoff vermischt in	150 g
200 – 200 g	Heißwasser gelöst, in	200 g
500 – 400 g	Alginatverdickung 4%ig eingerührt, der vorher	500 g
40 – 40 g	Natriumazetat	25 g
10 – 10 g	eines organischen Oxydationsmittels zugesetzt wurde. Mit	10 g
130 – 40 g	Wasser oder Verdickung wird ausgeglichen.	115 g
1000 g		1000 g

Die Drucke werden nach dem Trocknen durch 10–15 min Dämpfen fixiert, 10 min kalt, 10 min bei 60–80 °C gespült, bei 60 °C bei pH 9 mit 2 ml/l konzentriertem Ammoniak behandelt und mit 1 ml/l Ameisensäure 85%ig neutralisiert. Zur weiteren Verbesserung der Naßechtheiten können im Neutralisationsbad die Produkte verwendet werden, die zur Verbesserung dieser Echtheiten von Direktfarbstoffen (S. 172) verwendet werden. Als *Procilan-Farbstoffe* wurden von der *ICI* Metallkomplexreaktivfarbstoffe herausgebracht, welche sich durch sehr hohe Echtheiten auszeichnen. Die Produkte werden mit 50 g/kg Harnstoffe und 10 g/l Natriumchlorat und ohne alle weiteren Chemikalien mit Kristallgummi oder Johannisbrotkernmehläthern verdickt, gedruckt und durch Dämpfen während 30 min fixiert, kalt gespült, 3 min bei 50 °C geseift und nachgespült.

Für besonders brillante und gutechte Türkis-, Blau- und Grüntöne wird von *Hoechst* der Druck mit *Inthion-Farbstoffen*, die auf Phthalocyaninbasis aufgebaut sind, empfohlen. Gedruckt wird dabei mit:

Vollfarbe:		Copure:
5 – 30 g	Farbstoff, der mit	–
30 – 30 g	Glyezin A (*BASF*) und	25 g
40 – 40 g	Glyzerin angeteigt und in	–
200 – 200 g	Heißwasser gelöst, mit	200 g
480 – 480 g	Britischgummi 1:1 und	600 g
120 – 120 g	Tragant (6%ig) verdickt wird, in dem	–
30 – 30 g	Ammonoxalat und	–
15 – 15 g	Natriumchlorat eingerührt wurden. Mit	–
80 – 55 g	wird ausgeglichen.	140 – 175 g
1000 g		1000 g

Nach dem Drucken und Trocknen wird 15 min mit Sattdampf gedämpft, gespült, leicht geseift und nachgespült.

Obwohl *Leukoküpenesterfarbstoffe* sehr echte Drucke ergeben, sind die Drucke wenig brillant, sie ergeben jedoch nicht die Faserschädigung, wie es beim Aufdruck von Küpenfarbstoffen der Fall wäre, wenn sie auch deren Echtheiten erreichen. Gedruckt wird meist nach dem Rhodanammonverfahren mit

Vollfarbe:		Copure:
40 – 100 g	Farbstoff werden mit	–
20 – 100 g	Thioäthylenglykol angeteigt,	–
0 – 100 g	Harnstoff zugesetzt und in	50 g
293 – 100 g	Heißwasser gelöst, in	260 g
600 – 340 g	Verdickung eingerührt, der man	600 g
32 – 80 g	Natriumchloratlösung 1:3,	60 g
10 – 150 g	Rhodanammon-Lösung 1:1 und	20 g
5 – 30 g	Ammonvanadatlösung 1%ig zusetzt.	10 g
1000 g		1000 g

Einige Farbstoffe benötigen zur Verbesserung der Löslichkeit 10 g/kg konzentriertes Ammoniak, zur verbesserten Fixierung 100 g/kg Rhodanammonpulver und gegen reduktives Verdämpfen 10 g/kg eines organischen Oxydationsmittels (S. 167). Zur Vertiefung der Drucke werden bei einigen Farbstoffen 10 g/kg Ammonsulfatlösung 1:2 verwendet. Als Druckverdickung hat sich Stärke/Tragant-Verdickung bewährt, doch sind auch andere Verdickungen üblich.

Nach dem Drucken wird mild getrocknet und vor dem Dämpfen in feuchten Räumen verhängt, die Ware eingesprengt oder in feuchte Mitläufer gehüllt und mit diesen 1 Std. bei maximal 0,2 atü gedämpft, gespült, bei maximal 50 °C mild geseift und nachgespült. Daneben ist auch die Entwicklung nach dem Natriumchlorat-Schwefelsäure-(Naßentwicklungs-)Verfahren möglich. Man bedruckt dann mit:

Vollfarbe:		Copure:
30 – 100 g	Farbstoff werden mit	–
30 – 80 g	Glyzerin und	80 g
20 – 50 g	Diäthylenglykol angeteigt, in	40 g
320 – 170 g	Heißwasser gelöst,	180 g
50 – 100 g	Ammonvanadatlösung 1%ig nachgesetzt, in	100 g
550 – 500 g	Britischgummi 1:1 eingerührt und	600 g
0 – 100 g	Rhodanammon 1:1 nachgesetzt.	–
1000 g		1000 g

Die bedruckte und getrocknete Ware wird 1 Std. gedämpft und mit

30 ml/l Schwefelsäure konz.,
30 g/l Natriumchlorat

bei 85–90 °C während 30 sec entwickelt, gespült und mit 15 ml/l Natriumbisulfit 38 °Bé nachbehandelt, gut gespült, bei 45 °C geseift und vorteilhaft mit etwas Schwefelsäure abgesäuert.

Es hat nicht an Versuchen gefehlt, das Chlorieren der Wolle und die dadurch mögliche Wollschädigung zu ersparen. Es muß jedoch dann in allen Fällen im Druck mit einer geringeren Farbausbeute und schlechterer Konturenschärfe gerechnet werden. Mit dem von der *CIBA* entwickelten Kurzdämpfverfahren ist es mögilch, ausgesuchte Säure-, Chromierungs-, 1:1- und 1:2-Metallkomplexfarbstoffe auch auf unchlorierter Wolle zu drucken und weniger starken Farbstärkenabfall in Kauf zu nehmen. Allerdings ist eine Fixierung nur möglich, wenn dann mindestens 45 min gedämpft wird. Die Druckpasten enthalten meist weitere Zusätze, wie z.B. Resorzin, Harnstoff, Essigsäure, Milchsäure, Rhodannatrium und Chromacetat. Die Zusätze sind für einzelne Farbstoffe sehr unterschiedlich und können aus Platzgründen hier nicht aufgeführt werden.

Für den Druck auf unchlorierte Wolle haben sich, wie auch beim

Vigoureuxdruck (S. 41), Zusätze als farbvertiefend und egalisierend erwiesen, wie sie für das Kontinuefärben von Wollkammzug neuerdings verwendet werden. Es handelt sich dabei um Produkte, die meist zu *Koazervaten* (Zweiphasentrennung) führen und damit weit mehr Farbstoff aus der Farbstoffphase der Druckpaste an die Wolle abgeben, die durch diese Hilfsmittel außerdem eine sehr gute Benetzung erfährt. Zu diesen Hilfsmitteln, die in Mengen bis zu 50 g/kg eingesetzt werden, gehören u.a.:

Cibaphasol AS, C	*CIBA*	Levegal VK, VKC	*Bayer*
Detergil S	*Francolor*	Lyogen V	*Sandoz*
Irgapadol A, P	*Geigy*	Primasol VK	*BASF*
Dispersol VP	*ICI*		

Auch die Verwendung von Emulsionsverdickungen ergibt in der Regel auf unchlorierter Wolle tiefere Drucke als solche mit konventionellen Verdickungsmitteln. Besonders Reaktivfarbstoffe lassen sich mit O/W-Emulsionsverdickungen auf diesem Material drucken.

Der *Ätzdruck* von vorgefärbter Wolle hat weniger Bedeutung, da auch eine schonende Reduktionsbehandlung immer auf Kosten der Wolle und Herabsetzung der Gebrauchseigenschaften geht. Trotzdem ist es möglich, Färbungen mit Säure-, 1:1- und 1:2-Metallkomplexfarbstoffen weiß zu ätzen. Dabei wird das Wollgewebe mit folgender Ätzpaste bedruckt:

75 – 100 g	Zinkformaldehydsulfoxylat (z.B. Dekrolin löslich konz./*BASF*), gelöst in
175 – 150 g	Wasser, verdickt mit
450 – 450 g	Kristallgummi, dem man
80 – 80 g	Glyzerin,
50 – 50 g	Solentwickler D (*Hoechst*) als Säurespender,
150 – 150 g	Pigmentweiß und
20 – 20 g	Drucköl zusetzt.
1000 g	

Nach dem Drucken und Trocknen wird 15 min gedämpft und gespült. Anstelle von Zinkformaldehydsulfoxylat kann auch das Calciumsalz (Rongalit H/*BASF*) verwendet und durch Zusatz von Küpenfarbstoffen bunt geätzt werden. Eine Buntätze läßt sich auch mit reduktionsbeständigen Säure- oder basischen Farbstoffen erreichen. Letztere Farbstoffe können auch im Direktdruck verwendet werden, ergeben jedoch nur ungenügend echte Drucke und werden deshalb heute kaum mehr für den Druck und Buntätzdruck verwendet.

Obwohl der **Vigoureuxdruck** (S. 41) praktisch auf allen Vorgespinsten, wie Kardenband und Kammzügen, möglich ist, wird es doch hauptsächlich auf Wollkammzug verwendet, um ruhigere und gleichmäßigere bzw. auf billigere Art hergestellte Melangen zu erhalten. Da Kammzug in der Herstellung bis zum nadelfertigen Gewebe noch eine Vielzahl von Prozessen unterworfen wird, werden in der Regel im Vigoureuxdruck möglichst echte Druckfarbstoffe eingesetzt, wie z.B. Chromierungs- und 1:2-Metallkomplexfarbstoffe, jedoch ist es durchaus möglich, auch echte Säure-, und Reaktivfarbstoffe zu verwenden. Im Vigoureuxdruck überwiegen dunkle Farbtöne, wie z.B. Schwarz, Grau und Braun, die auf ungefärbtes oder in sehr hellen Farbtönen vorgefärbtes Material gedruckt werden.

Der unchlorierte Kammzug wird auf der Vigoureuxdruckmaschine (S. 42) bei Verwendung von Chromierungsfarbstoffen mit folgender Druckpaste bedruckt:

30 – 80 g	Farbstoff werden mit
250 – 250 g	Verdickungsmittelpulver vermischt und in
400 – 330 g	Kaltwasser eingerührt,
40 – 50 g	eines Netzmittels als Lösung und
40 – 40 g	Glyzerin zugesetzt und durch Aufkochen die Paste homogenisiert. Nach dem Erkalten werden
20 – 20 g	Natriumchloratlösung 1:4 und
20 – 20 g	Oxalsäure, gelöst in
100 – 100 g	Wasser,
90 – 100 g	Chromazetat 20 °Bé und
10 – 10 g	Terpentin- bzw. Drucköl zugesetzt.
1000 g	

Nach dem Drucken wird der Kammzug ohne zu trocknen in Weidenkörben, perforierten Blech- bzw. Drahtkörben oder Jutesäcken mit maximal 3 kg lose eingetafelt und in entsprechenden Dämpfern (S. 44) 1 bis 2 Std. ohne Druck mit gut feuchtem Dampf gedämpft, wobei ein zweimaliges Dämpfen von je 1 Std. und Zwischenabkühlen meist echtere und tiefere Drucke ergibt. Die sehr langen Dämpfzeiten sind zur ausreichenden Durchdringung des Materialblocks unbedingt notwendig. Eine Verbesserung der Echtheiten und der Farbtiefe wird auch durch Liegenlassen der gedämpften Ware über mehrere Stunden oder während der Nacht erreicht. Als Verdickungsmittel, die auch als fertige Verdickung mit etwa 300 g/kg verwendet werden können, müssen chrombeständige, leicht auswaschbare Produkte, wie Britischgummi, Johannisbrotkernmehläther, Carragheenate, Zelluloseäther, eingesetzt werden, da die Ware auf der Lisseuse nicht so gründlich gewaschen werden kann, der Kammzug durch Verdickungsreste verhärtet und dadurch schlechter versponnen werden kann. Zur Fixierung der Chromfarbstoffe kann anstelle von Chromatacetat 20 °Bé auch Chromfluoridlösung 1:4 bzw. Chromacetatpulverviolett-Lösung 1:4, Chromacetat-GR-1:4-Lösung (*Durand*) verwendet werden. Andere Chromsalze sind weniger brauchbar. Da die Druckpasten durch den Transport über die Filzwalze zum Schäumen neigen, setzt man oft 1–3 g/kg Antischaummittel zu. Da sich Chromierungfarbstoffe in saurem Medium leichter lösen, werden die Druckpasten meist mit 50 g/kg Essigsäure 40 %ig sauer eingestellt, wenn auch zur sauren Fixierung beim Dämpfen eine nicht flüchtige, organische Säure, wie die Oxalsäure, unbedingt notwendig ist. Bei Verwendung von Chromacetat-violett-Pulver wird anstelle von Oxalsäure besser Ammonoxalat verwendet. Zur Verbesserung der Löslichkeit der Farbstoffe können auch Harnstoff bzw. spezielle Lösungsmittel verwendet werden. Die zugesetzten Netzmittel verbessern den Durchdruck. Spezielle Hilfsmittel, welche zur Herabsetzung der Dämpfzeit bzw. für den Druck von unchlorierter Wollstückware (S. 280) angegeben wurden, sind auch im Vigoureuxdruck üblich, verbessern allerdings nur die Farbstoffausbeute und den Durchdruck, eine Ermäßigung der Dämpfzeit ist dadurch nicht möglich. Von *Bayer* wurde für diesen Zweck neuerdings das Levalin VKC entwickelt, das mit 20–40 g/kg verwendet wird. Besonders aufbereitete Schwarzfarbstoffe erleichtern ebenfalls den Vigoureuxdruck, wie z.B. Basolanchromschwarz VDC (*BASF*), Chromogenschwarz-CVA-Teig (*Bayer*), Francolan-Farbstoffe (*Francolor*), Pottingchromschwarz B-CP (*CIBA*), Cibaphasolchromschwarz A flüssig (*CIBA*) u.a., die in die Druckpaste eingestreut oder eingerührt werden können.

Obwohl der Hauptteil der bedruckten Wollkammzüge diskontinuierlich gedämpft wird, ist die Verwendung von *Kontinuedämpfern* für Kammzug zur Fixierung von Vigoureuxdrucken möglich. Derartige Anlagen werden von *Fleissner*, *Smith* und *ILMA* gebaut.

Zum Auswaschen wird am zweckmäßigsten die *Lisseuse* verwendet. Im 1. Bad wird warm gespült, im 2. Bad mit einem anionischen Hilfsmittel und 1 ml/l konzentriertem Ammoniak der Kammzug bei 50 °C neutralisiert und geseift, mit Waschmittel allein im 3. Bad bei gleicher Temperatur behandelt, im 4. Bad warm gespült und im letzten Bad kalt mit 1 ml/l Ameisensäure 85 %ig abgesäuert und anschließend getrocknet. Für weniger echte Vigoureuxdrucke können auch gute Säure- und 1:2-Metallkomplexfarbstoffe eingesetzt werden, die ohne Chromacetat oder-fluorid und Oxalsäure, jedoch mit Milch, Weinsäure und/oder Resorzin gedruckt werden. 10 g/kg Benzylalkohol in der Druckpaste wirken farbvertiefend und verbessern den Durchdruck, bzw. es kann dann bereits durch 30 min Dämpfen eine gute Fixierung erreicht werden.

Auch der **Stranggarndruck** ist auf Wolle üblich, wobei meist auf unchloriertes Material gedruckt wird und die beim Vigoureuxdruck angegebenen Bedingungen analog angewendet werden. Wegen der hohen Brillanz der Reaktivfarbstoffe werden diese Farbstoffe auf Stranggarn und auch im Vigoureuxdruck verwendet, die unter Zusatz von 30 g/kg Essigsäure und 10 g/kg eines organischen Oxydationsmittels gegen das reduktive Verdämpfen gedruckt werden. 50 g/kg Harnstoff verbessern meist die Lebhaftigkeit der Nuancen. Für sehr echte, jedoch weniger brillante Farbtöne werden für die beiden zuletzt genannten Druckverfahren auch Monochromfarbstoffe eingesetzt, die wie Chromierungsfarbstoffe gedruckt werden. Anstelle der Chromsalze tritt jedoch die jeweilige Monochrombeize, und als Säurespender wird Ammonsulfat und keine Oxalsäure verwendet.

14. Druck von Seidentextilien

Die Naturseide stellt zwar im textilen Verbrauch nur ein sehr kleines Kontingent, das aber hauptsächlich für Oberbekleidung wie Damenkleider- und Krawattenstoffe bzw. Dekorationstextilien verwendet wird und in dieser Eigenschaft in stärkerem Maße, vor allem für Tücher und Schals bedruckt wird. Als Proteinfaser wird die Seide in gleicher Weise wie die Wolle bedruckt, eine Chlorierung ist jedoch nicht notwendig. Unbedingt notwendig ist jedoch ein Entbasten der Seide. Erschwerte Seide läßt sich, vor allem wenn sie mineralisch erschwert wurde, kaum bedrucken, da die Farbstoffausbeute zu gering ist, die Egalität zu wünschen übrig läßt und das Material durch das Dämpfen brüchig wird. Die Erschwerung wird u. U. nach dem Druck vorgenommen, vorausgesetzt, die aufgedruckten Farbstoffe überstehen die Erschwerung ohne Änderung der Nuance. Zum Bleichen des Fonds genügt meist eine reduktive Bleiche, bzw. es kann ein ausgesprochenes Vollweiß mit Wasserstoffperoxid unter Mitverwendung optischer Aufheller, wie sie auch für Wolle üblich sind, hergestellt werden. Wegen der geringen Metragen werden Seidenstückwaren meist im Filmdruck auf Tischen bedruckt.

Für den Seidendruck werden vor allem Säurefarbstoffe wegen ihrer brillanten Töne, Metallkomplexfarbstoffe wegen ihrer höheren Naßechtheiten, Reaktivfarbstoffe wegen ihrer Brillanz und Echtheiten verwendet. Da Seide gegen Alkali resistenter als Wolle ist, können auch Küpen- und hochechte Schwefelschwarzmarken verwendet werden. Daneben können auch Polykondensationsfarbstoffe auf Phthalocyaninbasis (z. B. Inthionfarbstoffe/*Hoechst*) wie für Wolle üblich im Druck von brillanten Türkis-, Blau- und Grüntönen verwendet werden. Daneben werden auch Leukoküpenesterfarbstoffe und voroxydierte Anilinschwarzmarken eingesetzt. Der Druck mit Pigmentfarbstoffen ist möglich, führt aber zur Warenversteifung und nur wenig reibechten und hellen Drucken. Wegen der hohen Brillanz werden teilweise auch basische Farbstoffe trotz geringer Echtheiten verwendet.

Beim Druck von Säurefarbstoffen arbeitet man meist mit folgenden Druckpasten:

Vollfarbe:		Copure:
10 – 50 g	Farbstoffe werden mit	–
50 – 50 g	einem speziellen Lösungsmittel angeteigt,	–
20 – 20 g	Phenol zugesetzt und in	–
200 – 175 g	Heißwasser gelöst, mit	365 g
600 – 600 g	Verdickung verdickt und	600 g
20 – 20 g	Weinsäure,	10 g
50 – 50 g	Essigsäure, 40%ig,	20 g
10 – 10 g	Drucköl und	–
5 – 5 g	Entschlämmer zugesetzt und mit	5 g
35 – 20 g	Verdickung oder Wasser ausgeglichen.	–
1000 g		1000 g

Nach dem Drucken und Trocknen wird 45–60 min ohne Druck gedämpft, kalt gespült und mit Hilfsmitteln, die als Reservierungsmittel in der neutralen Halbwollfärberei üblich sind, nachgespült. Dazu gehören u.a. Katanol SLN (*Cassella*), Mesitol WL (*Bayer*) u.a. Auch die Produkte, welche zur Naßechtheitsverbesserung von Direktdrucken auf Zellulosefasern verwendet werden (S. 172), können im letzten Spülbad zugesetzt werden, um das Anschmutzen des Weißfonds einzuschränken. Als Verdickungsmittel kommen körperreiche, säurebeständige Produkte in Betracht, wie sie auch im Wolldruck üblich sind (S. 275). Als Säure bzw. Säurespender werden anstelle von Weinsäure auch 40 g/kg Milchsäure 40%ig, 20–40 g/kg Ammontartrat oder 30 g/kg Glykolsäure 37%ig + 20 g/kg Alaun verwendet. Auch ist die Verwendung von 40 g/kg Ammonsulfat üblich, das in Verbindung mit 100 g/kg Harnstoff eine Kurzfixierung durch 10–15 min Dämpfen ermöglicht. Einige Farbstoffe benötigen spezielle Lösungs- bzw. Fixierungsmittel wie Pyridin, Reserzin oder Phenol.

Nach der gleichen Vorschrift, jedoch ohne Säure und Phenol, werden 1:1-, 1:2-Metallkomplexfarbstoffe und ausgesuchte Direktfarbstoffe gedruckt. Bei letzteren Farbstoffen wird jedoch 20 g/kg Dinatriumphosphat bzw. Alaun verwendet, mit ihnen lassen sich sehr gut lichtechte Drucke erreichen.

Mit *Reaktivfarbstoffen* erreicht man brillante Töne und scharfstehende Konturen, wenn man mit O/W-Emulsionsverdickungen druckt, doch lassen sich auch Alginatverdickungen verwenden. Die Zusammensetzung der Druckpaste gleicht der für Zellulosefasern (S. 248). Gedämpft wird 10–15 min, anschließend gespült und durch eine Nachbehandlung mit 2 ml/l konzentriertem Ammoniak bei 60 °C während 15–20 min die Naßechtheit verbessert. Diese Echtheiten lassen sich auch durch die Produkte, die für Direktfarbstoffdrucke (S. 172) üblich sind, verbessern.

Für Konturen, kleine Decker und feine Muster lassen sich nicht zu tiefe Schwarztöne auch mit hochechtem Schwefelschwarz (z.B. Solaneschwarz-Marken/*Francolor*) erreichen. Man druckt mit

60 g	Farbstoff, werden mit
10 g	Dispergin-CB-Pulver vermischt und mit
40 g	Glyzerin angeteigt,
210 g	Glukose-Lösung 1:1 zugesetzt und in
40 g	Kaltwasser gelöst. Nun werden
50 g	Harnstoff,
30 g	Solutionssalz B neu zugesetzt, in
500 g	Verdickung eingerührt und
50 g	Pottasche und
10 g	Natriumformaldehydsulfoxylat nachgesetzt.
1000 g	

Nach dem Drucken und Trocknen wird 10 min gedämpft, bei 50 °C mit 2 ml/l Essigsäure 40%ig + 1 g/l Natriumperborat – Wasserstoffperoxid gibt weniger tiefes Schwarz – oxydiert, gespült, bei 60 °C nachgeseift und gespült. Als Verdickung kommen Stärke/Tragant, Stärke-, Johannisbrotkernmehl- und Zelluloseäther in Betracht. Britischgummi und Dextrin sind nicht brauchbar, Alginate setzen die Schablonen schneller zu.

Zur Herstellung von Schwarz ist auch die Verwendung von *speziellen Oxydationsschwarzmarken* üblich. Man bedruckt dabei mit folgender Druckpaste:

70 g	Indosolschwarz T (*Durand*) werden mit
50 g	Harnstoff vermischt, in
140 g	Heißwasser gelöst, in
600 g	neutrale Tragantverdickung eingerührt und
60 g	Natriumchloratlösung 1:3,
60 g	Ammonsulfatlösung 1:2,
10 g	Ammonvanadat, 1%ige Lösung,
10 g	Ammoniak konz. nachgesetzt.
1000 g	

Nach dem Drucken und Trocknen wird 20 min gedämpft, gespült, geseift und nachgespült.

Wegen der größeren Alkalibeständigkeit der Seide können auch *Küpenfarbstoffe im Einphasenverfahren* verwendet werden. Man druckt mit folgenden Druckpasten:

Vollfarbe:		Copure:
40 – 230 g	Küpenfarbstoffteig werden mit	–
320 – 90 g	Warmwasser angeteigt, in	230 g
600 – 600 g	Pottascheverdickung eingerührt und	400 g
	Britischgummi 1:1 sowie	320 g
40 – 80 g	Natriumformaldehydsulfoxylat nach dem Erkalten zugesetzt.	50 g
1000 g		1000 g

Nach dem Drucken und vorsichtigem Trocknen wird 6–12 min im luftfreien Dämpfer gedämpft, in breitem Zustand mit 1–3 g/l Natriumperborat oder Wasserstoffperoxid + 2–3 ml/l Essigsäure 40%ig bei 30 bis 40 °C oxydiert, gespült, geseift und nachgespült. Die Pottascheverdikkung besteht aus:

450 g	Britischgummi 1:1,
370 g	Wasser,
80 g	Glyzerin,
100 g	Pottasche.
1000 g	

Für Waschartikel läßt sich Seide auch mit *Leukoküpenesterfarbstoffen* bedrucken. Man kann alle Dämpfverfahren, die auch für Zellulosefasern üblich sind (S. 197), einsetzen. Das Nitritverfahren eignet sich nicht, da durch die entstehenden, nitrosen Gase die Seide eine starke Vergilbung erfährt. Am günstigsten und häufigsten ist das Bichromatverfahren (S. 197), das auch für den Druck von erschwerter Seide eingesetzt werden kann. Als Verdickungsmittel verwendet man Britisch-, Kristall- oder Arabischgummi, die auch beim Druck nach den Dämpfverfahren (S. 202) verwendet werden. Für brillante Rottöne lassen sich auch *Naphthol-Entwicklungsfarbstoffe* (S. 229) aufdrucken, die entweder durch saures Dämpfen, Zusatz von entsprechenden Säurespendern, z.B. Rapidogenentwickler D (*Hoechst*) bzw. Diäthyltartrat oder durch neutrales Dämpfen fixiert werden können. Durch Vorpräparieren der Ware mit 35 g/l Diäthyltartrat ist ein Säurespender in der Druckpaste entbehrlich, und es kann ebenfalls durch neutrales Dämpfen fixiert werden.

Gegenüber der Wolle ist der *Ätzdruck* auf Seide häufiger, dabei müssen zum Anfärben des Ätzfonds weißätzbare Säure-, Metallkomplex- oder Direktfarbstoffe verwendet werden. Der Ätzdruck ist auch auf erschwerter Seide üblich und erfordert dann erhöhte Mengen von Zinkoxid in der Ätzpaste, um die Bildung von braunem, nicht auswaschbarem Zinnsulfid, das sich aus der animalischen Erschwerung bildet, zu vermeiden. Einige Firmen haben auch Formaldehydsulfoxylate mit Zinkoxidzusatz auf dem Markt, wie z.B. Hydrosulfit RWS (*CIBA*). Als *Weißätze* werden verwendet:

150 – 300 g	Hydrosulfit RWS (*CIBA*), in
250 – 200 g	Warmwasser gelöst und mit
600 – 500 g	Arabischgummi 1:1 verdickt.
1000 g	

Bei schwerätzbaren Fonds ist es vorteilhaft, die Ätze mit 50 g/kg Titandioxid zu pigmentieren und sowohl das Zink- als auch Titanweiß mit 60 g/kg Eialbumin 1:1 zu fixieren. Nach dem Drucken und Trocknen wird 8–15 min luftfrei gedämpft, gespült, evtl. bei 40–50 °C mild gewaschen und nachgespült. Bei Zusatz von optischen Aufhellern, die allerdings reduktionsbeständig sein müssen, lassen sich die Weißätzen verbessern.

Ein Zusatz von Pigmentweiß (S. 241) verfolgt den gleichen Zweck und gibt zusätzlich einen Matteffekt.

Für die *Buntätze* können reduktionsbeständige Säure- oder basische Farbstoffe verwendet werden. Die Ätzpasten werden vorteilhaft mit Britischgummi verdickt und die Farbstoffe mit Glyzerin angeteigt und zur Lösung evtl. spezielle Lösungsmittel zugesetzt. Ansonsten wird wie bei der Weißätze gearbeitet. Zur Fixierung der Ätzfarbstoffe sollte 20 bis 30 min nachgedämpft werden. Für gedeckte Töne können auch ausgesuchte Beizenfarbstoffe in der Buntätze verwendet werden. Mit Küpenfarbstoffen lassen sich ebenfalls Buntätzen erzielen, die entweder nach dem Einphasenverfahren oder mit einem speziellen Reduktionsmittel, z.B. Rongalit H (*BASF*), als Küpensäuren, dann allerdings ohne Alkali, eingesetzt werden. Die Buntätzpaste hat dann folgende Zusammensetzung:

100 – 120 g	Rongalit H werden in
180 – 90 g	Kaltwasser gelöst,
60 – 80 g	Solentwickler D,
50 – 250 g	Küpenfarbstoffteig, angerührt in
110 – 60 g	Wasser, nachgerührt. Mit
250 – 200 g	Britischgummi 1:1 und
250 – 200 g	Kristallgummi 1:2 wird verdickt.
1000 g	

Die Entwicklung gleicht dem Einphasenverfahren. Häufig werden Buntätzen auf schwarzgefärbtem Seidenfond verlangt. Für diesen Zweck empfiehlt *Hoechst* die Anfärbung mit 15% Halbwollschwarz 21649 und Buntätzen mit ausgesuchten Säure-, basischen und ätzbeständigen Direktfarbstoffen, wie z.B. den Remastralblau-Marken (*Hoechst*). Man druckt mit:

20 – 40 g	Farbstoff, die mit
40 g	Glyezin A und
20 g	Triagen SM angeteigt und in
200 g	Heißwasser gelöst werden, werden in
500 g	Kristallgummi 1:3 eingerührt,
80 – 100 g	Decrolin löslich konz. nachgesetzt und mit
140 – 100 g	Wasser oder Verdickung wird ausgeglichen.
1000 g	

Nach dem Drucken und Trocknen wird 15–20 min gedämpft, kalt gespült, 3–5 min bei 40 °C mit 0,5 g/l Perborat + 1 ml/l Essigsäure 40%ig + 0,5 g/l Kaliumbichromat das unverbrauchte Zinkformaldehydsulfoxylat (Decrolin/*BASF*) entfernt, bei 40 °C 5 min mild nachgeseift und gespült.

15. Druck von Textilien aus synthetischen Fasern

Die steil ansteigenden Produktionszahlen von Synthesefasern haben, wie in der Färberei, so auch im Druck ihren Niederschlag gefunden und im Aufkommen an Bekleidungsfasern auch in bedruckten Metragen die Wolle überflügelt. Dabei hat der Druck von gewebten die gleiche Bedeutung wie der von gewirkten Textilien aus endlosen, gesponnenen und texturierten Fäden bzw. Garnen aller synthetischen Fasern. Aus Platzgründen wird hier auf die Beschreibung der Eigenschaften synthetischer Fasern verzichtet, da diese aus verschiedenen Veröffentlichungen als bekannt vorausgesetzt werden können und die färberischen Eigenschaften ausführlich in einem Buch des Verfassers beschrieben wurden. In den nachfolgenden Abschnitten werden die Druckverfahren auf

Polyamid-,
Polyester-,
Polyacryl- und
sonstige Synthesefasern

beschrieben. Dabei werden auch Besonderheiten der Warenvorbereitung, die speziell im Druck zu berücksichtigen sind, angeführt. Da auch Zellulosetriacetat veredlungstechnisch mehr zu den synthetischen Fasern gehört, wird der Druck dieser Faser ebenfalls hier beschrieben.

Allgemein gilt für sämtliche Synthesefasern, daß sie auf Grund ihrer geringen Feuchtigkeitsaufnahme (Hydrophobie) in der Regel mit körperreichen Verdickungen gedruckt werden, da deren Klebkraft zum Festhalten des Farbstoffilms notwendig ist. Neuerdings werden jedoch auch Emulsionsverdickungen eingesetzt, da diese den Nachteil des „*Absplitterns*“ nur sehr eingeschränkt zeigen. Dieses Absplittern wird durch sehr harte Druckfilme verursacht, die bei mechanischer Beanspruchung der getrockneten Drucke, z. B. beim Passieren von Leitwalzen, einbrechen und Filmteilchen abstoßen, die, unterstützt durch die elektrostatische Aufladung der Textilien, auf der Ware haften und beim nachfolgenden Fixieren als Punkte den unbedruckten Fond verschmutzen. Diesem Übelstand kann durch Verwendung von Verdickungsmitteln begegnet werden, die einen weichen Druckfilm geben, oder die Waren müssen so behandelt werden, daß abfallende Druckfilmpartikel nicht an die Ware gelangen. So kann z. B. beim Thermofixieren der Drucke auf Spannrahmentrockenmaschinen die rechte Warenseite nach unten geführt behandelt werden, wobei die Partikel nach unten abfallen.

Bei den Vorbereitungen für den Druck ist es notwendig, daß die Waren gründlich vorgereinigt werden, um den hydrophoben Charakter der Fasern nicht durch aufgelagerte Präparationen zu verstärken. Zur Vorreinigung werden meist nichtionische Waschmittel verwendet, welche sodaalkalisch oder unter Zusatz von Trinatriumphosphat verwendet werden. Je nach

Verschmutzungsgrad wird auf der Haspelkufe, dem Stern, Jigger oder dem HT-Stückbaumautoklaven bzw. auch auf kontinuierlichen Waschmaschinen bei 40–90 °C vorgereinigt und gründlich nachgespült. Oft ist es auch notwendig den Druckfond entsprechend vorzubleichen. Zur Entfernung von abstehenden Faserenden wird geschoren oder gesengt. Da das Sengen die Fasern oft stärker vergilbt und Schmelzkügelchen entstehen, die abgeschoren werden müssen, werden die Waren meist nur geschoren. Zur Glättung wird auch oft kalandert. Eine Thermofixierung ist unbedingt dann erforderlich, wenn die Drucke durch Dämpfen fixiert werden. Werden die aufgedruckten Farbstoffe durch eine Thermobehandlung fixiert, erübrigt sich oft die Vorfixierung, da mit der Thermobehandlung sowohl der aufgedruckte Farbstoff als auch die Synthesefasern gleichzeitig fixiert werden. Das Verfahren ist jedoch nur dort verwendbar, wo durch das Thermofixieren der aufgedruckte Decker durch den Fixierschrumpf keinen stärkeren Verzug erleidet. Ist das der Fall, werden die Faser vor dem Druck und der Farbstoff nach dem Druck thermofixiert.

Beim Drucken auf dem Rouleaux ergeben sich normalerweise weniger Schwierigkeiten, wenn mittelschwere und schwere Gewebe gedruckt werden. Bei leichten Geweben ist es oft notwendig, die Waren auf einen Baumwollmitläufer *aufzukaschieren*, um ein Verziehen bzw. Faltenbildung zu vermeiden. Weit schwieriger ist es, hochelastische Wirkwaren, die meist aus texturierten Garnen hergestellt werden, auf dem Rouleaux zu drucken, da diese besonders zugempfindlich sind und oft nur auf Tischen bzw. Filmdruckmaschinen gedruckt werden können und auch dort ein Kaschieren auf Mitläufern notwendig ist. Rundgewirkte Trikotagen werden ausschließlich aufgeschnitten, auf Mitläufer kaschiert bedruckt, wobei dem Filmdruck der Vorzug gegeben wird.

Druck von Textilien aus Polyamidfasern

Die Verwendung von Textilien aus Polyamidfasern hat sich inzwischen zuungunsten der Webwaren auf Wirkwaren verschoben, wobei den texturierten Fasern der größte Teil zukommt. Die Textilien werden für alle Verwendungszwecke, wie Oberbekleidung, Wäsche, Dekorationsstoffe aller Art und auf dem Strumpf- und Sockensektor, verwendet. Abgesehen den von letzteren werden die Textilien auch bedruckt. Der Verwendungszweck bestimmt vor allem auch die Auswahl der Druckfarbstoffe, vor allem im Hinblick auf ihre Echtheiten. Zum Bedrucken werden, wie auch zum Färben, hauptsächlich

Dispersionssäure-, 1:1-, 1:2-Metallkomplex- und Reaktivfarbstoffe

verwendet. Chromierungs-, Schwefel-, Küpen-, Naphtol- und basische

Farbstoffe haben im Druck weniger Bedeutung als in der Färberei. Obwohl Pigmentfarbstoffe eingesetzt werden können, werden sie wegen der oft unangenehmen Warenversteifung bei tiefen Tönen ebenfalls nur selten gedruckt. Zur Reinigung der Stückwaren ist neben der Vorwäsche öfter eine reduktive Vorbleiche mit gleichzeitigem optischem Aufhellen nötig, seltener wird eine Chloritbleiche und anschließendes Entchloren eingesetzt. Die Wasserstoffperoxidbleiche ist nur in Gegenwart von Schutzmitteln (z.B. 0,2–0,5 g/l Proventin 7/*Degussa*) möglich. Zur Vorfixierung der Fasern wird meist eine Spannrahmenbehandlung bzw. Hydrofixierung auf den Stückbaumautoklaven eingesetzt, wobei letztere mit der Vorwäsche, der reduktiven Bleiche und dem optischen Aufhellen verbunden wird. Der Vollständigkeit halber sind nachstehend einige Handelsnamen von Polyamidfasern aufgeführt:

Polyamid 6:	Perlon	Deutsche Polyamidhersteller im *Perlon-Warenzeichenverband*, Frankfurt/M.
	Grilon	*Fibron SA.*, Ems/Schweiz
	Enkalon	*Allgemeene Kunstzijde Unie (AKU)*, Arnheim/Holland
	Lilion	*Snia Viscosa*, Italien
Polyamid 66:	Nylon	*Dupont*
Polyamid 11:	Rilsan	*Rhodiaceta S.A.*, Frankreich.

Daneben werden die einzelnen Polyamidtypen von einer Vielzahl von anderen Herstellern, oft unter anderen Markennamen, in Lizenz hergestellt. Neuerdings sind auch modifizierte Typen auf dem Markt, die durch teilweise Blockierung (Acetylierung) der Endgruppen unterschiedliches Farbstoffaufnahmevermögen für anionische Farbstoffe aufweisen und damit einbadig mit ausgesuchten Farbstoffmischungen für das „differential-dyeing-Verfahren" eingesetzt werden. Durch anionische Modifikation werden Polyamide außerdem zur Aufnahme von basischen Farbstoffen veranlaßt. Letztere Fasern werden hauptsächlich auf dem Teppichsektor eingesetzt.

Beim Bedrucken ist zu beachten, daß Polyamid 66 (Nylon) und Polyamid 11 (Rilsan) eine geringere Farbstoffaufnahmefähigkeit aufweisen als Polyamid 6 (Perlon). Unangenehm ist weiter die Eigenschaft, daß die Waren beim Naßwerden um etwa 5% länger werden, was bei großen Deckern zu Aufwölbungen (Cloqué) führt und beim Filmdruck bis zum Abheben der Ware vom Tisch bzw. Drucktuch und Mitläufer auf Filmdruckmaschinen führen kann. Es wird deshalb oft mit Absicht die Stückware vor dem Bedrucken angefeuchtet und dann „naß-in-naß" gedruckt. Als *körperreiche Verdickungen* kommen Industrie-, Kristall- und Britischgummi, Carboxylmethylzellulosen, Johannisbrotkernmehlderivate und Polyvinylalkohole zur Verwendung. Daneben werden, vor allem wenn mit Dispersionsfarbstoffen gedruckt und durch eine Thermobehandlung fixiert wird, *Emulsionsverdickungen* als Typ O/W und auch W/O in Betracht. Zum *Kaschieren* auf Baumwollmitläufern werden als Kleber Arabischgummi, Dextrin oder Britischgummi 50%ig bzw. Polyvinylalkohol 15–20%ig verwendet, wenn Wirkwaren, wie z.B. Webtrikot, bedruckt werden. Die angegebenen Verdickungen werden auch als Tischkleber verwendet. Da Dextrin und Britischgummi reduzierend wirken, müssen reduktionsempfindliche Farbstoffe mit organischen Oxydationsmitteln oder Natriumchlorat in der Druckpaste geschützt werden.

Beim Druck mit **Dispersionsfarbstoffen** haben die Druckpasten folgende Zusammensetzung:

20 – 80 g		Dispersionsfarbstoff werden mit
40 – 40 g		Spiritus oder Solutionssalz B neu (*BASF*) angeteigt, in
200 – 200 g		Heißwasser dispergiert, in
650 – 600 g		Verdickung eingerührt, dann
40 – 40 g		Phenol als Quellmittel zugesetzt und mit
50 – 40 g		ausgeglichen.
1000 g		

Nach dem Drucken wird getrocknet und im Stern mit Sattdampf ohne Druck oder bei 0,5 atü während 30 min gedämpft, gründlich gespült, bei 40 °C mit einem anionischen oder nichtionogenen Waschmittel nachgewaschen und gespült. Wird im Schnelldämpfer gedämpft, soll mehrmals 5–10 min gedämpft werden. Zur Verhinderung des reduktiven Verdämpfens bzw. der reduzierenden Wirkung von Dextrin als Kleber oder Verdickungsmittel werden der Druckpaste 20–30 g/kg eines organischen Oxydationsmittels (S. 167) zugesetzt. Als *Schnellfixierung* wird eine Thermobehandlung auf dem Spannrahmen mit Heißluft von 190–200 °C bezeichnet, bei der sowohl die Faser als auch die Farbstoffe gleichzeitig fixiert werden. Die Heißluft enthält jedoch 94–96% Feuchtigkeit, die durch Einspritzen von überhitztem Dampf in die Fixierfelder des Rahmens (*Artos*) ermöglicht wird und mit der eine ausreichende Fixierung in 15–60 sec zu erreichen ist. Die Fixierzeit richtet sich nach der Warenstärke. Es handelt sich dabei um eine Modifikation des Thermosolverfahrens. Bei letzterer Fixierung wird anstelle von Phenol ein nichtionogener Emulgator in den Druckpasten (z.B. 20–30 g/kg Emulphor EL/*BASF*) verwendet. Für das *Thermofixieren* wird von der *BASF* auch die Verwendung von *W/O-Emulsionen* empfohlen, welche wie folgt hergestellt werden:

30 – 35 g	Luprintol S werden in
150 – 175 g	Schwerbenzin durch leichtes Erwärmen zur Ölphase gelöst.

Die Wasserphase besteht aus

50– 50 g	Luprintol FB, die in
770–745 g	Wasser eingesiebt werden und mittels eines Schnellrührers in die Ölphase langsam einemulgiert wird.

Die beiden Phasen ergeben zusammen 1000 g Verdickung, in die der flüssige, angeteigte oder dispergierte Farbstoff eingerührt wird.

Dispersionsfarbstoffe kommen als Pulver, feindisperse Granulate (Körner), in Teig- und flüssiger Form in den Handel. Die flüssigen Produkte lassen sich am einfachsten in der Druckpaste verteilen und benötigen keine besonderen Dispergiermittel oder Emulgatoren und können direkt in die Stammansätze eingerührt werden. Einige Farbstoffhersteller haben aus ihren Dispersionsfarbstoffsortimenten die zum Färben und Bedrucken von Polyamiden besonders brauchbaren Produkte ausgesucht und unter besonderen Gruppennamen in den Handel gebracht. Dazu gehören u. a.:

Nylochinon-	*Francolor*	Resolin P-	*Bayer*
Perliton-	*BASF*	Serinyl-Farbstoffe	*Yorkshire*

Die anderen Farbstoffhersteller empfehlen ihre für Polyamidfasern geeigneten Dispersionsfarbstoffe, die auch für den Druck von Sekundäracetat (S. 264) oder Polyesterfasern (S. 300) eingesetzt werden, in besonderen Musterkarten. Die Naßechtheiten von Drucken mit Dispersionsfarbstoffen sind meist nur mittel, und damit ist der Druck von Waschartikeln, wie z. B. Wäschestoffen, Badeartikel usw., nicht zu empfehlen. Eine Verbesserung der Naßechtheiten durch eine besondere Nachbehandlung erbringt keine oder nur geringe Erfolge.

Da sich eine gewisse Anzahl von Dispersionsfarbstoffen ätzen läßt, werden auch Dispersionsfärbungen weiß- bzw. buntgeätzt. Als *Weißätzen* werden Reduktionsmittel, wie Formaldehydsulfoxylate (S. 183), Zinkformaldehydsulfoxylate (S. 183) bzw. Thioharnstoffdioxid, eingesetzt. Die Weißätzen haben dabei folgende Zusammensetzung: In

500 g	Kristallgummi 1:3 werden
100 g	Kaolin 1:1,
100 g	Zinkoxid 1:1 verrührt,
100 g	Natriumformaldehydsulfoxilat,
30 g	Solutionssalz B neu (*BASF*) in
170 g	Wasser gelöst, zugesetzt.
1000 g	

Zinkformaldehydsulfoxylate bzw. Thioharnstoffdioxid werden mit 150 g je kg eingesetzt, ergeben weniger oft Ätzaureolen und werden mit 15 g Natriumacetat oder Solentwickler D (*Hoechst*) (Diäthyltartrat) als Säurespender gedruckt. Nach dem Trocknen wird 10 min im Stern oder 6 bis 8 min im Kontinuedämpfer mit gesättigtem Dampf gedämpft, gründlich gespült, bei maximal 50 °C nachgewaschen und nochmals gespült. Weißätzen können auch mit weißen Pigmentfarbstoffen (S. 241) oder Mattierungsmitteln pigmentiert werden.

Einige Dispersionsfarbstoffe sind gegen Reduktionsmittel beständig und können als Illuminationsfarbstoffe in *Buntätzen* auf mitätzbaren

Dispersionsfarbstoffen von gefärbtem Fond analog verwendet werden. Ausgesuchte Küpenfarbstoffe lassen sich ebenfalls in Buntätzen verwenden. Die Ätzpasten haben dann folgende Zusammensetzung:

80 – 100 g	Kalziumformaldehydsulfoxilat (z.B. Rongalit H/*BASF*) werden in
200 – 100 g	Wasser gelöst,
60 – 60 g	Triäthonalamin zugesetzt, mit
40 – 40 g	Produkt P (*BASF*) zu einem Brei verrührt,
50 – 250 g	Küpenfarbstoff als Teig zugesetzt, mit
70 – 50 g	Wasser verrührt, in
500 – 400 g	Kristallgummiverdickung 1:2 fein verteilt.
1000 g	

Diese Buntätzen werden wie die Weißätzen entwickelt, lediglich ist vor dem Nachwaschen eine Oxydation der Küpenfarbstoffe mit 3 ml/l Wasserstoffperoxid 30%ig + 5 ml/l Essigsäure 50%ig oder konzentriertem Ammoniak notwendig.

Ebenfalls lassen sich Druckböden, die mit ätzbaren Dispersionsfarbstoffen gefärbt wurden, mit Leukoküpenesterfarbstoffen buntätzen. Die Ätzpasten haben folgende Zusammensetzung:

10 – 40 g	Leukoküpenesterfarbstoff werden mit
25 – 80 g	Diäthylenglykol, Harnstoff oder Thioharnstoff gemischt, in
215 – 155 g	Heißwasser gelöst und in
500 – 500 g	Kristallgummiverdickung 1:2 eingerührt. Nach dem Erkalten
50 – 75 g	Zinkformaldehydsulfoxylat löslich in
300 – 150 g	Wasser von 50–60 °C gelöst.
1000 g	

Nach dem Drucken und Trocknen wird 8 min im Schnelldämpfer gedämpft und damit der Fond geätzt, kalt gespült und in kurzer Flotte 5 bis 20 sec bei 60 °C mit 2 g/l Natriumnitrit + 5–10 ml/l konzentrierter Schwefelsäure der Leukoküpenesterfarbstoff entwickelt (Vorsicht, nitrose Gase). Anschließend wird gespült, bei 50 °C gewaschen und nachgespült. Das Verfahren ist besonders als Buntätze für mit Direkt-, Säure- und Metallkomplexfarbstoffen gefärbten Fond von Bedeutung.

Säure-, 1:1- und 1:2-Metallkomplexfarbstoffe ergeben im Druck, vor allem wenn eine spezielle Nachbehandlung (S. 294) erfolgt, weit bessere Naßechtheiten als Drucke mit Dispersionsfarbstoffen. Es werden deshalb vor allem Wäsche-, Oberbekleidungstextilien, Badeartikel usw. weitgehend mit diesen Produkten bedruckt. Dazu gehören vor allem Webtrikot, der für Damenoberkleider, Blusen, Herrenoberhemden und Arbeitskleidung verwendet wird, und Artikel aus texturierten Polyamidfäden, wie Badekleider, Polyamidvelour für Kinderkleidung, Herrenhemden, Blusen und Campingtextilien. Die Zusammensetzung der Druckpasten ist bei den angegebenen Farbstoffen wenig unterschiedlich. Man druckt mit:

Vollfarbe:		Copure:
8 – 80 g	Farbstoff werden mit	–
50 – 50 g	Thiodiäthylenglykol angeteigt, mit	12 g
60 – 60 g	Thioharnstoff oder Harnstoff und	15 g
45 – 45 g	Phenol vermischt und in	12 g
227 – 215 g	Heißwasser gelöst, in	331 g
520 – 460 g	Verdickung eingerührt und	600 g
40 – 40 g	Ammonsulfat oder Ammontartrat, in	10 g
50 – 50 g	Wasser gelöst, nachgesetzt.	20 g
1000 g		1000 g

Thioharnstoff gibt vollere Drucke als Harnstoff, ist jedoch teurer. Als *Verdickungsmittel* sind Kristallgummi, Stärkeäther, Johannisbrotkernmehl oder deren Äther, niedrigviskose Alginate, Britischgummi und Tragant üblich, die oft miteinander gemischt eingesetzt werden. Gegen das Verdämpfen können 20–30 g/kg eines organischen Oxydationsmittels oder 3–10 g/kg Natriumchlorat zugesetzt werden.

Nach dem Drucken wird getrocknet, 10–30 min ohne Druck gedämpft, gründlich gespült, bei maximal 50 °C nachgewaschen, gespült und fertiggestellt. Die Schwierigkeiten, die durch Streifigfärben (Barréeffekt) von ungleichmäßig verstrecktem Polyamidmaterial in der Färberei mit anionischen Farbstoffen auftreten, haben in der Druckerei wenig Bedeutung, so daß der Einsatz spezieller Hilfsmittel nicht notwendig ist. Als *Quellmittel* wird Phenol zugesetzt, das mit 0,32 g/m³ bedruckter Fläche verwendet wird. Bei ungenügender Entfernung kommt es beim Lagern zur Faserschwächung. Es kann auch Resorzin verwendet werden, das jedoch 6,1 g/m³ benötigt, allerdings tritt durch das Produkt, wenn es nicht vollkommen entfernt wird ein Verbräunen der Faser während des Lagerns auf. Die Drucke können auch in verkürzter Zeit durch HT-Dämpfen fixiert werden. Eine Thermofixierung ist nicht möglich.

Von den Farbstoffherstellern wurden aus den Sortimenten ihrer Säurefarbstoffe die Produkte ausgesucht, die sich besonders für das Färben und Bedrucken von Polyamidtextilien eignen, und unter besonderen Gruppennamen zusammengefaßt. Dazu gehören u.a.:

Dimacid-	*Francolor*	Nylomin-	*ICI*
Erionyl-	*Geigy*	Perlamin-	*Cassella*
Lanaperl-	*Hoechst*	Tectilon-	*CIBA*
Nylanthrene-	*Althouse*	Telon-Farbstoffe	*Bayer*
Nylosan-	*Sandoz*		

Die anderen Farbstoffhersteller haben die brauchbaren Säurefarbstoffe in besonderen Musterkarten zusammengefaßt. Das gilt auch für die *1:1-Metallkomplexfarbstoffe*, die mit einigen Produkten ebenfalls zum Druck verwendet werden, lediglich die *CIBA* hat diese Produkte als *Neonyl-Farbstoffe* im Handel. Die *1:2-Metallkomplexfarbstoffe* sind unter den üblichen Handelsnamen, wie sie auch für das Färben und Drucken von Proteinfasern empfohlen werden, erhältlich. Für den Druck werden auch *spezielle 1:2-Metallkomplexfarbstoffe* verwendet, die meist als Dispersion, teilweise jedoch auch wasserlöslich gedruckt werden. Dazu gehören u.a.:

Amichromlicht-	*Francolor*	Telogen-	*Bayer*
Avilonlicht-	*CIBA*	Vialonechtfarbstoffe	*BASF*

die ebenfalls nach der oben angegebenen Methode bedruckt und fixiert werden.

Zur Vertiefung der Nuancen und Verbesserung der Brillanz wird beim Druck von Avilonlicht-Farbstoffen (*CIBA*) ein Zusatz von 5–10 g/kg Cibaphasol C oder AS in der Druckpaste und 1 g/l zur besseren Reinigung im Waschbad empfohlen. Für den Druck von Amichromlicht-Farbstoffen wird auch der Druck mit W/O-Emulsionsverdickungen eingesetzt. Dabei werden die Druckpasten wie folgt hergestellt:

45 – 100 g	Amichromlicht-Farbstoff werden mit
0 – 30 g	Solutene CI (Diäthylenglykol) angeteigt, in
705 – 600 g	Warmwasser dispergiert und am Schnellrührer in
100 – 20 g	Kristallgummiverdickung und
100 – 200 g	weiße Stammemulsion (W/O) eingerührt und mit
50 – 50 g	Wasser, Schwerbenzin oder Verdickung ausgeglichen.
1000 g	

Die weiße Stammemulsion besteht aus:

200 g	Neopate O konz. (*Francolor*), das bei 40 °C geschmolzen wird und dem nacheinander
200 g	Calciumchlorid 2%ige Lösung,
500 g	Kristallgummi- oder Johannisbrotkernmehlätherverdickung und
100 g	Schwerbenzin eingerührt werden.
1000 g	

Die mit Emulsionsverdickung hergestellten Nuancen sind tiefer, und die Farbstoffe diffundieren besser als mit normalen Verdickungen. Die Fixierung erfolgt wie bereits beschrieben durch Dämpfen.

Nach der eingangs beschriebenen Druckmethode (S. 291) werden auf Polyamidtextilien auch ausgesuchte *Reaktivfarbstoffe*, *reaktive Dispersionsfarbstoffe* (z.B. *Procinyl-Farbstoffe/ICI*) bzw. die neuerdings auf den Markt kommenden speziellen Metallkomplexfarbstoffe verwendet. Dazu gehören u.a.:

Lanacron-	*CIBA*	Procilan-	*ICI*
Irgaren-	*Geigy*	Sandolanfarbstoffe	*Sandoz*
Levalan-	*Bayer*		

Der Ätzdruck für mit ätzbaren Farbstoffen der angegebenen Gruppen angefärbte Polyamidtextilien gleicht im Verfahren den für Weiß- und Buntätzen beschriebenen Arbeitsweisen.

Obwohl die Drucke mit allen vorstehend angegebenen Farbstoffen zum Teil gute bis sehr gute Naßechtheiten besitzen, haben vor allem die brillanten Säurefarbstoffe meist nur mittlere Wasch-, Wasser-, Schweiß- und Seewasserechtheit, die für den Einsatz als Wäsche-, Bade- und Oberbekleidungsartikel nicht genügen. Durch verschiedene *Nachbehandlungen* der gut gespülten Drucke lassen sich die angegebenen Echtheiten um $^1/_2$–2 Noten verbessern. Die Nachbehandlungen sind besonders für Drucke notwendig, da sie das Anbluten des Weißfonds im Gebrauch einschränken bzw. verhindern. Die besten Erfolge erbringt die *Tannin/Brechweinstein-Behandlung*, die jedoch teurer ist, da unbedingt eisenfreies Tannin verwendet werden muß, um eine Vertrübung der Nuancen bzw. Vergilbung des Weißfonds zu vermeiden. Dabei werden die fertigen Drucke auf frischem Bad während 10–20 min bei 60–70 °C mit 2–4 % Tannin und 1–2 % Essigsäure 50 %ig behandelt und, wenn das Bad weitgehend ungefärbt ist, direkt, und wenn es angefärbt ist, nach kurzem Zwischenspülen auf frischem Bad mit 1–2 % Brechweinstein bei gleichen Temperaturen und Zeiten nachbehandelt. Mit den nachfolgenden Hilfsmitteln erreicht man ähnliche Effekte, die allerdings meist nicht ganz die Verbesserung in der Seewasser- und Schweißechtheit erbringen. Man behandelt die gut gespülten Drucke auf frischem Bad mit 0,5–5 % dieser Hilfsmittel und 1–2 % Essigsäure 50 %ig oder 0,5–1 % Ameisensäure 85 %ig 15 min bei 40–80 °C und spült evtl. kurz nach.

Cibatex PA	*CIBA*	Mesitol PNR	*Bayer*
Erional NW, NWS	*Geigy*	Nylofix O	*Sandoz*
Depsoline 2P, RL	*Francolor*	Tanninol WR	*ICI*
Fixanol NA	*ICI*	u.a.	

Die vorstehend angegebenen Nachbehandlungen werden teilweise auch für Drucke mit Dispersionsfarbstoffen empfohlen, doch erreichen die Verbesserungen der Echtheiten nicht die Noten wie bei Drucken mit anionischen Farbstoffen.

Als Konturenschwarz und auch im Deckerdruck können *hochechte Schwefelfarbstoffe* (S. 205) verwendet werden. Dabei wird mit folgender Druckpaste gedruckt:

100 –	120 g	Indocarbonfarbstoff (*Cassella*) werden mit
50 –	50 g	Harnstoff vermischt, mit
50 –	50 g	Diäthylenglykol und
90 –	70 g	Heißwasser angeteigt, in
550 –	550 g	Verdickung eingerührt und
50 –	50 g	Soda kalz.,
20 –	20 g	Solutionssalz B neu (*BASF*),
80 –	80 g	Glukose geschmolzen und
10 –	10 g	Printegal C (Drucköl/*Cassella*) nachgesetzt.
1000 g		

Nach dem Drucken und Trocknen wird 15–20 min gedämpft, bei 50–70 °C mit 5 ml/l Wasserstoffperoxid 30 %ig + 3 ml/l Essigsäure 50 %ig oxydiert, gespült, bei 50–60 °C nachgeseift und gespült. Die *Poly-*

kondensationsfarbstoffe auf Phthalocyaninbasis, wie sie von *Hoechst* als Inthion-Farbstoffe geliefert werden, ergeben sehr brillante Türkis-, Blau-, Gelb- und Grüntöne im Druck auf Polyamidtextilien. Dabei werden

5 – 30 g	Inthion-Farbstoff in
200 – 200 g	Heißwasser gelöst, in
500 – 500 g	neutrale, niedrigviskose Alginatverdickung eingerührt,
55 – 60 g	Thioharnstoff (nicht Harnstoff),
45 – 90 g	Ammonsulfatlösung 1:2 nachgesetzt und mit
195 – 120 g	Wasser oder Verdickung ausgeglichen.
1000 g	

Nach dem Trocknen werden die Drucke 15–20 min gedämpft, gespült, geseift und nachgespült. Die Farbstoffe sind auch als Ätzfonds brauchbar. Man foulardiert mit

1 – 10 g/l	Inthionfarbstoff,
30 – 50 g/l	Thioharnstoff,
15 – 25 g/l	Ammonsulfat,
50 – 50 g/l	20%iger Polyvinylalkoholverdickung (z.B. Vinarol ST/*Hoechst*)

bei 20–30 °C. Anschließend wird getrocknet und als Weißätze in

450 g	neutraler, niedrigviskoser Alginatverdickung, in denen
250 g	Zinkformaldehydsulfoxylat gelöst,
50 g	Solentwickler D (*Hoechst*) als Säurespender und
50 g	Leukotrop W (*BASF*) als Ätzverstärker eingerührt sind und die mit
200 g	Wasser oder Verdickung ausgeglichen werden,
1000 g	

aufgedruckt, getrocknet und wie beim Direktdruck durch Dämpfen gleichzeitig der foulardierte Farbstoff und die Weißätze entwickelt und wie bekannt fertiggestellt.

Zur Erzeugung besonders echter Farbtöne, bei denen allerdings keine Grüntöne möglich sind, werden im Druck auch *unlösliche Azokörper* mit Naphtholen und speziellen Echtsalzen auf der Polyamidfaser erzeugt. Von *Hoechst* wird dabei z.B. der gemeinsame Aufdruck von

20 g	–	–	Naphtol AS – L3G
–	10 g	–	Naphtol AS – OL
–	–	30 g	Naphtol AS – SR
8 g	12 g	–	Ofnaperlsalz RRA
–	–	45 g	Ofnaperlsalz SBR werden mit

10 g	Harnstoff,
50 – 100 g	Diäthylenglykol,
25 g	Spiritus und
50 – 100 g	Heißwasser angeteigt,
75 g	Dekol N (*BASF*),
8 – 15 g	Natronlauge 38 °Bé zugerührt und in
500 g	niedrigviskosem Johannisbrotkernmehläther eingerührt und
5 g	Silikonentschäumer zugesetzt.
1000 g	

empfohlen. Daneben sind jedoch auch andere Kombinationen möglich. Zur Ergänzung der Grüntöne können auch Inthion-Farbstoffe (*Hoechst*) gedruckt werden. Nach dem Druck wird getrocknet, die Inthion-Farbstoffe durch 20 min Dämpfen fixiert, und die Kupplung der Echtsalze mit den Naphtolen wird wie folgt vorgenommen:

1. kalt mit 2 ml/l Schwefelsäure konz. entwickeln,
2. kalt zwischenspülen,
3. bei 40 °C beginnend mit 3 ml/l Schwefelsäure konz., auf 70 °C erwärmen und 5 min bei dieser Temperatur behandeln,
4. gründlich warm und kalt spülen,
5. 15 min bei 60 °C nachseifen und
6. kalt nachspülen.

Die Behandlung wird am günstigsten auf der Haspelkufe vorgenommen. Der angegebene Aufdruck wird vornehmlich für texturierte Polyamidtrikotagen, wie Badeartikel, eingesetzt, und die Waren werden auf dem Filmdrucktisch oder der Filmdruckmaschine bedruckt.

Obwohl *Pigmentfarbstoffe*, vor allem in tiefen Tönen, immer eine gewisse Warenversteifung erzeugen, werden diese Farbstoffe in hellen Tönen auf Polyamid-Webtrikot gedruckt, dabei sind alle Pigmentfarbstoffe (S. 240) brauchbar. Da sich die Verfahren nicht sonderlich unterscheiden, soll hier der Aufdruck mit Acramin-Farbstoffen (*Bayer*) beschrieben werden.

25 – 50 g	Acramin-Farbstoff werden in
975 – 950 g	Acramin LC-200-O/W-Emulsionsverdickung eingerührt.
1000 g	

Acramin LC 200 wird wie folgt hergestellt:

200 g	Acramin LC werden mit einer Mischung von
10 g	Emulgator W:VA = 2:1 vermischt,
30 g	Tylose MH 300 (*Hoechst*), 4%ig,
150 g	Wasser,
5 g	Triäthanolamin,
25 g	Diammoniumphosphat verrührt und
580 g	Schwerbenzin auf dem Schnellrührer einemulgiert.
1000 g	

Nach dem Drucken wird getrocknet und 5 min bei 145–150 °C kondensiert.

Da heute große Mengen von Polyamidfasern als *Maschenwaren* bedruckt werden, soll nachstehend auf die Besonderheiten dieses Druckes eingegangen werden. Es handelt sich dabei hauptsächlich um *Polyamid-Charmeuse-*, *-Webtrikot* bzw. *-Velour* und *Wirkwaren* aus *texturierten Polyamidfäden*, die oft rundgewirkt und aufgeschnitten bedruckt werden. Für alle Veredlungsoperationen gilt es, die Ware möglichst spannungsarm zu behandeln und gründlich durch eine Vorwäsche und Fixierung vorzubereiten. Polyamid-Webtrikot wird zum überwiegenden Teil auf dem Rouleaux bedruckt und dabei ein möglichst kurzer Weg von der Rolle zum Rouleaux gewählt, um ein Verziehen der Ware zu vermeiden. Obwohl es möglich ist, die Ware vorher auf den Mitläufer zu kaschieren, ist es einfacher und billiger, einen rauhen Mitläufer zu verwenden. Wird auf Tischen gedruckt, ist ein Aufnadeln der Ware günstiger als ein Kleben; obwohl das Aufnadeln umständlicher ist, wird die Ware besser auf dem Tisch gehalten und neigt bei großen Deckern weniger zum „Abheben" und „Cloqué-Effekten", die vor allem bei Verwendung von geringen Klebermengen die Regel sind. Dauerkleber (S. 134) zeigen oft den Nachteil, daß sie sich aus der Ware nicht auswaschen lassen. Besonders günstig verhalten sich dabei auswaschbare Kleber aus Polyvinylalkohol (z.B. Vinarol ST 15–20%ig/*Hoechst*). Einige Kleber reservieren beim Aufdruck, Dextrin ist wegen seiner reduzierenden Wirkung als Kleber nur dort verwendbar, wo die Farbstoffe durch Zusatz von hohen Mengen eines organischen Oxydationsmittels (S. 167) geschützt werden. Polyamide „längen" beim Naßwerden um etwa 5%, wodurch ein Abheben der Ware vom Drucktisch begünstigt wird; man druckt deshalb oft „naß-in-naß", indem man die Ware vor dem Druck befeuchtet. Auf der Filmdruckmaschine sollten die Waren in allen Fällen auf den Mitläufer kaschiert werden. Beim Walzendruck ist es möglich, die Ware aus „erster Hand" mit einer Picot-(1000-Punkt-) oder Haschurenwalze auf den Mitläufer zu kaschieren und nach dem Druck mit dem Mitläufer zu trocknen und evtl. zu dämpfen, um einen Längszug der Maschenwaren auszuschließen.

Als *Druckfarbstoffe* kommen für brillante Töne ausschließlich Säure-, für gedeckte Modetöne 1:2-Metallkomplexfarbstoffe in Betracht. Reaktivfarbstoffe zeigen teilweise eine schlechtere Schweißechtheit, und Pigmente versteifen die Ware in tiefen Tönen. Beim Einsatz von Lösungsvermittlern ist zu beachten, daß hohe Mengen der Produkte die Drucke beim Dämpfen zum Fließen veranlassen, das gilt auch für hohe Harnstoffmengen. Durch Thioharnstoff werden in allen Fällen bessere Ausbeuten erreicht. Dispersionsfarbstoffe kommen wegen ihrer geringen Naßechtheiten kaum zur Verwendung. Als *Verdickungsmittel* sind Kristall- und Arabischgummi üblich, die zwar scharfe Konturen, aber harte Druckfilme ergeben und damit zum Splittern (S. 288) und evtl. „Abwerfen" von Überfällen Anlaß geben. Niedrigviskose Alginate geben weiche Druckfilme, sind leicht auswaschbar und neigen weniger zum Splittern. Oft werden niedrig- und hochviskose Alginate kombiniert, Stärkeäther geben zwar weiche Druckfilme, neigen aber zum Ausfließen beim Dämpfen und zeigen mindere Reibechtheiten. Johannisbrotkernmehläther ergeben in allen Fällen gute Drucke, neigen jedoch bei hohen Elektrolytmengen in der Druckpaste zum Ausfallen. Britischgummi gibt harte, splitternde Druckfilme, scharfe Konturen und wird oft in Mischungen mit anderen Verdickungsmitteln verwendet. O/W-Emulsionsverdickungen ergeben zwar weiche Druckfilme, die Drucke sind sehr gleichmäßig (egal), die Ausbeute ist jedoch geringer als mit konventionellen Verdickungen.

Zur *Fixierung der Drucke* kommt eine Thermobehandlung wegen der dann auftretenden Minderung der Elastizität der Ware nur eingeschränkt in Betracht. Beim Dämpfen ist auf möglichst spannungsarme Warenführung zu achten, das gilt auch beim Trocknen der Drucke. Günstig ist es für den Warencharakter, mit dem Mitläufer zu trocknen und zu dämpfen. Man dämpft vorteilhaft mit 0,5 atü Druck und Sattdampf während 8–10 min, es tritt allerdings dann ein größerer Schrumpf als durch 20–30 min Dämpfen ohne Druck auf. Bei der *Nachbehandlung* ist ebenfalls auf möglichst spannungsarme Warenbewegung zu achten, wobei sich die Haspelkufe und spezielle Breitwaschmaschinen besonders eignen. Wegen der verbesserten Naßechtheiten ist eine Nachbehandlung (S. 172) unbedingt zu empfehlen.

In gewissen Fällen werden Polyamidgarne auch auf der *Stranggarndruckmaschine* (S. 46) bedruckt, abgesehen vom Einsatz geringerer Mengen von Druckverdickungen ergeben sich im Prinzip des Aufdrucks und der Entwicklung keine Änderungen gegenüber dem Druck auf Stückwaren. Gleiches gilt auch für den seltenen *Vigoureuxdruck* (S. 41), der in der Regel mit echteren Metallkomplexfarbstoffen vorgenommen wird.

Druck von Textilien aus Polyesterfasern

Textilien aus diesen Fasern konnten wegen ihrer „Pflegeleichtigkeit" schnell einen großen Teil im Oberbekleidungs- und Dekorationssektor erobern. Aus endlosen, gesponnenen und texturierten Polyesterfäden und -fasern werden gewebte und gewirkte Kleiderstoffe, Wäsche, Blusen, Schals und aus endlosen Fäden besonders Gardinen hergestellt, die gebleicht, gefärbt und bedruckt verwendet werden. Die Fasern kommen u.a. unter folgenden Handelsnamen auf den Markt:

Dacron	*Dupont*,
Diolen	*Vereinigte Glanzstoffabriken AG.*, Wuppertal,
Kodel	*Eastman Chem. Products Inc.*, New York 16/USA,
Lanon	*VEB Thüringisches Kunstfaserwerk*, Schwarza,
Tergal	*Soc. Rhodiaceta SA.*, Besancon/Frankreich,
Terlenka	*Algemeene Kunstzijde Unie N.V. (AKU)*, Arnheim/Holland,
Terylene	*ICI*,
Trevira	*Hoechst*,
Vestan	*Faserwerke Hüls AG.*, Marl-Hüls.

Neben den Normaltypen haben die Hersteller auch modifizierte Fasertypen auf dem Markt, die sich durch geringere Pillingneigung auszeichnen und sich vor allem zu Mischungen mit anderen Fasern eignen. Texturierte Polyestermaterialien erlangen immer mehr an Bedeutung.

Polyesterfasern zeichnen sich durch ihre absolute Lichtbeständigkeit aus, haben jedoch keine selektiven Gruppen und lassen sich nur mit Farbstoffen anfärben und bedrucken, die sich in der Faser selbst lösen, da eine chemische Bindung der Farbstoffe mit der Faser nicht möglich ist. Für den Druck werden die Materialien gründlich – meist alkalisch – vorgewaschen und bei 210–230 °C thermofixiert. Beim Thermofixieren ist auf eine unbedingt gleiche Temperatur der Ware über ihre Breite und Länge zu achten, da Temperaturunterschiede zur stark unterschiedlichen Farbstoffaufnahmefähigkeit führen. Obwohl heute zur Farbstoffixierung vielfach gleiche Bedingungen wie zum Thermofixieren der Fasern eingesetzt werden, ist im Druck die Methode nur dort verwendbar, wo durch den Faserschrumpf ein Verziehen der Druckmuster nicht nachteilig ist. Es ist dann vorteilhaft, die Faser vor- und den aufgedruckten Farbstoff nachzufixieren.

Wegen der verbesserten Farbstoffaufnahmefähigkeit ist es günstig, die Textilien vor dem Druck zu *alkalisieren* (*S-Finish*). Dabei werden die Waren je nach verlangtem Effekt 20–60 min kochend mit 20–40 g/l festem Ätznatron behandelt und anschließend gut gespült. Durch diese Behandlung erhält die Ware ein seidiges Aussehen und einen der Seide ähnlichen Griff und bleibt elastischer. Hochglänzende Polyesterfasern werden im Glanz gemildert. Allerdings verliert die Faser durch „Abschälen“ (Verseifen) der Außenschichten je nach Länge der Behandlung und Ätznatronmenge bis zu 10% an Gewicht, wobei 3% als normal angegeben werden können. Die gleiche Behandlung ist auch für Triacetat (S. 317) üblich. Die Behandlung wird meist auf dem Jigger oder dem Färbestern vorgenommen. Zur Verbesserung der Schiebefestigkeit ist es vorteilhaft, Polyestergewebe zu *gaufrieren* (kalandern) und je nach Wunsch eine entsprechende Prägewalze auf dem *Prägekalander* zu verwenden. Meist arbeitet man mit 4–6 t Druck und einer Temperatur von 190–200 °C. Wegen der schnellen *elektrostatischen Aufladung* der Polyesterfasern, vor allem im Rouleauxdruck, ist es vorteilhaft, die Ware vor dem Druck mit Antistatika zu behandeln.

Im Rouleauxdruck ergeben sich weniger Schwierigkeiten, wenn Webwaren bedruckt werden, Waren aus texturierten Materialien werden vorteilhaft auf den Mitläufer kaschiert. Beim Tischdruck werden die üblichen Kleber (S. 133) verwendet. Auf Filmdruckmaschinen ist es günstig, die Gewebe mit einer Blindschablone vor dem Druck auf das Drucktuch zu pressen, um eine einwandfreie Haftung zu erreichen.

Die **Dispersionsfarbstoffe** stellen, wie auch in der Färberei, die Hauptmenge der Produkte, die im Druck eingesetzt werden und zum größten Teil auch für Sekundär- und Triacetat sowie Polyamidfasern eingesetzt werden. Von den Herstellern sind jedoch spezielle Farbstoffe entwickelt worden, die sich als Dispersionsfarbstoffe besonders zur Applikation auf Polyesterfasern eignen. Die Produkte kommen sowohl als Pulver, mikrodisperse Granulate, geringviskose Teig- und Flüssigfarbstoffe in den Handel. Den Teig- und Flüssigmarken wird heute wegen ihrer leichten Verarbeitbarkeit der Vorzug gegeben, da sie, in die fertigen Druckpasten direkt – möglichst mit einem Schnellrührer – eingerührt, leichter fixiert werden können und in der Regel tiefere Drucke ergeben als die entsprechenden Pulverfarbstoffe. Zu den für Polyesterfasern besonders geeigneten Dispersionsfarbstoffen gehören u.a.:

Esterophile-	*Francolor*	Samaron-	*Hoechst*
Foron-	*Sandoz*	Serilene-	*Yorkshire*
Latyl-	*Dupont*	Setacyl-P-	*Geigy*
Palanil-	*BASF*	Setaron-	*Geigy*
Polysynthren-	*Cassella*	Terasil-	*CIBA*
Resolin-	*Bayer*	Tersetyl-Farbstoffe	*ACNA*

Wegen der hohen Packungsdichte der Fasermoleküle ist die Farbstoffaufnahmefähigkeit von Polyesterfasern gering, und es können ohne Einsatz besonderer Hilfsmittel (Carrier, Färbebeschleuniger) nur helle Farbtöne gefärbt werden. Gleiches gilt auch für den Aufdruck. Die in der Färberei verwendeten Carrier ergeben jedoch im Druck sehr unterschiedliche Farbvertiefung, da sie zum Teil beim Trocknen der Drucke verdampfen und damit beim anschließenden Dämpfen nicht wirken können. Trotzdem ist es möglich, mit einer Reihe von Carrieren und bestimmten Farbstoffen durch druckloses Dämpfen ausreichend tiefe Drucke zu erzielen. Für den Druck können die gleichen *Carrier* verwendet werden wie in der Färberei, doch haben einige Hersteller auch spezielle Carrier auf dem Markt, die besonders für den Aufdruck geeignet sind. Als Carrier kommen u.a. in Betracht:

Carolid-	*Tanatex*	Remol-	*Hoechst*
Dilatin-	*Sandoz*	Seripolan-	*Yorkshire*
Dowcide-	*Dow*	Solvant-	*Francolor*
Invalon-	*CIBA*	Tanavol-	*Tanatex*
Latyl-Carrier-	*Dupont*	Tumescalmarken	*ICI*
Palanil-Carrier-	*BASF*		

Von einigen Firmen werden spezielle Produkte als *Fixierbeschleuniger* eingesetzt, die jedoch keine Carrier sind und trotzdem tiefere Drucke in oft kürzeren Fixierzeiten ergeben. Dazu gehören u.a. Ekalin F (*Sandoz*), Emulphor EL und Luprintan ATP (*BASF*), die in Mengen von 20 bis 90 g/kg in der Druckpaste verwendet werden.

Als *Verdickungsmittel* kommen vor allem körperreiche Produkte, wie Industriegummi, Stärke, Johannisbrotkernmehl- und Zelluloseäther, mittel- und hochviskose Alginate bzw. Mischungen der Produkte untereinander in Betracht. Wie bei Drucken auf allen synthetischen Fasern, muß auf möglichst weich und elastisch trocknende Druckfilme geachtet werden, um ein Absplittern zu vermeiden (S. 288). Körperarme und Emulsionsverdickungen werden für das Thermofixierverfahren eingesetzt. Bei der Dampffixierung neigen sie jedoch zum Fließen und ergeben oft unscharfe Konturen. Beim Thermofixierverfahren werden sowohl O/W- als auch W/O-Verdickungen eingesetzt. Von der *BASF* wird als W/O-Emulsion die nachfolgende Verdickung empfohlen:

Ölphase:	30 – 35 g	Luprintol S werden in
	150 – 170 g	Schwerbenzin durch Erwärmen gelöst.
Wasserphase:	50 – 50 g	Luprintol FB werden in
	770 – 745 g	Wasser eingesiebt.
	1000 g	

Zur Fertigstellung der Stammemulsion wird die Wasserphase in die Ölphase mit dem Schnellrührer einemulgiert. Vornehmlich Flüssigfarbstoffe können direkt in diese Stammemulsion eingerührt werden. Es ist jedoch auch ein Einzelansatz möglich. Dabei enthält die Wasserphase außer dem Luprintol FB den Flüssigfarbstoff, das Wasser und wird so in die Ölphase einemulgiert.

Ein Zusatz von *Lösungsmitteln*, *Dispergatoren* oder *Emulgatoren* ist nur dort vorteilhaft, wo Pulverfarbstoffe verwendet werden, die Teig- und Flüssigfarbstoffe enthalten meist ausreichende Mengen dieser Produkte, weitere Zusätze verstärken nur das Fließen der Drucke beim Dämpfen bzw. ergeben weniger tiefe Drucke. Meist schäumen die Druckpasten, und es ist notwendig, Entschäumer zuzusetzen. Viele Dispersionsfarbstoffe sind gegen reduktive Einflüsse empfindlich und werden durch Zusatz von 10–20 g/kg eines organischen Oxydationsmittels (S. 167) oder Natriumchlorat geschützt. Zur Verbesserung der *Abgasechtheit* der Drucke können 40–80 g/kg GFN-Inhibitor (*BASF*), Duranol-Inhibitor GF, N (*ICI*), in der Druckpaste verwendet werden. Da einige Dispersionsfarbstoffe gegen Alkalien empfindlich sind, ist es notwendig, der Druckpaste auch nichtflüchtige organische Säuren, wie z. B. 10–20 g/kg Oxal- oder Glykolsäure, zuzusetzen bzw. mit diesen Säuren alkalische Druckverdickungen zu neutralisieren. Die Druckpasten und Copuren haben folgende Zusammensetzung:

Vollfarbe:		Copure:
10 – 80 g	Dispersionsfarbstoffpulver werden mit	–
30 – 50 g	eines Lösungsmittels angeteigt, in	–
390 – 250 g	Heißwasser dispergiert und in	460 – 440 g
520 – 540 g	Verdickung eingerührt,	500 – 500 g
30 – 60 g	Carrier und	20 – 40 g
20 – 20 g	Drucköl zugesetzt.	20 – 20 g
1000 g		1000 g

Nach dem Drucken wird nicht zu hoch getrocknet und entweder durch

a) 30–40 min Dämpfen bei 100 – 102 °C,
b) 10–20 min Dämpfen mit 2,5 – 3 atü Druck oder
c) 40–60 sec Thermofixieren bei 200 – 220 °C

fixiert. Die Farbstoffausbeute wird teilweise durch den Carrierzusatz, 24 Std. Lagern der Drucke nach dem Trocknen, in allen Fällen aber durch Druckdämpfen (b) und Thermofixieren (c) gegenüber dem Dämpfen unter Normalbedingungen (a) verbessert. Nach dem Fixieren wird kalt gespült, 10 min bei 60–70 °C geseift. Durch Zusatz eines stabilisierten Hydrosulfitproduktes (z.B. 2–3 g/l Blankit IN/*BASF*) im Seifbad wird der unbedruckte Fond weniger angeschmutzt. Anschließend wird nochmals gründlich gespült. Werden Carrier auf Phenylphenolbasis verwendet, ist eine Nachbehandlung mit 3–5 g/l Natronlauge 38 °Bé + 1–2 g/l Hydrosulfit während 15–20 min bei 60–70 °C zur Entfernung des unfixierten Farbstoffes und unverbrauchten Carriers vorteilhaft, um eine Lichtechtheitseinbuße durch Carrierreste zu vermeiden. Anschließend wird mit Ameisensäure abgesäuert und nachgespült.

Beim **Ätzdruck** auf mit Dispersionsfarbstoffen vorgefärbten Polyesterfond müssen solche Farbstoffe zur Färbung verwendet werden, die sich weißätzen lassen. Dabei lassen sich Carrier- und HT-Färbungen leichter ätzen als solche, die nach dem Thermosolierverfahren hergestellt wurden. Als Ätzmittel werden entweder Calciumformaldehydsulfoxylat (z.B. Gongalit H/*BASF*), Zinkformaldehydsulfoxylat (z.B. Decrolin löslich konz./*BASF*) oder Thioharnstoffdioxid (*Hardman*) verwendet. Als *Weißätzen* werden folgende Druckpasten aufgedruckt:

400 g	Industriegummiverdickung werden mit
120 g	Calciumformaldehydsulfoxylat,
40 g	Carrier,
5 g	Anthrachinon, 30%iger Teig,
50 g	Titan- oder Zinkoxid und
385 g	Wasser verrührt.
1000 g	

100 – 300 g	Zinkformaldehydsulfoxylat werden in
265 – 205 g	Warmwasser gelöst, in
600 – 445 g	Kristallgummiverdickung eingerührt,
20 – 35 g	Solentwickler D (*Hoechst*),
10 – 10 g	Drucköl und
5 – 5 g	Entschäumer nachgesetzt.
1000 g	

Die getrockneten Drucke werden 5–10 min bei einem Druck von 0,5 bis 2,5 atü gedämpft und wie beim Aufdruck nachbehandelt. Wird mit Rongalit H gearbeitet, werden die Drucke nach dem Spülen zur Entfernung des Reduktionsmittels mit 5 ml/l konzentriertem Ammoniak + 5 ml/l

Wasserstoffperoxid 30%ig 30 min bei 60–70 °C behandelt, nachgespült und erst dann geseift und gespült. Als Ätzverstärker können im 2. Rezept auch Carrier bzw. Anthrachinon verwendet werden. Solentwickler D (*Hoechst*) ist ein Diäthyltartrat, das als Säurespender dient, teilweise wird auch ohne diesen Ester gearbeitet. Die Weißätzen können auch durch Thermofixieren entwickelt werden. Dabei sind Zusätze von 50 g/kg Hydrochinon oder 100 g/kg Produkt P4 (*BASF*) anstelle von Anthrachinon und 100 g/l Glyzerin, evtl. auch höhere Carriermengen vorteilhaft.

Als *Buntätzen* kommen ätzbeständige Dispersionsfarbstoffe zur Verwendung, die nach ähnlichen Methoden wie die Weißätzen eingesetzt werden, auch werden Küpenfarbstoffe verwendet. Dabei werden die Küpenfarbstoffe als *Küpensäuren*, also wasserunlöslich, und damit als Dispersionsfarbstoffe in der Polyesterfaser gelöst. In gleicher Weise werden auch spezielle Küpenfarbstoffe wie die Polyestren-Farbstoffe (*Cassella*) eingesetzt. Der mit ätzbaren Dispersionsfarbstoffen vorgefärbte Fond wird dabei mit folgenden Druckpasten bedruckt.

100 – 200 g	Küpenfarbstoffteig werden in
255 – 90 g	Wasser dispergiert, in
500 – 500 g	Industriegummiverdickung eingerührt,
90 – 120 g	Rongalit H (*BASF*),
50 – 80 g	Solentwickler D (*Hoechst*) und
5 – 10 g	Entschäumer nachgegeben.
1000 g	

Nach normalem, besser aber Druckdämpfen wird gespült, 15 min bei 70–80 °C oxydiert, gespült, nichtfixierter Farbstoff reduktiv entfernt, geseift und gespült. Zur Vertiefung der Drucke kann auch Carrier, zur Verbesserung des geätzten Fonds, Titandioxid zugesetzt werden. Die Buntätzen werden durch Druckdämpfen oder Thermosolieren entwickelt und wie die Weißätzen nachbehandelt. Zur Oxydation ist eine besondere Behandlung notwendig, die meist mit Ammoniak und Wasserstoffperoxid vorgenommen wird. Anstelle von Rongalit H (*BASF*) kann auch Zinkformaldehydsulfoxylat verwendet werden, es ist dann jedoch ein heißes Absäuern zur Entfernung der Zersetzungsprodukte des Reduktionsmittels notwendig. Wird mit Polyestren-Farbstoffen (*Cassella*) bunt geätzt, sind die Drucke nur durch Thermosolieren zu entwickeln, eine Oxydation ist dann nicht notwendig, die weitere Nachbehandlung ist die gleiche wie beim Küpenätzdruck.

Küpenfarbstoffe lassen sich als unverküpte Farbstoffe, Küpensäuren und besonders gefinishte Farbstoffe, wie z. B. die Polyestren-Farbstoffe, aufdrucken. In allen Fällen werden sie als Dispersionen verwendet und in der Polyesterfaser gelöst. Beim Druck von *unverküpten Küpenfarbstoffen* werden für die Vollfarbe und die Copure die nachfolgenden Druckpasten verwendet:

Vollfarbe:		Copure:
80 – 250 g	Küpenfarbstoffteig werden in	
270 – 70 g	Warmwasser angeteigt,	240 g
50 – 80 g	Glyezin A (*BASF*) und	60 g
30 – 30 g	Leonil RW hochkonz. (*Hoechst*) 1:1 mit Benzylalkohol nachgesetzt und in eine Mischung von	30 g
275 – 275 g	Industriegummi und	325 g
275 – 275 g	Britischgummiverdickung eingerührt und	325 g
20 – 20 g	Drucköl nachgesetzt.	20 g
1000 g		1000 g

Nach dem Druck wird getrocknet, 60 sec bei 200 °C thermosoliert, gespült, 5 min bei 50 °C mit 2 g/l Hydrosulfit, 2 ml/l Natronlauge und 1 g/l Albigen A (*BASF*) der nichtfixierte Farbstoff entfernt, gespült, bei 70 °C geseift und nachgespült. Werden Küpensäuren gedruckt, arbeitet man nach der gleichen Methode, wie bei der Buntätze angegeben. Beim Druck mit Polyestren-Farbstoffen wird der Farbstoff, der in Teigform geliefert wird, wie folgt in der Druckpaste verwendet:

90 – 250 g	Polyestren-Druckfarbstoff werden in
650 – 650 g	Stammverdickung eingerührt und mit
260 – 100 g	Wasser oder Verdickung ausgeglichen.
1000 g	

Als Stammverdickung, die auch als Copure verwendet wird, werden

500 g	Kristallgummiverdickung mit
300 g	Stärkeätherverdickung 10%ig und
160 g	Wasser vermischt,
30 g	Drucköl und
10 g	Printegal C (*Cassella*) nachgesetzt.
1000 g	

Nach dem Drucken und Trocknen wird 30–60 sec bei 210 °C thermosoliert und nachbehandelt wie beim Druck von unverküpten Küpenfarbstoffen beschrieben.

Beim Druck mit *Pigmentfarbstoffen* bestehen die gleichen Schwierigkeiten dieser Farbstoffklasse wie bei allen anderen Fasern durch Hartwerden der bedruckten Stellen durch die eingesetzten Farbstoffbinder, und man druckt meist nur helle Töne. Stellvertretend für das Verfahren soll hier das Drucken mit Imperon-Farbstoffen (*Hoechst*) angegeben werden.

20 – 40 g	Imperon-K-Farbstoff werden in
960 – 940 g	Stammansatz eingerührt (Schnellrührer) und
20 – 20 g	Dinatriumphosphat als Katalysator (Härter) zugefügt.
1000 g	

Der Stammansatz, der auch als Copure brauchbar ist, hat folgende Zusammensetzung:

75 g	Imperonbinder TF werden mit
102 g	Wasser angerührt, in dem
8 g	Solegal W konz. vorgelöst wurden,
30 g	Tylose MH 600 4%ig (*Hoechst*) zugesetzt,
15 g	Imperonfixierer H,
750 g	Schwerbenzin und
20 g	Imperonbinder FR einemulgiert.
1000 g	

Nach dem Druck wird getrocknet und 5 min bei 150 °C oder 30 bis 34 sec bei 195 °C thermofixiert. Durch Thermofixierung lassen sich auch Drucke mit *Leukoküpenesterfarbstoffen* fixieren, dabei wird den Druckpasten als Säurespender oxalsaures Ammon oder Natriumchlorit zugesetzt. Es muß jedoch ausreichend lange thermofixiert werden, um die volle Entwicklung zu erzielen, wenn nicht durch nachträgliches Erhitzen (z.B. Bügeln) eine Farbvertiefung eintreten soll. Das Verfahren hat weniger für den Druck als neuerdings in der Kontinuefärberei von Polyester/Zellulosefaser-Mischungen Bedeutung erfahren und wird von *Hoechst* als ATE-Verfahren propagiert. In kleinem Umfang werden auch Naphtol-Entwicklungsfarbstoffe (z.B. Rapidogen-/*Bayer* und Rapidecht-Farbstoffe/*Hoechst*) durch Essigsäure in der Druckpaste in Feinverteilung ausgefällt und die Drucke durch Thermofixieren entwickelt, gespült, geseift und nachgespült.

Da Polyesterfasern häufig als Melangen mit Wolle in der Oberbekleidungsindustrie verwendet werden, dort in der Regel für Kammgarne, ist der **Vigoureuxdruck** häufig. Man bedruckt meist die beiden Kammzüge nicht gemeinsam, sondern gesondert und vereinigt nach dem Entwickeln der Drucke die beiden Materialien. Diese Arbeitsweise ergibt größere Wollschonung und echtere Drucke auf dem Polyesterkammzug, da dieser intensiver nachbehandelt werden kann, als es bei vorheriger Fasermischung möglich ist. Zum Bedrucken der Polyesterkammzüge verwendet man hauptsächlich Dispersionsfarbstoffe, die mit körperreichen Verdickungen, wie Kristallgummi, Britischgummi usw. gedruckt werden. Es werden jedoch auch körperarme Produkte, wie z.B. Alginate, eingesetzt. Die Druckpasten haben dabei folgende Zusammensetzung:

20 – 80 g	Dispersionsfarbstoff werden mit
100 – 150 g	Wasser von 50–60 °C dispergiert, in
250 – 250 g	Verdickung eingerührt,
40 – 80 g	Carrier zugesetzt und mit
590 – 440 g	ausgeglichen.
1000 g	

Ein Zusatz von Carrier ist nur dann notwendig, wenn nur ohne Druck bzw. bei Drücken bis 0,5 atü in 1–2 Std. gedämpft werden kann. Wird mit 1–1,5 atü gedämpft, ist ein Carrier entbehrlich. Zur besten Farbstoffnutzung gelangt man durch 30 min Dämpfen ohne und 15 min mit

1,5 atü Druck. Zur besseren Farbstoffverteilung werden den Druckpasten auch spezielle Emulgatoren (z.B. Emulgator EL/*BASF*), gegen Schaumbildung Entschäumer und Drucköle zugesetzt. Zur Entwicklung der besten Echtheiten werden die gedämpften Kammzüge am besten als Bobinen auf dem Apparat reduktiv nachbehandelt, gespült und antistatisch ausgerüstet. Es läßt sich jedoch auch ein Lissieren einsetzen, wenn auf die reduktive Reinigung verzichtet wird. Die antistatische Ausrüstung ist auch auf der Lisseuse möglich.

Druck von Textilien aus Polyacrylfasern

Die heute in der Textilindustrie verwendeten Polyacrylfasern sind keine reinen Polyacrylprodukte, sondern mit bestimmten Copolymeren modifizierte Fasern, die sich besser anfärben und bedrucken lassen als die nichtmodifizierten. Es handelt sich dabei um anionische Modifikationen, die meist 85 % Polyacrylnitril enthalten. Zu diesen Fasern gehören u.a.:

Acrilan	*Chemstrand Corp.*, Decatur Ala./USA,
Acrybel	*Fabelta*, Brüssel/Belgien,
Leacryl	*ACSA*, Mailand/Italien,
Courtelle	*Courtoulds Ltd.*, London/England,
Crylor	*Soc. Rhodiacetà SA.*, Lyon/Frankreich,
Dolan	*Süddeutsche Chemiefaser AG.*, Kelheim,
Dralon	*Bayer*,
Exlan	*Japan Exlan Industrie Co. Ltd.*, Japan,
Nymcrylor	*N.V. Kunstzijdespinnerij Nyma*, Nijmwegen/Holland,
Orlon 42	*Dupont*,
Redon	*Phrix Gesellschaft mbH.*, Hamburg 36.

Die Fasern werden von allen Herstellern als endlose Fäden meist jedoch als Spinnfasern geliefert. Gleichen Umfang nehmen jedoch heute die unelastischen, texturierten *Hochbauschgarne* ein, die aus schrumpfenden und nichtschrumpfenden Faseranteilen im Garn bestehen und durch eine Feucht-Heiß-Behandlung ihre Dimensionsstabilität und damit erst den Texturcharakter erhalten. Acrylfasern werden als Webwaren für Dekorationsartikel, Oberbekleidung und in der Krawattenindustrie verwendet. Als Gewirke findet man sie für Strickkleidung, Wäsche und in der Oberbekleidung. Acrylfasern haben auch als nichttexturierte Materialien eine hohe Bauschelastizität und sind dadurch in der Lage, die Wolle zu ersetzen, das gilt jedoch vor allem für texturierte Fasern.

Vor dem Druck wird die Ware mit 0,5–1 g/l eines anionischen oder nichtionogenen Waschmittels bei 60–70 °C während 30 min gereinigt, wobei durch Zusatz von Essigsäure ein pH-Wert von 5–6 am günstigsten ist. Um die Ware auszuschrumpfen, ist es vorteilhaft, kurzfristig das Bad auf 90 °C zu bringen. Anschließend wird langsam abgekühlt, wobei ein Kaltwasserzulauf am günstigsten ist. Um Lauffalten zu vermeiden, verwendet man am besten Breitwaschmaschinen, wird auf Strangwaschmaschinen behandelt oder werden Haspelkufen verwendet, müssen aufgetretene Lauffalten durch eine Spannrahmentrocknung bei 110–120 °C ausgeglichen werden. Eine Thermofixierung bei über 170 °C ist zwar möglich, ergibt aber oft eine Warenverhärtung und Vergilbung der Faser. Obwohl für synthetische Fasern in der Regel nur wasserlösliche Schlichtemittel üblich sind, werden Webwaren oft mit Stärkemischungen geschlichtet, die durch enzymatische Entschlichtungsmittel vor der Wäsche abgebaut werden müssen. Obwohl die Fasern in gutem Weißton auf den Markt kommen, ist es teilweise notwendig, die Waren mit Natriumchlorit vorzubleichen bzw. mit entsprechenden optischen Aufhellern aufzuhellen und das Bleichen und Aufhellen gleichzeitig vorzunehmen. Für den Druck ist es vorteilhaft, die Ware vor dem Druck durch Scheren und Kalandern zu glätten, ein Sengen führt zum Vergilben und Verhärten der Ware.

Dispersionsfarbstoffe ergeben nur helle bis mittlere gedeckte Töne mit geringeren Echtheiten als kationische Farbstoffe. Für den Druck sind ein Großteil der beim Druck von Sekundäracetat genannten Dispersionsfarbstoffe (S. 264) verwendbar. Als Standardrezeptur werden

25 – 100 g	Dispersionsfarbstoff mit
200 – 250 g	Wasser von 50 °C dispergiert, in
650 – 500 g	Verdickung eingerührt,
20 – 30 g	Glyezin PFD (*BASF*),
2 – 5 g	Entschäumer,
10 – 15 g	eines organischen Oxydationsmittels nachgesetzt und mit
93 – 100 g	Verdickung oder Wasser ausgeglichen.
1000 g	

Wegen der leichten Dosierbarkeit werden Dispersionsfarbstoffe in flüssiger Form verwendet und können so direkt in die fertige Stammverdickung (mit den genannten Zusätzen) eingerührt werden. Nach dem Drucken und Trocknen wird 20–30 min bei 0,2–0,4 atü gedämpft, gespült, bei 50 °C geseift und nachgespült. Als Verdickungsmittel haben sich die nachstehenden Kombinationen bewährt, die körperreich sind und trotzdem die Ware nicht zu stark versteifen und leicht ausgewaschen werden können. Die Kombinationen werden auch zum Drucken von kationischen Farbstoffen verwendet:

a)	2–3 Teile	Britischgummi 50%ig oder Diatex 40%ig (*Diamalt*) und
	1 Teil	Tragant 6%ig,
b)	1 Teil	Verdickung 301 11%ig (Kernmehläther/*Grünau*) und
c)	1 Teil	Kristallgummi 1:2 und
	1 Teil	Britischgummi oder Diatex 40%ig (*Diamalt*).

Von der *BASF* werden W/O-Emulsionsverdickungen empfohlen, die auch für das Bedrucken mit flüssigen Dispersionsfarbstoffen dieser Firma auf Polyamid-, Polyester-, Acetat- und Triacetatfasern verwendet und auf S. 264 näher beschrieben werden.

Beim Druck mit **kationischen (basischen) Farbstoffen** ergeben ausgesuchte oder für Acrylfasern besonders hergestellte basische Farbstoffe brillanteste und vor allem echteste Drucke. Diese Farbstoffklasse hat alle anderen noch brauchbaren Produkte weitgehend verdrängen können. Zu diesen Produkten, die teilweise bereits in flüssiger Form angeboten werden, gehören u.a.:

Acryl-	*BASF*	Deorlin-	*CIBA*
Altocryl-,	*Althouse*	Lyrcamine-	*Francolor*
Astrazon-, Astra-	*Bayer*	Maxilon-	*Geigy*
Basacryl-	*BASF*	Sevron-Farbstoffe	*Dupont*
Cathilon-	*Mitsui*		

Die Druckpaste bzw. der Verschnitt hat folgende Zusammensetzung:

Vollfarbe:		Copure:
500 – 600 g	Verdickung werden mit	550 g
10 – 20 g	Glyezin PFD (*BASF*) und	10 g
480 – 340 g	Wasser verrührt und	440 g
10 – 40 g	kationischer Farbstoff flüssig zugefügt.	–
1000 g		1000 g

Da jedoch kationische Farbstoffe vielfach als Pulvermarken verwendet werden, wird wie folgend beschrieben, gearbeitet:

Vollfarbe:		Copure:
10 – 40 g	Farbstoffpulver werden mit	–
20 – 30 g	Glyezin A (*BASF*) und	15 g
20 – 30 g	Essigsäure 30%ig angeteigt, in	15 g
440 – 180 g	Heißwasser gelöst, in	410 g
500 – 600 g	Druckverdickung und	550 g
10 – 20 g	Glyezin PFD (*BASF*) eingerührt.	10 g
1000 g		1000 g

Nach dem Drucken und Trocknen wird 20–30 min bei 0,2–0,5 atü (maximal 115 °C) gedämpft, gespült, bei 50–60 °C pH 5–6 geseift und nachgespült. Als Verdickungsmittel sind die auf S. 309 angegebenen Kombinationen verwendbar. Alkalisch reagierende Verdickungen müssen vor dem Zusatz der Farbstoffe mit einer organischen Säure, z.B. Zitronensäure, neutralisiert werden, da kationische Farbstoffe alkaliempfindlich sind. Verschiedene Farbstoffe sind gegen reduktive Einflüsse (Verdämpfen) empfindlich, deshalb empfiehlt sich ein Zusatz von 10–30 g/kg Natriumchloratlösung 1:2. Glyezin PFD (*BASF*) ergibt vor allem, wenn beim Dämpfen mit geringeren Druck gearbeitet werden muß, tiefere Drucke. Gegen das Gelatinieren der Druckpasten können kurz vor der Verwendung bis 20 g/kg Cyclohexanol zugesetzt werden. Oft enthalten die Druckpasten 30–40 g Diäthyltartrat, um den sauren pH-Wert während des Dämpfens zu halten.

Mit ausgesuchten *Küpenfarbstoffen* lassen sich ebenfalls Drucke mit sehr guten Echtheiten erreichen. Es werden dabei

60 – 200 g	Küpenfarbstoffteig in
600 – 500 g	Stärke/Tragant-Verdickung eingerührt,
100 – 170 g	Pottasche zugesetzt, nach dem Abkühlen
50 – 80 g	Formaldehydsulfoxylat eingerührt und mit
190 – 50 g	Wasser oder Verdickung ausgeglichen.
1000 g	

Nach dem Drucken und Trocknen wird 8 min im Kontinue- bzw. 10 min im Sterndämpfer gedämpft, gespült, bei 70–80 °C mit 5 ml/l Wasserstoffperoxid 35 %ig + 2 ml/l Essigsäure 40 %ig 5 min oxydiert, bei 95 °C nachgeseift und gespült. Zur Verbesserung der Reibechtheit ist es möglich, den nur oberflächlich sitzenden Farbstoff vor dem Seifen durch eine reduktive Nachbehandlung mit 1–2 g/l Hydrosulfit + 2–3 ml/l Natronlauge 38 °Bé und einem nichtionogenen Waschmittel abzulösen.

Für den Dekorationsartikel, bei dem, wie auch für Oberbekleidung, sehr gute Licht-, Wasch- und Wasserechtheiten verlangt werden, können auch *1:2-Metallkomplexfarbstoffe* (S. 277) gedruckt werden, deren Brillanz allerdings nicht an die der kationischen Farbstoffe heranreicht. Die Druckpasten haben folgende Zusammensetzung:

30 g	Farbstoff werden mit
120 g	eines Lösungsvermittlers (z. B. Lyoprint G/*CIBA*) angeteigt, in
350 g	Heißwasser gelöst und in
500 g	Kristallgummiverdickung 1:2 eingerührt.
1000 g	

Nach dem Drucken und Trocknen werden die Drucke 45 min bei 1,5 atü gedämpft, gründlich gespült, leicht geseift und nachgespült. Ein Zusatz von 50 g/kg Resorzin als Quellmittel für die Faser erlaubt ein Dämpfen bei nur 1 atü, verringert aber die Farbtiefe. Obwohl der *Ätzdruck* zur Zeit nicht die Bedeutung hat wie beim Druck von Zellulosefasern bzw. der Aufdruck auf Polyacrylfasern, können Ätzfonds, die mit ätzbaren Dispersions- bzw. kationischen Farbstoffen vorgefärbt wurden, reduktiv weiß geätzt werden. Als Ätzmittel werden Zinkformaldehydsulfoxylat oder Zinnchlorür verwendet. Die Ätzpasten haben folgende Zusammensetzung:

150 g	Zinkformaldehydsulfoxylat werden mit
50 g	Titandioxid 1:1 verrührt, in
220 g	Wasser angeschlämmt, in
500 g	Kristallgummiverdickung verrührt.
50 g	Kaliumrhodanid und
30 g	Glyezin PFD (*BASF*) eingerührt.
1000 g	

Wird mit Zinnchlorür gearbeitet, hat die Druckpaste folgende Zusammensetzung:

40 –	40 g	Weinsäure werden in
240 –	150 g	Heißwasser gelöst,
100 –	200 g	Zinnchlorür ($SnCl_2 \cdot 2H_2O$),
20 –	50 g	Glyzerin,
20 –	30 g	Natriumacetat und
80 –	100 g	Titandioxid zugefügt und in
500 –	430 g	Verdickung eingerührt.
1000 g		

Nach dem Drucken und Trocknen wird 30 min ohne Druck oder 15 bis 20 min mit 0,5 atü Überdruck gedämpft, gespült, 10 min geseift und nachgespült. Da ein Teil von Dispersions- und basischen Farbstoffen gegen Reduktionsmittel bzw. Zinnchlorür beständig sind, können diese auch als Illuminationsfarbstoffe in *Buntätzdruck* der Weißätzpaste zugesetzt werden. In gleicher Weise ist es auch möglich, *Weiß-* und *Buntreserven* herzustellen, wenn man die Weiß- oder Buntätzpasten auf den Fond aufdruckt, die ätzbaren Farbstoffe überfärbt bzw. durch eine Haschurenwalze als Emulsionsverdickung aufdruckt, trocknet und sowohl die Reserve als auch den überdruckten Farbstoff durch Dämpfen fixiert und die Drucke wie beschrieben fertigstellt. Die zuletzt genannte Arbeitsweise ergibt bessere Effekte als die Ätze auf vergefärbten Fond und damit vollkommen fixierte Farbstoffe. Die Methode ist auch mit Küpenfarbstoffen als Illumination in den Reservepasten verwendbar, wenn diese als Küpensäuren oder mit Calciumformaldehydsulfoxylat (z.B. Rongalit H/*BASF*) und Triäthanolamin eingesetzt werden. Die Drucke nach dieser Methode sind brillanter als die nach dem Ätzverfahren.

Auf Basis von Polyacrylnitril sind in der Zwischenzeit eine Reihe von Fasern auf den Markt gekommen, die, da sie beträchtliche Anteile an anderen Copolymerisaten enthalten, als **Modacrylfasern** bezeichnet werden. Meist handelt es sich um kationisch modifizierte Fasern, die sich mit fast allen anionischen Farbstoffen anfärben und bedrucken lassen und vor allem auf dem Teppichsektor Bedeutung erlangt haben, inzwischen aber auch auf anderen Textilgebieten eingesetzt werden. Dazu gehören u.a.:

Acrilan-regular	*Chemstrand Corp.*, Decatur, Ala./USA,
Creslan	*American Cyanamid Co.*, Pensacola, Fla./USA,
Dynel	*Union Carbide Chemical Corp.*, South Charlston, Va./USA,
Leacryl N	*ACSA Spa.*, Mailand/Italien,
Verel	*Tennessee Eastman Corp.*, Kingsport, Tenn./USA,
Zefran	*Dow Chemical Co.*, Williamsburg, Va./USA.

Da die einzelnen Fasern beim Färben und Drucken gewisse Unterschiede aufweisen, können nicht alle Verfahren beschrieben werden. Es wird deshalb nachstehend nur das Bedrucken von Acrilan-regular und Dynel beschrieben.

Auf *Acrilan-regular* lassen sich mit ausgesuchten *Dispersionsfarbstoffen* sehr echte Drucke erreichen. Die Waren werden gründlich bei 80 bis 90 °C vorgewaschen, im Bedarfsfall mit Natriumchlorit gebleicht und optisch aufgehellt, wobei meist beide Behandlungen gleichzeitig vorgenommen werden. Die Druckpasten haben folgende Zusammensetzung:

Vollfarbe:		Copure:
20 – 70 g	Dispersionsfarbstoff werden mit	–
325 – 275 g	Warmwasser dispergiert, in	370 g
600 – 600 g	Verdickung eingerührt und	600 g
50 – 50 g	Albatex BD (*CIBA*) 10%ig als organ. Oxydationsmittel und	25 g
5 – 5 g	Silvatol I (*CIBA*) als Antischaummittel nachgesetzt	5 g
1000 g		1000 g

Als Verdickungsmittel werden Kristall- oder Arabischgummi, Johannisbrotkernmehläther oder auch O/W-Emulsionsverdickungen verwendet. Nach dem Drucken und Trocknen wird 45 min bei 0,75 atü gedämpft, kalt und warm gespült und bei großen Deckern beim warmen Spülen ein nichtionogenes Waschmittel mitverwendet.

Für besonders brillante und satte Farbtöne werden auch ausgesuchte *Reaktivfarbstoffe* (S. 247) eingesetzt, die jedoch nicht ganz die hohen Echtheiten erreichen. Die gut vorbehandelte Ware wird dabei z. B. mit folgender Druckpaste bedruckt:

Vollfarbe:		Copure:
40 g	Cibacronfarbstoff (*CIBA*) werden mit	–
80 g	Thioharnstoff gemischt und	40 g
10 g	Albatex BD zugesetzt, in	10 g
220 g	Heißwasser gelöst, in	280 g
600 g	Tragantverdickung eingerührt und	650 g
50 g	Oxalsäurelösung 1:1 nachgerührt.	20 g
1000 g		1000 g

Nach dem Drucken wird getrocknet, 25 min bei 0,25 atü gedämpft und, wie beim Druck mit Dispersionsfarbstoffen angegeben, nachbehandelt. Anstelle von Oxalsäure kann auch Zitronen- oder Weinsäure bzw. Aluminiumsulfat verwendet werden. Für gedeckte Farbtöne lassen sich auch *1:2-Metallkomplexfarbstoffe* (S. 277) drucken. Die Druckpaste setzt sich folgend zusammen:

25 g	Lanasynfarbstoff hochkonz. (*Sandoz*) werden in
275 g	Heißwasser gelöst,
150 g	Phenol:Alkohol 1:1 nachgesetzt, in
500 g	Kristallgummi 1:2 eingerührt, dem vorher
50 g	Thioharnstoff zugesetzt wurden.
1000 g	

Nach dem Drucken und Trocknen wird 30 min ohne Druck gedämpft, gespült, bei 50–60 °C geseift und nachgespült. Das Phenol/Alkohol-Gemisch kann durch Mischungen von Phenol/Aceton, Phenol/Dioxan, Kresol/Propanol, Kresol/Methanol ersetzt werden. Dem gleichen Zweck dienen auch Zusätze von Äthylglykol, Diäthylenglykol oder Thiodiäthylenglykol. Es müssen die hydroxylgruppenhaltigen Lösungsvermittler jedoch in Mengen von 100–200 g/kg verwendet werden.

Beim Druck von *Dynel* können Direkt-, saure und basische Farbstoffe verwendet werden, die unter Zusatz von Carrier (p-Oxydiphenyl, p-Phenylphenol) gedruckt und unbedingt 30 min bei 0,25 atü gedämpft werden müssen. Auch nach dieser Methode resultieren nur Drucke mit mittleren Echtheiten. Mit *Küpenfarbstoffen* lassen sich jedoch sehr echte Drucke ohne Druckdämpfung erzielen. Man bedruckt dabei die vorgereinigte, evtl. gebleichte und optisch aufgehellte Ware:

150 g	Küpenfarbstoffteig werden in
700 g	Pottasche-Stärke/Tragantverdickung eingerührt,
80 g	Formamidinsulfinsäure (Manofast/*Hardman*) in
70 g	Wasser gelöst, nachgesetzt.
1000 g	

Die getrockneten Drucke werden 10–15 min auf dem Kontinuedämpfer gedämpft, mit 10 g/l Natriumperborat + 10 ml/l Essigsäure 40%ig bei 80 °C oxydiert, gespült, bei 70–80 °C geseift und nachgespült.

Neuerdings werden Acryl- und auch Modacrylfasern im *Vigoureuxdruck* eingesetzt. Die Druckpasten unterscheiden sich nur von den für den Druck auf Stückwaren üblichen Druckpasten durch die auf 300 g/kg verminderte Verdickungsmenge und das Dämpfen von 1 Std. ohne Druck. Eine antistatische Ausrüstung wird auf der Lisseuse vorgenommen, wogegen diese Ausrüstung bei Stückwaren bereits vor dem Druck erfolgt.

Druck von Textilien aus sonstigen Synthesefasern

In diese Fasergruppe wurden alle Fasern aufgenommen, die nicht die Bedeutung haben wie die vorstehend angegebenen Polyamid-, Polyester-, Polyacryl- und Modacrylfasern, welche das Hauptkontingent an Synthesefasern für die Textilindustrie stellen. Nachstehend soll vor allem der Druck von Polyvinyl-, Polyolefin- und Triacetattextilien beschrieben werden.

Für Wäschestoffe und auch als Oberbekleidung werden **Polyvinylchloridfasern** (PVC) eingesetzt, die zwar die ältesten Synthesefasern sind, jedoch außer für technische Textilien in der Bekleidungsindustrie keine besondere Bedeutung haben, da auch bei den stabilisierten PVC-Fasern der Schmelzpunkt und damit die Bügeltemperatur so niedrig liegt, daß oft durch Bügeln größere Schmelzschäden auftreten. Zu diesen Fasern gehören u.a.:

Rhovyl (60–75 °C), Fibrovyl (60–75 °C), Thermovyl (90–100 °C)	*Société Rhovyl SA.*, Tronville-en-Barois/Frankr.
Movil NTF	*Polymer Industrie Chimiche SpA.*, Mailand/Italien
Envilon, Rameron, Talon	*Toyo Chemical Co. Ltd.*, Tokio/Japan,
Teviron	*Teikoku Rayon Co.*, Tokio/Japan.

Die hinter dem Markennamen angegebenen Temperaturen bezeichnen den Erweichungsbereich der Fasern. Aus diesen Werten ist zu ersehen, daß ein Dämpfen der Drucke zur Deformation der Fasern führt und dadurch die konventionellen Fixierverfahren unbrauchbar sind. PVC-Fasern werden jedoch immer häufiger wegen ihrer guten Wärmeisolation für Dekorationstextilien, Sonnenschirme und Oberbekleidung, z.B. Plisséartikel, eingesetzt und als solche auch bedruckt. Als CITOFIX-Verfahren wurde von der *CIBA* ein Druckverfahren entwickelt, bei dem wasserunlösliche Farbstoffe wie die Orasol- bzw. Oracetat-Farbstoffe in Lösungsmitteln appliziert werden, die sowohl als Lösungsmittel für die Farbstoffe wie auch als Quellmittel für die Fasern fungieren. Durch eine Spezialverdickung 1958 (*CIBA*) werden die Druckpasten stabilisiert und die Farbstoffe in der Faser ohne jede Wärmebehandlung fixiert.

Am einfachsten ist die Herstellung der Druckpaste nach der Einstreumethode:

460 – 490 g	Spezialverdickung 1958 werden mit
60 – 80 g	Cyclohexanon kalt vermischt,
10 – 60 g	Farbstoffpulver eingestreut, verrührt und 1 Std. abgestellt,
100 – 150 g	hochvisköse Alginatverdickung 5%ig,
60 – 60 g	Methylglykol und
60 – 60 g	Invalon PC zugegeben, verrührt und wieder 1 Std. abgestellt,
50 – 50 g	Glyzerin nachgesetzt und mit
200 – 50 g	Wasser ausgeglichen.
1000 g	

Anstelle der Alginatverdickung kann auch eine O/W-Emulsionsverdickung verwendet werden. Nach dem Drucken wird die nichtgetrocknete Ware während 5–10 Std. verhängt. Durch mildes Trocknen bei 50–55 °C ist es möglich, das Verhängen auf 3 Std. zu ermäßigen. Nun wird sehr gut kalt gespült, 5–10 min in hohem Flottenverhältnis mit 2 g/l kalzinierter Soda + 5 g/l Ultravon JF (*CIBA*) bei 55 °C gewaschen und kalt nachgespült. Der Glyzerinzusatz setzt das Zusetzen der Schablonen stark herab, Cyclohexanon dient als Lösungs- und Quellmittel, Methylglykol stabilisiert die Druckpaste, Invalon PC (*CIBA*) ist ein Carrier für PVC-Fasern; Spezialverdickung 1958 ist eine dickflüssige Emulsion eines chlorierten Kohlenwasserstoffes, dient zur Fixierung des Farbstoffes und stabilisiert ebenfalls die Druckpaste, die in geschlossenen Behältern

2 Monate aufbewahrt werden kann. Das Verfahren ist vor allem für den Filmdruck geeignet. Die verwendeten Schablonen werden nach dem Druck zuerst mit Wasser gewaschen und mit einem mit Äthanol getränkten Schwamm gesäubert. Die Orasol-Farbstoffe ergeben bis auf wenige Ausnahmen Drucke mit einer Lichtechtheit von 6–7, wogegen die Oracet-Farbstoffe etwas geringere Echtheiten zeigen.

Von der *Francolor* werden im Rouleauxdruck Dispersionsfarbstoffe empfohlen, die auf Rhovyl mit folgenden Druckpasten gedruckt werden:

Vollfarbe:		Copure:
25 – 100 g	Dispersionsfarstoff werden mit	–
10 – 10 g	Tibalene AM angeteigt, in	10 g
265 – 190 g	Warmwasser dispergiert,	265 g
100 – 100 g	Cyclohexanon und	50 g
50 – 50 g	Solvant FT eingerührt und in	25 g
550 – 550 g	Solvitose C5 13%ig (*Sichel*) verrührt.	650 g
1000 g		1000 g

Die Drucke werden durch Trocknen bei 40–80 °C fixiert. Wird gedämpft (20 min bei 100–120 °C), werden anstelle von Solvant FT ein Zusatz von 100 g/kg Harnstoff und anstelle von Cyclohexanon weitere 10 g/kg Tibalene AM zugesetzt. Nach dem Drucken, Trocknen oder Dämpfen wird gründlich kalt und warm gespült.

Nichtmodifizierte **Polypropylenfasern** lassen sich, außer in der Masse mit Pigmenten, nicht anfärben bzw. bedrucken. Als Herculon Type 40 wird eine mit Nickel modifizierte Polypropylenfaser von der *Hercules Powder Comp.*, Wilmington, Del./USA herausgebracht, die sich mit Petramin-Farbstoffen (*Bayer*) bedrucken läßt. Dabei bildet sich beim Dämpfen ein wasserunlöslicher Farbstoff-Nickel-Komplex, der gute bis sehr gute Licht- und Naßechtheiten zeigt. Die gut vorgewaschenen Textilien werden 1–5 min bei 125–115 °C vorfixiert und mit nachfolgender Druckpaste bedruckt:

30 – 60 g	Petraminfarbstoff werden mit
220 – 190 g	Wasser angerührt, indem man vorher
30 – 50 g	Harnstoff gelöst hat. Nun wird in
620 – 600 g	Verdickung eingerührt, welche
100 – 100 g	Ammonsulfatlösung 1:2 enthält.
1000 g	

Nach dem Drucken wird bei maximal 90 °C getrocknet, 30–40 min bei 100–102 °C gedämpft (Sattdampf), gespült, 20 min bei 70–80 °C mit

2 g/l	Levapon TH (*Bayer*),
2 g/l	Soda kalz.,
1 g/l	Hydrosulfit,
0,5 g/l	Levegal HTN (*Bayer*)

geseift, kalt und heiß nachgespült.

Da *Elastomerfasern* heute fast ausschließlich mit nativen oder synthetischen Garnen umsponnen werden, wird der Druck dieser Textilien beim Druck von Mischgeweben beschrieben (S. 335).

Triacetatfasern sind im strengen Sinn keine synthetischen Fasern, da Zellulosetriacetat regenerierte Zellulose ist. Auf Grund ihrer Eigenschaften wird sie vor allem in der Textilveredlung meist im Zusammenhang mit den synthetischen Fasern behandelt. Das gilt auch für den Druck. Die Faser kommt u.a. als

Arnel	*Celanese Corp. of America*, Summit, Va./USA,
Tricel	*British Celanese Corp.*, Coventry/England,
Trilan	*Celanese Corp. of Canada*, Montreal/Kanada,
Tri-a-Faser	*Deutsche Rhodiaceta AG.*, Freiburg/Brsg.,
Trialbene	*Sociétè Rhodicéta SA.*, Besancon/Frankreich

in den Handel. Im Textilsektor wird sie wie Sekundäracetat verwendet, wobei allerdings der Oberbekleidungsartikel z.B. für Damenkleider und Schals bevorzugt wird. Da die Herstellung einfacher als die von Sekundäracetat ist, ist die Faser billiger. Der Vorzug besteht vor allem im weit höheren Schmelzpunkt der Faser, wodurch sich eingeschränkte Färbetemperaturen nicht notwendig machen und auch die Bügeltemperatur der der anderen Synthesefasern gleichkommt.

Für den Druck werden Stückwaren aus Triacetat wie Sekundäracetat- bzw. Polyesterwaren vorbehandelt. Nach dem ammoniakalischen Vorwaschen ist ein Alkalisieren (S-Finish) zur Griffverbesserung und Erzeugen eines seidigen Griffes empfehlenswert. Man arbeitet dabei wie auf S. 301 für Polyesterfasern beschrieben. Alkalisierte Triacetatfasern zeigen, da sie oberflächlich verseift wurden, eine geringere elektrostatische Aufladung und die aufgedruckten Farbstoffe eine geringere Empfindlichkeit gegenüber industriellen Abgasen, oft sind die Drucke jedoch farbschwächer. Ein Vorfixieren der Triacetatstückwaren verbessert zwar die Knitterresistenz, ergibt aber weniger tiefe Drucke, und man fixiert deshalb besser nach dem Druck, wobei meist die Thermosolierung des Farbstoffes verbunden wird. Gebleicht wird nach dem für Polyesterfasern üblichen Verfahren.

Beim Aufdruck von **Dispersionsfarbstoffen**, die hauptsächlich verwendet werden, ist es zur Erreichung ausreichender Farbtiefen notwendig, die auch für den Druck von Polyesterfasern notwendigen Carrier (S. 302) zuzusetzen, wenn ohne Druck gedämpft wird. Zur Vertiefung der Drucke, wenn sie durch druckloses Dämpfen entwickelt werden müssen, können auch die Verstärker verwendet werden, die beim Druck von Sekundäracetat üblich sind (S. 264). Die Druckpaste (Vollfarbe) hat meist folgende Zusammensetzung:

40 –	60 g	Farbstoff werden in
440 –	370 g	Warmwasser dispergiert, in
500 –	500 g	Verdickung eingerührt, der vorher
0 –	30 g	Glyzerin und
20 –	40 g	Carrier zugesetzt wurden.
	1000 g	

Nach dem Drucken und Trocknen wird durch

a) 60 min Dämpfen ohne Überdruck,
b) 20 min Dämpfen bei 130 °C (1–1,2 atü),
c) 1 min Thermofixieren bei 200 °C

der Farbstoff und bei c) auch die Faser fixiert. Bei der Druckdämpfung und dem Thermofixieren können Carrier oder andere Verstärker erspart werden. Bei Verwendung von besonderen Verstärkern, wie sie auch beim Druck von Sekundäracetat üblich sind (S. 264), kann die Dämpfzeit auf 10–30 min verkürzt werden. Die *CIBA* empfiehlt für diesen Zweck das Produkt W 6733 oder 100 g/kg Thioharnstoff. Als Verdickungsmittel kommen allgemein nur körperreiche Produkte in Betracht, die auch im Druck von Sekundäracetat- bzw. Polyesterfasern verwendet werden. Beim Thermofixieren werden gerne W/O-Emulsionsverdickungen verwendet, wie sie auch im Polyesterdruck üblich sind. Nach dem Fixieren der Drucke wird gespült, geseift und, wenn höchste Reibechtheit verlangt wird, reduktiv nachbehandelt. Bei der Auswahl der zu druckenden Dispersionsfarbstoffe (S. 264) muß unbedingt deren Thermofixierechtheit berücksichtigt werden, da die Triacetatfaser wie Polyesterfasern fixiert werden muß bzw. wenn Faser und Farbstoff gleichzeitig fixiert werden, können ungeeignete Farbstoffe absublimieren. Neben den normalen Dispersionsfarbstoffen lassen sich auch reaktive Dispersionsfarbstoffe (Procinyl-Farbstoff/*ICI*), wie bei Sekundäracetat (S. 266) beschrieben, drucken und wie vorstehend angegeben fixieren.

Wie auch auf Sekundäracetat lassen sich auf alkalisiertem Triacetat *Säure-* und *1:2-Metallkomplexfarbstoffe* im Rouleaux- und Filmdruck einsetzen und damit sehr gute Naß- und Lichtechtheiten erreichen. Einzelne Farbstoffhersteller haben für diese Druckverfahren besondere, warenzeichenrechtlich geschützte Verfahrensnamen eingeführt. Im Prinzip werden die Farbstoffe mit besonderen Lösungsmittelgemischen gedruckt und entweder 10–16 min bei Normaldruck oder bei 0,4–0,7 atü während 30 bis 60 sec im Zweiphasendämpfer bei 120–130 °C fixiert. Beim TRIACID-Verfahren der *CIBA* werden

20 –	50 g	Farbstoff mit
100 –	100 g	Thioharnstoff und
50 –	50 g	Dowanol EP (Phenylcellosolve/*Dow*) in
230 –	220 g	kochendem Wasser gelöst und in
600 –	600 g	Stammverdickung eingerührt.
1000 g		

Die Stammverdickung hat folgende Zusammensetzung:

360 – 155 g	Wasser,	
100 – 200 g	Natronlauge 38 °Bé,	
100 – 200 g	Salizylsäure,	
40 – 45 g	Verdickung 301 ex. Pulver (*Grünau*).	
600 g		

Die Drucke werden nach dem Dämpfen gespült, geseift und nachgespült. Die *CIBA* empfiehlt zur Beschleunigung des Seifprozesses eine reduktive Nachbehandlung bei 60–70 °C vor dem Seifen. Beim IRGATRYL-Verfahren (*Geigy*) wird ebenfalls mit 100 g/kg Thioharnstoff, jedoch zusätzlich mit 5 g/kg Benzoesäure und 50–140 g/kg Resorzinlösung 1:1 und 50–100 g/kg eines Lösungsmittelgemisches gedruckt, das aus

500 g	Tinosollöser A (*Geigy*),
200 g	Benzylalkohol,
300 g	Äthanol denaturiert
1000 g	

besteht. Als Verdickungen werden niedrigviskose Alginate in Mischung mit Zellulose- oder Johannisbrotkernmehläther empfohlen. *Bayer* empfiehlt als Lösungsmittelgemisch 1 Teil Glyezin A (*BASF*) + 1 Teil Benzylalkohol + 1 Teil Glyezin *PFD* (*BASF*), das mit 75–100 g/kg eingesetzt wird. In der Druckpaste werden zusätzlich 100 g/kg Thioharnstoff verwendet. Zur Verbesserung der Naßechtheiten wird eine Nachbehandlung mit 1–2 g/l Mesitol PNR (*Bayer*) bei pH 3 (Ameisensäure) empfohlen, wenn die Naßechtheiten einiger Säurefarbstoffe unzureichend sind. Der *Ätzdruck* unterscheidet sich nur wenig von den Arbeitsweisen auf Sekundäracetat bzw. Polyesterfasern (S. 300).

16. Druck von Mischfasertextilien

Fasermischungen verfolgen den Zweck, teure Rohstoffe, wie z.B. Wolle, durch Beimischungen von billigeren Fasern, wie z.B. Zellulosefasern, preislich günstiger zu gestalten. Dabei soll dem Verbraucher ein Material angeboten werden, das in den Eigenschaften dem teuren Rohstoff möglichst ähnlich ist. Dieser Fall liegt bei der Halbwolle vor, die meist mit Cuprozellwolle gemischt wird, doch sind auch Mischungen mit Viskosezellwollen üblich. Letztere werden jedoch hauptsächlich als Mischungskomponente mit Baumwolle verwendet. Neben diesen *innigen Mischungen*, die vor dem Verspinnen hergestellt werden, sind auch Mischungen im Gebrauch, die erst durch gemeinsames Verzwirnen, Verweben oder Verwirken hergestellt werden und jeweils einzelne Garne aus den angegebenen Materialien nebeneinander oder auch mustermäßig unterschiedlich enthalten. Zu letzteren Artikeln gehören Teppiche, Plüsche, Samte, Effektzwirne usw.

Die vorstehend angegebenen Mischungen werden nur in geringem Umfang bedruckt, vor allem gilt das für die **Halbwolle**, die, mit Halbwollfarbstoffen bedruckt, meist nicht die notwendigen Echtheiten erreichen läßt. Besondere Schwierigkeiten entstehen durch eine Dekatur der Drucke, bei der durch die reduzierenden Bestandteile der Wolle ein Großteil der aufgedruckten Farbstoffe zerstört wird. Dieser Nachteil kann durch Zusatz von 1–2 g/kg Natriumchlorat in der Druckpaste zwar eingeschränkt werden, die Echtheiten erfahren deshalb keine Verbesserung. Ohne diesen Zusatz lassen sich jedoch ausgesuchte Direkt- und Chromierungsfarbstoffe mit gleicher Tiefe nach dem für Direkt- bzw. Chromierungsfarbstoffe üblichen Rezepten ohne Chlorat drucken und fixieren. Als Verdickungsmittel werden meist Britischgummi und/oder Tragant verwendet. Zur Verbesserung der Farbstoffaufnahmefähigkeit der Wolle kann diese vorher chloriert werden. Dabei werden die Verfahren verwendet, die für reine Wolle auf S. 271 angegeben werden, die Zusätze jedoch auf den Wollanteil berechnet. Neuerdings werden für den Druck von Halbwolle Reaktivfarbstoffe eingesetzt. Die Druckpasten haben dabei folgende Zusammensetzung:

30 – 40 g	Reaktivfarbstoff werden mit
100 – 150 g	Harnstoff und
10 – 10 g	eines organischen Oxydationsmittels vermischt, in
245 – 175 g	Heißwasser gelöst, in
600 – 600 g	Alginat- oder O/W-Verdickung eingerührt und
15 – 25 g	Natriumbikarbonat nachgesetzt.
1000 g	

Nach dem Drucken und Trocknen wird durch druckloses Dämpfen während 10–15 min fixiert und meist auf der Haspelkufe gespült, gewaschen und wie für Wolle üblich nachgespült. Zu hohe Bikarbonatmengen schädigen die Wolle, zu geringe Mengen ergeben nur geringe Farbausbeute. Durch Zusatz von Katalysatoren, wie z.B. 20 g/kg Cibacron-Katalysator (*CIBA*), lassen sich die Drucke vertiefen und werden egaler.

Das Bedrucken von Mischungen aus *nativer* (Baumwolle) *und regenerierter Zellulose* (Zellwolle) ergibt keine Schwierigkeiten, wenn nach den für Zellulosefasern üblichen Verfahren gearbeitet wird. Woll-Seide (Gloria) kann mit ausgesuchten Farbstoffen, die auch im Wolldruck verwendet werden, bedruckt werden.

In den letzten Jahren haben Fasermischungen aus nativen und synthetischen Fasern eine wachsende Bedeutung erlangt, da sich in diesen Fasermischungen die Eigenschaften beider Faseranteile, vor allem für den Verbraucher, wertvoll ergänzen. Die Gewebe und Gewirke werden vor allem für Damenoberbekleidung und als Dekorationsstoffe verwendet.

In der nachstehenden Beschreibung werden diese Textilien in der Reihenfolge beschrieben, wie sie zur Zeit auf Grund ihrer Häufigkeit bedruckt werden.

Druck von Polyester-/Zellulosefaser-Mischungen. Diese Fasermischungen werden heute sehr häufig in Mischungen von 67 % Polyester mit 33 % Baumwolle oder Zellwolle zur Herstellung von kochwaschbeständigen Oberbekleidungs-, Wäsche-, Camping- u.a. Artikeln eingesetzt und für diese Zwecke auch bedruckt. Der Verwendungszweck erfordert möglichst licht- und naßechte Drucke. Abgesehen von wenigen, ausgesuchten Küpenfarbstoffen existieren keine einheitlichen Farbstoffe, mit denen ein tongleiches oder auch nur Ton-in-Ton-Bedrucken beider Fasern mit den hohen Echtheiten möglich ist. Man ist deshalb auch im Druck gezwungen, Farbstoffmischungen zu verwenden. Diese Mischungen können entweder durch Mischen der gesondert hergestellten Druckpasten oder durch Ansatz einer Druckpaste hergestellt werden, die beide Farbstoffklassen enthält. Als wichtigste Farbstoffklassen werden gemischt:

Dispersions- mit Küpen-,
Dispersions- mit Reaktiv-,
Dispersions- mit Leukoküpenesterfarbstoffen.

Inzwischen haben einige Farbstoffhersteller derartige Farbstoffmischungen für die Färberei und den Druck auf dem Markt, die sich verhältnismäßig einfach verarbeiten lassen und deshalb an erster Stelle für den Druck beschrieben werden sollen. *Cottestren-Farbstoffe* (Mischungen von Dispersions- mit Küpenfarbstoffen/*BASF*) sind Flüssigkeitsfarbstoffe und können nach dem Drucken und Trocknen durch Thermosolieren oder Druckdämpfen fixiert werden. Dabei werden nur die Dispersionsfarbstoffe auf der Polyesterfaser fixiert. Zur Fixierung der Küpenfarbstoffe auf der Zellulosefaser verwendet man günstig das *Zweiphasenverfahren,* bei dem mit alkalischer Reduktionsmittellösung foulardiert oder pflatscht und im Zweiphasendämpfer gedämpft und nachbehandelt wird. Die Cottestren-Farbstoffe erfordern bei geringerem Polyesteranteil als 50 % oder anderen ungünstigen Materialzusammensetzungen wie z.B. dann, wenn der Baumwollanteil hauptsächlich an der rechten Gewebeseite auftritt, zur besseren Deckung des Zelluloseanteils einen weiteren Zusatz von Küpenfarbstoffen in der Druckpaste. Zur besseren Farbstoffaufnahme ist es vorteilhaft die Gewebe vor dem Druck möglichst in breitem Zustand alkalisch abzukochen, zu laugieren bzw. zu merzerisieren, evtl. zu bleichen und zu thermofixieren. Diesen Arbeiten geht meist ein Entschlichten und Sengen voraus. Diese Vorbehandlung ist bei allen Druckverfahren notwendig.

Für den Aufdruck von *Cottestren-Farbstoffen* der *BASF* können 2 Methoden des Druckansatzes verwendet werden. Bei der 1. Methode arbeitet man mit konventionellen Verdickungsmitteln, bei der 2. Methode wird eine W/O-Emulsionsverdickung verwendet. Bei der 2. Methode erzielt man in der Regel bessere Farbstoffausbeuten und erspart den Zusatz von speziellen Carriern. Die Art der Farbstoffixierung unterscheidet sich nicht bei diesen Methoden.

1. Methode: Die Druckpaste wird wie folgt bereitet:

500 – 500 g	Verdickung werden mit
150 – 100 g	Wasser gemischt und
75 – 200 g	Cottestren-Farbstoff eingerührt,
30 – 50 g	Glyzin PFD oder Luprintan ATP als Carrier zugesetzt und mit
245 – 150 g	Wasser oder Verdickung ausgeglichen.
1000 g	

Als besonders geeignet haben sich die nachfolgenden Verdickungen erwiesen:

24 g	eines hochviskosen Alginats oder Johannisbrotkernmehläther werden in Pulverform mit
12 g	eines Stärkeäthers vermischt und mit
100 g	Testbenzin angeteigt in
857 g	Wasser am Schnellrührer eingetragen, das
4 g	Peregal O oder Uniperol O Schuppen 1:1 (beide *BASF*) und
3 g	Calgon T (*Benckiser*) enthält.
1000 g	

Der vorstehende Ansatz ist für Vollfarbe bestimmt, die anteilig mit Verdickung und Carrier verschnitten werden kann.

2. Methode: In

750 – 875 g	W/O-Emulsionsverdickung werden gleichzeitig
50 – 50 g	Harnstoff und
200 – 75 g	Cottestren-Farbstoff eingerührt.
1000 g	

Die Harnstoffmenge darf auch bei hellen Drucken nicht unterschritten werden und soll auch im Verschnitt vorhanden sein. Die W/O-Emulsionsverdickung wird wie nachstehend bereitet:

35 g	Luprintol S werden in
155 g	Schwerbenzin eingetragen und auf 60 °C bis zur klaren Lösung erwärmt, dann wird in eine Mischung von
250 g	Stärkeätherlösung 10%ig mit
75 g	Luprintol FB und
485 g	Wasser am Schnellrührer eingerührt.
1000 g	

Nach dem Drucken und Trocknen wird zur Fixierung der Dispersionsfarbstoffe auf der Polyesterfaser entweder 45 sec bei 195–200 °C oder 3 min bei 170°C thermosoliert bzw. durch eine Druckdämpfung während 20 min mit 1,5 atü Sattdampf fixiert. Nun wird zur Fixierung der Küpenfarbstoffe nach dem *Zweiphasenverfahren* mit

80 g/l	Rongal A (*BASF*),
80 ml	Natronlauge 38 °Bé,
30 g/l	Soda kalz.,
50 g/l	Glaubersalz

im Zwickel eines 2-Walzen-Horizontal-Foulards geklotzt und im Zweiphasendämpfer während 20–40 sec bei 110–130 °C gedämpft. Wurde mit Johannisbrotkernmehläthern verdickt, werden zum Koagulieren dieser Verdickung im Klotzbad 3–5 g/l Borax, und wenn mit Alginaten gearbeitet wurde, 5–10 g/l Aluminiumsulfat für den gleichen Zweck zugesetzt (1. Methode). Steht kein Zweiphasendämpfer zur Verfügung, können die Drucke auf dem Rouleaux aus letzter Hand mit

150 g	Harnstoff,
100 g	Rongalit C (*BASF*),
60 g	Glyzerin oder Glyezin A (*BASF*),
690 g	10%iger Stärkeätherverdickung
1000 g	

vor dem Trocknen überpflatscht werden. Die Druckpasten sollten bei dieser Arbeitsweise mit einer Kernmehläther-Stärkeäther-Verdickung hergestellt werden. Nach dem Trocknen wird 8–12 min luftfrei gedämpft. Ist ein Zweiphasendämpfer bzw. ein Rouleaux nicht vorhanden, kann man der alkalischen Klotzlösung anstelle von Rongal A Rongalit C bzw. Rongalit FD (beide *BASF*) zusetzen; man trocknet auf dem Spannrahmen und dämpft möglichst luftfrei 5–10 min bei Verwendung von Rongalit C und 10–12 min mit 0,5 atü Überdruck bei Rongalit FD.

Die Nachbehandlung der fixierten Drucke unterscheidet sich bei den angegebenen Methoden nicht und besteht in einem kräftigen kalten Spülen, anschließend wird wie beim Küpendruck angegeben oxydiert, geseift und nachgespült. Es muß erreicht werden, daß beim Vorspülen möglichst der gesamte nichtfixierte Farbstoff, die Verdickung und das Alkali evtl. unter Zusatz von Essigsäure entfernt werden und ein Verschleppen unfixierten Farbstoffes in die Oxydations- und Seifbäder nicht erfolgt, um den unbedruckten Fond nicht anzuschmutzen.

In analoger Weise können auch Dispersions- und Küpenfarbstoffteige selbst gemischt und aufgedruckt werden, dabei wird eine sehr gute Feinverteilung erreicht, wenn man feindisperse Farbstoffe mit dem Schnellrührer verarbeitet und in eine Stammverdickung einrührt. Als Stammverdickung haben sich Mischungen von Kernmehläthern mit Stärkeäthern bewährt, die mit

400 g	verwendet, mit
540 g	Wasser vermischt und denen
5 g	eines organischen Oxydations- und
10 g	eines Antischaummittels zugesetzt werden.

In diese Stammverdickung werden beide Farbstoffe eingerührt. Auch hier wird das Thermosolier-Zweiphasenverfahren zur Fixierung beider Farbstoffklassen empfohlen, da es eine geringere Anschmutzung der Zellulosefaser ergibt, die Polyesterfaser durch Alkali, wie es im Einphasenverfahren in der Druckpaste notwendig ist, nicht vergilbt wird und die Druckpasten weit länger haltbar sind, da sie weder Alkali noch Reduktionsmittel enthalten. Das Einphasendruckverfahren eignet sich nur für helle Töne.

Zum Druck der angegebenen Fasermischungen werden auch *Dispersions- mit Reaktivfarbstoffen* verwendet, die vorteilhaft mit O/W-Emulsionsverdickungen gedruckt werden. Die Druckpasten werden meist gesondert angesetzt, um eine ausreichende Feinverteilung zu erreichen, und vor dem Druck im Verhältnis 1:1 gemischt. Für den Zelluloseanteil werden verwendet:

15 –	80 g	Reaktivfarbstoff werden mit
100 –	100 g	Harnstoff vermischt und in
295 –	230 g	kochendem Wasser gelöst,
10 –	10 g	eines organischen Oxydationsmittels nachgesetzt und mit
550 –	550 g	Emulsionsverdickung eingerührt und
30 –	30 g	Natriumbikarbonat nachgesetzt.
	1000 g	

Für den Polyesteranteil werden verwendet:

30 –	50 g	Dispersionsfarbstoff feindispers werden mit
368 –	348 g	Warmwasser dispergiert in
600 –	600 g	Emulsionsverdickung eingerührt und
2 –	2 g	Silikonentschäumer nachgesetzt.
	1000 g	

Nach dem Drucken und Trocknen können durch

a) Dämpfen während 15 min bei 0,8–1 atü bzw.
b) 30 min bei 0,2 atü Druck oder
c) Thermofixieren während 60 sec bei 200–210 °C

beide Farbstoffklassen fixiert werden. Anschließend wird kalt und bei 80 °C gespült, bei gleicher Temperatur geseift und kalt nachgespült. Zur besseren Fixierung des Reaktivfarbstoffes durch Thermosolieren werden in der Druckpaste 200 g Harnstoff verwendet. Es ist auch die gemeinsame Verwendung beider Farbstoffklassen in einer Verdickung möglich. Dabei müssen die Dispersionsfarbstoffe zuerst mit Warmwasser angeteigt und danach die Reaktivfarbstoffe mit Heißwasser gelöst werden. Werden flüssige Dispersionsfarbstoffe verwendet, ist ein Vordispergieren nicht notwendig. Als Verdickungen können auch Mischungen von Tragant mit niedrigviskosen Alginaten bzw. Stärkeäthern verwendet werden. Alginate allein sind nicht zu empfehlen. Neben den angegebenen Fixierungsmöglichkeiten werden neuerdings auch nach dem Thermofixieren oder Druckdämpfen das Zweiphasen- (S. 251), das Alkalischock- (S. 250) oder das Kaltverweilverfahren (S. 251) zur Fixierung der Reaktivfarbstoffe eingesetzt.

Als *Remaron-Druckfarbstoffe* hat erstmalig *Hoechst Mischungen von Reaktiv-* (*Remazol-*) *mit Dispersions-*(*Samaron-*)*Farbstoffen* auf den Markt gebracht, die zum Bedrucken von Fasermischungen aus Polyester- mit Zellulosefasern aller Art, Polyesterfasern mit Wolle bzw. Triacetat- mit Zellulosefasern geeignet sind. Für Mischungen von Polyester- mit Zellulosefasern kann nach einstufigem oder zweistufigem Fixierverfahren gearbeitet werden. Bei beiden Verfahren sind die Druckansätze gleich, und es können die Farbstoffe nach der Löse- bzw. Anteigvorschrift angesetzt werden: Bei der *Lösevorschrift* werden

1 – 150 g	Remarondruckfarbstoff mit
200 – 150 g	Wasser von 20–40 °C dispergiert und mit
150 – 200 g	Kochwasser übergossen (Lösen der Reaktivfarbstoffe), in
500 – 500 g	Stammverdickung eingerührt und mit
149 – 0 g	Wasser oder Verdickung ausgeglichen.
1000 g	

Bei der *Anteigvorschrift* werden

1 – 150 g	Farbstoff mit
2 – 50 g	Schwerbenzin angeteigt in
550 – 500 g	Stammverdickung eingerührt und mit
447 – 300 g	Verdickung oder Wasser ausgeglichen.
1000 g	

Als *Stammverdickung* wird eine saure O/W-Emulsionsverdickung (pH-Wert 6–7) verwendet, die wie nachstehend angegeben, hergestellt wird: In

645 – 545 g	Kaltwasser werden
1 g	eines Silikonentschäumers,
4 g	Essigsäure 30%ig und
10 g	Calgon T (*Benckiser*) oder ein anderes Polyphosphat zugesetzt.
100 – 200 g	Emulgator DMR, 10%ige Lösung und
30 g	eines organischen Oxydationsmittels als 1:2-Lösung,
30 g	niedrigviskoses Alginat als Pulver,
30 g	Zelluloseäther, z.B. Tylose C 30 oder 15 g Tylose H 300 p (beide *Hoechst*), und
150 g	Schwerbenzin eingerührt.
1000 g	

Zur Ausquellung der Verdickungsmittel ist es vorteilhaft, die Verdickung vor der Benzinzugabe 1–2 Std. stehenzulassen und für den Gesamtansatz einen Schnellrührer zu verwenden. Für helle Töne kann auch eine reine Alginatverdickung verwendet werden, wenn durch eine Druckdämpfung fixiert wird. Nach dem Drucken wird getrocknet und beim *ein-*

stufigen Fixierverfahren 20–30 min bei 1,5 atü gedämpft. In die Druckverdickung ist jedoch ein Zusatz von 60–80 g/kg Remazol-Salz FD 1:1 als Säurespender und Weinsäure 1:2 notwendig und nur mit einer Zelluloseverdickung zu verdicken.

Beim *zweistufigen Fixierverfahren* werden die Waren zuerst 40–20 sec bei 190–200 °C thermofixiert oder 15–20 min mit 1,5 atü Dampf fixiert und anschließend, wie für Reaktivfarbstoffe üblich, durch einen Alkaliklotz und Dämpfen im Zweiphasendämpfer (S. 154), Alkalischock (S. 250) bzw. nach dem Alkaliklotz-Kaltverweil-Verfahren (S. 252) auf der Zellulosefaser fixiert. Nach dem Fixieren wird gründlich kalt gespült, auf der Breitwaschmaschine bei 40–50 °C in einem Bad mit 2–3 g/l Remol OK (*Hoechst*) passiert, bei 80 °C mit einem nichtionogenen Waschmittel oder Emulgator EL (*Hoechst*) gewaschen und nachgespült.

Wie bereits angegeben, eignet sich eine Reihe von ausgesuchten Küpenfarbstoffen zum Bedrucken von Polyesterfasern (S. 300) und kann auch zum Drucken der Fasermischungen mit Zellulosefasern in gleicher Weise eingesetzt werden. Neben ausgesuchten Küpenfarbstoffen werden von *Cassella* neuentwickelte und besonders aufbereitete (gefinishte) *Polyestrendruckfarbstoffe* als Küpenteigmarken herausgebracht, die durch Thermosolieren auf der Polyester- und nach dem Zweiphasenverfahren auf der Zellulosefaser fixiert werden. Dabei unterscheidet sich das Verfahren auf den Fasermischungen kaum vom Druck auf reiner Polyesterfaser (S. 300) und dem Zweiphasendruck, wie er für das Fixieren von Küpenfarbstoffen auf Zellulose- in Mischungen mit Polyesterfasern für den Zelluloseanteil üblich ist (S. 189). Für den Aufdruck haben sich besonders Mischungen von hochviskosen Alginat- mit Stärkeäthern als Verdickungen bewährt. Obwohl die Mehrzahl der Polyestrendruckfarbstoffe auf der Zellulosefaser gleich tiefe Farbtöne ergeben, die sich auch in der Nuance nicht unterscheiden, kann es vorkommen, daß beim Druck ein Zusatz von weiteren Küpen- bzw. Reaktivfarbstoffen für den Zelluloseanteil notwendig ist. Zur Fixierung der Reaktivfarbstoffe auf der Zellulosefaser ist das Thermosolieren ausreichend, allerdings erreichen die Echtheiten dieser Farbstoffe auf dieser Faser nicht die Höhe wie beim Drucken mit Küpenfarbstoffen allein. Außerdem ist die Haltbarkeit der Druckpasten, die mit Alkali angesetzt werden müssen, nicht so gut wie bei reinen Polyestrendruckpasten bzw. solchen mit zusätzlichen Küpenfarbstoffen, die durch Thermosolieren und Zweiphasendämpfen fixiert werden.

Für das Bedrucken der angegebenen Fasermischungen werden auch *Mischungen von Dispersions- mit Leukoküpenesterfarbstoffen* verwendet und die Dispersionsfarbstoffe durch Thermosolieren und die Leukoküpenester auf der Zellulosefaser mit Nitrit und Schwefelsäure fixiert. Zur Verbesserung der Dispersion bzw. Lösung der beiden Farbstoffe wird der getrennte Druckpastenansatz dem gemeinsamen Ansatz vorgezogen. Ansatz für Leukoküpenesterfarbstoffe:

x g Farbstoff werden mit
50 g Glyezin A (*BASF*) angeteigt und in
300 g Heißwasser gelöst in
500 g Druckverdickung eingerührt und mit
y g Verdickung oder Wasser ausgeglichen.
1000 g

Ein Zusatz von Natriumnitrit in der Druckpaste ist nicht möglich, da durch das Thermosolieren die Leukoküpenesterfarbstoffe überoxydiert und damit verändert werden. Zum Lösen erfordern einige Produkte zusätzlich besondere Lösungsmittel, z.B. Solutionssalz B neu (*BASF*) oder Harnstoff. Als Verdickungsmittel sind Britischgummi oder Kristallgummi geeignet, die auch zum Verdicken der Dispersionsfarbstoffe verwendet werden. Ansatz für Dispersionsfarbstoffe:

x g Dispersionsfarbstoff werden mit
100 g Kaltwasser angeteigt und mit
200 g Heißwasser dispergiert, in
500 g Verdickung eingerührt und
40 g Benzylalkohol und
10 g Drucköl zugesetzt und mit
y g Verdickung oder Wasser ausgeglichen.
1000 g

Die beiden Druckpasten werden meist 1:1 vermischt, die Drucke getrocknet, 45–60 sec bei 200 °C thermosoliert der Leukoküpenesterfarbstoff wird nachfolgend durch eine Naßbehandlung fixiert. Es werden dabei die Stückwaren in breitem Zustand bei 80 °C mit 3–10 g/l Natriumnitrit und 20 ml/l konzentrierte Schwefelsäure während mindestens 10 sec meist auf einem Foulard entwickelt. Es ist auch möglich, das Nitrit vorzuklotzen und anschließend separat in der Säure zu entwickeln. Nun wird gespült, geseift und nachgespült. Das Verfahren wird auch dort angewandt, wo nur bei 145 °C thermofixiert werden kann. Allerdings muß dann 5 min behandelt werden und der Druckpaste eine Mischung aus 1 Teil Leomin HSG (*Hoechst*) in 1 Teil Benzylalkohol zugesetzt werden. Soll der Dispersionsfarbstoff nur durch 30 min Dämpfen fixiert werden, ist die Verwendung eines Carriers (S. 301) in der Druckpaste notwendig. Für das Kontinuefärben der angegebenen Fasermischungen von *Hoechst* entwickelte ATE-(Anthrasol-Thermosolier-Entwicklungs-)Verfahren ist bisher für den Druck nicht empfohlen worden.

Von der *CIBA* wurde ein Verfahren veröffentlicht, welches den gemeinsamen Druck von *Dispersions(-Terasil-) mit Leukoküpenesterfarbstoffen* ermöglicht und die Fixierung allein durch Thermosolieren erfordert. Man arbeitet dabei über eine Stammverdickung, in welche beide

Farbstoffe eingestreut und mit einem Schnellrührer feinverteilt werden. Die Stammverdickung hat folgende Zusammensetzung:

50 g	Lyoprint G (Diäthylenglykol) werden mit
50 g	Harnstoff vermischt und in
230 g	Wasser gelöst, mit
275 g	Stärkeäther 8%ig (z.B. Solvitose C5/*Sichel*) und
275 g	mittelviskosem Alginat (z.B. Lamitex CN/*Protan*) verdickt und
40 g	Natriumchlorat-1:3-Lösung,
40 g	Rhodanammon-1:1-Lösung,
10 g	Ammonvanadat, 1%ige Lösung,
5 g	Ammoniak konz. und
25 g	Silvatol I (*CIBA*) als Entschäumer zugesetzt.
1000 g	

Nach dem Drucken und Trocknen wird 60 sec thermosoliert, kalt gespült, kochend mit einem nichtionogenen Waschmittel und Soda geseift und kurz reduktiv mit je 1 g/l Hydrosulfit und Natronlauge 38 °Bé nachbehandelt und nachgespült.

Selbstverständlich können Polyester-Zellulosefaser-Mischungen auch mit Pigmentfarbstoffen in hellen Tönen bedruckt werden, doch sind dabei meist die Naßechtheiten nicht besonders hoch, und die Ware erleidet örtlich eine gewisse Versteifung durch den Binder. Der Aufdruck unterscheidet sich nicht von dem für Zellulosefasern (S. 240) üblichen Verfahren.

Wegen der guten Trageigenschaften werden für Oberbekleidung auch **Fasermischungen aus Wolle/Polyesterfasern** eingesetzt, die in Mischungsverhältnissen von 55% Polyesterfaser mit 45% Wolle besonders günstig sind und die geringste Pillingneigung zeigen, wenn sie als Kammgarne verarbeitet werden. Für den Druck werden die Gewebe auf der Breitwaschmaschine oder dem Düsenschnellwäscher ammoniakalisch vorgewaschen, getrocknet und 30 sec bei 185 °C auf dem Spannrahmen vorfixiert, auf der Haspelkufe wird der Wollanteil chloriert (S. 271), wobei mit Zusätzen gearbeitet wird, die nur auf den Wollanteil berechnet werden. Nach dem Entchloren mit 1–2 g/l Natriumbisulfit 40%ig während 10–15 min, Spülen und Bleichen wird getrocknet. Für ein besonders klares Warenbild wird vor dem Waschen gesengt und geschoren bzw. nur geschoren.

Für den *Aufdruck* können Dispersions- und Reaktivfarbstoffe gemeinsam verwendet werden. Von der *CIBA* wird für das Ansetzen der Druckpasten die Einstreumethode empfohlen, bei der

20 – 100 g	Terasil- und Cibacronfarbstoffe in die
980 – 900 g	Stammverdickung am Schnellrührer eingestreut werden.
1000 g	

Als Stammverdickung werden in

600 –	600 g	einer Johannisbrotkernmehl- oder Stärkeäther- bzw. O/W-Verdickung
50 –	100 g	Harnstoff, in
255 –	205 g	Wasser gelöst, eingerührt und
50 –	50 g	einer 10%igen Lösung eines organischen Oxydationsmittels (s. S. 167),
20 –	20 g	Essigsäure 80%ig,
20 –	20 g	Neovadin AL (*CIBA*) und
5 –	5 g	Silvatol I (*CIBA*) als Antischaummittel nachgesetzt.
1000 g		

Nach dem Drucken und Trocknen wird 30–45 min bei 0,5–0,75 atü gedämpft, gründlich kalt und heiß gespült, evtl. mit einem milden Reduktionsmittel, z. B. Hydrosulfit BLI (*CIBA*) bei 60–70 °C anstelle des heißen Spülens der nichtfixierte Farbstoff entfernt, anschließend mit Perborat und Essigsäure die Ware sauer eingestellt und nachgespült.

Zur besseren Verteilung wird auch der gesonderte Ansatz der beiden Farbstoffe empfohlen. Dabei werden die Reaktivfarbstoffe mit Harnstoff in Tragantverdickung eingetragen, das organische Oxydationsmittel, Essigsäure und Neovadin nachgesetzt. Der Dispersionsfarbstoff wird mit Johannisbrotkernmehlätherverdickung nach dem Dispergieren mit Warmwasser verdickt und organisches Oxydations- und Antischaummittel zugesetzt. Die Fixierung und Nachbehandlung gleicht dem Verfahren des gemeinsamen Ansatzes.

Als *Remaron-Druckfarbstoffe* werden von *Hoechst* Mischungen von Reaktiv- mit Dispersionsfarbstoffen für den Druck herausgebracht, die in analoger Weise zum Druck von Polyester/Woll-Mischungen verwendet werden können, wie das für Polyester-/Zellulosefaser-Mischungen möglich ist (S. 325). Für die Fixierung kann das *einstufige Druckdämpfen* während 15–20 min bei 1,2–1,5 atü oder das *zweistufige Thermosolier-Dämpfverfahren* verwendet werden. Dabei wird zuerst 45 sec bei 190 bis 195 °C thermosoliert und anschließend 10–15 min ohne Druck gedämpft. Die Nachbehandlung gleicht der für Polyester-/Zellulosefaser-Mischungen.

Mischungen von Dispersions-(Palanil-) mit 1:2-Metallkomplex- oder echten Säurefarbstoffen werden von der *BASF* zum Färben und Bedrukken von Polyesterfasern/Wolle als *Lanestren-Farbstoffe* empfohlen. Die Druckpaste wird dabei nach der Einstreumethode hergestellt:

15 –	60 g	Lanestren-Farbstoff werden auf dem Schnellrührer in
985 –	940 g	Stammverdickung eingestreut.
1000 g		

Als Stammverdickung werden verwendet: In

600 –	600 g	Stärke-, Zellulose- oder Johannisbrotkernäther-, Britischgummi-, Tragant-, oder niedrigviskose Alginatverdickungen werden
40 –	60 g	Glyezin A (*BASF*),
20 –	40 g	Palanilcarrier AN,
339 –	297 g	Wasser und
1 –	3 g	Etingal A als Antischaummittel eingerührt.
1000 g		

Als Verdickungsmittel haben sich besonders Mischungen aus Stärke- und Zelluloseäthern (Carboxylmethylzellulose) bzw. Britischgummi/Tragant 2:1 bewährt. Emulsionsverdickungen sind nicht zu empfehlen. Nach dem Drucken und Trocknen wird 15–20 min bei 1,5 atü oder 60 min bei 0,5 atü gedämpft, gründlich kalt gespült, bei 55–60 °C mit 1 g/l Emulphor EL + 1 ml/l Essigsäure 30%ig 5–10 min behandelt, warm zwischengespült, 5–10 min bei 55–60 °C mit 1 g/l Uniperol AC geseift und nachgespült. Für die angegebene Fasermischung wird von der *ICI* auch der Druck mit *Küpenfarbstoffen* empfohlen, die mit *Manofast* (*Hardman*) als sauer wirkendes Reduktionsmittel und Carrier aufgedruckt werden. Man druckt dabei im Filmdruck mit folgender Druckpaste:

x g	Küpenfarbstoffteig werden mit
60 g	Manofast (Thioharnstoffdioxid),
60 g	Glydote B (*ICI*) (Thiodiglykol),
50 g	Tumescal PH (*ICI*) (Carrier) und
y g	Wasser verrührt und in
550 g	Britischgummi/Traganat-Verdickung eingetragen.
1000 g	

Die getrockneten Drucke werden 20 min ohne Druck gedämpft, gründlich kalt gespült, mit Wasserstoffperoxid und Ammoniak bei 70 °C oxydiert, mit einem nichtionischen Waschmittel mild geseift und nachgespült. Nach dieser Methode werden gute Licht- und sehr gute Naßechtheitsnoten erreicht. Durch eine Druckdämpfung oder ein Thermofixieren können die Resultate nicht verbessert werden.

Neuerdings werden vor allem Wirkwaren, doch auch Webwaren aus Mischungen von *Polyacrylfasern* (*55*%) *mit Wolle* (*45*%) bedruckt. Dafür können kationische (basische) Farbstoffe verwendet werden, die nach der gleichen Methode verwendet werden wie auf reinen Acrylfasern (S. 308). Die Echtheiten auf der Wolle lassen sehr zu wünschen übrig, es werden jedoch ausgesprochen brillante Töne erreicht, die mit den noch angegebenen Farbstoffklassen nicht möglich sind. Dazu gehören 1:2-Metallkomplex- (S. 277) bzw. 1:2-Metallkomplex-Dispersionsfarbstoffe (z. B. Vialonecht-/*BASF*, Amichromlicht-Farbstoffe/*Francolor* u. a.). Man druckt dabei mit:

30 –	60 g	Farbstoff, die mit
20 –	30 g	Thioäthylenglykol angeteigt, in
330 –	300 g	Wasser dispergiert oder gelöst und in
500 –	500 g	Verdickung eingerührt werden. Nun werden
20 –	30 g	Glyezin PFD *(BASF)* nachgesetzt und mit
100 –	80 g	Wasser oder Verdickung ausgeglichen.
	1000 g	

Gegen reduktives Verdämpfen werden die dispergierten Farbstoffe durch 15 g/kg organisches Oxydationsmittel (S. 167) geschützt. Nach dem Drucken und Trocknen wird durch Dämpfen während 30 min bei 0,3–0,4 atü Druck fixiert, gespült, bei 50–60 °C geseift und nachgespült.

Für die gleichen Fasermischungen wird die Verwendung von kationischen Deorlinlicht- mit Säurefarbstoffen von der *CIBA* empfohlen, die, nebeneinander angesetzt, meist im Verhältnis 1:1 vor dem Druck vermischt werden. Der Druckansatz für die kationischen Farbstoffe hat folgende Zusammensetzung:

20 g	Deorlinlicht-Farbstoff werden mit
100 g	Essigsäure 40%ig angeteigt und in
230 g	Wasser gelöst, mit
600 g	Arabischgummi 1:1 verdickt und
50 g	Weinsäurelösung 1:1 nachgesetzt.
1000 g	

Die Druckpaste der Säurefarbstoffe besteht aus:

30 –	80 g	Farbstoff, der mit
100 –	120 g	Lyoprint G angeteigt und
100 –	100 g	Harnstoff vermischt in
230 –	160 g	Heißwasser gelöst wird. Nun wird in
500 –	500 g	Tragantverdickung 6%ig eingerührt und
40 –	40 g	Ammonsulfat nachgesetzt.
	1000 g	

Nach dem Drucken und Trocknen wird 45 min bei 0,5–0,75 atü gedämpft, gespült, evtl. mild geseift und nachgespült.

Von der gleichen Firma wird auch die kombinierte Verwendung von *Dispersions- mit Reaktivfarbstoffen* empfohlen, die ebenfalls gesondert angesetzt, kurz vor dem Druck gemischt werden. Die Druckpasten für Dispersionsfarbstoffe haben folgende Zusammensetzung:

Vollfarbe:			Copure:
30 –	90 g	Cibacet- oder Terasil-Farbstoff werden mit	–
410 –	350 g	Warmwasser gründlich dispergiert und mit dem Schnellrührer in	370 g
530 –	500 g	niedrigviskoser Kernmehlätherverdickung eingerührt,	600 g
25 –	25 g	einer 10%igen Lösung eines organischen Oxydationsmittels (Albatex BD) und	25 g
5 –	5 g	Silvatol I als Antischaummittel nachgesetzt.	5 g
1000 g			1000 g

Die Druckpasten der Reaktivfarbstoffe enthalten:

Vollfarbe:		Copure:
30 – 50 g	Cibacronfarbstoff werden mit	–
100 – 100 g	Harnstoff vermischt und in	
315 – 295 g	Heißwasser gelöst, in	365 g
500 – 500 g	Tragantverdickung 6%ig eingerührt und	600 g
10 – 10 g	organischen Oxydationsmittel (Albatex BD),	5 g
30 – 30 g	Essigsäure 80%ig und	15 g
15 – 15 g	Neovadin AL nachgesetzt.	15 g
1000 g		1000 g

Die Fixierung und Nachbehandlung gleicht der vorher beschriebenen Arbeitsweise. Zur Reinigung des Fonds kann auch mit reduktiven Mitteln mild nachbehandelt und die reduzierten Farbstoffe können durch eine essigsaure Perboratbehandlung reoxydiert werden.

Von der *BASF* wird die Verwendung von *Lanestren-Farbstoffen* (S. 329) empfohlen, die wie auf Polyester/Woll-Mischungen verwendet werden, jedoch wird anstelle von Palanilcarrier AN Glyezin PFD eingesetzt. Von der gleichen Firma wird auch die Verwendung von Küpenfarbstoffen empfohlen, die mit Rongalit H alkalisch mit Triäthanolamin oder als Küpensäure mit einem Säurespender (z.B Solentwickler D/*Hoechst*) wie auf Sekundäracetat (S. 264) verwendet werden.

Für den Druck von *Polyacryl-/Zellulosefaser-Mischungen* können ausgesuchte Küpenfarbstoffe und Mischungen von Dispersions- mit Reaktivfarbstoffen verwendet werden. *Küpenfarbstoffe* werden mit folgender Druckpaste gedruckt:

150 g	Küpenfarbstoffteig werden in
450 g	Verdickung eingerührt und
50 g	Pottasche oder Soda,
30 g	Natronlauge 38 °Bé,
70 g	Natriumformaldehydsulfoxylat in
250 g	Wasser gelöst nachgesetzt.
1000 g	

Als Verdickung hat sich eine Mischung aus 1 Teil Kristallgummi 1:2, der mit 1 Teil Weizenstärke in 4 Teilen Wasser verkocht wird, bewährt. Nach dem Drucken und Trocknen wird 8–12 min gedämpft, 1–2 min bei 80 °C essigsauer mit Wasserstoffperoxid oxydiert, gespült, kochend geseift und nachgespült.

Beim Druck mit *Dispersions- und Reaktivfarbstoffen* werden wegen der besseren Feinverteilung bzw. Lösung die beiden Farbstoffklassen gesondert angesetzt und meist 1:1 gemischt. Der Ansatz für Dispersionsfarbstoffe hat folgende Zusammensetzung:

Vollfarbe:		Copure:
30 – 90 g	Farbstoff werden mit	
410 – 350 g	Warmwasser dispergiert, in	370 g
500 – 500 g	Johannisbrotkernmehlätherverdickung eingerührt und	600 g
50 – 50 g	einer 10%igen Lösung eines organischen Oxydationsmittels sowie	25 g
10 – 10 g	Antischaummittel nachgesetzt.	5 g
1000 g		1000 g

Als Verdickungsmittel sind auch hochviskose Alginate verwendbar. Die Druckverdickung für Reaktivfarbstoffe enthält:

Vollfarbe:		Copure:
30 – 100 g	Reaktivfarbstoff mit	–
100 – 100 g	Harnstoff vermischt, in	300 g
479 – 390 g	Heißwasser gelöst, mit	245 g
350 – 350 g	O/W-Emulsionsverdickung eingerührt und	400 g
30 – 30 g	Pottaschelösung 1:2,	45 g
1 – 1 g	Natronlauge 38 °Bé,	
10 – 10 g	organisches Oxydationsmittel nachgesetzt.	10 g
1000 g		1000 g

Auch hier können Alginatverdickungen und bei vielen Farbstoffen als Alkali 50 g/kg Natriumbikarbonat verwendet werden. Nach dem Drucken und Trocknen wird 15–20 min bei 0,5–0,75 atü gedämpft, kalt und heiß gespült, nachgespült und getrocknet.

In den nachfolgenden Abschnitten werden weitere Druckverfahren für unterschiedliche Fasermischungen angegeben, die weit weniger häufig bedruckt werden. Dazu gehören die Fasermischungen, welche Polyamidfasern enthalten, die meist nur aus modischen Gründen bedruckt werden. Für den Freizeitartikel werden häufig **texturierte Polyamidgarne mit Zellulosefasern** verwebt und bedruckt. Mit ausgesuchten Reaktivfarbstoffen lassen sich auf beiden Fasern echte Aufdrucke erzielen, die weitgehend in der Nuance übereinstimmen. Die Drucke werden entweder durch Dämpfen bei 0,75 atü während 45 min oder durch Dämpfen und einen Alkalischock zur Entwicklung der Farbstoffe auf dem Zelluloseanteil fixiert. Man arbeitet meist mit einer Alginatverdickung, die spezielle Lösungsmittel, Bikarbonat und Zitrate enthält und in die die Farbstoffe auf dem Schnellrührer eingestreut werden. Wird durch einen Alkalischock fixiert, entfällt der Bikarbonatzusatz. Nach dem Fixieren wird gespült, mild geseift und nachgespült. Für den Aufdruck sind auch ausgesuchte Küpenfarbstoffe nach dem Einphasenverfahren verwendbar. Weniger echte Drucke lassen sich auch durch Verwendung von Säurefarbstoffen für den Polyamidanteil und Direktfarbstoffe für den Zelluloseanteil erreichen. Die Druckpasten werden gesondert angesetzt und vor dem Druck gemischt. Anstelle der Säurefarbstoffe werden für nicht zu brillante Töne auch 1:2-Metallkomplexfarbstoffe verwendet. Der Druckansatz gleicht der Arbeitsweise, wie sie für den Druck der reinen Fasern üblich ist. In gleicher Weise ist es auch möglich, Säure- oder Metallkomplexfarbstoffe mit Leukoküpenesterfarbstoffen zu mischen und nach dem Chlorat-Dämpf-Verfahren zu fixieren. Es ist dann möglich, beide Farbstoffklassen gemeinsam in die Druckpaste einzurühren. Zur Verbesserung der Naßechtheiten können die Drucke nach dem Dämpfen und Spülen mit besonderen Hilfsmitteln (S. 296) nachbehandelt werden.

Für den Druck von Mischungen aus *Wolle mit einfachen oder texturierten Polyamidfäden* eignen sich Reaktivfarbstoffe, die klare und farbstarke Drucke ergeben und mit 40 g/kg Ammonsulfat wie Säure-, 1:2-Metallkomplexfarbstoffe gedruckt werden. Durch 20–30 min Dämpfen werden die Drucke fixiert und anschließend gespült. Auch hier ist eine Nachbehandlung zur Verbesserung der Naßechtheiten (S. 296) möglich. Neuerdings werden Triacetatfasern häufiger als Mischungskomponente verwendet und die Textilien auch bedruckt. Für den Druck von *Triacetat-Zellulosefaser-Mischungen* eignen sich die Remaron-Druckfarbstoffe (*Hoechst*), die analog wie für Polyester-/Zellulosefasern eingesetzt werden (S. 325). Um jedoch die Farbstoffausbeute auf der Triacetatfaser zu behalten, wird nur durch Druckdämpfen fixiert, da durch eine heiße Alkalibehandlung die Triacetatfaser oberflächlich verseift wird und dadurch nicht ausreichend Farbstoff aufnimmt. Zur Verbesserung der Eigenschaften werden auch Mischungen von *2/3-Triacetat- mit 1/3 Polyamidfasern* gemischt und bedruckt. Diese Mischungen werden mit Säure- oder 1:2-Metallkomplexfarbstoffen bedruckt. Die Verdickung enthält ein Lösungsmittelgemisch aus gleichen Teilen Glyezin A (*BASF*), Benzylalkohol und Glyezin PFD (*BASF*), die mit 75–100 g/kg verwendet werden. Zur Erhöhung der Farbstoffausbeute und zur Lösung der Farbstoffe enthält die Druckpaste meist 100 g/kg Thioharnstoff. Zur Fixierung wird zweimal 10 oder einmal 30 min mit 0,5 atü gedämpft. Für Mischungen von *Triacetatfaser mit Wolle* können die Lanestren-Farbstoffe (*BASF*) wie für den Druck auf Polyesterfasern mit Wolle (S. 329) eingesetzt werden. Anstelle des Palanilcarriers AN werden zweckmäßig 20 g/kg Luprintan ATP und die gleiche Menge Glyzerin in der Stammverdickung verwendet, wenn nur durch druckloses Dämpfen fixiert werden kann. Diese Arbeitsweise ist auch für Mischungen von *Sekundäracetat mit Wolle* verwendbar. Die Nachbehandlung sollte bei maximal 50 °C erfolgen, um ein Anbluten des Fonds zu vermeiden. Mit Lanestren-Farbstoffen (*BASF*) lassen sich auch Mischungen aus *Polyacrylfasern mit Wolle* bedrucken, wenn in der Stammverdickung anstelle von Palanilcarrier AN 30 g/kg Luprintan PFD verwendet werden. Fixiert wird durch Druckdämpfen oder längeres Dämpfen ohne Druck.

Als besonders leichtpflegbare Textilien haben sich Fasermischungen aus *50% Polyester- mit 50% Polyacrylfasern* eingeführt, die als 2-D-Artikel bekannt geworden sind und von *Bayer* mit der *Vereinigten Glanzstoff-Fabriken AG.*, Wuppertal entwickelt wurden und aus *Dralon/Diolen* bestehen. Beim Druck dieser Waren, die vorfixiert verwendet werden, können nur einige Dispersionsfarbstoffe allein verwendet werden, da ein Großteil auf Polyacrylfasern in der Farbtiefe gegenüber der Polyesterfaser zurückbleibt. Um den Polyacrylanteil ausreichend zu decken, werden Dispersions- und kationische (basische) Farbstoffe verwendet, die jedoch getrennt angesetzt werden müssen, da die Stellmittel der Dispersionsfarbstoffe die basischen Farbstoffe bei gemeinsamen Ansatz ausfällen. Auch bei gesondertem Druckansatz und Vermischen der Druckpasten vor dem Druck sind besondere Hilfsmittel zur Feinverteilung der basischen Farbstoffe in der Druckpaste notwendig. Man verwendet für Dispersionsfarbstoffe folgende Druckpaste:

x g Dispersionsfarbstoff werden mit
2 g Basopal NA konz. flüssig (*BASF*) angeteigt und in
y g Wasser von 50 °C dispergiert.

Für den Ansatz der Druckpaste von kationischen Farbstoffen werden

x g Farbstoff mit
15 g Glyezin A (*BASF*),
10 g Cyclohexanol,
15 g Essigsäure 30%ig und
1 g Peregal ON hochkonz. (*BASF*) angeteigt und in
y g Heißwasser gelöst.

Die Dispersion der ersten Farbstoffe wird langsam in die Lösung der kationischen Farbstoffe bei 50 °C eingerührt und die Mischung in 600 g Verdickung verrührt. Als Verdickung haben sich Mischungen aus 3 Teilen Kristallgummi mit Britischgummi oder Diatex (*Diamalt*) bewährt, doch sind auch niedrigviskose Alginate, Johannisbrotkernmehl- und Stärke- bzw. Zelluloseäther verwendbar, die ebenfalls mit Britischgummi gemischt werden können. Die Farbstoffixierung erfolgt am besten durch Druckdämpfung mit 0,5–1 atü während 15–30 min, eine Thermofixierung ist ungünstiger, ebenso ein Dämpfen ohne Druck. Die Drucke werden nach dem Dämpfen gespült und bei 60 °C während 10 bis 15 min mit

1 g/l Hydrosulfit konz.,
2 g/l Soda kalz.,
1–2 g/l eines Waschmittels

nachbehandelt, gespült, mit Essig- oder Ameisensäure abgesäuert, gespült und getrocknet.

Für Miederwaren werden heute in starkem Maße *Polyurethan-Elastomer-Fäden* verwendet und vor allem mit endlosen Polyamidfäden umsponnen oder auf der Raschelmaschine verwirkt. Dabei sind meist die Elastomerfäden in der Fertigware unsichtbar, werden aber dann sichtbar, wenn die elastischen Textilien gedehnt werden. Das gilt vor allem für Badeartikel, in denen die Elastomerfäden wegen ihrer hohen Elastizität mit anderen, meist texturierten Polyamidfäden verwirkt werden. Zu den Elastomerfäden gehören u.a.:

Dorlastan	*Bayer*,
Lycra	*Dupont*,
Vyrene	*U.S. Rubber Co.*, New York/USA.

Die mit Polyamidfäden umsponnenen elastischen Textilien lassen sich mit einer Reihe von ausgesuchten Säure-, 1:2-Metallkomplex-Direkt- und Dispersionsfarbstoffen nach den für diese Drucke auf Polyamidfasern üblichen Verfahren bedrucken und eine ausreichende Anfärbung auch der Elastomerfäden erreichen. Auch Pigmentfarbstoffe sind für helle bis mittlere Farbtiefen üblich. Um jedoch die Elastizität der Fäden aus Polyurethanen nicht stärker herabzusetzen, muß absolut spannungsarm gearbeitet werden, das gilt sowohl für die Vorbehandlung als auch den Druck und die Nachbehandlung. Ebenso schädigen hohe Mengen Ammonsulfat in der Druckpaste die Elastizität der Elastomerfäden. Ein Dämpfen über 103 °C ist zu vermeiden, und das Thermofixieren von Pigmentfarbstoffen soll maximal bei 140 °C erfolgen. Da die Naßechtheiten für den Miederartikel mit den Farbstoffen nicht ausreichen, ist eine Nachbehandlung zur Verbesserung meist unbedingt notwendig.

Die vorstehend beschriebenen Druckverfahren für Mischtextilien erheben keinen Anspruch auf Vollständigkeit und sind lediglich eine Auswahl der zur Zeit wichtigsten Verfahren. Der Ätzdruck ist kaum üblich, gleiches gilt auch für den Reservedruck auf Fasermischungen. Der Vigoureuxdruck wird zweckmäßig auf unvermischten Kammzügen vorgenommen, und diese werden vor dem Verspinnen zusammengeführt. Werden Fasermischungen im Stranggarndruck bedruckt, können die angegebenen Verfahren analog angewendet werden, doch wird dann die Verdickungsmenge entsprechend ermäßigt.

Hersteller von Farbstoffen, Druck- und Textilhilfsmitteln

Abkürzung:	*Anschrift:*
ACNA	Aziende Colori Nazionali Affini SpA. Mailand/Italien
Alginate	Alginate Industries Ltd., London WC 2/England
Althouse	Althouse Chemical Division, Reading Pa/USA
BASF	Badische Anilin- und Sodafabrik AG., 67 Ludwigshafen/Rhein
Bayer	Farbenfabriken Bayer AG., 509 Leverkusen
Benckiser	Benckiser-Knapsack GmbH., 67 Ludwigshafen
Blandola	Blandola Co., Ltd., Whalley Bridge near Stockport/England
Böhme	Dr. Th. Böhme KG., 8192 Gartenberg/Obb.
Carroux	Hellmuth Carroux, 2 Hamburg 36
Brüggemann	L. Brüggemann KG., 71 Heilbronn/N.
Cassella	Cassella Farbwerke MainkurAG., 6 Frankfurt/M.-Fechenheim
CECA	CECA Alginates SA., Paris 8/Frankreich
Cesalpinia	Cesalpinia SpA., Mailand/Italien
CIBA	CIBA AG., Basel/Schweiz
Degussa	Degussa, 6 Frankfurt/M.
Diamalt	Diamalt AG., 8 München 13
Dow	Dow Chemical Co., Midland Mich./USA
Dupont	E.I. Du Pont de Nemours & Co., Wilmington Del./USA
Durand	Durand & Huguenin AG., Basel/Schweiz
Fesago	Fesago, Dr. Gossler GmbH., 69 Heidelberg
Francolor	Comp. Francaise des Matières Colorantes et Produits Chimiques, Paris 8/Frankreich
Geigy	I. R. Geigy AG., Basel/Schweiz
Grünau	Chem. Fabrik Grünau GmbH., 7918 Illertissen
Hardman	Hardman & Holden Ltd., Manchester 10/England
Henkel	Henkel & Cie. GmbH., Abtlg. Böhme Fettchemie, 4 Düsseldorf-Holthausen
Hilton	Hilton-Davis Chemical Co., Cincinnati 37 O/USA
Hoechst	Farbwerke Hoechst AG., 623 Frankfurt/M.-Höchst
ICI	Imperial Chemicals Industries Ltd., Manchester 9/England
Kissel	Kissel & Wolf GmbH., 6908 Wiesloch
Klimsch	Klimsch & Co., 6 Frankfurt/M.
Maizena	Deutsche Maizena Werke GmbH., 2 Hamburg 1
Meyhall	Meyhall Chemical AG., Kreuzlingen/Schweiz
Meypro	Meypro AG., Weinfelden/Schweiz
Mitsui	Mitsui Chemical Industry Co. Ltd., Tokio/Japan
Polygal	Polygal AG & Co., Märstetten/Schweiz
Protan	Protan A/S., Drammen/Norwegen

Abkürzung:	*Anschrift:*
Protex	Soc. de Produits Chimiques de l'Industrie Textile, Paris 7/Frankreich
Quehl	Dr. Quehl & Co. GmbH., 672 Speyer
Raschig	Dr. F. Raschig GmbH., 67 Ludwigshafen
Röhm	Röhm & Haas GmbH., 61 Darmstadt
Rohner	Rohner AG., Pratteln Bl./Schweiz
Rose	Albert Rose, 4055 Kaldenkirchen
Rudolf	Rudolf & Co. GmbH., 8192 Geretsried/Obb.
Sandoz	Sandoz AG., Basel/Schweiz
Scharf	Herbert G. Scharf, 62 Wiesbaden
Schill	Schill & Seilacher, 703 Böblingen
Scholten	W. A. Scholten's NV., Foxhol/Holland
Schopflocher	Jul. Schopflocher AG., 6 Frankfurt/M.
Stockhausen	Stockhausen & Cie., 415 Krefeld
Tanatex	Tanatex Chemical NV., Amsterdam/Holland
Tübingen	Chem. Fabrik Tübingen GmbH., 74 Tübingen
Vondelingenplaat	N.V. Chemische Fabrieken, Vondelingenplaat/Holland
Wolfen	VEB Farbenfabriken Wolfen, Wolfen Kr. Bitterfeld
Yorkshire	Yorkshire Dyeware & Chemical Co. Ltd., Leeds 3/England
Zschimmer	Zschimmer & Schwarz, 542 Oberlahnstein

Hersteller von Druckerei-, Textilveredlungsmaschinen und Zubehör

Abkürzung:	*Anschrift:*
ALJABA	Aljaba Ltd., Manchester 2/England
Amdés	Amdés SA., Thann (Haute Rhin) Frankreich
Artos	Artos Maschinenbau, Dr. Ing. Meier-Windhorst KG., 2 Hamburg 1
Ashworth	J. Ashworth & Co. Ltd., Newton Derbysh./England
Ausburger	Augsburger Textilmaschinenfabrik GmbH., 89 Augsburg
Bailey	James Bailey (Engineers) Ltd., Slaithwaite nr. Huddersfield/England
Benteler	siehe Kleinewefers
Beuteltuchfabrik	Züricher Beuteltuchfabrik AG., Zürich/Schweiz
Blasberg	Friedr. Blasberg GmbH., 565 Solingen-Merscheid
Brückner	Brückner-Trockentechnik KG., 725 Leonberg
Buser	Fritz Buser AG., Wiler b. Utzensdorf/Schweiz
Butterworth	Butterworth Manufacturing Co., Bethayres Pa./USA
CAIPO	Caipo, Campore de Vallemosso (Vercelli) Italien
Callebaut	Callebaut-De Blicquy SA., Brüssel 19/Belgien
Clerc	Usime J. M. Clerc Renaud & Co., Villeurbanne (Rohne) Frankreich
Coates	J. F. Coatex & Co., Stockport Ches./England
Comerio Ercole	SpA. Comerio Ercole, Busto Arsizio/Italien
Cook	Cook Machine Co. Inc., Lowell Mass./USA
Deck	Etbls. A. Deck., Mulhouse (Haute Rhine) Frankreich
Dewey	Dewey & Almy AG., Zürich 5/Schweiz

Abkürzung:	*Anschrift:*
Dornier	Lindauer Dornier GmbH., 899 Lindau
Dupuis	D. Dupúis & Co., 405 Mönchengladbach
Eloflock	Eloflock Oberflächenveredlung GmbH., 5 Köln-Braunsfeld
Erhardt	Erhardt & Leimer., 89 Augsburg
Famatex	Famatex GmbH., 7014 Kornwestheim
Farmer-Norton	Sir James Farmer Norton & Co. Ltd., Salford 3 Manchester/England
Fleissner	Fleissner GmbH. & Co., 6073 Egelsbach
Gerber	Gerber & Co., GmbH., 415 Krefeld
Giachino	G. G. Giachino, Coggiola Biellese/Italien
Goller	Max Goller, 8676 Schwarzenbach/Saale
Greenville	Greenville Steel & Foundry Co., Spartanburg Rd.,/USA
Grohmann	Friedrich Grohmann KG., 8 München 12
Haas	Friedrich Haas GmbH. & Co., KG., 563 Remscheid-Lennep
Harlacher	Ernst Harlacher, Urdorf ZH/Schweiz
Haver	Haver & Boecker, 747 Oelde/Westf.
Heberlein	Heberlein & Co. AG., Watwil/Schweiz
Hechtenberg	H. Hechtenberg, 516 Düren
Heimbach	Heimbach GmbH. & Co., 516 Düren Thomas
Hemmer	L. Ph. Hemmer KG., 51 Aachen
Hocks	Friedr. Hocks, 51 Aachen
Hofer	Etabl. Fritz Hofer, 46 Olten/Schweiz
Hoh	Hoh & Hahne GmbH., 605 Offenbach/M.
Hug	Hug Flock AG., Rapperswil SG/Schweiz
Hurtz	Anton Hurtz, 4051 Breyell
ILMA	ILMA SaS., Schio/Italien
Industrial-Heat	Industrial Heat Engineering Co., Greenville SC./USA
Industrie-Compagnie	Industrie-Compagnie, Kleinwefers, 415 Krefeld
ISOTEX	ISOTEX, Vicenza/Italien
Janke	Janke & Kunkel KG., 7813 Staufen
Kälin	E. Kälin Ing., Pfäffikon SZ/Schweiz
Karg	Dr. Karg GmbH., 7 Stuttgart
Kleinewefers	Joh. Kleinewefers Söhne, 415 Krefeld
Klimsch	Klimsch & Co., 6 Frankfurt/M.
KOVO	KOVO, Prag/ČSSR
Kufferath	Gebr. Kufferath, 5161 Mariaweiler/Rhld.
Küsters	Eduard Küsters, 415 Krefeld
Kyoto	Kyoto Machinery Co. Ltd., Kyoto/Japan
Lagarde	Joseph Lagarde SA., Montelimar/Frankreich
L'Aigle	L'Aigle Email, Turin/Italien
Lüscher	Gebr. Lüscher AG., Leutwil AG/Schweiz
Maierthaler	Georg Maierthaler, 5 Köln-Lindenthal
Mannesmann	A. Mannesmann, 563 Remscheid-Lennep
Marion	Chaudronnerie Marion SA., Valénce (Drôme) Frankreich
Mather-Platt	Mather & Platt Ltd., Manchester 10/England
Meccanotessile	Meccanotessile die Fontana e Lanfranconi SpA., Como/Italien
Menzel	Karl Menzel, 4814 Windelsbleiche
Metalmeccanica	Metalmeccanica SpA., Busto Arsizio/Italien
Mettenheimer	G. W. Mettenheimer & Co., KG., 6 Frankfurt/M.
Mezzera	Mezzera SpA., Mailand/Italien

Abkürzung:	*Anschrift:*
Monforts	A. Monforts, 405 Mönchengladbach
Mortensen	Peder Mortensen A/S., Hilleroed/Dänemark
National-Drying	National Drying Machinery Co., Philadelphia Penn./USA
Osnabrück	Osnabrücker Kupferhütte, 45 Osnabrück
Peter	Konrad Peter AG., Liestal Bl./Schweiz
Precision	Precision Screen Machines Inc., Hawthorne NJ./USA
Prince	Prince-Smith & Stells Ltd., Keighley Yorksh./England
Probst	Probst & Class GmbH., 755 Rastatt/Baden
Ratazzi	Ratazzi & May, 649 Schlüchtern
Reggiani	Reggiani SpA., Bergamo/Italien
Reisinger	Reisinger Apparatebau, Wien 8/Österreich
Rice	Rice-Barton Corp., Worcester 1 Mass./USA
Rodney	Rodney Hunt Machine Co., Orange Mass./USA
SAATI	SAATI, Como/Italien
SACM	Société Alsacienne de Constructions Mécaniques, Mulhouse (Haute Rhine) Frankreich
Sant'Andrea	Sant'Andrea SpA., Novara/Italien
Saueressig	Gebr. Saueressig, 4421 Wüllen-Ahaus
Schilde	Benno Schilde AG., 643 Bad Hersfeld
Scholz	Hermann Scholz, 2353 Nortorf/Holst.
Schröder	W. G. Schröder Nachf. GmbH., 2403 Lübeck-Schlutup
Seidengaze Thal	Schweiz. Seidengazefabrik AG., Zürich/Schweiz
Seidengaze Zürich	Schweiz. Seidengazefabrik AG., Thal SG./Schweiz
Sellers	Sellers & Co., Ltd., Huddersfield Yorksh./England
Smith	F. Smith (Withworth) & Co., Witworth Lancs./England
Spangenberg	G. Spangenberg GmbH., 68 Mannheim
Staub	Staub GmbH., 6078 Neu-Isenburg
Stork	Gebr. Stork & Co's NV., Boxmeer/Holland
Therma-crome	Thermacrome Ltd., Manchester 14/England
Timmer	Josef Timmer 442 Coesfeld
Toshin	Toshin Kogyo Co., Ltd., Amagasaki/Japan
Tuchfabrik	Tuchfabrik Lörrach AG., 785 Lörrach
Ungricht	E. Ungricht KG., 405 Mönchengladbach
Unitechna	Unitechna, Berlin
Verseidag	Verseidag, Vereinigte Seidenweberei AG., 415 Krefeld
Weisse	Weisse & Escherich GmbH., 8642 Ludwigsstadt
Welker	Ph. Welker, 6734 Lambrecht/Pfalz
West-Point	West Point Foundry & Machine Comp., West Point Ga./USA
Wheelwright	J. S. Wheelwright, London EC 2/England
Willigens	Willigens & Co., 4 Düsseldorf-Reisholz
Wirth	Arno H. Wirth, 741 Reutlingen
Zimmer, Klagenfurt	Johannes Zimmer, Klagenfurt/Österreich
Zimmer, Kufstein	Maschinenfabrik Zimmer, Kufstein/Österreich

Die vorstehend aufgeführten Firmen unterhalten in den meisten Industrieländern eigene Vertretungen oder Vertreterfirmen; teilweise haben sie dort auch eigene Fabrikationsbetriebe.

Handelsnamen von Farbstoffen, Textilhilfsmitteln und ihre Hersteller

Sachverzeichnis

Die *kursiv* gesetzten Seitenzahlen bedeuten die ausführliche Beschreibung des Stichwortes

Hilfsmittel
für
die
Textil-
veredelung
Rudolf & CO.KG.
8192 Geretsried

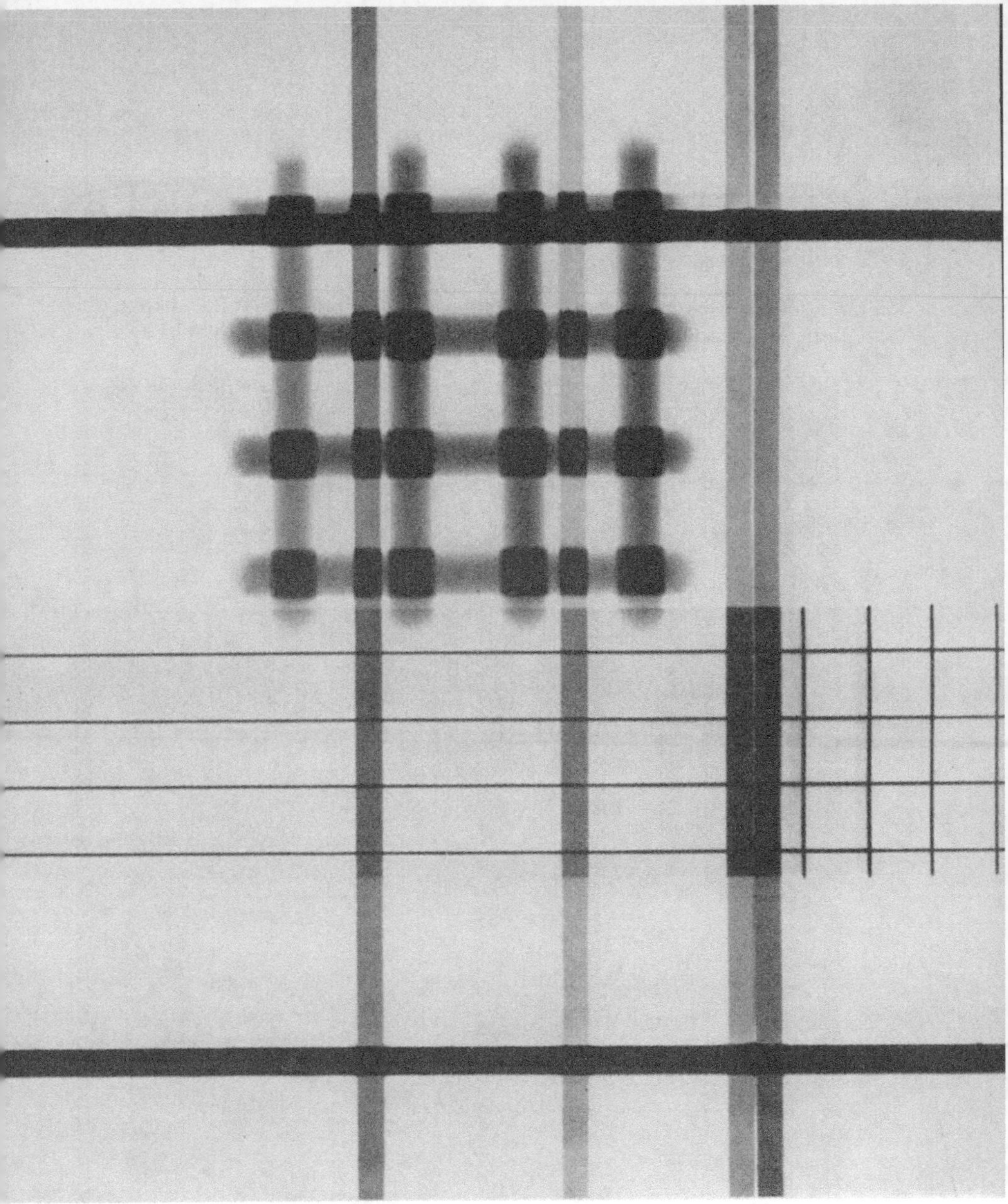

GPSR Compliance

The European Union's (EU) General Product Safety Regulation (GPSR) is a set of rules that requires consumer products to be safe and our obligations to ensure this.

If you have any concerns about our products, you can contact us on ProductSafety@springernature.com

In case Publisher is established outside the EU, the EU authorized representative is:

Springer Nature Customer Service Center GmbH
Europaplatz 3
69115 Heidelberg, Germany

Batch number: 10844669

Printed by Printforce, the Netherlands